全国优秀教材二等奖

高等职业教育药学类与食品药品类专业第四轮教材

药物制剂技术 第4版

（供药学类、药品与医疗器械类专业用）

主　编　胡　英　张炳盛
副主编　王芝春　吕　毅　张立峰　赵小艳
编　者　（以姓氏笔画为序）

马　潋（重庆医药高等专科学校）　　　王　睿（浙江九洲药业股份有限公司）

王芝春（济南护理职业学院）　　　　　王莉楠（辽宁医药职业学院）

边伟定［默克制药（江苏）有限公司　　吕　毅（湖南食品药品职业学院）
　　　　南通制药基地］

吴秋平（浙江医药高等专科学校）　　　张立峰（邢台医学高等专科学校）

张炳盛（山东中医药高等专科学校）　　周广芬（山东药品食品职业学院）

胡　英（浙江医药高等专科学校）　　　赵小艳（山西药科职业学院）

郭重仪（暨南大学）　　　　　　　　　黄东纬（金华职业技术学院）

曹　悦（北京卫生职业学院）　　　　　韩瑞伟（四川中医药高等专科学校）

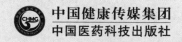

中国健康传媒集团
中国医药科技出版社

内容提要

本教材是"高等职业教育药学类与食品药品类专业第四轮规划教材"之一。本版教材分为十五个项目，各项目以各剂型典型实例的生产操作技术为核心，以实例分析、知识链接为依托整合教学内容，通过即学即练凸显教学重难点，通过实践实训与就业岗位衔接，目标检测进行知识点小结，更有思维导图形式的知识回顾梳理本项目知识点。本教材为书网融合教材，配套有各项目实例分析的解析、即学即练答案与解析、目标检测答案与解析、各项目的教学课件、微课以及试题库及解答等数字资源，使教学资源更多样化、立体化。

本教材可供高等职业院校药学类、药品与医疗器械类专业教学使用，可作为制剂生产技术人员的培训用书，也可为药物制剂生产"1+X"证书培训用书。

图书在版编目（CIP）数据

药物制剂技术/胡英，张炳盛主编 . —4 版 . —北京：中国医药科技出版社，2021.8（2025.1 重印）.
高等职业教育药学类与食品药品类专业第四轮教材
ISBN 978 - 7 - 5214 - 2566 - 6

Ⅰ.①药… Ⅱ.①胡… ②张… Ⅲ.①药物 - 制剂 - 技术 - 高等职业教育 - 教材 Ⅳ.①TQ460.6

中国版本图书馆 CIP 数据核字（2021）第 145226 号

美术编辑 陈君杞
版式设计 友全图文

出版 **中国健康传媒集团** | 中国医药科技出版社
地址 北京市海淀区文慧园北路甲 22 号
邮编 100082
电话 发行：010 - 62227427 邮购：010 - 62236938
网址 www.cmstp.com
规格 889 × 1194mm $\frac{1}{16}$
印张 21 $\frac{1}{4}$
字数 593 千字
初版 2008 年 7 月第 1 版
版次 2021 年 8 月第 4 版
印次 2025 年 1 月第 6 次印刷
印刷 北京侨友印刷有限公司
经销 全国各地新华书店
书号 ISBN 978 - 7 - 5214 - 2566 - 6
定价 **58.00 元**

获取新书信息、投稿、为图书纠错，请扫码联系我们。

出版说明

"全国高职高专院校药学类与食品药品类专业'十三五'规划教材"于2017年初由中国医药科技出版社出版，是针对全国高等职业教育药学类、食品药品类专业教学需求和人才培养目标要求而编写的第三轮教材，自出版以来得到了广大教师和学生的好评。为了贯彻党的十九大精神，落实国务院《国家职业教育改革实施方案》，将"落实立德树人根本任务，发展素质教育"的战略部署要求贯穿教材编写全过程，中国医药科技出版社在院校调研的基础上，广泛征求各有关院校及专家的意见，于2020年9月正式启动第四轮教材的修订编写工作。在教育部、国家药品监督管理局的领导和指导下，在本套教材建设指导委员会专家的指导和顶层设计下，依据教育部《职业教育专业目录（2021年）》要求，中国医药科技出版社组织全国高职高专院校及相关单位和企业具有丰富教学与实践经验的专家、教师进行了精心编撰。

本套教材共计66种，全部配套"医药大学堂"在线学习平台，主要供高职高专院校药学类、药品与医疗器械类、食品类及相关专业（即药学、中药学、中药制药、中药材生产与加工、制药设备应用技术、药品生产技术、化学制药、药品质量与安全、药品经营与管理、生物制药专业等）师生教学使用，也可供医药卫生行业从业人员继续教育和培训使用。

本套教材定位清晰，特点鲜明，主要体现在如下几个方面。

1. 落实立德树人，体现课程思政

教材内容将价值塑造、知识传授和能力培养三者融为一体，在教材专业内容中渗透我国药学事业人才必备的职业素养要求，潜移默化，让学生能够在学习知识同时养成优秀的职业素养。进一步优化"实例分析/岗位情景模拟"内容，同时保持"学习引导""知识链接""目标检测"或"思考题"模块的先进性，体现课程思政。

2. 坚持职教精神，明确教材定位

坚持现代职教改革方向，体现高职教育特点，根据《高等职业学校专业教学标准》要求，以岗位需求为目标，以就业为导向，以能力培养为核心，培养满足岗位需求、教学需求和社会需求的高素质技能型人才，做到科学规划、有序衔接、准确定位。

3. 体现行业发展，更新教材内容

紧密结合《中国药典》（2020年版）和我国《药品管理法》（2019年修订）、《疫苗管理法》（2019年）、《药品生产监督管理办法》（2020年版）、《药品注册管理办法》（2020年版）以及现行相关法规与标准，根据行业发展要求调整结构、更新内容。构建教材内容紧密结合当前国家药品监督管理法规、标准要求，体现全国卫生类（药学）专业技术资格考试、国家执业药师职业资格考试的有关新精神、新动向和新要求，保证教育教学适应医药卫生事业发展要求。

4.体现工学结合，强化技能培养

专业核心课程吸纳具有丰富经验的医疗机构、药品监管部门、药品生产企业、经营企业人员参与编写，保证教材内容能体现行业的新技术、新方法，体现岗位用人的素质要求，与岗位紧密衔接。

5. 建设立体教材，丰富教学资源

搭建与教材配套的"医药大学堂"（包括数字教材、教学课件、图片、视频、动画及习题库等），丰富多样化、立体化教学资源，并提升教学手段，促进师生互动，满足教学管理需要，为提高教育教学水平和质量提供支撑。

6.体现教材创新，鼓励活页教材

新型活页式、工作手册式教材全流程体现产教融合、校企合作，实现理论知识与企业岗位标准、技能要求的高度融合，为培养技术技能型人才提供支撑。本套教材部分建设为活页式、工作手册式教材。

编写出版本套高质量教材，得到了全国药品职业教育教学指导委员会和全国卫生职业教育教学指导委员会有关专家以及全国各相关院校领导与编者的大力支持，在此一并表示衷心感谢。出版发行本套教材，希望得到广大师生的欢迎，对促进我国高等职业教育药学类与食品药品类相关专业教学改革和人才培养作出积极贡献。希望广大师生在教学中积极使用本套教材并提出宝贵意见，以便修订完善，共同打造精品教材。

数字化教材编委会

主　编　胡　英　张炳盛

副主编　王芝春　吕　毅　张立峰　赵小艳

编　者　（以姓氏笔画为序）

马　潋（重庆医药高等专科学校）

王　睿（浙江九洲药业股份有限公司）

王芝春（济南护理职业学院）

王莉楠（辽宁医药职业学院）

边伟定［默克制药（江苏）有限公司南通制药基地］

吕　毅（湖南食品药品职业学院）

吴秋平（浙江医药高等专科学校）

张立峰（邢台医学高等专科学校）

张炳盛（山东中医药高等专科学校）

周广芬（山东药品食品职业学院）

胡　英（浙江医药高等专科学校）

赵小艳（山西药科职业学院）

郭重仪（暨南大学）

黄东纬（金华职业技术学院）

曹　悦（北京卫生职业学院）

韩瑞伟（四川中医药高等专科学校）

药物制剂技术课程对高职高专药学类、药品与医疗器械类专业学生的职业能力培养和职业素养形成起主要支撑作用，是专业核心课程。本教材为"高等职业教育药学类与食品药品类专业第四轮规划教材"之一，在《普通高等学校高等职业教育（专科）专业目录》的指导下，是在第3版（入选"'十三五'职业教育国家规划教材"）基础上修订，结合职业特色和课程标准的基本要求编写完成的。

本教材的内容是依据2020年版《中国药典》四部制剂通则的指导原则，基于高职高专教育教学改革理念，体现"理论够用，突出实践"，在内容编写上淡化学科性，注重理论在实际中的应用，在内容上突出实践操作，将教材内容与工作岗位对专业人才的知识、技能、素质要求相结合，将范例教学提升到重要的位置，通过实际范例的配合，逐层分析、总结，使学生在学习中掌握基本知识、操作方法、技能要点及创新思维等。在教材内容的编排上，以"模块式"组织编写，有助于"项目化教学"的开展和实施，教学内容贴近执业药师考点，突出重难点，精选基础、核心的内容，体现知识内容的先进性和基础性。本教材从原先的单一纸质教材，增加了数字教学资源，丰富了教学手段，拓宽了教材受众。本版教材内容上分为十五个项目，各项目以各剂型典型实例的生产操作技术为核心，以实例分析、知识链接为依托整合教学内容，通过即学即练凸显教学重难点，通过实践实训与就业岗位衔接，目标检测进行知识点小结，更有思维导图形式的知识回顾梳理本项目知识点。

与上一版《药物制剂技术》相比，本版教材更加注重知识的连贯性和教学实用性，增加实训内容的拓展性和实践性。在征求多个教材使用院校意见的基础上，重新调整了结构，将项目四制剂的基本生产技术一章内容拆解，将各制剂的生产技术教学内容分别糅合入各制剂的理论教学内容中，更加贴近教学实际。

本教材的编写队伍由具备双师资格的教师组成，并创新性地吸收了两位企业专家作为本版教材的实践指导，深化了"校企合作、工学结合"的教学理念，使教材建设与专业人才培养目标对接，做到有的放矢。具体分工为：胡英教授担任第一主编，编写了项目六、项目十五；张炳盛教授任第二主编，王芝春、吕毅、张立峰、赵小艳等老师任副主编，分别编写了项目十二、十一、一、四、九；曹悦老师编写了项目八；黄东纬老师编写了项目三；周广芬老师编写了项目二；马漱老师编写了项目五；吴秋平老师编写了项目七；韩瑞伟老师编写了项目十；郭重仪老师编写了项目十三；王莉楠老师编写了项目十四。王睿和边伟定两位企业专家为教材的实践实训部分提供编写素材并对内容进行了审核。本教材可供全国高职高专药学类、药品与医疗器械类专业教学使用，可作为制剂生产技术人员的培训用书，也可为药物制剂生产"1+X"证书培训用书。

本教材的编写工作得到了编委所在学校领导的关怀和大力支持，在此一并表示感谢！由于编者编写经验所限，书中难免存有不足之处，敬请广大读者批评指正。

编　者
2021 年 5 月

目录
CONTENTS

项目一　药物制剂工作的基础知识介绍

学习引导

药物制剂技术是以药物制剂为主要研究对象的一门综合性应用技术学科，它涵盖了药品生产、工艺技术、生产设备、质量管理、物料管理等多个方面。那么，药物制剂工作具体包含哪些内容呢？药物究竟是以何种形式在临床中应用的呢？我国的药品标准有哪些？GMP的实施究竟有何意义？

本项目主要介绍药物制剂工作的主要内容及常用术语、药物剂型、药典和药品标准、相关法规以及空气净化技术。

学习目标

1. **掌握**　药物制剂工作中的常用术语；药物剂型的分类；《中国药典》；洁净室的洁净度级别。
2. **熟悉**　药物制成不同剂型的目的；我国其他的药品标准；GMP；空气净化技术。
3. **了解**　药物制剂的发展历史；国外药典；GLP、GCP 和 GSP。

实例分析

实例　某实验室有3种原料药均为白色结晶性粉末，欲加工为适当的形式，以便于给药。

3种原料药为：①阿司匹林，主要用于感冒发热、头痛等，也可预防血栓形成；②青霉素钠，主要用于革兰阳性菌引起的严重感染；③醋酸氟轻松，主要用于湿疹、多种皮炎及皮肤瘙痒等。

甲同学认为3种药物均为固体粉末，应该加工制成片剂口服给药，制备简单、服用方便。乙同学则认为应该制成溶液注射给药，起效迅速、疗效显著。你同意他们的说法吗？

讨论　1. 原料药能直接应用于人体吗？

　　　　2. 药物常见的剂型有哪些？

答案解析

任务一　概　述 微课1

一、药物制剂工作的主要研究内容

现代医学要求任何药物在临床应用中都必须具有适宜的形式，从而达到充分发挥药效、减少毒副作用、便于运输、便于使用与保存等目的。而一般通过化学合成、植物提取或生物技术等方法制得的药物，大多数为粉末、结晶或浸膏等状态，不便于患者直接应用，因此需要对其进行加工，制备成具有一定形状、性质、适合防治的应用形式。人们把药物的应用形式称作剂型，不同剂型的给药方式一般不同，其在人体的作用方式不同，产生的疗效和毒副作用也不同。

药物制剂工作的主要研究内容就是药物剂型的设计和制备，根据药物的性质和使用目的的不同，开发与制备高效、优质的药物制剂，从而使药物充分发挥其作用，满足临床医疗诊断、预防和治疗疾病的需要。药物制剂的基本质量要求是安全、有效、稳定、使用方便。药物制剂工作以药剂学基本理论为基础，严格按照国家药品标准与生产质量管理规范，开展各类剂型的生产和制备，以提高制剂产品的质量。同时，药物制剂工作应通过不断吸收应用药物制剂的新剂型、新理论、新工艺、新辅料与新设备等，使我国药物制剂工作进一步走向现代化。

药物制剂工作在药学领域中具有重要的地位，无论传统药物还是现代药物都必须经过制剂技术的加工，制成一定产品，才能进入医疗临床实践，即通过制剂过程完成了药学研究与临床应用之间的衔接。药物制剂是一个加工制造过程，其产品的设计与制备既要考虑到医疗需要，保证药物疗效、减少毒副作用、使用方便、顺应性好，又要结合药物的性质与特点，使其质量稳定，便于贮存、运输与携带。

二、药物制剂的发展

我国中医药的发展历史悠久，已于商代（公元前 1766 年）开始使用汤剂，这是应用最早的中药剂型之一。夏商周时期的医书《五十二病方》《甲乙经》《山海经》中已有汤剂、丸剂、散剂、膏剂及药酒等剂型的记载。东汉张仲景的《伤寒论》《金匮要略》中记载有栓剂、洗剂、软膏剂、糖浆剂等 10 余种剂型，为我国制剂学发展奠定了良好的基础。唐代的《新修本草》是我国第一部，也是世界上最早的国家药典。明代著名药学家李时珍（1518～1593 年）编著了《本草纲目》，其中收载药物 1892 种，剂型 61 种，附方 11096 则。

与中国古代药剂学进程相呼应的欧洲古代药剂学在 18 世纪的工业革命时期得到迅速发展。希腊人希波克拉底创立了医药学；希腊医药学家盖伦（Galen）制备了各种植物药的浸出制剂被称为"盖伦制剂（Galenicals）"，如酊剂、浸膏剂等。

19 世纪西方科学和工业技术蓬勃发展，制剂加工从医生诊所小作坊走进工业大工厂。片剂、胶囊剂、注射剂等机械加工制剂的相继问世，标志着药剂学的发展到了一个新的阶段。物理学、化学、生物学等自然学科的巨大进步又为药剂学这一学科的出现奠定了理论基础。1847 年，德国药师莫尔（Mohr）总结了以往和当时的药剂成果，出版了世界上第一本药剂学教科书《药剂工艺学》。这标志着药剂学已形成了一门独立的学科。随着物理、化学、生物学等自然科学取得巨大进步，新辅料、新工艺和新设备的不断出现，为新剂型的制备、制剂质量的提高奠定了十分重要的物质基础。

1983 年汤姆林森（Tomlinson）将现代药物制剂的发展过程划分为四个时代。第一代药物制剂包括片剂、注射剂、胶囊剂、气雾剂等，即所谓的普通制剂，这一时期主要是从体外试验控制制剂的质量；第二代药物制剂为口服缓释制剂或长效制剂，开始注重疗效与体内药物浓度的关系，即定量给药问题，这类制剂不需要频繁给药，能在较长时间内维持体内药物有效浓度；第三代药物制剂为控释制剂，包括透皮给药系统、脉冲式给药系统等，更强调定时给药的问题；第四代药物制剂为靶向给药系统，目的是使药物浓集于靶器官、靶组织或靶细胞中，强调药物定位给药，可以提高疗效并降低毒副作用。

三、药物制剂工作中的常用术语

1. 药物与药品　药物（medicine）是用以预防、治疗和诊断人的疾病所用的物质的总称，包括天然药物、化学合成药物和生物技术药物。药品（drugs）是指用以预防、治疗、诊断人的疾病，有目的地调节人的生理功能并规定有适应证、用法、用量的物质，包括中药材、中药饮片、中成药、化学原料药及其制剂、抗生素、生化药品、放射性药品、血清、疫苗、血液制品和诊断药品等。药物与药品是两个完全不同的概念，药物的内涵比药品的大，并非所有能防治疾病的物质均为药品。

2. 剂型与制剂　药物剂型（drug dosage form）是指药物制备的适合于疾病的诊断、治疗或预防需要的不同给药形式，如散剂、颗粒剂、片剂、胶囊剂、注射剂、溶液剂、乳剂、混悬剂、软膏剂、栓剂、气雾剂等。药物制剂（pharmaceutical preparations）是指根据药典、药品标准、处方手册所收载的应用比较普遍并较稳定的处方，将原料药物按照某种剂型制成一定规格并具有一定质量标准的具体品种，如头孢拉定片、维生素 C 注射剂、鱼肝油胶丸等。剂型是药物制成的不同形态，是一类药物制剂的总称，制剂是剂型中的具体品种。同一种药物可以制成不同的剂型，如左旋氧氟沙星可制成片剂、注射剂以及滴眼剂等多种剂型。同一种剂型也可以有多种不同的药物，如片剂有罗红霉素片、格列齐特片等。

3. 药剂学与药物制剂技术　药剂学是研究药物制剂的基本理论、处方设计、生产工艺、质量控制与合理应用的综合应用技术科学。药剂学包括制剂学与调剂学两部分，研究制剂生产工艺技术及相关理论的科学称为制剂学，研究方剂调制技术、理论和应用的科学称为调剂学。按医师处方专门为某一患者调制的，并明确指明用法和用量的药剂称为方剂。药物制剂技术是在《药品生产质量管理规范》（GMP）等法规的指导下，研究药物制剂生产和制备技术的综合性应用技术学科。药物制剂技术以药剂学理论为指导，以药物剂型与药物制剂为研究对象，以用药者获得理想的药品为研究目的，其宗旨是制备安全、有效、稳定和使用方便的药物制剂。

4. 药品批准文号与药品生产批号　生产新药或者已有国家标准的药品，须经国家药品监督管理部门批准，并在批准文件上规定该药品的专有编号，此编号称为药品批准文号，是药品生产合法性的标志，药品生产企业在取得药品批准文号后，方可生产该药品。药品批准文号由以下几部分组成：国药准字＋1 位字母＋8 位数字。试生产药品批准文号由以下几部分组成：国药试字＋1 位字母＋8 位数字。其中化学药品使用字母"H"，中药使用字母"Z"，保健药品使用字母"B"，生物制品使用字母"S"，体外化学诊断试剂使用字母"T"，药用辅料使用字母"F"，进口分包装药品使用字母"J"。生产中，在规定限度内具有同一性质和质量，并在同一连续生产周期内生产出来的一定数量的药品为一批。所谓规定限度是指一次投料，同一生产工艺过程，同一生产容器中制得的产品。药品生产批号是用于识别"批"的一组数字或字母加数字，用于追溯和审查该批药品的生产历史。每批药品均应编制生产批号。

5. 药品的通用名与商品名　药品的通用名是根据国际通用药品名称、中国国家药典委员会《新药审批办法》规定的原则命名。采用药品的通用名称，即同一处方或同一品种的药品使用相同的名称，有利于国家对药品的监督管理，有利于医生选用药品，有利于保护消费者合法权益，也有利于制药企业之间展开公平竞争。药品的商品名又称商标名，是指经国家药品监督管理部门批准的特定企业使用的该药品专用的商品名称，即不同厂家生产的同一种药物制剂可以起不同的商品名，具有专有性质，不可仿用。商品名经注册后即为注册药品。国际非专有名（INN）是世界卫生组织（WHO）制定的药物（原料药）的国际通用名，采用国际非专有名，使世界药物名称得到统一，便于交流和协作。

6. 辅料与物料 辅料是药物制剂中除主药以外的一切附加成分的总称，是制剂生产和处方调配时所添加的赋形剂和附加剂，是制剂生产中必不可少的组成部分。物料是制剂生产过程中所用的原料、辅料和包装材料等物品的总称。

即学即练 1-1

答案解析

    A. 软膏剂   B. 维生素 C 片   C. 阿司匹林

1. 上述选项中属于药物的是（　）。
2. 上述选项中属于药品的是（　）。
3. 上述选项中属于剂型的是（　）。
4. 上述选项中属于制剂的是（　）。

任务二　药物剂型 e微课2

PPT

剂型是药物临床应用的最终形式，药物需要通过剂型来输送到体内发挥疗效。由于药物的种类繁多，其性质与用途各不同，药物在临床使用前必须制成各类适宜的剂型以适应临床应用上的各种需要。

一、药物剂型的分类

1. 按形态分类 可将剂型分为固体剂型（如散剂、丸剂、颗粒剂、胶囊剂、片剂等），半固体剂型（如软膏剂、糊剂等），液体剂型（如溶液剂、芳香水剂、注射剂等）和气体剂型（如气雾剂、吸入剂等）。一般形态相同的剂型，在制备特点上有相似之处。如液体制剂制备时多需溶解、分散等操作；半固体制剂多需熔化和研匀等操作；固体制剂多需粉碎、混合和成型等操作。但剂型的形态不同，药物作用的速度也不同，对于同样的给药方式，如口服给药，液体制剂最快，固体制剂较慢。

这种分类方式纯粹是按物理外观，因此具有直观、明确的特点，且对药物制剂的设计、生产、保存和应用都有一定的指导意义。不足之处是没有考虑制剂的内在特点和给药途径。

2. 按分散系统分类 一种或几种物质（分散相）分散于另一种物质（分散介质）所形成的系统称为分散系统。将剂型视为分散系统，可根据分散介质及分散相存在的状态特征不同进行分类。

（1）**分子型** 是指药物以分子或离子状态均匀地分散在分散介质中形成的剂型。通常药物分子的直径小于 1nm，而分散介质在常温下以液体最常见，这种剂型又称为溶液型。分子型的分散介质也包括常温下为气体（如芳香吸入剂）或半固体（如油性药物的凡士林软膏等）的剂型。所有分子型的剂型都是均相系统，属于热力学稳定体系。

（2）胶体溶液型　是指固体或高分子药物分散在分散介质中所形成的不均匀（溶胶）或均匀（高分子溶液）分散系统的液体制剂，分散相的直径在 1～100nm 之间。如胶浆剂、溶胶剂，其中，胶浆剂（高分子胶体溶液）属于均相的热力学稳定体系，而溶胶剂则是非均相的热力学不稳定体系。

（3）乳状液型　是指液体分散相以小液滴形式分散在另一种互不相溶液体分散介质中组成非均相的液体制剂。分散相的直径通常在 0.1～50μm 之间，如口服乳剂、静脉注射乳剂、部分滴剂、微乳等。

（4）混悬液型　是指难溶性固体药物分散在液体分散介质中组成非均相分散系统的液体制剂。分散相的直径通常在 0.1～50μm 之间，如洗剂、混悬剂等。

（5）气体分散型　是指液体或固体药物分散在气体分散介质中形成的分散系统的制剂，如气雾剂、喷雾剂等。

（6）固体分散型　是指固体药物以聚集体状态与辅料混合呈固态的制剂，如散剂、丸剂、胶囊剂、片剂等。这类制剂在药物制剂中占有很大的比例。

（7）微粒分散型　药物通常以不同大小的微粒呈液体或固体状态分散，主要特点是粒径一般为微米级（如微囊、微球、脂质体等）或纳米级（如纳米囊、纳米粒、纳米脂质体、亚微乳等），这类剂型能改变药物在体内的吸收、分布等方面特征，是近年来大力研发的药物靶向剂型。

按分散系统对剂型进行分类，基本上可以反映出剂型的均匀性、稳定性以及制法的要求，但不能反映给药途径对剂型的要求，可能会出现一种剂型由于辅料和制法不同而属于不同的分散系统，如注射剂可以是溶液型，也可以是乳状液型、混悬型或微粒型等。

3. 按给药途径分类　这种分类方法是将同一给药途径的剂型分为一类，紧密结合临床，能反映给药途径对剂型制备的要求。

（1）经胃肠道给药剂型　此类剂型是指给药后经胃肠道吸收后发挥疗效的剂型。如溶液剂、糖浆剂、颗粒剂、胶囊剂、散剂、丸剂、片剂等。口服给药虽简单，但有些药物易受胃酸破坏或肝脏代谢，引起生物利用度的问题；有些药物对胃肠道有刺激性。

（2）非经胃肠道给药剂型　此类剂型是指除胃肠道给药途径以外的其他所有剂型，包括注射给药（如静脉注射、肌内注射、皮下注射、皮内注射及穴位注射等）、皮肤给药（如外用溶液剂、洗剂、软膏剂、贴剂、凝胶剂等）、口腔给药（如漱口剂、含片、舌下片剂、膜剂等）、鼻腔给药（如滴鼻剂、喷雾剂、粉雾剂等）、肺部给药（如气雾剂、吸入剂、粉雾剂等）、眼部给药（如滴眼剂、眼膏剂、眼用凝胶、植入剂等）、直肠给药（如灌肠剂、栓剂等）。

此分类方法与临床使用结合比较密切，并能反映给药途径与应用方法对剂型制备的特殊要求。但此分类会产生同一种剂型由于用药途径的不同而出现多次重复。如喷雾剂既可以通过口腔给药，也可以是鼻腔、皮肤或肺部给药。又如生理盐水，它既是注射剂，也可以是滴眼剂、滴鼻剂、灌肠剂等。因而无法体现具体剂型的内在特点。

4. 按作用时间分类　有速释（快效）、普通和缓控释制剂等。这种分类方法能直接反映用药后起效的快慢和作用持续时间的长短，因而有利于临床的正确使用。这种方法无法区分剂型之间的固有属性。如注射剂和片剂都可以设计成速释和缓释产品，但两种剂型制备工艺截然不同。

总之，药物剂型种类繁多，剂型的分类方法也不局限于一种。但是，剂型的任何一种分类方法都有其局限性、相对性和相容性。因此，人们习惯于采用综合分类方法，即将两种或两种以上的分类方法相结合，目前更多的是以临床用药途径与剂型形态相结合的原则，既能够与临床用药密切配合，又可体现出剂型的特点。

知识链接

处方药与非处方药

国家对药品实行处方药与非处方药的分类管理制度,这也是国际上通用的药品管理模式。

1. 处方药 必须凭执业医师或执业助理医师的处方才可调配、购买,并在医生指导下使用的药品。处方药可以在国务院卫生行政部门和药品监督管理部门共同指定的医学、药学专业刊物上介绍,但不得在大众传播媒介发布广告宣传。

2. 非处方药 不需凭执业医师或执业助理医师的处方,消费者可以自行判断购买和使用的药品。非处方药简称OTC,经专家遴选,由国家药品监督管理局批准并公布。在非处方药的包装上,必须印有国家指定的非处方药专有标识。

二、药物制成不同剂型的目的

剂型作为药物的给药形式,对药效的发挥起到至关重要的作用。将药物制成不同类型的剂型可达到以下几方面的目的。

1. 改变剂型可改变药物的作用性质 有些药物的药理活性与剂型有关。如硫酸镁口服剂型为泻下药,但5%注射液静脉滴注,能抑制大脑中枢神经,具有镇静、镇痉作用。又如依沙吖啶(利凡诺)1%注射液用于中期引产,但0.1%~0.2%溶液局部涂敷有杀菌作用。

2. 改变剂型可调节药物的作用速度 同一药物制成的剂型不同,其作用速度亦有所差别。例如,注射剂、吸入气雾剂等,发挥药效快,常用于急救;丸剂、缓控释制剂、植入剂等属长效制剂。医生可按疾病治疗的需要选用不同作用速度的剂型。

3. 改变剂型可降低(或消除)药物的毒副作用 如果剂型选择得当,可以降低或消除药物的毒副作用。如氨茶碱治疗哮喘病效果很好,但有引起心跳加快的毒副作用,若改成栓剂则可消除这种毒副作用。缓释与控释制剂能保持血药浓度平稳,从而在一定程度上降低药物的毒副作用。

4. 改变剂型可产生靶向作用 一般微粒分散体系的静脉注射剂可使药物发挥靶向作用。如脂质体是在体内能被网状内皮系统的巨噬细胞所吞噬,使药物在肝、脾等器官浓集性分布,即在肝、脾等器官发挥疗效的药物剂型。

5. 改变剂型可提高药物的稳定性 同种主药制成固体制剂的稳定性高于液体制剂,对于主药易发生降解的,可以考虑制成固体制剂。

6. 改变剂型可影响药物的疗效 固体剂型如片剂、颗粒剂、丸剂的制备工艺不同会对药效产生显著的影响;药物晶型、药物粒子大小的不同,也可直接影响药物的释放,从而影响药物的治疗效果。

知识链接

药物剂型选择和制剂设计原理

药物的作用效果不仅取决于药物本身的活性,还与其进入体内的形式和作用过程密切相关。因此,科学合理地选择和设计药物制剂意义重大。

1. 药物剂型的选择应考虑到临床用药的需求。药物剂型必须与给药途径相适应,例如眼黏膜给药以液体、半固体最方便,皮肤给药则多用膏剂。另外,不同的剂型可以达到不同的用药目的,例如注射剂起效迅速，片剂、胶囊剂作用较慢。

2. 药物制剂设计应遵循安全性、有效性、可控性、稳定性和顺应性原则。药物制剂的设计应能最大程度发挥药物的疗效，最大限度避免其毒副作用。同时，药物制剂的设计应尽可能采用便捷的给药途径，简单的使用方法，并能满足其制备、运输、保存等方面的要求。

任务三　药典和药品标准 ｅ微课3

PPT

一、药典

药典（pharmacopoeia）是一个国家记载药品规格和标准的法典。一般由国家药典委员会编印并由政府颁布执行，具有法律约束力。药典中收载的是疗效确切、副作用小、质量较稳定的常用药物及其制剂，规定其质量标准、制备要求、鉴别、杂质检查与含量测定等，作为药品生产、检验、供应与使用的依据。一个国家的药典在一定程度上可以反映这个国家药品生产、医疗和科技水平。药典在保证人民用药安全有效、促进药品研究和生产等方面有重要作用。

随着医药学的发展，新的药物和试验方法不断出现，为使药典的内容能及时反映医药学方面的新成就，药典出版后，一般每隔几年须修订一次。我国药典自1985年后，每隔5年修订一次。有时为了使新的药物和制剂能及时地得到补充和修改，往往在下一版新药典出版前，还出一些增补本。

（一）《中华人民共和国药典》

中华人民共和国成立后的第一版《中国药典》于1953年8月出版，定名为《中华人民共和国药典》，简称《中国药典》，依据《中华人民共和国药品管理法》组织制定和颁布实施。现行版本为2025年版，至今颁布了1953年、1963年、1977年、1985年、1990年、1995年、2000年、2005年、2010年、2015年、2020年、2025年共12个版本。《中国药典》一经颁布实施，其同品种的上版标准或其原国家标准即同时停止使用。

我国药典的特色之一是药品中包括中国传统药。从1963年版开始，为了更好地继承和发扬中国特色药，《中国药典》分为两部，一部收载中药及成方制剂，二部收载化学药品、抗生素、生物制品及其制剂。随着生物制品的发展，为了适应生物技术药物在医疗中日益扩大的作用，从2005年版开始《中国药典》分为三部，将生物制品从二部中单独列出，成为第三部，进一步显现了生物技术药物在医疗领域中的地位。从2015年版开始《中国药典》分为了四部，一部收载中药材和饮片、植物油脂和提取物、中药制剂等；二部收载化学药、抗生素、生化药品及放射性药品等；三部收载生物制品；四部收载通用技术要求和药用辅料，其中通用技术要求包括制剂通则、检验方法、指导原则等。

2020年版《中国药典》收载品种5911种，新增319种，修订3177种，不再收载10种，因品种合并减少6种。本版药典进一步完善了药典标准的技术规定，使药典标准更加系统化、规范化，充分体现了中国用药水平、制药水平、监管水平的全面提升，对保证用药安全意义重大。

（二）国外药典

据不完全统计，世界上已有近40个国家编制了国家药典，另外还有3种区域性药典和世界卫生组织（WHO）组织编制的《国际药典》等，这些药典无疑对世界医药科技交流和国际医药贸易具有极大的促进作用。

《美国药典》（The United States Pharmacopoeia，简称 USP），由美国政府所属的美国药典委员会（The United States Pharmacopeial Convention）编辑出版。USP 于 1820 年出第 1 版，1950 年以后每 5 年出一次修订版。《国家处方集》（National Formulary，简称 NF），1883 年出第 1 版，于 1980 年并入 USP，但仍分两部分，前面为 USP，后面为 NF。USP – NF 是唯一由美国食品药品监督管理局（FDA）强制执行的法治标准。2005 年以后，每年出版一次。《英国药典》（British Pharmacopoeia，简称 BP），是英国药品委员会（British Pharmacopoeia Commission）的正式出版物，是英国制药标准的重要来源，最早出版于 1864 年，英国药典更新周期不定。《欧洲药典》（European Pharmacopoeia，简称 Ph. Eur.），欧洲药典委员会于 1977 年出版第 1 版。《欧洲药典》为欧洲药品质量检测的唯一指导文献。所有药品和药用底物的生产厂家在欧洲范围内推销和使用的过程中，必须遵循《欧洲药典》的质量标准。日本药典称为《日本药局方》（Pharmacopoeia of Japan，简称 JP），由日本药局方编集委员会编撰，由厚生省颁布执行，1886 年颁布第 1 版，每 5 年修订一次。分两部出版，第一部收载原料药及其基础制剂，第二部主要收载生药、家庭药制剂和制剂原料。《国际药典》（Pharmacopoeia Internationalis，简称 Ph. Int.），是世界卫生组织为了统一世界各国药品的质量标准和质量控制方法而编纂的，1951 年出版了第 1 版。《国际药典》对各国无法律约束力，仅作为各国编纂药典时的参考标准。

从各国药典的实施情况看，各国药典对药品的质量管理要求越来越高，修改周期越来越短，增补本越来越多。

 知识链接

国家基本药物

世界卫生组织（WHO）对国家基本药物有如下定义。那些能满足大部分人口卫生保健需要的药物，在任何时候都应当能够以充分的数量和合适的剂型提供应用。WHO 提出了基本药物示范目录，现行示范目录为第 21 版（2019 年版），包括药物 460 个品种。我国于 1982 年首次公布国家基本药物目录，以后每两年公布一次。国家基本药物是从已有国家药品标准的药品和进口药品中遴选。遴选的原则主要有以下几点：临床必需、安全有效、价格合理、使用方便、中西药并重。

二、药品标准

药品标准是国家对药品的质量、规格和检验方法所作的技术要求和规范，是保证药品质量，进行药品生产、经营、使用、管理及监督检验的法定依据。我国的国家药品标准包括《中华人民共和国药典》，以及国家药品监督管理部门颁布的其他药品标准和药品注册标准。《国家药品监督管理局国家药品标准》简称《国家药品标准》，由国家药品监督管理局（NMPA）对临床常用、疗效确切、生产地区较多的原地方标准品种进行质量标准的修订、统一、整理、编纂并颁布实施的，主要包括以下几个方面的药物。

1. 国家药品监督管理局审批的国内创新的重大品种，国内未生产的新药，包括放射性药品、麻醉性药品、中药人工合成品、避孕药品等。

2. 药典收载过而现行版未列入的疗效肯定，国内几省仍在生产、使用并需修订标准的药品。

3. 疗效肯定但质量标准仍需进一步改进的新药。

其他国家除药典外，尚有国家处方集的出版。如美国的处方集（NF），英国的处方集（British National Formulary，简称 BNF）和英国准药典（British Pharmacopoeia Codex，简称 BPC），日本的《日本药局方外医药品成分规格》《日本抗生物质医药品基准》《放射性医用品基准》等书。

除了药典以外的标准，还出版有药典注释，这类出版物的主旨是对药典的内容进行注释或引申性补充。

任务四　相关法规

PPT

一、《药品生产质量管理规范》

《药品生产质量管理规范》（Good Manufacturing Practice，简称GMP），是药品在生产全过程中，用科学、合理、规范化的条件和方法来保证生产出优良制剂的一整套系统的、科学的管理规范，是药品生产和质量全面管理监控的通用准则。GMP的三大目标要素是将人为的差错控制在最低的限度、防止对药品的污染、保证高质量产品的质量管理体系。GMP总的要求是：所有医药工业生产的药品，在投产前，对其生产过程必须有明确规定，所有必要设备必须经过校验；所有人员必须经过适当培训；厂房建筑及装备应合乎规定；使用合格原料；采用经过批准的生产方法；还必须具有合乎条件的仓储及运输设施；对整个生产过程和质量监督检查过程应具备完善的管理操作系统，并严格执行。

实践证明，GMP是防止药品在生产过程中发生污染、交叉污染、混淆、差错，确保药品质量的必要、有效的手段。国际上早已将是否实施GMP作为药品质量有无保障的先决条件，它作为指导药品生产质量管理的法规，在国际上已有近60年历史，在我国推行也有30多年的历史。2010年10月，原国家卫生部审议通过《药品生产质量管理规范（2010年修订）》，自2011年3月1日开始执行，后期又发布了12个附录作为配套文件。我国的GMP正逐步向国际水平靠拢。

到目前为止，已有100多个国家和地区制定了GMP，随着GMP的不断发展和完善，GMP对药品生产过程中的质量保证作用得到了国际的公认。

二、其他药品规范

除了GMP以外，药品质量管理规范还包括《药品经营质量管理规范》《药品非临床研究质量管理规范》《药品临床试验质量管理规范》等。

《药品经营质量管理规范》（Good Supply Practice，简称GSP），是指在药品流通过程中，针对计划采购、购进验收、贮存、销售及售后服务等环节而制定的保证药品符合质量标准的一项管理制度，控制医药商品流通环节所有可能发生质量事故的因素。其核心是通过严格的管理制度来约束企业的行为，对药品经营全过程进行质量控制，保证向用户提供优质的药品。

《药品非临床研究质量管理规范》（Good Laboratory Practice，简称GLP），指对从事实验研究的规划设计、执行实施、管理监督和记录报告的实验室的组织管理、工作方法和有关条件提出的法规性文件，涉及到实验室工作的可影响到结果和实验结果解释的所有方面。GLP是在新药研制的实验中，进行动物药理试验（包括体内和体外试验）的准则，其目的是严格控制药品安全性评价试验的各个环节，降低试验误差，确保试验结果的真实性，是保证药品研制过程安全、准确、有效的法规。

《药品临床试验质量管理规范》（Good Clinical Practice，简称GCP）。临床试验是指任何在人体（患者或健康志愿者）进行的系统性研究，以证实或揭示试验用药品的作用及不良反应等。GCP是药品临床试验全过程的标准规定，包括方案设计、组织、实施、监查、稽查、记录、分析总结和报告。其目的在于保证临床试验过程的规范，结果科学可靠，保护受试者的权益并保障其安全。

国家制定一系列药品质量管理规范，其根本目的是保证药品质量。对药品的管理在实验室研究阶段实行 GLP，在新药临床研究阶段实行 GCP，在药品生产过程中实施 GMP，在流通过程中实施 GSP。

任务五　空气净化技术

PPT

空气净化技术是以创造洁净空气环境为目的的空气调节技术。空气净化根据不同的生产工艺要求可分为工业洁净和生物洁净两大类。工业洁净需除去空气中悬浮的尘埃，生物洁净不仅需除去空气中的尘埃，还需除去悬浮的微生物以创造空气洁净的环境。

GMP 规定制剂生产车间应当根据药品品种、生产操作要求及外部环境状况等配置空调净化系统，使生产区有效通风，并有温度、湿度控制和空气净化过滤，保证药品的生产环境符合要求。

一、洁净室的要求 🅔 视频1

制剂生产洁净区的内部布置是根据药品种类、剂型、工序和具体生产要求等合理划分的不同洁净室。洁净室根据洁净度级别的不一样，对空气中的尘埃、微生物有不同的要求。此外，对温度、湿度、压力和照明亦有要求。2010 年版 GMP 根据空气中含尘量和含菌量的不同将洁净室的洁净度划分为 A、B、C、D 四个等级。

（一）建筑要求

药品生产企业生产、行政、生活和辅助区的总体布局应当合理，不得互相妨碍，不得对药品的生产造成污染。洁净室应根据生产的不同要求采取不同的空气净化措施，以保证生产环境符合相应的洁净度要求，包括达到"静态"和"动态"的标准。各种管道、照明设施、风口和其他公用设施的设计和安装应当避免出现不易清洁的部位，且方便在生产区外部对其进行维护。洁净区的内表面应当平整光滑、无裂缝，墙壁与顶棚及地面连接处宜成圆弧状，接口严密、无颗粒物脱落，避免积尘，便于清洁。

（二）室内布局要求

洁净室应按工艺流程进行布局，人流、物流应尽可能分开，避免重复折返，以免造成物料、半成品间交叉污染与混淆。洁净区室内布局基本原则如下。

（1）洁净室内的设备布置尽量紧凑，以减少洁净室的面积。

（2）洁净度级别相同的洁净室尽量安排在一起。

（3）不同洁净度级别的洁净室应由低级向高级布置，级别不同的洁净室之间的压差应当不低于 10Pa。

（4）洁净区与非洁净区之间通过缓冲室、传递窗连接，缓冲设施的门不能同时打开（可采用连锁系统防止两侧的门同时打开）。

（5）洁净区应有适当的照明，并有温度、湿度控制。一般照度要求不低于 300lx，温度为 18 ～ 26℃，相对湿度为 45% ～ 65%。

（三）对人、物的要求

进入洁净生产区的人员应严格遵守更衣程序，不得化妆和佩戴饰物，尽可能减少对洁净区的污染或将污染物带入洁净区。工作服的选材、式样及穿戴方式应当与所从事的工作和空气洁净度级别要求相适应。不同洁净度级别的着装要求有所不同，如 A/B 级洁净区工作服应为不脱落纤维或微粒的灭菌连体工作服，C/D 级洁净区的工作服可为衣裤分开的工作服。

需在洁净区使用的物料、工具、容器具等均需清洁、灭菌处理，通过传递窗等送入洁净区内。使用后的设备、工具、容器具应及时按照规定程序进行清洁、消毒，置于通风良好的洁具间内规定位置。

（四）洁净室的净化标准 🄴视频2～3

药品基本质量要求包括安全、稳定、有效。安全是首要问题，包括药品本身的安全和生产环境对药品质量引起的各种不良影响，空气洁净度标准主要是针对后者而采取的一种措施。

洁净室系指应用空气净化技术，使室内达到不同的洁净级别，供不同制剂生产要求使用的操作室。洁净室的净化标准主要涉及尘埃和微生物两方面，我国 2010 年版 GMP 对无菌及非无菌制剂生产的洁净度要求有以下相关内容。无菌药品生产所需的洁净区可分为 4 个级别。

（1）A 级 高风险操作区，如，灌装区、放置胶塞桶和与无菌制剂直接接触的敞口包装容器的区域及无菌装配或连接操作的区域，应当用单向流操作台（罩）维持该区的环境状态。单向流系统在其工作区域必须均匀送风。

（2）B 级 指无菌配制和灌装等高风险操作 A 级洁净区所处的背景区域。

（3）C 级和 D 级 指无菌药品生产过程中重要程度较低操作步骤的洁净区。

各洁净度级别对空气悬浮粒子的标准规定见表 1-1，微生物监测的动态标准见表 1-2。

表 1-1 药品生产洁净室（区）空气洁净度级别表

洁净度级别	悬浮粒子最大允许数/m³			
	静态[a]		动态[b]	
	≥0.5μm[d]	≥5.0μm	≥0.5μm[d]	≥5.0μm
A 级[c]	3520	20	3520	20[a]
B 级[d]	3520	29	352,000	2,900
C 级[d]	352,000	2,900	3,520,000	29,000
D 级[d]	3,520,000	29,000	不作规定[e]	不作规定[e]

注：（a）生产操作全部结束，操作人员撤离生产现场并经 15～20 分钟自净后，洁净区的悬浮粒子应达到表中的"静态"标准。

（b）动态测试可在常规操作、培养基模拟灌装过程中进行，证明达到"动态"的洁净度级别。

（c）为确认 A 级洁净区的级别，每个采样点的采样量不得少于 1m³。

（d）为了达到 B、C、D 级区的要求，空气换气次数应根据房间的功能、室内的设备和操作人员数决定。空调净化系统应当配有适当的终端过滤器，如 A、B 和 C 级区应采用不同过滤效率的高效过滤器（HEPA）。

（e）须根据生产操作的性质来决定洁净区的要求和限度。

表 1-2 洁净区微生物监测的动态标准[a]

级别	浮游菌	沉降菌（φ90mm）	表面微生物	
	cfu/m³	cfu/4 小时[b]	接触碟（φ55mm）cfu/碟	5 指手套 cfu/手套
A 级	<1	<1	<1	<1
B 级	10	5	5	5
C 级	100	50	25	—
D 级	200	100	50	—

注：（a）表中各数值均为平均值。

（b）可使用多个沉降碟连续进行监控并累计计数，但单个沉降碟的暴露时间可以少于 4 小时。

洁净室应保持正压，洁净室之间按洁净度的高低依次相连，并有相应的压差（压差≥10Pa）以防止低级洁净室的空气逆流到高级洁净室。除有特殊要求外，洁净室的温度一般应为18～26℃，相对湿度为45%～65%。

不同无菌制剂对生产操作环境的空气洁净度要求详见表1-3。

表1-3　无菌药品生产环境的空气洁净度要求

洁净度级别	最终灭菌产品生产操作示例
C级背景下的局部A级	高污染风险的产品灌装（或灌封）
C级	产品灌装（或灌封） 高污染风险产品的配制和过滤 眼用制剂、无菌软膏剂、无菌混悬剂等的配制、灌装（或灌封） 直接接触药品的包装材料和器具最终清洗后的处理
D级	轧盖 灌装前物料的准备 产品配制（指浓配或采用密闭系统的配制）和过滤 直接接触药品的包装材料和器具的最终清洗
洁净度级别	非最终灭菌产品的无菌操作示例
B级背景下的A级	处于未完全密封状态下产品的操作和转运，如产品灌装（或灌封）、分装、压塞、轧盖等 灌装前无法除菌过滤的药液或产品的配制 直接接触药品的包装材料、器具灭菌后的装配以及处于未完全密封状态下的转运和存放 无菌原料药的粉碎、过筛、混合、分装
B级	处于未完全密封状态下的产品置于完全密封容器内的转运 直接接触药品的包装材料、器具灭菌后处于密闭容器内的转运和存放
C级	灌装前可除菌过滤的药液或产品的配制 产品的过滤
D级	直接接触药品的包装材料、器具的最终清洗、装配或包装、灭菌

非无菌制剂的操作：口服液体、固体、腔道用药（含直肠用药）、表皮外用药品、非无菌的眼用制剂暴露工序及其直接接触药品的包装材料最终处理的暴露工序区域，应参照2010年版GMP附录：无菌药品中D级洁净区的要求设置与管理。

非无菌原料药精制、干燥、粉碎、包装等生产操作的暴露环境应当按照D级洁净区的要求设置。

> **即学即练 1-2**
>
>
> 答案解析
>
> A. B级背景下的A级　　　　B. C级　　　　　　　　C. D级
>
> 1. 表皮外用药制剂生产的暴露工序区域为（　）。
> 2. 无菌原料药的分装工序区域为（　）。
> 3. 眼用制剂的灌装工序区域为（　）。

二、空气净化技术

空气净化技术是以创造洁净空气环境为目的，一般采取空气过滤的方法。当空气通过过滤介质时，空气中的尘埃被过滤介质截留，达到空气净化的目的。常用的过滤器一般按其过滤效率分为初效过滤器、中效过滤器和高效过滤器。图1-1为洁净室利用过滤器净化空气的处理流程。

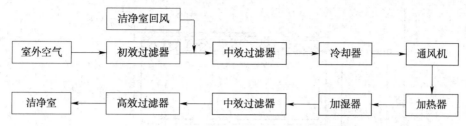

图1-1 空气净化技术的空气处理流程示意图

空气过滤的机制包括拦截作用和吸附作用。拦截作用指当尘埃粒子粒径大于过滤介质微孔时，被过滤介质的机械屏蔽作用所截留；吸附作用指当粒径小于过滤介质微孔的细小粒子通过介质微孔时，由于粒子的重力、静电、运动惯性等作用被介质表面所吸附。

（一）洁净室空气的气流形式

洁净室的空气气流按流动状态分为单向流和非单向流。单向流也称层流，指洁净室中空气朝着同一个方向，以稳定均匀的方式和足够的速率流动，包括水平层流和垂直层流。单向流能持续清除关键操作区域的颗粒。非单向流也称紊流，指洁净室中空气呈现不规则流动状态，气流中的尘埃易相互扩散。洁净室内的洁净度为 A 级的气流组织形式为层流，C 级及以下各级可采用紊流。

（二）层流洁净室的特点

1. 层流洁净室的空气已通过高效过滤器滤过，达到无菌要求。
2. 洁净室内空气悬浮粒子在层流层中运动，可避免悬浮粒子聚结成大颗粒。
3. 新产生的污染物能迅速随层流空气排到室外。
4. 空气流速较高，粒子在空气中浮动而不会积聚沉降下来，同时室内空气也不会出现停滞状态，可避免药物粉末交叉污染。
5. 洁净空气没有涡流，灰尘或附着在灰尘上的细菌不易向别处扩散，只能就地被排除掉。

水平层流洁净室的净化单元工作过程如图 1-2 所示。

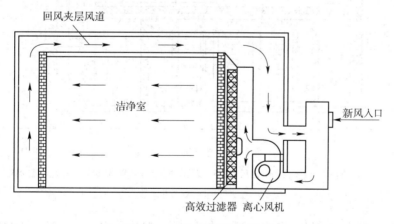

图1-2 水平层流洁净室示意图

离心风机吸入经初效过滤器过滤的新鲜空气和洁净室的循环空气，经高效过滤器过滤后送入洁净室，并向对面排风墙流去。这样洁净室内形成水平层流，达到净化的目的。从洁净室排出的空气，一部分排出室外，大部分经回风夹层风道被风机吸入净化后循环使用。

注射剂生产中，某些局部区域要求较高的洁净度，可使用垂直层流洁净工作台（图 1-3）。

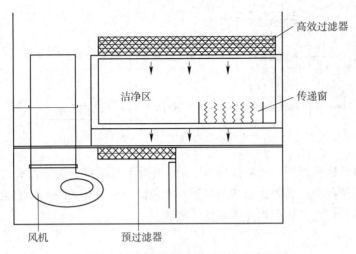

图1-3 垂直层流洁净工作台示意图

通过紊流净化的洁净室采取送入洁净空气来稀释室内含尘空气,从而降低粉尘浓度达到空气净化的目的。这种洁净室送风口可以设置在不同的位置(如顶部或侧部送风),室内洁净度与送风、回风的布置形式以及换气次数有关。在一定范围内增加换气次数可提高室内洁净度。

(三)洁净室的空调系统

为保证无菌制剂的质量,进入洁净室的空气应为无尘、无菌、洁净、新鲜的空气。目前药品生产企业洁净厂房多采用集中式净化空调系统,对进入室内的空气均须经过滤、去湿、加热等处理,并能调节室内的温度与湿度。洁净室空调系统如图1-4所示。

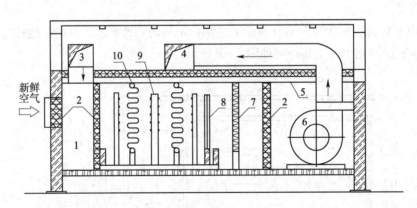

图1-4 空调系统示意图

1. 送风室;2. 初效过滤器;3. 回风管;4. 送风管;5. 混凝土板及保温层;6. 鼓风机;7. 加热器;8. 挡水板;
9. 喷雾管;10. 蛇管冷却器

当鼓风机启动后,室内的回风和室外的新风被吸入送风室中,空气首先经过初效过滤器以除去大部分尘埃和细菌;滤过后的空气通过冷却器使温度下降,并让空气中的水分冷凝除去。然后通过挡水板除去雾滴,再通过风机使空气经过蒸汽加热器加热,进一步调节空气温度和降低湿度。通过蒸汽加湿器调节好湿度的空气经中效过滤器过滤后进入各送风管,在送风管末端通过高效过滤器过滤后进入洁净室。洁净室内的空气可经回风管送回送风室,与新风混合后,循环使用。

实践实训

实践项目一 参观 GMP 车间

【实践目的】

1. 熟悉 GMP 车间的设计与布局；人员与物料进入 GMP 车间的基本程序。

2. 了解药物制剂生产管理的基本要求。

【实践场地】

制药企业 GMP 车间。设计规范，布局合理，通过国家 GMP 认证。

【实践内容】

1. GMP 车间的设计与布局。

2. 人员与物料进入 GMP 车间的基本程序。

3. 常见剂型的生产工艺过程及常用的制药设备。

【实践方案】

（一）准备工作

1. 对参观人员个人卫生、更衣等事项进行指导。

2. 准备参观所需工作服，工作服的选材、式样及穿戴方式应与生产操作和空气洁净度级别要求相适应。

（二）实施内容与要求

1. 人员进入生产区 人员进入生产区有以下几点要求。

（1）人员进入生产区应按规定更衣、洗手并进行必要的消毒。

（2）进入洁净区的人员不得化装和佩戴饰物，不得裸手直接接触药品。

（3）生产区禁止吸烟和饮食，禁止存放食品、饮料、香烟和个人用品等非生产用品。

2. 物料进入生产区 物料进入生产区有以下几点要求。

（1）按照要求检查物料的标签是否正确、外包装是否完好。

（2）认真核对物料的信息并记录。

（3）对物料外包装进行清洁与消毒或脱去外包装，物料经气闸室或传递窗进入生产区。

3. GMP 车间的设计与布局 GMP 车间的设计与布局主要有以下几点要求。

（1）人流、物流分开。

（2）厂房应按生产工艺流程及所要求的空气洁净级别进行合理布局，同一厂房内及相邻厂房之间的生产操作不得相互妨碍。

（3）厂房应有防尘、捕尘及防虫和其他动物进入的设施。

（4）厂房的结构与使用的建筑材料必须是便于进行清洁的。

（5）生产区和贮存区应有适宜的面积和空间进行设备的安置、物料存放，应能最大限度地减少差错和交叉污染。

4. 参观 GMP 车间　选择一到两种剂型按照其生产工艺流程进行参观。

【实践结果】

表1－4　实践结果

企业名称		参观时间	
参观项目	参观流程		
备注			

实践项目二　查阅《中国药典》

【实践目的】

1. 熟悉《中国药典》的结构和内容。

2. 学会查阅《中国药典》的方法。

【实践场地】

教室、图书馆。

【实践内容】

1. 熟悉《中国药典》。

2. 查阅《中国药典》。

【实践方案】

（一）准备工作

1. 关于《中国药典》的基本知识。

2. 《中国药典》一、二、三、四部。

（二）实施内容

1. 熟悉《中国药典》整体编排结构和基本内容框架。

2. 根据给定的查阅项目，查阅药典并填写实践结果表。

【实践结果】

表1-5 实践结果

编号	查阅项目	药典部页	查阅结果
1	甘油栓贮存法	____部 ____页	
2	甘油的相对密度	____部 ____页	
3	注射用水质量检查项目	____部 ____页	
4	滴眼剂质量检查项目	____部 ____页	
5	葡萄糖注射液规格	____部 ____页	
6	微生物限度检查法	____部 ____页	
7	阿莫西林片溶出度检查方法	____部 ____页	
8	阿司匹林肠溶胶囊释放度检查	____部 ____页	
9	热原检查法	____部 ____页	
10	密闭、密封、冷处、阴凉处的含义	____部 ____页	
11	注射用重组人干扰素 γ 的制造	____部 ____页	
12	安息香的性状	____部 ____页	
13	片剂重量差异检查方法	____部 ____页	
14	板蓝根颗粒的制备方法	____部 ____页	
15	三七的功能与主治	____部 ____页	
16	细粉	____部 ____页	
17	伤寒疫苗的保存及有效期	____部 ____页	
18	二氧化钛的类别	____部 ____页	

头脑风暴

诺氟沙星的临床应用

患者甲，女，48岁，细菌性阴道炎，医师开具诺氟沙星栓。

患者乙，男，21岁，细菌性肠道感染，医师开具诺氟沙星胶囊。

患者丙，男，35岁，角膜溃疡，医师开具诺氟沙星滴眼液。

讨论：同一种药物诺氟沙星，为何分别制成了栓剂、胶囊剂、滴眼液？

答案解析

目标检测

答案解析

一、单选题

1. 世界上最早的国家药典是（　　）。

 A.《黄帝内经》　　　　B.《本草纲目》　　　　C.《新修本草》　　　　D.《医典》

2. 头孢克肟胶囊属于（　　）。

 A. 原料药　　　　　　B. 方剂　　　　　　C. 制剂　　　　　　D. 剂型

3. 以下关于剂型的表述错误的是（　　）。

 A. 剂型是药物制成的不同形态

B. 同一种剂型可以有不同的制剂

C. 同一种药物可以制成多种剂型

D. 剂型是某一药物的具体品种

4.《中国药典》是（　　）。

    A. 国家颁布的药品集

    B. 国家药品监督管理局制定的药品标准

    C. 国家药典委员会制定的药物手册

    D. 国家组织编撰的记载药品规格标准的法典

5. 下列剂型不属于按分散系统分类的是（　　）。

    A. 乳状液型　　　　　　B. 混悬液型　　　　　　C. 固体分散型　　　　　　D. 半固体剂型

6. 现行版《中国药典》为（　　）。

    A. 2015 年版　　　　　　B. 2020 年版　　　　　　C. 2010 年版　　　　　　D. 2005 年版

7. GMP 是（　　）。

    A. 药品生产全过程中一套系统科学的管理规范

    B. 保证药品研制过程安全准确有效的法规

    C. 保证药品临床试验过程的规范

    D. 药品经营全过程质量控制的管理制度

8. 药品生产洁净区洁净度级别最高的是（　　）。

    A. A 级　　　　　　　　B. B 级　　　　　　　　C. C 级　　　　　　　　D. D 级

9. 下列关于层流的表述错误的是（　　）。

    A. 层流能持续清除关键操作区域的颗粒

    B. 层流中的尘埃易相互扩散

    C. 新产生的污染物能迅速随层流空气排到室外

    D. 可避免悬浮粒子聚结成大颗粒

二、多选题

1. 关于药品批准文号说法正确的是（　　）。

    A. 是药品生产合法性的标志

    B. 需经国家药品监督管理部门批准

    C. 药品生产企业需取得药品批准文号方可生产该药品

    D. 同一种药品的不同规格产品可共用一个药品批准文号

2. 药物依据来源可分为（　　）。

    A. 天然药物　　　　　　B. 化学合成药物　　　　　　C. 生物技术药物　　　　　　D. 原料药物

3. 以下表述了药物剂型重要性的是（　　）。

    A. 剂型可改变药物的作用性质

    B. 剂型可改变药物的作用速度

    C. 改变剂型可降低（或消除）药物的毒副作用

    D. 剂型可影响疗效

4. 对生产环境的空气洁净度级别要求为 C 级的操作有（　　）。

    A. 最终灭菌高污染风险产品的配制

    B. 灌装前无法除菌过滤的药液的配制

    C. 无菌软膏剂的灌装

    D. 直接接触药品的包装材料和器具的最终清洗

书网融合……

知识回顾　　微课 1　　微课 2　　微课 3　　视频 1　　视频 2　　视频 3　　习题

学习引导

当我们进药店买药时，有的药店墙上有提示语：为保证药品质量和对您的用药安全，售出的药品一律不退换。好像法律没有明文规定药品不能退换，药品离柜不予退换的做法是不是商家的霸王条款呢？通过本项目的学习，可试着从专业的角度来分析分析吧。

学习目标

1. **掌握**　影响药物制剂稳定性的因素及稳定的方法。
2. **熟悉**　药物制剂稳定性的概念，药物制剂降解的途径，药物制剂稳定性考察实验方法。
3. **了解**　药物制剂稳定性研究的范围和考察项目。

任务一　基本知识介绍 ▣微课1

PPT

 实例分析

实例　家中常备有一些药品如口服液、片剂、胶囊剂等，不同的药品有效期是否一致呢？仔细观察：我们会发现药品贮存期可在1年到3年甚至5年不等。这个时间一般是在药品研发过程中通过稳定性试验在了解制剂的稳定性基础上预测或确定下来的。药品在生产过程中要避免稳定性发生变化，在有效期内的药品如保存不当也可能导致药品发生霉变、质变，服用后引起不良反应。从事药品保管和养护工作时更应注意避免由于贮存条件的原因导致药品失效。

讨论　1. 药品有效期是怎么确定的？
　　　　2. 药品稳定性受哪些因素影响？

答案解析

一、药物制剂稳定性

药物制剂的基本要求是安全、有效、稳定，稳定性是用药安全的有效保证。药物制剂的稳定性（drug stability）系指药物从生产到患者使用期内保持稳定的程度，在这段时间应能保持制备时所规定的药品质量标准。如果药物在生产、运输、贮存过程中发生不稳定现象，则会分解变质，导致药效下降，甚至会出现对人体有害的物质，产生毒副作用，严重者危及生命。因此，药物制剂稳定性是制剂研究、开发、生产中的重要内容。这里的稳定性指的是体外稳定性，进入患者体内的稳定性属于药物制剂有效性问题。

药物制剂稳定性通常包括化学、物理、生物学三个方面。

（1）化学稳定性是指由于温度、湿度、光线、pH 等的影响，药物制剂产生氧化、水解等降解反应，使药物含量、效价、色泽等发生变化，从而影响制剂外观、破坏药品的内在质量，甚至增大药品的毒性等。

（2）物理稳定性是指由于温度、湿度等的影响，药物制剂的物理性能发生改变，如混悬液的颗粒结块、结晶生长，乳浊液的转相、破裂，胶体溶液的老化，片剂的崩解度、溶出速度降低，散剂的结块变色等。

（3）生物学稳定性是指药物制剂由于微生物污染而导致药品的变质、腐败。

在制剂的处方设计、制备过程和贮存使用过程中，也可以根据稳定性的研究资料，设计合适的剂型，选择适宜的辅料，优化制备工艺，选择合适的贮藏条件等，从而提高制剂质量，确保用药的安全与有效。同时也为企业带来一定的经济效益。

📱 知识链接

新药的稳定性研究资料

我国的《新药审批办法》明确规定，在新药研究和申报过程中必须呈报稳定性研究的相关资料。其中第四类新药为改变已知盐类药物的酸根、碱基（或金属元素）制成的原料药及其制剂。这种改变应不改变其药理作用，仅改变其理化性质（如溶解度、稳定性等），以适应贮存、制剂制造或临床用药的需要。办法中指出新药临床前研究应制定稳定性质量标准，在试生产期内应继续考察药品稳定性。因此，重视和研究药物制剂的稳定性，对于指导合理地进行剂型设计，提高制剂质量，保证药物制剂安全、有效、稳定具有重要意义。

二、关于稳定性的化学动力学基础知识

化学动力学（chemical kinetics）是研究化学反应在一定条件下的速度规律、反应条件（浓度、压力、温度、介质、催化剂等）对反应速度与方向的影响等。在药物制剂的制备、贮存、使用过程中，可用于研究药物在体外与体内的反应速度及其影响因素，研究药物在体内的吸收、分布、代谢、排泄，预测一定条件下药物的有效期等。

研究药物制剂稳定性可用药物化学反应速度来衡量，反应速度快，稳定性差，有效期短。药物的降解速度 $\frac{\mathrm{d}C}{\mathrm{d}t}$ 与浓度的关系可用式（2-1）描述。

$$\frac{\mathrm{d}C}{\mathrm{d}t} = kC^n \qquad (2-1)$$

式中，k 为反应速度常数；C 为反应物的浓度；n 为反应级数，$n=0$ 为零级反应，$n=1$ 为一级反应，$n=2$ 为二级反应，以此类推。反应级数是用来阐明反应物浓度对反应速度影响的大小。在药物制剂的各类降解反应中，尽管有些药物的降解反应机制十分复杂，但多数药物及其制剂可按零级、一级、伪一级反应处理。

1. 零级反应 零级反应速度与反应物浓度无关，而受其他因素的影响，如反应物的溶解度，或某些光化反应中光的照度等。零级反应的速度方程为式（2-2）。

$$-\frac{\mathrm{d}C}{\mathrm{d}t} = k_0 \qquad\qquad (2-2)$$

积分得式（2-3）。

$$C = C_0 - k_0 t \qquad\qquad (2-3)$$

式中，C_0 为 $t=0$ 时反应物浓度；C 为 t 时反应物浓度；k_0 为零级速率常数。C 与 t 呈线性关系，直线的斜率为 $-k_0$，截距为 C_0。

通常将反应物消耗一半所需的时间称为半衰期（half life），用 $t_{1/2}$ 表示。零级反应的半衰期用式（2-4）计算。

$$t_{1/2} = \frac{C_0}{2k} \qquad\qquad (2-4)$$

在药物制剂稳定性考察中，一般用降解10%所需的时间称为有效期（expiry date），用 $t_{0.9}$ 表示。零级反应的有效期用式（2-5）计算。

$$t_{0.9} = \frac{0.1 C_0}{k} \qquad\qquad (2-5)$$

2. 一级反应　一级反应速率与反应物浓度的一次方成正比，其速率方程为式（2-6）。

$$-\frac{\mathrm{d}C}{\mathrm{d}t} = kC \qquad\qquad (2-6)$$

积分后得浓度与时间关系式（2-7）。

$$\lg C = -\frac{kt}{2.303} + \lg C_0 \qquad\qquad (2-7)$$

式中，k 为一级速率常数。以 $\lg C$ 对 t 作图呈直线，直线的斜率为 $-k/2.303$，截距为 $\lg C_0$。

一级反应的 $t_{1/2}$ 用式（2-8）表示，且与反应物浓度无关。

$$t_{1/2} = \frac{0.693}{k} \qquad\qquad (2-8)$$

一级反应的 $t_{0.9}$ 用式（2-9）表示，也与反应物浓度无关。

$$t_{0.9} = \frac{0.1054}{k} \qquad\qquad (2-9)$$

任务二　药物制剂的化学降解途径

PPT

药物的降解途径主要是水解、氧化、聚合、脱羧、异构化等化学反应。水解和氧化反应是药物的主要降解途径。

1. 水解反应　水解是药物降解的主要途径，易发生降解反应的药物类型主要有酯（内酯）类、酰胺（内酰胺）类。酯类、内酯类、酰胺类和内酰胺类药物常受 H^+ 与 OH^- 催化水解，这种催化作用又称专属酸碱催化或特殊酸碱催化，该类药物的水解速度主要取决于 pH。

（1）酯类药物的水解　酯类和内酯类药物在碱性溶液中酰基氧键断裂，生成醇与酸，酸与 OH^- 反应，使反应进行完全。同时酯类成分的水解，往往使溶液 pH 降低，有些酯类药物灭菌后 pH 下降即提示可能发生水解。如盐酸普鲁卡因的不稳定主要因其水解，当 pH 3.5 左右时最稳定。此类药物还有盐酸丁卡因、盐酸可卡因、普鲁本辛、硫酸阿托品、硝酸毛果芸香碱等。

（2）酰胺类药物的水解　酰胺及内酰胺类药物水解生成酸与胺。属于这类的药物有氯霉素、青霉素类、头孢菌素类、巴比妥类等。青霉素和头孢菌素类药物的分子中存在着不稳定的 β – 内酰胺环，在 H^+ 或 OH^- 影响下，很易裂环失效。例如，氨苄西林在中性和酸性溶液中的水解产物为 α – 氨苄青霉酰胺酸。氨苄西林在水溶液中最稳定的 pH 为 5.8，当 pH 为 6.6 时，$t_{1/2}$ 为 39 天。本品只宜制成固体剂型（注射用无菌粉末）。注射用氨苄西林钠在临用前可用 0.9% 氯化钠注射液溶解后输液，但 10% 葡萄糖注射液对本品有一定的影响，最好不要配合使用，若两者配合使用，也不宜超过 1 小时。乳酸钠注射液对本品水解具有显著的催化作用，故二者不能配伍使用。

（3）其他药物的水解　阿糖胞苷在酸性溶液中，脱氨水解为阿糖脲苷。在碱性溶液中，嘧啶环破裂，水解速度加速。本品 pH 在 6.9 时最稳定，水溶液经稳定性预测 $t_{0.9}$ 约为 11 个月，常制成注射粉针剂使用。另外，维生素 B、地西泮（安定）、碘苷等药物的降解，也主要是水解作用。

2. 氧化反应　氧化也是药物变质的主要途径。药物的氧化过程与化学结构有关，如酚类、烯醇类、芳胺类、吡唑酮类、噻嗪类药物较易氧化。药物氧化分解常是自动氧化，即在大气中氧的影响下进行缓慢的氧化。药物氧化后，不仅效价损失，而且可能变色或产生沉淀。有些药物即使极少量被氧化，亦会色泽变深或产生不良气味，严重影响药品的质量，甚至成为废品。氧化过程一般都比较复杂，有时一个药物，氧化、光化分解、水解等过程同时存在。

（1）酚类药物　这类药物分子中具有酚羟基，如肾上腺素、左旋多巴、吗啡、水杨酸钠等。

（2）烯醇类药物　维生素 C 是这类药物的代表，分子中含有烯醇基，极易氧化，氧化过程较为复杂。在有氧条件下，先氧化成去氢抗坏血酸，然后经水解为 2,3 – 二酮古罗糖酸，再进一步氧化为草酸与 L – 丁糖酸。在无氧条件下，发生脱水作用和水解作用生成呋喃甲醛和二氧化碳。由于 H^+ 的催化作用，在酸性介质中脱水作用比碱性介质快，实验中证实有二氧化碳气体产生。

（3）其他类药物的氧化　芳胺类如磺胺嘧啶钠，吡唑酮类如氨基比林、安乃近，噻嗪类如盐酸氯丙嗪、盐酸异丙嗪等，这些药物都易氧化，其中有些药物氧化过程极为复杂，常生成有色物质。

药物的氧化反应通常在 pH 较低的溶液中较难发生，pH 增大有利于氧化反应进行。

3. 其他反应　药物的降解反应还有异构化，包括光学异构和几何异构、聚合、脱羧等，此类降解反应常受到光线、热、水分等因素的影响，药物降解后多发生颜色、溶解性等改变，直接导致药物的生理活性降低，甚至完全丧失或严重的过敏反应。如硝苯吡啶类、喹诺酮类等药物在光的作用下可发生光解反应；四环素、毛果芸香碱等因发生异构化反应而致生理活性下降或失去活性；氨苄西林（氨苄青霉素）水溶液在贮存中，生成的聚合物可诱发氨苄青霉素过敏反应；对氨基水杨酸钠会因水、光、热的影响而脱羧生成间氨基酚。

任务三　药物制剂稳定性的影响因素及稳定化方法

PPT

影响药物制剂稳定性的因素很多，可从处方因素和外界因素进行分析。

一、处方因素及稳定化方法

处方的组成可直接影响药物制剂的稳定性，进行药物制剂处方设计时，需要全面考虑 pH、广义的酸碱催化、溶剂、表面活性剂、赋形剂或附加剂、离子强度等。

1. pH 药物的水解反应与氧化反应容易受 H^+ 或 OH^- 催化，这种催化作用也叫专属酸碱催化（specific acid-base catalysis）或特殊酸碱催化，其降解速度与 pH 关系密切。pH 较低时主要是 H^+ 催化，pH 较高时主要是 OH^- 催化，pH 中等时为 H^+ 与 OH^- 共同催化或与 pH 无关。pH 对速度常数 k 的影响可用式（2-10）表示。

$$k = k_0 + k_{H^+} [H^+] + k_{OH^-} [OH^-] \tag{2-10}$$

根据上述动力学方程可以得到反应速度常数与 pH 关系的图形，如图 2-1 所示。这样的图形叫作 pH-速度图。在 pH-速度图最低点对应的横坐标，即为最稳定 pH，以 pH_m 表示。pH-速度图除了图 2-1 所示的 V 形图外，还有呈 S 形，如乙酰水杨酸水解 pH-速度图。

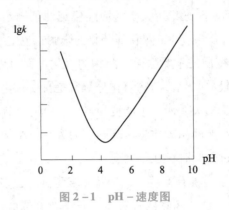

图 2-1 pH-速度图

通过实践或查阅资料可得到药物最稳定的 pH 范围，在此基础上进行调节。调节 pH 应注意综合考虑稳定性、溶解度和药效三个方面的因素。pH 调节剂一般是盐酸和氢氧化钠，也常用与药物本身相同的酸或碱，如硫酸卡那霉素用硫酸、氨茶碱用乙二胺等。如需维持药物溶液的 pH，则可用磷酸、醋酸、枸橼酸及其盐类组成的缓冲系统来调节。一些药物的最稳定 pH 见表 2-1。

表 2-1 一些药物的最稳定 pH

药物	最稳定 pH	药物	最稳定 pH
盐酸丁卡因	3.8	苯氧乙基青霉素	6
盐酸可卡因	3.5~4.0	毛果芸香碱	5.12
溴本辛	3.38	氯氮䓬	2.0~3.5
溴化内胺太林	3.3	氯洁霉素	4.0
三磷酸腺苷	9.0	地西泮	5.0
羟苯甲酯	4.0	氢氯噻嗪	2.5
羟苯乙酯	4.0~5.0	维生素 B_1	2.0
羟苯丙酯	4.0~5.0	吗啡	4.0
乙酰水杨酸	2.5	维生素 C	6.0~6.5
头孢噻吩钠	3.0~8.0	对乙酰氨基酚（扑热息痛）	5.0~7.0
甲氧苯青霉素	6.5~7.0		

2. 溶剂 根据溶剂和药物的性质，溶剂可能由于溶剂化、解离、改变反应活化能等而对药物制剂的稳定性产生显著的影响。对于易水解的药物，有时采用非水溶剂，如乙醇、丙二醇、甘油等而使其稳定。含有非水溶剂的注射液，如苯巴比妥注射液、地西泮注射液等。方程（2-11）可以说明非水溶剂对易水解药物的稳定化作用。

$$\log k = \log k_\infty - \frac{k' Z_A Z_B}{\varepsilon} \tag{2-11}$$

式中，k 为速度常数；ε 为介电常数；k_∞ 为溶剂 ε 趋向 ∞ 时的速度常数。此式表示溶剂介电常数对药物稳定性的影响，适用于离子与带电荷药物之间的反应。

3. 广义酸碱催化的影响　根据 Bronsted - Lowry 酸碱理论，给出质子的物质叫作广义的酸，接受质子的物质叫作广义的碱。有些药物也可被广义的酸碱催化水解，这种催化作用称为广义的酸碱催化。

磷酸盐、枸橼酸盐、醋酸盐、硼酸盐等常用的缓冲液都是广义的酸碱，许多药物处方中，往往需要加入缓冲剂，因此要注意它们对药物的催化作用。

为了观察缓冲剂对药物的催化作用，可采取缓冲剂 pH 不变，组分比例不变，增加缓冲剂浓度，观察药物在不同浓度缓冲液下的分解情况，如果分解速度随缓冲剂浓度增加而增加，则可确定该缓冲剂对药物有广义酸碱催化作用。为了减少这种催化作用的影响，在实际生产处方中，缓冲剂应用尽可能低的浓度或选用没有催化作用的缓冲剂。

4. 离子强度的影响　药物制剂处方中离子强度（ionic strength）的影响主要来源于用于调节 pH、调节等渗、防止氧化等的附加剂。方程（2-12）可用于说明离子强度对降解速度的影响。

$$\log k = \log k_0 + 1.02 Z_A Z_B \sqrt{\mu} \tag{2-12}$$

式中，k 为降解速度常数；k_0 为溶液无限稀（$\mu = 0$）时的速度常数；μ 为离子强度；$Z_A Z_B$ 为溶液中药物所带的电荷。

5. 表面活性剂　表面活性剂是制剂中常用的辅料。表面活性剂在溶液中形成的胶束可减少被增溶的药物受到活泼离子（如 H^+、OH^-）的攻击，从而增加某些易水解药物制剂的稳定性。如苯佐卡因易受 OH^- 催化水解，但在溶液中加入十二烷基硫酸钠，则稳定性明显增加，这是由于胶束阻止了 OH^- 对酯键的攻击。表面活性剂也会加快某些药物的分解，降低药物制剂的稳定性，如聚山梨酯 80 可降低维生素 D 的稳定性。因此，药物制剂处方设计时，应通过试验正确选用表面活性剂。

6. 基质与辅料　对于栓剂、软膏剂等，药物制剂稳定性可受制剂处方中基质的影响。聚乙二醇如用作阿司匹林栓剂基质则可致阿司匹林分解。片剂中，如使用硬脂酸钙或硬脂酸镁为阿司匹林片的润滑剂，则可致阿司匹林分解加速。在制剂中由于抗氧剂、等渗调节剂等附加剂以及盐的加入均可能对稳定性造成影响。所以在制剂的处方设计中应进行正确筛选。

二、外界因素及解决方法

外界因素主要包括温度、湿度、光线、空气、水分、金属离子、包装材料等，这些因素都会对制剂稳定性产生影响。其中，温度对各种降解反应均有较大影响，而光线、空气、金属离子对易氧化药物影响较大，湿度与水分主要影响固体制剂的稳定性，包装材料是各种药物制剂产品都应考虑的问题。

1. 温度　根据 Van't Hoff 规则，每升高 $10℃$ 反应速度加快 $2 \sim 4$ 倍。药物制剂的制备过程中，常有干燥、加热溶解、灭菌等操作，应制订合理的工艺条件，减少温度对药物制剂稳定性的影响。生物制品、抗生素等一些对热特别敏感的药物，应依其性质设计处方及生产工艺，如采用固体剂型、使用冷冻干燥和无菌操作、产品低温贮存等，以保证质量。

2. 光线　光是一种辐射能，可以激发光化降解反应如氧化反应等，光波越短，能量越大，故紫外线更易激发化学反应。某些药物分子因受辐射而活化并发生分解，这种反应叫作光化降解，其速度和药物的化学结构有关，和系统的温度无关。易被光降解的物质称光敏感物质。光敏感药物有硝普钠、氯丙嗪、异丙嗪、叶酸、维生素 A、核黄素、氢化可的松、强的松、硝苯吡啶、辅酶 Q_{10} 等。

光敏感的药物制剂在制备及贮存中应避光，并合理设计处方工艺，如在处方中加入抗氧剂、在包衣材料中加入遮光剂、在包装上使用棕色玻璃瓶或容器内衬垫黑纸避光等方法，以提高稳定性。

3. 空气 空气中的氧是药物制剂发生氧化降解的重要因素。氧可溶解在水中、存在于药物容器空间和固体颗粒的间隙中，所以药物制剂几乎都有可能与氧接触。只要有少量的氧，药物制剂就可产生氧化反应。

对易氧化的药物制剂，防止氧化的根本措施是除去氧气。生产上一般在溶液中和容器中通入二氧化碳或氮气等惰性气体以置换其中的氧，固体药物制剂可采用真空包装除去氧。

加入抗氧剂也是经常使用的方法。大部分抗氧剂本身为强还原剂，它首先被氧化而保护主药免遭氧化，在此过程中抗氧剂逐渐被消耗。另一些抗氧剂是链反应阻化剂，能与游离基结合，中断链反应的进行，在此过程中抗氧剂本身不被消耗。

抗氧剂根据溶解性可分为水溶性抗氧剂与油溶性抗氧剂，其中油性抗氧剂具阻化剂的作用。常用的水溶性抗氧剂有亚硫酸钠、硫代硫酸钠、亚硫酸氢钠、焦亚硫酸钠、维生素 C 等，其中亚硫酸钠、硫代硫酸钠适于偏碱性环境，焦亚硫酸钠、亚硫酸氢钠、维生素 C 常用于偏酸性环境；常用油溶性抗氧剂有二丁基羟基甲苯、生育酚、叔丁基对羟基茴香醚、棓酸丙酯、焦性没食子酸丙酯等。常用的抗氧剂及浓度见表 2-2。

表 2-2 常用的抗氧剂及浓度

抗氧剂	常用浓度/%	抗氧剂	常用浓度/%
亚硫酸钠	0.1~0.2	蛋氨酸	0.05~0.1
亚硫酸氢钠	0.1~0.2	硫代乙酸	0.005
焦亚硫酸钠	0.1~0.2	硫代甘油	0.005
硫代硫酸钠	0.1	叔丁基对羟基茴香醚*（BHA）	0.05~0.2
甲醛合亚硫酸氢钠	0.1	二丁基羟基甲苯*（BHT）	0.05~0.2
硫脲	0.05~0.1	没食子酸丙酯*（PG）	0.05~0.1
维生素 C	0.2	生育酚*	0.05~0.5
半胱氨酸	0.00015~0.05		

注：有 * 的为油溶性抗氧剂，其他为水溶性抗氧剂。

此外，酒石酸、枸橼酸、磷酸等可明显增强抗氧剂的效果，常称为协同剂。

4. 湿度与水分 湿度与水分是影响固体药物制剂稳定性的重要因素。水是很多化学反应的媒介，固体药物吸附水分后，在表面形成液膜，降解反应就在液膜中发生，微量的水即能加快水解反应或氧化反应的进行。药物吸湿性强弱取决于药物的临界相对湿度 CRH（%）。临界相对湿度较低的药物应特别注意其原料药的含水量，一般含水量在 1% 左右药物比较稳定，不易发生降解，水分含量越高分解越快。

即学即练 2-1

多剂量包装的片剂里为什么放一包请勿食用的干燥剂？想一想药物制剂还可以通过哪些方式减少湿度对制剂稳定性的影响？

答案解析

5. 金属离子 微量的铜、铁、钴、镍、锌、铅等金属离子，对自动氧化反应有显著的催化作用，它们可以缩短氧化作用的诱导期，增加游离基生成的速度。如 0.0002mol/L 的铜可使维生素 C 的氧化速度增大 10000 倍。药物制剂中微量金属离子一般来源于原辅料、溶剂、容器、工具等，故可采取选用较高纯度的原辅料、制备过程中不使用金属器具等方法予以避免，同时还可以加入依地酸盐等金属螯合剂，同时有的螯合剂与亚硫酸盐类抗氧剂联用，效果更佳。

6. 包装材料　药物制剂在室温下贮存，主要受光、热、水汽和空气等因素的影响。包装设计既要防止这些因素的影响，又要避免包装材料与药物制剂间的相互作用。常用的包装材料有玻璃、塑料、橡胶和某些金属。玻璃的理化性质稳定，不易与药物相互作用，气体不能穿透，同时棕色玻璃可阻挡波长470nm 以下的光线透过，故玻璃为目前最为常用的包装材料。塑料在制造过程中，为了便于成形与防止老化等，常加入增塑剂、防老剂等附加剂；药用包装材料应选用无毒塑料制品；塑料具有透气性、透湿性、吸附性；在选择塑料种类时，应充分考虑以上因素对药物制剂稳定性的影响。

鉴于包装材料对药物制剂稳定性有较大影响，因此在包装设计过程中，应通过"装样试验"加以选择。

三、药物制剂稳定化的其他方法

1. 改进药物剂型或生产工艺　水中不稳定的药物可制成片剂、注射用无菌粉末、膜剂等固体制剂；一些药物可制成微囊或包合物，如维生素 C 和硫酸亚铁制成微囊可防止氧化，陈皮挥发油制成包合物可防止挥发；某些对湿热不稳定的药物可直接压片或干法制粒；包衣也常用于提高片剂的稳定性。

2. 制成难溶性盐或酯　将易水解的药物制成难溶性盐或难溶性酯类衍生物，再制成混悬液，可以增加药物的稳定性。这是由于混悬液中药物的降解一般只受溶液中药物浓度的影响，而与产品中药物的总浓度无关。如青霉素 G 钾盐制成溶解度小的普鲁卡因青霉素 G，其稳定性明显增强。

3. 制成复合物　某些药物可与其他化合物形成复合物增加药物的稳定性。如苯佐卡因在咖啡因的存在下，形成复合物，其水解反应速度可大大降低，而且随着咖啡因浓度增加稳定性显著提高。

4. 制成前体药物　利用化学修饰法制备前体药物，可使药物的降解速度降低。如氨苄青霉素与酮反应生成酮氨苄青霉素，可显著增加其稳定性。

任务四　原料药物与制剂稳定性试验指导原则

PPT

原料药物与制剂稳定性试验的目的是考察原料药物或制剂在温度、湿度、光线的影响下随时间变化的规律，为药品的生产、包装、贮存、运输条件提供科学依据，同时通过试验建立药品的有效期。2020年版《中国药典》对原料药物和制剂稳定性试验指导原则如下。

一、原料药物和制剂稳定性试验的基本要求

1. 稳定性试验包括影响因素试验、加速试验与长期试验。影响因素试验用 1 批原料药物或 1 批制剂进行；如果试验结果不明确，则应加试 2 个批次样品。生物制品应直接使用 3 个批次。加速试验与长期试验要求用 3 批供试品进行。

2. 原料药物供试品应是一定规模生产的。供试品量相当于制剂稳定性试验所要求的批量，原料药物合成工艺路线、方法、步骤应与大生产一致。药物制剂供试品应是放大试验的产品，其处方与工艺应与大生产一致。每批放大试验的规模，至少是中试规模。大体积包装的制剂，如静脉输液等，每批放大规模的数量通常应为各项试验所需总量的 10 倍。特殊品种、特殊剂型所需数量，根据情况另定。

3. 加速试验与长期试验所用供试品的包装应与拟上市产品一致。

4. 研究药物稳定性，要采用专属性强、准确、精密、灵敏的药物分析方法与有关物质（含降解物及其他变化所生成的产物）的检查方法，并对方法进行验证，以保证药物稳定性试验结果的可靠性。在稳定性试验中，应重视降解产物的检查。

5. 若放大试验比规模生产的数量要小，故申报者应承诺在获得批准后，从放大试验转入规模生产时，对最初通过生产验证的 3 批规模生产的产品仍需进行加速试验与长期稳定性试验。

6. 对包装在有通透性容器内的药物制剂应当考虑药物的湿敏感性或可能的溶剂损失。

7. 制剂质量的"显著变化"通常定义为：①含量与初始值相差 5%；或采用生物或免疫法测定时效价不符合规定。②降解产物超过标准限度要求。③外观、物理常数、功能试验（如颜色、相分离、再分散性、黏结、硬度、每揿剂量）等不符合标准要求。④pH 不符合规定。⑤12 个制剂单位的溶出度不符合标准的规定。

二、药物制剂稳定性试验方法

药物制剂稳定性研究，首先应查阅原料药物稳定性有关资料，特别了解温度、湿度、光线对原料药物稳定性的影响，并在处方筛选与工艺设计过程中，根据主药与辅料性质，参考原料药物的试验方法，进行影响因素试验、加速试验与长期试验。

1. **影响因素试验**　药物制剂进行此项试验的目的是考察制剂处方的合理性与生产工艺及包装条件。供试品用 1 批进行，将供试品如片剂、胶囊剂、注射剂（注射用无菌粉末如为西林瓶装，不能打开瓶盖，以保持严封的完整性），除去外包装，并根据试验目的和产品特性考虑是否除去内包装，置适宜的开口容器中，进行高温试验、高湿试验与强光照射试验，试验条件、方法、取样时间与原料药相同。重点考察项目见表 2-3。

表 2-3　稳定性重点考察项目

剂型	稳定性重点考察项目
原料药	性状、熔点、含量、有关物质、吸湿性以及根据品种性质选定的考察项目
片剂	性状、含量、有关物质、崩解时限或溶出度或释放度
胶囊剂	性状、含量、有关物质、崩解时限或溶出度或释放度、水分，软胶囊需要检查内容物有无沉淀
注射剂	性状、含量、pH、可见异物、不溶性微粒、有关物质，应考察无菌
栓剂	性状、含量、融变时限、有关物质
软膏剂	性状、含量、均匀性、粒度、有关物质

剂型	稳定性重点考察项目
乳膏剂	性状、含量、均匀性、粒度、有关物质、分层现象
糊剂	性状、含量、均匀性、粒度、有关物质
凝胶剂	性状、含量、均匀性、粒度、有关物质，乳胶剂应检查分层现象
眼用制剂	如为溶液，应考察性状、可见异物、含量、pH、有关物质；如为混悬液，还应考察粒度、再分散性；洗眼剂还应考察无菌；眼丸剂应考察粒度与无菌
丸剂	性状、含量、有关物质、溶散时限
糖浆剂	性状、含量、澄清度、相对密度、有关物质、pH
口服溶液剂	性状、含量、澄清度、有关物质
口服乳剂	性状、含量、分层现象、有关物质
口服混悬剂	性状、含量、沉降体积比、有关物质、再分散性
散剂	性状、含量、粒度、外观均匀度、有关物质
颗粒剂	性状、含量、粒度、有关物质、溶化性或溶出度或释放度
气雾剂（非定量）	不同放置方位（正、倒、水平）有关物质、揿射速率、揿出总量、泄漏率
气雾剂（定量）	不同放置方位（正、倒、水平）有关物质、递送剂量均一性、泄漏率
喷雾剂（混悬型和乳液型定量鼻用喷雾剂）	不同放置方位（正、倒、水平）有关物质、每喷主药含量、递送剂量均一性
吸入气雾剂	不同放置方位（正、倒、水平）有关物质、微细粒子剂量、递送剂量均一性、泄漏率
吸入喷雾剂	不同放置方位（正、水平）有关物质、微细粒子剂量、递送剂量均一性、pH，应考察无菌
吸入粉雾剂	有关物质、微细粒子剂量、递送剂量均一性、水分及吸入液体
贴剂（透皮贴剂）	性状、含量、有关物质、释放度、黏附力
冲洗剂、洗剂、灌肠剂	性状、含量、有关物质、分层现象（乳状型）、分散性（混悬型），冲洗剂应考察无菌
搽剂、涂剂、涂膜剂	性状、含量、有关物质、分层现象（乳状型）、分散性（混悬型），涂膜剂还应考察成膜性
耳用制剂	性状、含量、有关物质，耳用散剂、喷雾剂与半固体制剂分别按相关剂型要求检查
鼻用制剂	性状、pH、含量、有关物质，鼻用散剂、喷雾剂与半固体制剂分别按相关剂型要求检查

对于需冷冻保存的中间产物或药物制剂，应验证其在多次反复冻融条件下产品质量的变化情况。

2. 加速试验 此项试验是在加速条件下进行，其目的是通过加速药物制剂的化学或物理变化，探讨药物制剂的稳定性，为处方设计、工艺改进、质量研究、包装改进、运输、贮存提供必要的资料。供试品在温度40℃±2℃、相对湿度75%±5%的条件下放置6个月。所用设备应能控制温度±2℃、相对湿度±5%，并能对真实温度与湿度进行监测。在至少包括初始和末次等的3个时间点（如0、3、6月）取样，按稳定性考察项目检测。如在25℃±2℃、相对湿度60%±5%条件下进行长期试验，当加速试验6个月中任何时间点的质量发生了显著变化，则应进行中间条件试验。中间条件为30℃±2℃、相对湿度65%±5%，建议的考察时间为12个月，应包括所有的稳定性重点考察项目，检测至少包括初始和末次等的4个时间点（如0、6、9、12月）。溶液剂、混悬剂、乳剂、注射液等含有水性介质的制剂可不要求相对湿度。试验所用设备与原料药物相同。

对温度特别敏感的药物制剂，预计只能在冰箱（5℃±3℃）内保存使用，此类药物制剂的加速试验，可在温度25℃±2℃、相对湿度60%±5%的条件下进行，时间为6个月。

对拟冷冻贮藏的制剂，应对一批样品在5℃±3℃或25℃±2℃条件下放置适当的时间进行试验，以了解短期偏离标签贮藏条件（如运输或搬运时）对制剂的影响。

乳剂、混悬剂、软膏剂、乳膏剂、糊剂、凝胶剂、眼膏剂、栓剂、气雾剂、泡腾片及泡腾颗粒宜直接采用温度 30℃ ±2℃、相对湿度 65% ±5% 的条件进行试验，其他要求与上述相同。

对于包装在半透性容器中的药物制剂，例如低密度聚乙烯制备的输液袋、塑料安瓿、眼用制剂容器等，则应在温度 40℃ ±2℃、相对湿度 25% ±5% 的条件（可用 $CH_3COOK \cdot 1.5H_2O$ 饱和溶液）进行试验。

3. 长期试验 长期试验是在接近药品的实际贮存条件下进行，其目的是为制订药品的有效期提供依据。供试品在温度 25℃ ±2℃、相对湿度 60% ±5% 的条件下放置 12 个月，或在温度 30℃ ±2℃、相对湿度 65% ±5% 的条件下放置 12 个月。至于上述两种条件选择哪一种由研究者确定。每 3 个月取样一次，分别于 0、3、6、9、12 个月取样，按稳定性重点考察项目进行检测。12 个月以后，仍需继续考察的，分别于 18、24、36 个月取样进行检测。将结果与 0 个月比较以确定药品的有效期。由于实测数据的分散性，一般应按 95% 可信限进行统计分析，得出合理的有效期。如 3 批统计分析结果差别较小，则取其平均值为有效期限。若差别较大，则取其最短的为有效期。数据表明很稳定的药品，不作统计分析。

对温度特别敏感的药品，长期试验可在温度 5℃ ±3℃ 的条件下放置 12 个月，按上述时间要求进行检测，12 个月以后，仍需按规定继续考察，制订在低温贮存条件下的有效期。

对拟冷冻贮藏的制剂，长期试验可在温度 -20℃ ±5℃ 的条件下至少放置 12 个月，货架期应根据长期试验放置条件下实际时间的数据而定。

对于包装在半透性容器中的药物制剂，则应在温度 25℃ ±2℃、相对湿度 40% ±5%，或在温度 30℃ ±2℃、相对湿度 35% ±5% 的条件进行试验，至于上述两种条件选择哪一种由研究者确定。

对于所有制剂，应充分考虑运输路线、交通工具、距离、时间、条件（温度、湿度、振动情况等）、产品包装（外包装、内包装等）、产品放置和温度监控情况（监控器的数量、位置等）等对产品质量的影响。

此外，有些药物制剂还应考察临用时配制和使用过程中的稳定性。例如，应对配制或稀释后使用、在特殊环境（如高原低压、海洋高盐雾等环境）使用的制剂开展相应的稳定性研究，同时还应对药物的配伍稳定性进行研究，为说明书/标签上的配制、贮藏条件和配制或稀释后的使用期限提供依据。

PPT

任务五　有效期预测与表示方法

一、药物有效期的预测方法——经典恒温法

在有效期的确定过程中，一般选择可以定量的指标进行处理，通常根据药物含量变化计算，按照长期试验测定数值，以标示量% 对时间进行直线回归，获得回归方程，进行统计分析，继而确定药物制剂的有效期。

上述方法主要用于新药申请，但在实际研究工作中，也可考虑采用经典恒温法，特别是对水溶液型的药物制剂，预测结果有一定的参考价值。

1. 理论依据 经典恒温法的理论依据是 Arrhenius 的指数定律，可用式（2-13）来描述。

$$K = Ae^{-\frac{E}{RT}}$$

（2-13）

其对数形式为式（2-14）。

$$\lg K = -\frac{E}{2.303RT} + \lg A \qquad (2-14)$$

式中，A 为频率因子；E 为活化能；R 为气体常数；T 为绝对温度。

2. 试验方法　试验时首先确定含量测定方法，然后将样品分别在不同温度下加热，温度点通常不能少于 4 个，定时取样测定其含量或浓度，以药物浓度或浓度的函数对时间作图，以判断反应级数。若以 $\lg c$ 对 T 作图得一直线，则为一级反应。将 $\lg K$ 对 $1/T$ 作图为一直线，其斜率为 $-E/2.303R$，据此求出活化能 E，进而求出室温时的速度常数 $K_{25℃}$。最后可求出室温贮藏一段时间后剩余药物的浓度或药物制剂的有效期（$t_{0.9}$）。

此外，还有线性变温法、Q_{10} 法、活化能估计法等用于稳定性的研究。

二、药品有效期表示方法

药品有效期是指该药品被批准使用的期限，表示该药品在规定贮存条件下能够保证质量的期限，是控制药品质量的指标之一。如前所述，药物降解 10% 所需的时间记为 $t_{0.9}$。

药品标签中的有效期应当按照年、月、日的顺序标注，年份用四位数字，月、日用两位数表示。具体标注格式有"有效期至 XXXX 年 XX 月""有效期至 XXXX 年 X 月 X 日""有效期至 XXXX. XX""有效期至 XXXX/XX/XX"等。

预防用生物制品有效期的标注按照国家药品监督管理局批准的注册标准执行，治疗用生物制品有效期的标注自分装日期计算，其他药品有效期的标注自生产日期计算。

作为生产企业进行有效期标注时，应注意有效期若标注到日，应当为起算日期对应年月日的前一天；若标注到月，应当为起算月份对应年月的前一月。例如，生产日期 2016 年 1 月 5 日，有效期 18 个月，按规定标签上的有效期应标注为"有效期至 2017 年 7 月 4 日"（提前一天）或"有效期至 2017 年 6 月"（提前一月）表明该药分别可用至 2017 年 7 月 4 日，或 2017 年 6 月 30 日。

实践实训

实践项目三　维生素 C 注射液稳定性试验 视频 1

【实践目的】

1. 掌握预测维生素 C 注射液有效期的方法——经典恒温法。
2. 了解注射剂稳定性预测的原理——Arrhenius 指数定律的运用。

【实践场地】

实验室。

【实践药品与器材】

1. 药品　维生素 C 注射液（2ml：0.25g）、0.1mol/L 碘液、丙酮、稀醋酸、淀粉指示剂等。

2. 器材　恒温水浴箱、碘量瓶、移液管、滴定管等。

【实践内容】

1. 放样　将同一批号的维生素 C 注射液样品（2ml：0.25g）分别置于 4 个不同温度（如 70、80、

90 和 100℃）的恒温水浴中，间隔一定时间（如 70℃间隔 24 小时，80℃间隔 12 小时，90℃间隔 6 小时，100℃间隔 3 小时）取样，每个温度的间隔取样次数均为 5 次。样品取出后，立即冷却或置冰箱保存，供含量测定。

2. 维生素 C 含量测定方法 精密量取样品液 1ml，置 150ml 锥形瓶中，加蒸馏水 15ml 与丙酮 2ml，摇匀，放置 5 分钟，加稀醋酸 4ml 与淀粉指示液 1ml，用碘液（0.1mol/L）滴定，至溶液显蓝色并持续 30 秒不退。每 1ml 碘液（0.1mol/L）相当于 8.806mg 的维生素 C（$C_6H_8O_6$），分别测定各样品中的维生素 C 的含量，同时测定未经加热试验的原样品中维生素 C 含量，记录消耗碘液的毫升数。

【实践结果】

1. 数据整理 在表 2-4 中记录每次测定维生素 C 时碘液消耗的毫升数 V（即正比于维生素 C 含量）；零时刻维生素 C 是起始浓度，此时碘液消耗的毫升数 V_0 为 100% 相对浓度；其他时间碘液消耗的毫升数 V 与 V_0 比较，即得各样品的相对浓度 C_r（100%）。

$$C_r（\%）= V/V_0 \times 100\%$$

2. 计算反应速率常数 K 作 $\lg C - t$ 图，根据一级反应公式，用 $\lg C$ 对 t 进行线性回归得直线方程，从直线的斜率可求出各实验温度下的反应速率常数 K，并记入表 2-5 中。

3. 预测室温时的有效期 将各实验温度的绝对温度值及速率常数 K 值记入表 2-5 中，以 $\lg K$ 为纵坐标，$(1/T) \times 10^3$ 为横坐标作图。

表 2-4 维生素 C 注射液稳定性试验原始数据

温度/℃	取样时间/h	V/ml	C_r/%	$\lg C_r$
	0			
	24			
70	48			
	72			
	96			
	0			
	12			
80	24			
	36			
	48			
	0			
	6			
90	12			
	18			
	24			
	0			
	3			
100	6			
	9			
	12			

表 2 - 5　各实验温度下的反应速率常数

T（绝对温度）	(1/T)×10³	K/(h⁻¹)	lgK
343			
353			
363			
373			

4. 计算　根据 Arrhenius 公式或用 lgK 对（1/T）×10³求回归直线方程，由斜率求反应活化能 E，由截距求频率因子 A。

$$K = A e^{-\frac{E}{RT}} \qquad lgK = -\frac{E}{2.303RT} + lgA$$

把室温（25℃）的绝对温度的倒数值代入上述回归方程中，求得反应速率常数 $K_{25℃}$，再按公式 $t_{1/2}$ = 0.693/$K_{25℃}$ 和 $t_{0.9}$ = 0.1054/$K_{25℃}$，计算维生素 C 注射液在室温（25℃）时的降解半衰期和有效期。

目标检测

答案解析

一、单选题

1. 为提高易氧化药物注射液的稳定性，无效的措施是（　　）。

　　A. 调渗透压　　　　　　B. 使用茶色容器　　　　C. 加抗氧剂　　　　　D. 灌封时通 CO_2

2. 关于长期试验法的叙述，错误的是（　　）。

　　A. 符合实际情况　　　　　　　　　　　　　B. 一般在室温下进行

　　C. 预测药物有效期　　　　　　　　　　　　D. 在通常包装贮藏条件下观察

3. 药物的有效期是指药物含量降低（　　）。

　　A. 10% 所需时间　　　B. 50% 所需时间　　　C. 63.5% 所需时间　　　D. 5% 所需时间

4. 关于药品稳定性的正确叙述是（　　）。

　　A. 固体制剂的赋型剂不影响药物稳定性

　　B. 药物的降解速度与离子强度无关

　　C. 盐酸普鲁卡因溶液的稳定性受湿度影响，与 pH 无关

　　D. 零级反应的反应速度与反应物浓度无关

5. 关于药物稳定性叙述错误的是（　　）。

　　A. 大多数药物的降解反应可用零级、一级反应进行处理

　　B. 温度升高时，绝大多数化学反应速率增大

　　C. 药物降解反应是一级反应，药物有效期与反应物浓度有关

　　D. 大多数反应温度对反应速率的影响比浓度更为显著

二、多选题

1. 可反应药物制剂稳定性好坏的有（　　）。

　　A. 半衰期　　　　　　　B. 有效期　　　　　　　C. 反应速度常数　　　D. 消除速度常数

2. 影响药物制剂稳定性的外界因素有（　　）。

　　A. 温度　　　　　　　　B. 氧气　　　　　　　　C. 离子强度　　　　　D. 光线

3. 为增加易水解药物的稳定性，可采取的措施有（　　）。

    A. 加等渗调节剂   B. 制成固体剂型   C. 调节适宜 pH   D. 降低温度

4. 药物制剂稳定性试验方法有（　　）。

    A. 长期试验法   B. 加速试验法   C. 罝试验法   D. 桨法

5. 对于药物稳定性叙述错误的是（　　）。

    A. 一些容易水解的药物，加入表面活性剂都能使稳定性增加

    B. 在制剂处方中，加入电解质或加入盐所带入的离子，可使药物的水解反应减少

    C. 须通过试验正确选用表面活性剂，使药物稳定

    D. 滑石粉可使乙酰水杨酸分解速度加快

三、综合题

1. 简述药物制剂稳定性研究的意义、范围。

2. 影响药物制剂稳定性的因素有哪些？如何增加药物制剂的稳定性？对易氧化和易水解的药物分别可采取哪些稳定化措施？

3. 稳定性试验方法有哪几种？分别列出其试验的目的。

书网融合⋯⋯

知识回顾   微课   视频   习题

学习引导

　　药物制剂有效性是药物制剂质量的基本要求，所有的药物最后的落脚点就是在临床能有一定的疗效，但临床发现，不同厂家生产的同一制剂，甚至同一厂家不同批号的药品都有可能产生不同的疗效，为什么会产生这种差别呢？除了常规的质量检查外，我们应如何判断药物制剂这种疗效上的差别？

　　药物制剂所产生的效应不仅与药物本身的化学结构有关，而且还受到剂型因素与生物因素的影响，本项目主要介绍药物制剂的有效性与剂型因素、生物因素与药效之间的关系；药物制剂体内过程（吸收、分布、代谢和排泄）；生物利用度和生物等效性的评价方法，这也是生物药剂学的主要研究内容。

学习目标

1. **掌握**　影响药物胃肠道吸收的因素；生物利用度的概念及评价参数，合理使用药物制剂。
2. **熟悉**　药物的非胃肠道吸收途径，增加药物制剂有效性的方法和措施。
3. **了解**　药物吸收的概念及吸收的方式，生物利用度和生物等效性试验方法。

任务一　概　述 微课1

PPT

实例分析

　　实例　不同公司生产的同一种药品在质量和疗效方面可能有一定差别，比如说仿制药和原研药的。原研药大多为进口药物，疗效相对仿制药来说更好，但价格往往比较贵，患者难以负担。国家推行仿制药一致性评价，就是为了确保仿制药和原研药疗效更接近，能使患者获得良好的治疗效果而又不需花费高昂的药物治疗费用。

　　讨论　1. 是什么原因造成了这种差别？

　　　　　　2. 如何提高药物的有效性？

答案解析

　　人们对药品的质量与疗效有了新的认识，改变了唯有药物结构决定药物效应的传统观念。人们越来越清醒地认识到药物在一定剂型中所产生的效应不仅与药物本身的化学结构有关，而且还受到剂型因素与生物因素的影响，有时甚至有很大的影响，可见，药物制剂的有效性与剂型因素、生物因素与药效之间的关系密切，这也是生物药剂学的主要研究内容。

生物药剂学是研究药物及其制剂在体内的吸收、分布、代谢与排泄过程，阐明药物的剂型因素、生物因素与药效之间关系的科学，可为正确评价和指导药物制剂处方设计、生产工艺、质量控制方法以及临床合理用药提供科学的依据。20 世纪 60 年代以来，研究药物在体内过程等内容的生物药剂学得到了迅速发展，人们越来越重视药物制剂体内药效问题，并逐渐认识到影响药物有效性的剂型因素和生物因素。

1. 剂型因素　剂型因素不仅是指片剂、注射剂、软膏剂等狭义的剂型概念，而是广义的包括与剂型有关的各种因素。通常包括以下几种。

（1）药物的化学性质，如解离常数、脂溶性，不同盐、酯、络合物或前体药物等。

（2）药物的物理性状，如粒子大小、晶型、溶解度等。

（3）制剂处方中所用辅料的性质与用量。

（4）处方中药物的配伍及相互作用。

（5）药物的剂型及使用方法。

（6）制剂的工艺过程、操作条件及贮存条件等。

2. 生物因素　生物因素主要是指跟机体相关的影响因素，通常包括以下几种。

（1）种属和种族差异。种属差异指不同生物种类差别，如实验动物和人的差别；种族差异是指同一种生物在不同地理区域和生活条件下形成的差异，如不同人种的差异。

（2）性别差异。指动物的雌雄和人的性别差异。

（3）年龄差异。各个年龄段生理功能可能有差异，特别是婴幼儿和老年等特殊年龄，因此药物在不同年龄个体中的用法及其对药物的反应可能不同。

（4）生理和病理条件的差异。如妊娠及各种疾病引起的病理因素能引起药物体内过程的差异。

（5）遗传因素。遗传因素可能导致如人体内参与药物代谢的各种酶的活性存在个体差异。

生物药剂学主要研究药物及制剂给药以后，能否在体内按时吸收进入血液循环，能否及时地分布到特定的器官和组织，如何在体内消除（代谢和排泄），以及各种剂型因素和生物因素对药物体内过程和药效的影响，为了达到上述目的，要根据药物动力学原理，运用数学方法建立相应的数学关系式，揭示其量变规律，进而分析和解决具体问题。

 知识链接 ....

仿制药质量和疗效一致性评价

2016 年 3 月 5 日，国务院办公厅正式印发了《关于推进仿制药质量和疗效一致性评价的意见》，为全面提高仿制药质量，即已经批准上市的仿制药品，在质量和疗效上与原研药能够一致，在临床上与原研药可以相互替代，要求医药企业主动寻找产品参比制剂，按规定的方法研究和进行临床试验，政府统筹协调产品参比制剂的确认、评价方法和资料申报、评价，2018 年底之前完成 2007 年版《药品注册办法》实施前批准的《国家基本药物目录》中化学药品仿制药口服固体制剂的一致性评价。届时，没有通过评价的，注销药品批准文号。对其他已批准上市的药品，自首家品种通过一致性评价后，其他生产企业的相同品种在 3 年内仍未通过评价的，注销药品批准文号。

2019 年 1 月 17 日，国务院发布《国家组织药品集中采购和使用试点方案》。方案要求，从通过质量和疗效一致性评价的仿制药中遴选试点品种，国家组织药品集中采购和使用试点，降低药价，减轻患者药费负担。这对相关企业来说是一个巨大的挑战，但对提高仿制药的质量和疗效，推动我国制药工业的高质量发展至关重要。

任务二 药物制剂的吸收

药物吸收（absorption）是指药物从给药部位进入体液循环的过程。除了血管内给药无吸收过程外，其他血管外给药（如胃肠道给药、肌内注射、透皮给药和其他黏膜给药等）都存在着吸收过程，药物只有吸收入体循环后达到一定血药浓度，才会出现生理效应且作用强弱和持续时间都与血药浓度直接相关。所以，药物吸收是发挥体内药效的重要前提。

一、胃肠道吸收

胃肠道是口服药物的吸收部位，包括胃、小肠和大肠等，但以小肠吸收为主。小肠具有环形皱褶、绒毛和微绒毛的特殊生理结构，药物的吸收面积大，更有利于药物的吸收。药物吸收实质就是药物透过细胞生物膜（脂质双分子层结构）转运的过程。不同药物或不同环境条件下，药物的跨膜转运方式也不同。

1. 药物转运 药物跨膜转运机制有三种，即被动转运（passive transport）、主动转运（active transport）、膜动转运（membrane – mobile transport）。

（1）被动转运 指药物分子顺浓度梯度进行的跨膜转运，药物由高浓度一侧透过生物膜扩散到低浓度一侧的转运过程，膜两侧浓度相等时不再转运，转运速度跟膜两侧的浓度差成正比。大多数药物分子以被动转运方式透过生物膜转运到血液循环系统中完成吸收过程（图 3 – 1）。被动转运不消化 ATP，只能顺浓度梯度进行，包括简单扩散（simple diffusion）、滤过（filtration）和易化扩散（facilitated diffusion）。

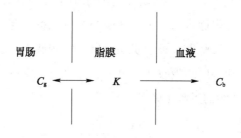

图 3 – 1 药物胃肠道跨膜转运

①简单扩散是药物顺浓度梯度的跨膜转运，不需要载体的帮助，一定脂溶性药物可溶于脂质而透过细胞膜，膜对通过的药物无特殊选择性、饱和现象和竞争抑制现象，一般也无部位特异性，扩散过程与细胞代谢无关。大部分有机弱酸和有机弱碱药物在胃肠道内吸收是通过单纯扩散，扩散的速率符合 Fake's 扩散定律。

②滤过是指直径小于膜孔的水溶性物质（如水、乙醇和尿素等），在膜两侧的静压差和渗透压差的作用下通过膜孔透过细胞膜而实现转运。

③易化扩散也称载体转运，是借助细胞膜上的某些特定载体蛋白而实现药物由高浓度向低浓度的跨

膜转运。跟其他扩散比，易化扩散也不消耗能量，不同的是载体蛋白运输工具有特异性，只能识别特定的药物，而且具有饱和性、部位特异性和竞争性。

（2）主动转运　指需要消耗能量，膜两侧的药物借助载体蛋白由低浓度向高浓度（逆浓度梯度）转运的过程，所以也叫逆流转运。这种转运方式需要消耗能量，一些生命必需的物质如氨基酸、单糖、Na^+、K^+、水溶性维生素及有机酸、有机碱等弱电解质的离子型均可以通过主动转运方式跨过生物膜而被吸收。

对于主动转运吸收，当药物浓度低时符合一级速度过程，当药物浓度很高时则为零级过程，产生这种现象的主要原因是主动转运过程中需要载体参加，载体的量是相对固定的，当药物浓度低时，载体的量相对为大量，故转运速度随药物浓度增加而增大；但当吸收部位药物浓度增加到某一临界值时，载体的量相对为少量，转运系统变为饱和，故药物浓度无论怎么增加，吸收速度也不增加而保持恒速，即达到了主动转运吸收的最大速度（图3-2）。主动转运吸收的速度可用米氏（Michaelis-Menten）动力学方程来描述。

主动转运的特点：逆浓度梯度转运；与细胞内代谢有关，故需消耗能量，可被代谢抑制阻断，温度下降使代谢受抑可使转运减慢；需载体参与，对转运物质有结构特异性需求，结构类似物可产生竞争抑制，有饱和现象；也有部位专属性，即某些药物只在肠道某一部位吸收，如维生素 B_2。

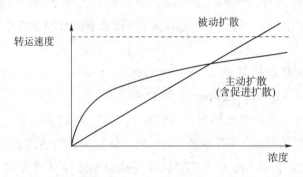

图3-2　主动转运和被动扩散药物转运速度与浓度的关系

（3）膜动转运　由于细胞膜具有一定的流动性，因此细胞可以主动变形而将某些物质摄入细胞内或从细胞内释放到细胞外，这个过程称膜动转运，其中向内摄取称为胞饮或入胞，向外释放称为胞吐或出胞。摄取固体颗粒时称为胞吞，某些高分子物质如蛋白质、多肽类、脂溶性维生素和重金属等可按胞饮方式吸收，胞饮作用对蛋白质和多肽的吸收非常重要，并且有一定的部位特异性（如蛋白质在小肠下段的吸收最为明显），但对一般药物的吸收不是十分重要。

2. 影响药物胃肠道吸收的因素

（1）胃肠道 pH 影响　胃肠道不同部位有着不同的 pH，不同 pH 决定弱酸性和弱碱性药物的解离状态，而消化道上皮细胞是一种类脂膜，故分子型药物易于吸收。胃液的 pH 通常为 0.9~1.5，呈酸性，有利于弱酸性药物的吸收而不利于弱碱性药物吸收。消化道 pH 的变化对药物被动扩散吸收影响大，但对药物主动转运方式吸收影响较小。

（2）胃排空速率的影响　胃内容物经幽门向小肠排出称胃排空，单位时间胃内容物的排出量称胃排空速率，多数药物以小肠吸收为主，胃排空速率可反映药物到达小肠的速度，因此对药物的起效快慢、药效强弱和持续时间均有明显影响。胃排空速率增加，药物到达小肠部位越快，药物吸收速度越快。胃排空速率降低，药物在胃中停留时间延长，主要在胃中吸收的弱酸性药物吸收量增加。

影响胃排空速率因素主要有食物的组成与理化性质、胃内容物的黏度与渗透压、药物因素（有些药物能降低排空速率）、病理状态和身体所处的姿势等。

（3）食物的影响　食物的存在使胃内容物黏度增大，减慢了药物向胃肠壁扩散速度，从而影响药物的吸收；同时食物的存在能减慢胃排空速率，推迟药物在小肠的吸收；食物可消耗胃肠道内的水分，导致胃肠液减少，进而影响固体制剂的崩解和药物溶出，影响药物吸收速度。当食物中含有较多的脂肪时，能促进胆汁的分泌，胆汁中的胆酸盐属表面活性剂，可增加难溶性药物的吸收。同时食物存在可减少一些刺激性药物对胃的刺激作用。

（4）血液循环的影响　消化道周围的血液与药物的吸收有复杂的关系。当血流速率下降时，吸收部位转运药物的能力下降，降低细胞膜两侧浓度梯度，使药物吸收减慢，当药物的膜透过速率比血流速率低时，吸收为膜限速过程。相反，当血流速率比膜透过速率低时，吸收为血流限速过程。血流速率对难吸收药物影响较小，对易吸收药物影响较大。

（5）胃肠分泌物的影响　在胃肠道的表面存在着大量黏蛋白，这些物质可增加药物吸附和保护胃黏膜表面不受胃酸或蛋白水解酶的破坏。某些药物与这些黏蛋白结合后会导致此类药物吸收不完全（如链霉素）或不能吸收（如庆大霉素）。在黏蛋白外面，还有不流动水层，它对脂溶性强的药物是一个重要的通透屏障。人体分泌的胆汁中含有的胆酸盐（增溶剂）可促进难溶性药物的吸收，但与有些药物会生成不溶物而影响吸收。

即学即练 3－1

反映难溶性固体药物吸收的体外指标主要是（　　）。

答案解析　　A. 溶出度　　　　　B. 崩解时限　　　　C. 片重差异　　　　D. 含量

（6）药物理化性质的影响　主要表现在以下几个方面。

①药物脂溶性和解离度的影响：胃肠道上皮细胞膜的结构为类脂双分子层，这种生物膜只允许脂溶性非离子型药物透过而被吸收。药物脂溶性大小可用油水分配系数（$K_{o/w}$）表示，即药物在有机溶剂（如三氯甲烷、正辛醇和苯等）和水中达到溶解平衡时的浓度之比。一般油水分配系数大的药物吸收较好，但药物的油水分配系数过大，有时吸收反而不好，这是因为这些药物渗入磷脂层后可与磷脂层强烈结合，可能不易向体循环转运。临床上多数治疗药物为有机弱酸或弱碱，其离子型难以透过生物膜。故药物的胃肠道吸收好坏不仅取决于药物在胃肠液中的总浓度，而且与非离子型部分的浓度大小有关，而非离子型部分的浓度多少与药物的 pK_a 和吸收部位的 pH 有关。

②溶出速度的影响：片剂、胶囊剂等固体剂型口服后，药物在体内吸收过程是先崩解，其次是药物溶解于胃肠液中，最后溶解的药物透过生物膜被吸收。因此，任何影响制剂崩解和药物溶解的因素均能影响药物的吸收。一般来说，易溶性药物溶解速度快，对吸收影响较少；难溶性药物或溶解缓慢的药物，溶解速度可限制药物的吸收。影响药物溶出速度的因素主要包括药物的粒径大小、药物的溶解度、晶形等，增加难溶性药物溶出速度可采取减小粒径，制成可溶性盐以增加酸性或碱性药物的溶解度，也可选择多晶型药物中的亚稳定型、无定形或选择无水物等来增加药物的溶解度或降低介质的黏度或升高温度，以利于药物的溶出。

③粒度难溶或溶解缓慢：药物的粒径是影响吸收的重要因素，粉粒愈细，表面积愈大，溶解速度愈快。为了减小粒径增加药物表面积，可采用微粉化、固体分散等方法。

④多晶型：化学结构相同的药物，因结晶条件不同而得到晶格排列不同的晶型，这种现象称为多晶型现象，晶型不同化学性质虽相同，但物理性质如密度、硬度、熔点、溶解度、溶出速率等可能不同，包括生物活性和稳定性也有所不同。多晶型中的稳定型，其熔点高，溶解度小，化学稳定性好；而亚稳定型、非晶型（无定形）的熔点较低，溶解度大，溶出速率也较快。因此亚稳定型、非晶型（无定形）的生物利用度高，而稳定型药物的生物利用度较低，甚至无效。晶型在一定条件下可以互相转化，能引起晶型转变的外界条件有干热、熔融、粉碎、不同结晶条件以及混悬在水中等，如果掌握了转型条件，就能将某些原无效的晶型转为有效晶型。

（7）药物稳定性的影响　很多药物在胃肠道中不稳定，一方面由于胃肠道 pH 的影响，可促进某些药物的分解。另一方面是由于药物不能耐受胃肠道中的各种酶，出现酶解作用使药物失活。实际中可利用包衣技术、与酶抑制剂合用或制成药物衍生物或前体药物来防止某些胃中不稳定药物的降解和失效。

（8）剂型因素的影响　剂型与药物吸收的关系可以分为药物从剂型中释放及药物通过生物膜吸收两个过程，因此剂型因素的差异可使制剂具有不同的释放特性，从而可能影响药物在体内的吸收和药效，体现在药物的起效时间、作用强度和持续时间等方面。常见口服剂型的吸收顺序是：溶液剂 > 混悬剂 > 散剂 > 胶囊剂 > 片剂 > 包衣片剂。

①液体制剂：溶液剂、混悬剂和乳剂等液体制剂属速效制剂，而水溶液或乳剂要比混悬剂吸收更快。药物以水溶液剂口服在胃肠道中吸收最快，这是因为药物以分子或离子状态分散。

②固体制剂：包括片剂、胶囊剂、散剂、颗粒剂、丸剂、栓剂等。片剂处方中加入的附加剂较多、工艺复杂，影响吸收的因素也较多。

胶囊剂只要囊壳在胃内破裂，药物可迅速地分散，以较大的面积暴露于胃液中。影响胶囊剂吸收的因素常有以下几点：药物粉碎的粒子大小、稀释剂的性质、空胶囊的质量及贮藏条件等。

片剂是使用最广泛、生物利用度影响因素最多的一种制剂。片剂中含有大量辅料，并经制粒、压片或包衣等制成片状制剂，其表面积大大减小，减慢了药物从片剂中释放到胃肠中的速度，从而影响药物的吸收。

包衣片剂比一般片剂更复杂，因药物溶解吸收之前首先是包衣层溶解，而后才能崩解使药物溶出。衣层的溶出速率与包衣材料的性质与厚度有关，尤其是肠溶衣片涉及因素更复杂，它的吸收与胃肠内 pH 及其在胃肠内滞留时间等有关。

③制备工艺对药物吸收的影响：制剂在制备过程中的许多操作都可能影响到最终药物的吸收，如混合、制粒、压片、包衣等操作，中药制剂中甚至干燥方法对药物吸收也有影响。例如，片剂在湿法制粒过程中，湿混时间、湿粒干燥时间的长短，均对吸收有影响；压片时所加压力的大小，也会影响药物的溶出速率。另外在制粒操作中，黏合剂、崩解剂的品种及用量、颗粒的大小和松紧以及制粒方法等对药物的吸收均有较大影响。

④辅料对药物吸收的影响：在制剂过程中为增加药物的均一性、有效性和稳定性，通常都需要加入各种辅料（如黏合剂、稀释剂、润滑剂、崩解剂、表面活性剂等），而无生理活性的辅料几乎不存在，故许多辅料对固体制剂的吸收可能会有一定影响。辅料可能会影响药物剂型的理化性状，从而影响到药物在体内的释放、溶解、扩散、渗透以及吸收等过程；在某些情况下辅料与药物之间可能产生物理、化学或生物学方面的作用。

二、非胃肠道吸收

1. 注射部位吸收　除了血管内给药没有吸收过程外，其他途径如皮下注射、肌内注射、腹腔注射等都有吸收过程。注射部位周围一般有丰富的血液和淋巴循环。药物分子从注射点到达一个毛细血管只需通过几个微米的路径，平均不到 1 秒，影响吸收的因素比口服要少，故一般注射给药吸收快，生物利用度也比较高。

2. 口腔吸收　药物在口腔的吸收一般为被动扩散，并遵循 pH 分配假说，即脂溶性药物或者口腔 pH 条件下不解离的药物更易吸收。口腔吸收的药物可经颈内静脉到达血液循环，因此无首过效应，也不受胃肠道 pH 和酶系统的破坏。这使口腔给药有利于首过作用大、胃肠中不稳定的某些药物，如硝酸甘油、甲睾酮、异丙肾上腺素的口腔吸收效果优于口服给药。

3. 肺部吸收　药物肺部的吸收在肺泡中进行，肺泡总面积达 $100 \sim 200\text{m}^2$，与小肠的有效吸收表面积很接近。肺泡壁由单层上皮细胞组成，并与毛细血管紧密相连。从吸收表面到毛细血管壁的厚度只有 $0.5 \sim 1\mu\text{m}$，毛细血管血流十分丰富。肺的解剖结构决定了药物能够在肺部十分迅速地吸收，肺部吸收的药物可直接进入全身循环，不受肝脏首过效应的影响。

4. 直肠吸收　直肠给药后的吸收途径主要有两条。一条是通过直肠上静脉进入肝脏，进行首过代谢后再由肝脏进入大循环。另一条是通过直肠中、下静脉和肛门静脉，绕过肝脏，经下腔大静脉直接进入大循环，避免肝脏的首过作用，因此首过作用大的药物则往往可以选择制成栓剂，直肠给药。为此直肠给药，特别是全身作用的栓剂应塞入距肛门 2cm 处为宜，这样可有 $50\% \sim 75\%$ 的药物不经过肝脏。直肠淋巴系统对药物的吸收亦有一定的作用。直肠中药物吸收一般是被动吸收，并遵循 pH 分配学说。另外，直肠吸收与小肠相比，直肠内蛋白质分解酶的活性较低，因此可以考虑将直肠作为那些易受酶影响而失活的药物（如酶类药物、肽类药物等）的给药部位。

5. 鼻黏膜吸收　人体鼻腔上皮细胞下毛细血管和淋巴管十分发达，药物吸收后直接进入大循环，也无肝脏的首过作用。鼻腔黏膜为类脂质，药物在鼻黏膜的吸收主要为被动扩散。因此脂溶性药物易于吸收，水溶性药物吸收差些。由于鼻黏膜的屏障功能较低而血管十分丰富，对于一些解离型的药物也能有吸收。鼻黏膜带负电荷，故带正电荷的药物易于透过。pH 影响药物的解离，未解离型吸收较好，完全解离的则吸收差。但值得注意的是许多药物或附加剂对鼻腔纤毛的运动有不良影响，引起鼻腔刺激性，因此要求研制对鼻黏膜和纤毛无毒性、安全、有效的制剂。

6. 阴道黏膜吸收　阴道黏膜的表面有许多微小隆起，有利于药物的吸收。吸收机制也分为被动扩散的脂质通道和含水的微孔通道两种。从阴道黏膜吸收的药物直接进入大循环，不受肝脏首过效应的影响。亲水性的多肽物质在阴道也有良好的吸收，所以阴道黏膜有可能成为某些难吸收的大分子药物的有效吸收部位。

 知识链接 ··

胃肠道生理特征及生态系统

口服药物都是经过胃肠道进行吸收，了解胃肠道的生理特征和生态系统，有利于掌握药物的吸收规律，胃肠道由胃、小肠和大肠三部分构成。

胃是食物消化最主要的器官，相对比较膨大，胃上端连接食管，下端连接小肠。胃壁由黏膜、肌层和浆膜层组成，黏膜上缺少绒毛。相对肠道来说表面积较小，不是药物的主要吸收部位，但一些弱酸性药物可在胃中吸收，特别是以溶液剂给药时由于与胃壁接触面积大，有利于药物通过胃黏膜上皮细胞。药物在胃中的吸收机制主要是被动扩散。一般情况下，弱碱性药物在胃中几乎不被吸收。小肠黏膜表面有环状皱襞，黏膜上有大量的绒毛和微绒毛，故有效吸收面积极大，其中绒毛和微绒毛最多的是十二指肠，向下逐渐减少。小肠中药物的吸收以被动扩散为主。

小肠由十二指肠、空肠和回肠组成，小肠是口服药物吸收的主要部位。小肠黏膜上分布很多环形的褶皱，表面还分布大量凸起的绒毛，这些都使得与药物接触表面积非常大，达200m²，相当同等光滑表面的600倍，绒毛内含有大量的血管和淋巴管，有利于药物吸收进入血液循环。小肠生态环境pH为5~7.5，有利于弱碱性的药物吸收。小肠中（特别是十二指肠）存在着许多特异性载体，所以是某些药物主动转运的特异吸收部位。大多数药物都应在小肠中释放，以获得良好的吸收。

大肠黏膜有皱襞但无绒毛和微绒毛，有效吸收面积比小肠小得多，因此不是药物吸收的主要部位，大部分运至结肠的药物可能是缓释制剂、肠溶制剂或溶解度很小在小肠中吸收不完全的残留药物。但直肠下端接近肛门，血管相当丰富，是直肠给药（如栓剂、保留灌肠剂等）的良好吸收部位。大肠中药物的吸收以被动扩散为主，兼有胞饮和吞噬作用。

口服药物通过胃肠道上皮细胞膜进入体循环，因此上皮细胞膜的结构和性质决定了药物吸收的难易。上皮细胞膜主要由磷脂、蛋白质、脂蛋白及少量多糖等组成。1935年，Deniells提出生物膜的结构模式，认为生物膜是含蛋白质的类脂双分子层构成的，即类脂是由甘油基团连接具有磷酸结构的亲水部分与脂肪酸结构的疏水部分所组成的磷脂，其中包括脑磷脂、卵磷脂、神经磷脂等。两个类脂部分的疏水性尾部相接，中间形成膜的疏水区，两个亲水性头部形成膜的内外两面，这种排列形式称为类脂双分子层。1972年，N.Singer提出了生物膜的流动镶嵌模式，它表明流动的液体类脂双分子层是膜的基本骨架，镶嵌着具有各种生理功能（如酶、泵或受体等）的漂浮着的蛋白质，蛋白质分子可以沿着膜内外的方向运动或转运。

任务三　药物的分布、代谢和排泄

PPT

一、分布

分布（distribution）是指药物进入体循环后分布于体内各脏器和组织的过程，由于不同器官组织的血液灌注差异，药物与组织结合力不同，各部位pH和细胞膜通透性差异等影响，药物分布一般是不均匀的，且处于动态平衡状态，药物在体内各器官组织分布后的血药浓度与药理作用的速度、强度、持续时间、组织蓄积性和不良反应等密切相关，对于评价药物制剂在体内的有效性和安全性具有十分重要的意义。

1. 表观分布容积　表观分布容积（apparent volume of distribution）是指在吸收达到平衡或稳态时，通过体内药量与血药浓度的比值，来推算体内药量在理论上应占有的体液总容积，其单位为L或L/kg，通常用式（3-1）表示。

$$V = \frac{D}{C} \tag{3-1}$$

式中，V为表现分布容积；D为体内药量；C为相应的血药浓度。

表观分布容积是药物的一个特征常数。它是描述药物在体内分布状况的重要参数。表观分布容积不具备解剖学和生理学意义，但与药物的蛋白结合及药物在组织中的分布密切相关，可以用来推算出机体内药物的总量及达到某一有效血药浓度所需要的药物剂量，进而评价体内药物分布的程度。

人的体液由细胞内液、细胞外液（包括细胞间液和血浆）两部分组成，绝大多数药物与血浆蛋白，或与血管外组织，或与两者均有一定程度的结合。V 值小表明药物在体内分布范围有限，组织摄取不多。V 值大则提示药物在体内分布广，或存在组织结合，或兼而有之。当药物主要与血红蛋白结合时，其表观分布容积小于真实分布容积；而当药物主要与血管外的组织结合时，其表观分布容积大于真实分布容积。

2. 影响分布的因素

（1）血液循环及血管通透性　血液循环对分布的影响主要取决于各器官组织的血流速率，通常血流量大、血流速率快的器官和组织，药物的转运速度和转运量相应较大。反之，血流量小、血流速率慢的器官和组织，药物的转运速度和转运量相应较小。人体各脏器组织的血流量情况不一，血液循环快的脏器为肝脏、脑和肾脏等；血液循环中等程度的脏器为肌肉、皮肤等；血液循环慢的脏器为脂肪组织、结缔组织等。

毛细血管的通透性是影响药物向组织分布的另一重要因素，毛细血管的通透性主要取决于管壁的类脂质屏障和管壁上的微孔，大多数药物通过被动扩散透过毛细血管壁，小分子水溶性药物可通过微孔转运。

（2）药物与血浆蛋白结合　药物进入循环后，首先与血浆蛋白结合成为结合型药物，未被结合的药物则称为游离型药物。一般以血浆蛋白结合率来表示药物与血浆蛋白结合的程度，即血中与蛋白结合的药物占总药量的百分数。药物与血浆蛋白的结合是可逆的，结合型药物暂时失去药理活性。由于结合型药物分子体积增大而不易通过血管壁，因此暂时"贮存"于血液中，可见结合型药物起着类似药库的作用。药物进入相应组织后也与组织蛋白发生结合，也起到药库作用。此库对于药物作用及其维持时间长短有重要意义，一般蛋白结合率高的药物体内消除慢，作用维持时间长。体内只有游离型药物才能透过生物膜，进入到相应的组织或靶器官，产生效应或进行代谢与排泄。

药物与血浆蛋白的结合率受到许多因素的影响。血浆中蛋白有一定的量，与药物的结合有限，因此药物与血浆蛋白结合具有饱和性，当药物浓度大于血浆蛋白结合能力时会导致血浆中游离型药物急剧增加，引起毒性反应（服用药品时，严格按照说明书要求的剂量服用）。在某些病理情况下，血浆蛋白过少（如肝硬化、慢性肾炎）或变质（如尿毒症）时，药物与血浆蛋白结合减少，也易发生毒性反应。有些药物在老年人中呈现较强的药理效应，与老年人的血浆蛋白减少有关。某些药物可在血浆蛋白结合部位上可发生竞争排挤现象，若两种药物竞争与同一蛋白结合时而发生置换现象，使游离型药物浓度增加，可能导致中毒。

（3）体液 pH　在生理条件下，细胞内液的 pH 约为 7.0，细胞外液的 pH 约为 7.4，弱碱性药物在细胞外液解离较少，容易进入细胞内，故细胞内浓度略高，而弱酸性药物则相反。根据这一原理，如用碳酸氢钠碱化血液和尿液，可促进弱酸性巴比妥类药物由脑细胞向血浆中转移和从尿排泄，这是重要的救治措施之一。

（4）特殊的生理屏障　如血脑屏障和胎盘屏障等，这些生理屏障会影响药物的转运。

①血脑屏障　脑虽是血流量较大的器官，但药物在脑组织中的浓度一般较低，这是由于血脑屏障的存在。血脑屏障是血液 - 脑细胞、血液 - 脑脊液及脑脊液 - 脑细胞三种隔膜的总称，能阻碍药物穿透的主要是前二者。由于这些隔膜的细胞间比较致密，比一般的隔膜多一层胶质细胞，因此外源性的药物不易通过而形成一道保护大脑的生理屏障。只有分子量较小、脂溶性较高的药物才有可能通过血脑屏障而进入脑组织。新生儿的血脑屏障尚未发育完全，其中枢神经易受药物的影响。许多全身作用的药物包括抗癌药和某些抗生素（如氨基糖苷类），由于脂溶性差而不能透过血脑屏障。但在脑膜炎症时，局部血

脑屏障通透性增加，磺胺嘧啶、青霉素等与血浆蛋白结合率低的药物可进入脑脊液，可治疗化脓性脑脊髓膜炎。

有些药物、病理因素会影响药物通透性。甘露醇、阿拉伯糖、尿素和蔗糖高渗溶液可显著增加血脑屏障通透性，促进药物进入脑内；中风、惊厥、脑水肿等疾病会引起血脑屏障通透性增加；某些中枢神经药物或毒物会影响血脑屏障功能，如安非他明慢中毒、化学致惊剂、铝和铝离子等都可引起血脑屏障通透性增加。

②胎盘屏障　指由胎盘将母体血液与胎儿血液隔开的一种膜性结构。在妊娠前 3 个月，胎盘还没有完全形成，故无屏障可言。即使在妊娠中后期，其通透性与一般生物膜无明显的差别，药物非常容易进入胎儿体内。应该注意某些药物可能引起胎儿中毒或对胎儿的发育造成不良影响，甚至致畸。因此在妊娠期间应禁用可通过此屏障对胎儿产生不良影响的药物。

二、代谢

代谢（metabolism）又称生物转化，是一种化学物质在机体内转变成另一种化学物质的过程。多数药物经过代谢后失去活性，并转化为较高水溶性的代谢物而利于排出体外。但也有些药物经代谢转变成药理活性物质，如前体药物的设计就是根据此原理。药物的代谢产物通常极性增大、水溶性增强，更加有利于肾脏排泄和胆汁排泄。例如，非那西汀转化为对乙酰氨基酚等。

一般药物进入血液后，由门静脉进入肝脏，经肝内药物代谢酶作用，使血药浓度降低，药理作用减弱，这种现象称为首过效应（又称首过作用）。肝脏是药物的主要清除器官，多数药物在肝脏要经过不同程度的结构变化，包括氧化、还原、分解、结合等方式，有些药物可以同时通过几种反应类型进行代谢。

近年来研究发现许多药物在小肠吸收后通过肠壁时被代谢，从而导致药物的生物利用度降低，这种肠道的首过效应已引起重视。肠壁代谢是造成许多药物口服生物利用度偏低的重要原因之一。

影响药物代谢的因素很多，主要包括种族差异、性别差异、年龄差异、个体差异、疾病状态、食物、给药途径、给药剂量、合并用药等。

三、排泄

排泄（elimination）是指药物以原型或代谢物的形式通过排泄器官排出体外的过程。药物的排泄与药效、药效维持时间及毒副作用等密切相关。当药物的排泄速度增大时，血中药物量减少，药效降低以致不能产生药效。由于药物相互作用或疾病等因素影响，排泄速度降低时，血中药物量增大，此时如不调整剂量，往往会产生副作用，甚至出现中毒现象。

1. 经肾脏排泄　肾脏是药物排泄的主要器官，药物及代谢产物主要经肾脏排泄。肾脏排泄药物与下列三种方式有关。

（1）肾小球滤过（glomerular filtration）　肾小球毛细血管的基底膜通透性较强，除了血细胞、大分子物质以及与血浆蛋白结合的药物外，绝大多数非结合型的药物及其代谢产物均可经肾小球滤过，进入肾小管管腔内。

（2）肾小管被动重吸收（passive tubule reabsorption）　进入肾小管管腔内的药物中，脂溶性高、非解离型的药物及其代谢产物又可经肾小管上皮细胞以脂溶扩散的方式被动重吸收进入血液。此时，若改变尿 pH，则可因影响药物的解离度，从而改变药物的重吸收程度。如苯巴比妥、水杨酸等弱酸性药物中毒时，碱化尿液可使药物的重吸收减少，而增加排泄以解毒。

（3）肾小管主动分泌（active tubule secretion）　只有极少数的药物可经肾小管主动分泌排泄。在肾小管上皮细胞内有两类主动分泌的转运系统，即有机酸转运系统和有机碱转运系统，分别转运弱酸性药物和弱碱性药物。当分泌机制相同的两类药物经同一载体转运时，还可发生竞争性抑制，如丙磺舒可抑制青霉素的主动分泌，依他尼酸可抑制尿酸的主动分泌等，在临床治疗中，可产生有益或有害的影响。

2. 经胆汁排泄　药物在肝内代谢后，可生成极性大、水溶性高的代谢物（如与葡萄糖醛酸结合），从胆道随胆汁排至十二指肠，然后随粪便排出体外。如红霉素、利福平等可大量从胆道排出，并在胆汁中浓缩，在胆道内形成较高的药物浓度，从而有利于肝胆系统感染的治疗。

肝肠循环（hepato‑enteral circulation）是指某些药物经肝脏转化为极性较大的代谢产物，并自胆汁排出后，又在小肠中被相应的水解酶转化成原型药物，再被小肠重新吸收进入体循环的过程。一些肝肠循环明显的药物（如洋地黄毒苷、地高辛、地西泮），其血浆 $t_{1/2}$ 将会明显延长；反之，切断肝肠循环可加速药物的排泄。

3. 其他排泄途径　许多药物还可随唾液、乳汁、汗液、泪液等排泄到体外，有些挥发性的药物还可以通过呼吸系统排出体外。乳汁的 pH 略低于血浆，所以弱碱性药物（如吗啡、阿托品等）可以较多的自乳汁排泄，使哺乳婴儿因此受累。胃液中酸度较高，所以某些生物碱（如吗啡等）即便是注射给药，也可向胃液扩散，所以洗胃是该类药物中毒的治疗措施及诊断依据之一。由于药物可自唾液排泄，而唾液又易于采集，所以现在临床上还可以唾液代替血液标本进行血药浓度的监测。

任务四　药物动力学介绍

PPT

药物动力学（pharmacokinetics）又称药动学，系应用动力学原理与数学模式定量地描述药物通过各种途径进入体内的吸收、分布、代谢和排泄等过程的动态变化规律，即研究体内药物"量‑时"变化或"血药浓度‑时"变化的动态规律的一门科学。药物动力学研究各种体液、组织和排泄物中药物的代谢产物水平与时间关系的过程，并研究为提出解释这些数据的模型所需要的数学关系式。药物动力学已成为生物药剂学、药理学、毒理学等学科的最主要和最密切的基础，推动着这些学科的蓬勃发展。它还与基础学科如数学、化学动力学、分析化学也有着紧密的联系。在它发展较快的近 30 年，其研究成果对指导新药设计、优选给药方案、改进药物剂型、提供高效、速效、长效、低毒、低副作用的药物制剂发挥了重要作用。

一、药物体内转运速度类型

药物在体内的药量将随着时间的改变而发生相应的变化，药物动力学研究这些变化规律就涉及到转运速度，药物体内转运速度过程主要有以下两种类型。

1. 一级速度过程　药物在体内某部位的转运速度与该部位的药物浓度或药量的一次方成正比，就称为一级速度过程或称线性动力学过程。

一级速度过程具有以下特点：①半衰期与剂量无关；②单剂量给药的血药浓度‑时间曲线下面积与剂量成正比；③一次给药情况下，尿药排泄量与剂量成正比。通常大多数药物在常用剂量时，其体内的各个过程多为一级速度过程，或近似为一级速度过程。

2. 零级速度过程 如果药物的转运速度在任何时间都是恒定的，与浓度无关，就称为零级速度过程。以零级速度过程消除的药物，其生物半衰期随剂量的增加而增加。通常恒速静脉滴注的给药速度，以及控释制剂中药物的释放速度为零级速度过程。

二、房室模型

房室模型是将机体划分为由一个或两个以上的小单元构成的体系，这些小单元称为房室（亦称隔室），假设药物在每个隔室内部的分布处于动态平衡，而各个隔室之间存在着药物的交换和分配，这种理论称为隔室模型理论。房室模型是最常用的药物动力学模型，房室模型仅是进行药物动力学分析的一种抽象概念，并不一定代表某一特定解剖部位。通常用房室模拟人体，只要体内某些部位接受或消除药物的速率相似，即可归入一个房室。

1. 单室模型 当药物进入体循环后能迅速向体内各组织器官分布，并很快在血液与各组织脏器之间达到动态平衡的都属于这种模型，把整个机体看作一个隔室，如图3-3所示。单室模型并不意味着身体各组织药物浓度都一样，但机体各组织药物水平能随血浆药物浓度的变化平行地发生变化。

单室模型中无论何种途径给药，药物一进入体循环，即迅速在全身各组织或体液达到了分布上的动态平衡。血浆中药物浓度的变化，基本上只受消除速度常数的影响，并按一级速度消除。

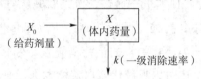

图3-3 单室模型示意图

2. 双室模型 假设身体由两部分组成，即药物分布速率比较大的中央室与分布较慢的周边室。是假定身体由一个中央室和一个周边室相连接的模型，如图3-4所示。药物进入体循环后，向中央室的分布是瞬即均衡的，但进入周边室则有一个分布过程，须经一定时间才能同中央室保持均衡。一般中央室由血流丰富的组织器官如心脏、肺脏、肝脏及肾脏等组成；周边室由肌肉、皮肤、骨骼及皮下脂肪组织等组成。体内药物向周边室分布较慢，需要较长时间才能达到分布平衡。

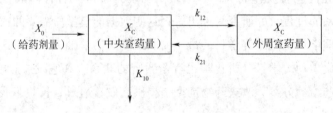

图3-4 双室模型示意图

（k_{10}为中央室药物消除一级速率，k_{12}为药物从中央室向外周室转运一级速率常数，

k_{21}为药物从外周室向中央室转运一级速率常数）

3. 多室模型 双室以上的模型称为多室模型，它把机体看成药物分布速度不同的多个单元组成的体系。如周边室中又有一部分组织、细胞内药物分布特别慢，可以划分成第二个周边室，分布稍快的称为浅周边室，分布慢的称为深周边室，形成多室模型。

三、药物动力学参数

1. 消除速度常数 消除是指体内药物不可逆的失去过程，它主要包括代谢和排泄。大多数药物从体内的消除符合一级速度过程，其速度与药量之间的比例常数 k 称为一级消除速度常数。k 值大小可衡量药物从体内消除速度的快慢。药物从体内消除的途径有肝脏代谢、经肾脏排泄和胆汁排泄等。药物消除速率常数是代谢速率常数 k_b、排泄速率常数 k_e 及胆汁排泄速率常数 k_{bi} 及其他各个消除速率之和。

$$k = k_b + k_e + k_{bi} + \cdots\cdots \tag{3-2}$$

2. 生物半衰期 生物半衰期指药物在体内的量或血药浓度降低一半所需要的时间，常以 $t_{1/2}$ 表示，单位为时间单位，如天、小时、分钟等。半衰期与消除速度常数一样，可以衡量药物消除速度的快慢，它与消除速度常数之间的关系为：

$$t_{1/2} = \frac{0.693}{k} \tag{3-3}$$

一般情况下药物都有固定的半衰期，即为常数，不因药物剂型、给药途径或剂量而改变。

3. 清除率 清除率（Cl）是指机体（或机体内某些消除器官组织）在单位时间内消除掉相当于多少体积的流经血液中的药物，表示从血液或血浆中清除药物的速度或效率。清除率临床上主要体现药物消除的快慢，计算公式为：

$$Cl = kV \tag{3-4}$$

Cl 具有加和性，多数药物以肝的生物转化和肾的排泄两种途径从体内消除，因而药物的 Cl 等于肝清除率 Cl_h 与肾清除率 Cl_r 之和：

$$Cl = Cl_h + Cl_r \tag{3-5}$$

任务五　生物利用度 微课3

PPT

一、生物利用度概述

生物利用度（bioavailability）是指制剂中的药物被吸收进入体循环的速度与程度，是客观评价制剂内在质量的一项重要的指标。生物利用度主要研究以下两个方面的内容。

1. 生物利用程度 生物利用程度（EBA）即吸收程度，是指与标准参比制剂相比，试验制剂中被吸收药物总量的相对比值。可用式（3-6）表示。

$$EBA = \frac{试验制剂被机体吸收的药物总量}{标准制剂被机体吸收的药物总量} \times 100\% \tag{3-6}$$

吸收程度的测定可通过给予试验制剂和参比制剂后血药浓度-时间曲线下总面积（AUC），或尿中排泄药物总量来确定。

根据选择的标准参比制剂的不同，得到的生物利用度的结果也不同。如果用静脉注射剂为参比制剂，药物100%进入体循环，所求得的是绝对生物利用度（absolute bioavailability）。如因毒性或药物性质等原因，当药物无静脉注射剂型或不宜制成静脉注射剂时，可用吸收较好的剂型或制剂为参比制剂，通常用药物的水溶液或溶液剂或同类型产品公认为优质厂家的制剂，所求得的是相对生物利用度（relative bioavailability）。

2. 生物利用的速度 生物利用的速度（RBA）是指与标准参比制剂相比，试验制剂中药物被吸收速度的相对比值，可用式（3-7）表示。

$$RBA = \frac{试验制剂的吸收速度}{标准制剂的吸收速度} \times 100\% \tag{3-7}$$

多数药物的吸收为一级过程，因而常用吸收速度常数 k_a 或吸收半衰期来衡量吸收速度，也可用达峰时间 t_{max} 来表示，峰浓度 C_{max} 不仅与吸收速度有关，还与吸收的量有关。

二、生物利用度的评价参数

评价生物利用度的速度与程度主要有三个参数，吸收总量即血药浓度－时间曲线下面积 AUC，单位为 $\mu g \cdot h/ml$，以及血药浓度峰值 C_{max} 和血药浓度峰时 t_{max}。

药峰浓度 C_{max}、药峰时间 t_{max} 和药－时曲线下面积 AUC 是具有吸收过程的制剂生物利用度的三项基本参数，对一次给药显效的药物，吸收速率更为重要。因为有些药物的不同制剂即使其曲线下面积 AUC 值的大小相等，但曲线形状不同（图 3－5）。这主要反映在 C_{max} 和 t_{max} 两个参数上，这两个参数的差异足以影响疗效，甚至毒性。如图 3－5 中曲线 C 的峰值浓度低于最小有效血药浓度值，不产生治疗效果；曲线 A 的药峰浓度值高于最小中毒浓度值，则出现毒性反应；而曲线 B 能保持有效浓度时间较长，且不致引起毒性。由此可见，同一药物的不同制剂，在体内的吸收总量虽相同，若吸收速率有明显差异时，其疗效也将有明显差异，所以，生物利用度不仅包括被吸收的总药量，而且还包括药物在体内的吸收速率，这是非常重要的。

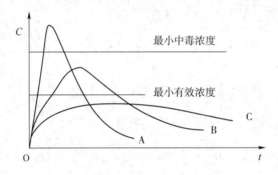

图 3－5　吸收量相同的三种制剂的药－时曲线图

三、生物利用度的应用

生物利用度相对地反映出同种药物不同制剂（包括不同厂家生产的同一药物相同剂型的产品）为机体吸收的优劣，是衡量制剂内在质量的一个重要指标。许多研究表明，同一药物的不同制剂在作用上的某些差异，可能是由于从给药部位吸收的药量或吸收的速度上的差异，即制剂的生物利用度不同。

将生物利用度作为参考数值用于选择剂型和处方已被公认为是一种较好的方法。以化学方法测定制剂的药物含量，只能表示化学的等效性；而测定生物体内的血药浓度，不仅表示了药物已被吸收的量，而且还表明了量的变化，这才是一个更为可靠的参考数值，可以为临床确定药物用法、用量时参考。

通常以下药物应进行生物利用度研究。用于预防、治疗严重疾病的药物，特别是治疗剂量与中毒剂量很接近的药物。剂量－反应曲线陡峭或有严重不良反应的药物。溶解度低（小于 5mg/ml）、溶解速度缓慢的药物。在胃肠道中成为不溶解或有特定吸收部位的药物。溶解速度受粒子大小、多晶型等影响较大的药物。辅料能改变主药特性的药物制剂等。在新药研究中，往往要进行生物利用度研究。生物利用度还作为药物相互作用、生理因素对药物吸收的影响等研究的工具。

 **知识链接**

生物利用度和生物等效性试验指导原则

生物利用度是指剂型中的药物被吸收进入血液的速率和程度。生物等效性是指一种药物的不同制剂在相同的试验条件下，给以相同的剂量，反映其吸收速率和程度的主要动力学参数没有明显的统计学差异。

口服或其他非脉管内给药的制剂，其活性成分的吸收受多种因素的影响，包括制剂工艺、药物粒径、晶型或多晶型，处方中的赋形剂、黏合剂、崩解剂、润滑剂、包衣材料、溶剂、助悬剂等。生物利用度是保证药品内在质量的重要指标，而生物等效性则是保证含同一药物的不同制剂质量一致性的主要依据。生物利用度与生物等效性概念虽不完全相同，但试验方法基本一致。

如果含有相同活性物质的两种药品药剂学等效或药剂学可替代，并且它们在相同摩尔剂量下给药后，生物利用度（速度和程度）落在预定的可接受限度内，则被认为生物等效。设置这些限度以保证不同制剂中药物的体内行为相当，即两种制剂具有相似的安全性和有效性。在生物等效性试验中，一般通过比较受试药品和参比药品的相对生物利用度，根据选定的药动学参数和预设的接受限，对两者的生物等效性做出判定。血浆浓度－时间曲线下面积 AUC 反映暴露的程度，最大血浆浓度 C_{max} 以及达到最大血浆浓度的时间 t_{max}，是受到吸收速度影响的参数。本指导原则的主要目的是提出对生物等效性试验的设计、实施和评价的相关要求。也讨论使用体外试验代替体内试验的可能性。为了控制药品质量，保证药品的有效性和安全性，特制定本指导原则。

1. 生物样品分析方法的基本要求 生物样品中药物及其代谢产物定量分析方法的专属性和灵敏度，是生物利用度和生物等效性试验成功的关键。首选灵敏度高的检测方法，如高效液相色谱法等。根据待测物的结构、生物介质和预期的浓度范围，建立适宜的生物样品分析方法，并对方法进行验证。

2. 生物利用度测定方法 生物利用度常见的测定方法有血药浓度法和尿药浓度法。在测定血药浓度或尿药浓度有困难时，可采用药理效应法，或采用血或尿中药物代谢物数据估算。

（1）血药浓度法 这是目前生物利用度研究最常用的方法。当药物或其代谢物不能从尿中检出或定量有困难时，可根据不同时间测定血药浓度的变化来求算生物利用度。受试者分别给予试验制剂和参比制剂后，通过血药浓度对时间作图，根据药物动力学参数测算生物利用度。在无法测定血中原型药物时则可以通过测定血中代谢物浓度进行生物利用度研究。

（2）尿药浓度法 如果吸收进入体内的药物大部分经尿排泄，而且药物或其代谢物在尿中的累积排泄量与药物吸收总量的比值保持不变，则可用药物或其代谢物在尿中的排泄数据测算生物利用度。

3. 试验基本要求 受试者满足一定条件，一般情况选健康男性，特殊情况说明原因，如妇科用药。儿童用药应在成人中进行，试验单位应与志愿受试者签署知情同意书。受试者数量必须具有足够的例数（一般 18～24 例），必要时可增加受试者人数。

参比制剂选择的原则：参比制剂安全性和有效性应该合格，进行绝对生物利用度研究时选用上市的静脉注射剂为参比制剂；进行相对生物利用度或生物等效性研究时，应选择国内外同类上市主导产品作为参比制剂。

受试制剂应为符合临床应用质量标准的放大试验产品，应提供受试制剂和参比制剂的体外溶出度比较（$n \geqslant 12$）数据，以及稳定性、含量或效价等数据。个别药物尚需提供多晶型及光学异构体资料。

四、生物利用度药动学计算分析

1. 尿药浓度法

（1）单剂量给药　通过尿药累积排泄量求算生物利用度。单剂量给药后，在一定时间内（不少于7个半衰期的时间）收集尿排泄药物总量 X_u^∞，计算生物利用度。

$$F = (X_u^\infty)_T / (X_u^\infty)_R \times 100\% \qquad (3-8)$$

（2）多剂量给药方案　系由稳态时尿药排泄数据求算生物利用度。采用多剂量给药达稳态血药浓度时，任意给药间隔期内，原型药物尿中排泄量等于单剂量给药时尿中排泄原型药物总量。

$$F = [(X_u^\infty)_{SS}]_T / [(X_u^\infty)_{SS}]_R \times 100\% \qquad (3-9)$$

式中，$(X_u)_{SS}$ 为稳态时任意给药间隔原型药物尿中排泄量。

2. 血药浓度法　当药物或其代谢物不能从尿中检出或定量有困难时，则可使用血药浓度法，通过测定服用药物后的血药浓度，求得血药浓度曲线，比较曲线下的面积以求出生物利用度。血药浓度法也分单剂量给药和多剂量给药。

🧠 头脑风暴

　　案例　硝苯地平（心痛定）是钙拮抗剂中的一种，具有扩张冠状动脉和周围动脉作用，抑制血管痉挛，是治疗变异型心绞痛和高血压首选钙离子拮抗剂，宜于长期使用，目前有胶囊剂、普通片剂、膜剂、气雾剂、缓释片、透皮制剂、栓剂、控释片等，规格为片剂每片 10mg；胶囊剂每胶囊 5mg；喷雾剂每瓶 100mg；用法及用量为口服 1 次 5~10mg，每日 3 次，急用时可舌下含服，对慢性心力衰竭，每 6 小时 20mg；咽部喷药每次 1.5~2mg（喷 3~4 下）。

　　讨论　1. 试分析硝苯地平各种剂型的吸收特点。
　　　　　　2. 如何根据临床需要去选择适宜的硝苯地平剂型？

答案解析

答案解析

目标检测

一、单选题

1. 大多数药物吸收的机制是（　　）。

　　A. 逆浓度差进行的消耗能量过程

　　B. 消耗能量，不需要载体的高浓度向低浓度的移动过程

　　C. 需要载体，不消耗能量的高浓度向低浓度的移动过程

　　D. 不消耗能量，不需要载体的高浓度向低浓度的移动过程

2. 一般认为在口服剂型中药物吸收的大致顺序是（　　）。

　　A. 水溶液 > 混悬液 > 散剂 > 胶囊剂 > 片剂

　　B. 水溶液 > 混悬液 > 胶囊剂 > 散剂 > 片剂

　　C. 水溶液 > 散剂 > 混悬液 > 胶囊剂 > 片剂

　　D. 混悬液 > 水溶液 > 散剂 > 胶囊剂 > 片剂

3. 测得利多卡因的消除速度常数为 0.3465h^{-1}，则它的生物半衰期是 ( )。

   A. 4h   B. 1.5h

   C. 2.0h   D. 0.693h

4. 若罗红霉素的剂型拟以片剂改成注射剂，其剂量应 ( )。

   A. 增加，因为生物有效性降低   B. 增加，因为肝肠循环减低

   C. 减少，因为生物有效性更大   D. 减少，因为组织分布更多

5. 不能减少或避免肝肠首过作用的给药途径或剂型是 ( )。

   A. 栓剂   B. 静脉注射

   C. 透皮给药系统   D. 糖浆剂

二、多选题

1. 影响药物胃肠道吸收的生理因素是 ( )。

   A. 胃肠道蠕动快慢   B. 胃肠液 pH

   C. 胃排空速率   D. 药物溶出度

   E. 药物的脂溶性和解离度

2. 下列有关生物利用度的描述正确的是 ( )。

   A. 饭后服用维生素 B$_2$ 将使生物利用度提高

   B. 药物微粉化后都能增加生物利用度

   C. 药物脂溶性越大，生物利用度越差

   D. 药物水溶性越大，生物利用度越好

   E. 无定形药物的生物利用度大于稳定型的生物利用度

3. 以下哪几条是主动转运的特征 ( )。

   A. 消耗能量   B. 不需载体进行转运

   C. 有饱和状态   D. 由高浓度向低浓度转运

   E. 可与结构类似的物质发生竞争现象

4. 生物利用度试验的步骤一般包括 ( )。

   A. 选择受试者   B. 确定试验试剂与参比试剂

   C. 进行试验设计   D. 确定用药剂量

   E. 取血测定

5. 下列有关药物表观分布容积的叙述中，叙述正确的是 ( )。

   A. 表观分布容积大，表明药物在血浆中浓度小

   B. 表观分布容积表明药物在体内分布的实际容积

   C. 表观分布容积有可能超过体液量

   D. 表观分布容积的单位是升或升/千克

   E. 表观分布容积具有生理学意义

三、综合题

1. 什么是生物药剂学？它的研究意义及内容是什么？

2. 药物跨膜转运方式有哪些？各有什么特点？

3. 测定相对生物利用度时，要比较三个参数，即 AUC、T_{max} 和 C_{max}，它们各代表什么？它们与生物利用

度有什么关系?

4. 提高难溶性且强亲脂性的中性抗真菌药灰黄霉素经胃肠道吸收的方法有哪些?为什么?

5. 测定生物利用度最常用什么方法?各有什么特点?

书网融合……

知识回顾　　　　微课1　　　　微课2　　　　微课3　　　　习题

项目四　**液体制剂工艺与制备**

学习引导

　　液体制剂药物以分子或微粒状态分散在介质中，分散度大，吸收快，能较迅速地发挥药效；给药途径多，可以内服，也可以外用；易于分剂量，服用方便，特别适用于婴幼儿和老年患者。那么我们生活中经常用到的液体剂型有哪些呢？这些剂型的生产工艺是怎样的呢？

　　本项目主要介绍液体制剂的基本性质、常用液体制剂辅料、各种常见液体制剂的生产技术以及它们的质量检查内容。

学习目标

1. **掌握**　液体药剂的概念、特点；液体制剂常用的附加剂和制备。
2. **熟悉**　液体药剂的分类；表面活性剂的分类。
3. **了解**　混悬剂和乳剂的稳定性。

任务一　概　述 微课

PPT

实例分析

　　实例　同学小明患有胃肠型感冒，经药店药师指导后，他购买了一盒藿香正气水进行治疗。服用第一支时，他发现药品是装在小塑料瓶里的，颜色是棕色的，药液有种辛辣的感觉。藿香正气水作为治疗胃肠型感冒的常用药，相信大家很多人都服用过。

　　讨论　藿香正气水的成分里会有什么？常见的液体药物的包装都有哪些？

答案解析

一、液体制剂的含义

　　液体制剂系指药物分散在适宜的分散介质中制成的液体形态的制剂，可以内服或外用。在液体制剂中分散相可以是固体、液体或气体药物，在一定条件下以颗粒、液滴、胶粒、分子或离子等形式分散于分散介质中形成液体分散体系。药物的分散程度、溶剂的性质关系着液体制剂的药效、稳定性和毒副作用。一般药物在分散介质中的分散度愈大体内吸收愈快，所起的疗效也愈高。液体药剂中常加入助溶剂、防腐剂、矫味剂等附加剂以改善药物的分散度或溶解度、增加药物的稳定性、改善其不良气味等。液体制剂的品种多，其性质、理论和制备工艺在制剂学中占有很重要的地位。此外，临床应用也十分广泛。

二、液体制剂的特点

液体制剂有以下优点：①药物在介质中分散度大，吸收快，能较迅速地发挥药效，药物的生物利用度高；②给药途径多，可以内服，也可以外用，如用于皮肤、黏膜和人体腔道等；③剂量大小易于控制，服用方便；④避免局部浓度过高，减低某些药物的刺激性。

但液体制剂有以下不足：①药物分散度大，易引起药物的失效分解；②病原微生物容易在水性液体制剂中滋生，需加入防腐剂；③体积较大，携带、运输、贮存都不方便；④非均匀性液体制剂，存在物理稳定性问题。

三、液体制剂的分类

1. 按分散系统分类 液体制剂中的药物可以是固体、液体或气体，在一定条件下，以分子、离子、胶体粒子、微粒或液滴分散于分散介质中形成分散体系。根据药物的分散状态液体制剂分为均相分散体系、非均相分散体系。按分散体系分类见表4-1。

表4-1 分散体系分类

类型		分散相大小/nm	特征
低分子溶液剂		<1	真溶液；无界面，热力学稳定体系；扩散快，能透过滤纸和某些半透膜
胶体溶液	高分子溶液剂	1~100	真溶液；热力学稳定体系；扩散慢，能透过滤纸，不能透过半透膜
	溶胶剂	1~100	溶胶剂又称疏水胶体溶液。胶态分散形成多相体系；有界面，热力学不稳定体系；扩散慢，能透过滤纸而不能透过半透膜
混悬剂		>500	固体微粒分散形成多相体系，动力学和热力学均不稳定体系；有界面，显微镜下可见，为非均相系统
乳剂		>100	液体微粒分散形成多相体系，动力学和热力学均不稳定体系；有界面，显微镜下可见，为非均相系统

即学即练4-1

答案解析

下列关于液体制剂分类叙述错误的是（　　）。

A. 混悬剂属于非均相液体制剂　　　　B. 低分子溶液剂属于均相液体制剂

C. 溶胶剂属于均相液体制剂　　　　　D. 乳剂属于非均相液体制剂

2. 按给药途径分类

（1）内服液体制剂 经胃肠道给药，吸收发挥全身治疗作用，如合剂、糖浆剂、乳剂、混悬剂等。

（2）外用液体制剂 主要分为以下几种：①皮肤用液体制剂，如洗剂、搽剂等；②五官科用液体制剂，如洗耳剂与滴耳剂、洗鼻剂与滴鼻剂、含漱剂、滴牙剂等；③直肠、阴道、尿道用液体制剂，如灌肠剂、灌洗剂等。

四、液体制剂的质量评价

液体制剂要求剂量准确、性质稳定，应有一定的防腐能力，保存和使用过程不应发生变质。口服的液体制剂应外观良好、口感适宜。外用的液体制剂应安全、无刺激性。均匀相液体制剂应是澄明溶液。非均匀相液体制剂的药物粒子应分散均匀。液体制剂包装容器的大小及材质应适宜，方便患者携带和使用。

PPT

任务二　液体制剂中常用的附加剂

一、表面活性剂的概述

物质的相与相之间的交界面称为界面。物质有气、液、固三态，也就可以有气、液、固三相，会组成气-液、气-固、液-液及液-固等界面。一般把有气相组成的界面称为表面，在表面上所发生的一切物理化学现象称为表面现象。表面张力是指一种使表面分子具有向内运动的趋势，并使表面自动收缩至最小面积的力。

使液体表面张力降低的性质即为表面活性。表面活性剂是指那些具有很强表面活性、能使液体的表面张力显著下降的物质。此外，作为表面活性剂还具有增溶、乳化、润湿、去污、杀菌、消泡和起泡等应用性质，这是与一般表面活性物质的重要区别。如乙醇、甘油等低级醇或无机盐等，不完全具备这些性质，因此不属于表面活性剂。

表面活性剂分子结构中同时含有两种不同性质的基团即亲水基团、亲油基团，如图4-1所示。一端为亲水基团，如羧酸、磺酸、胺基、氨基及它们的盐；另一端为亲油基团，一般是8个碳原子以上的烃链。由于表面活性剂亲水基团和亲油基团分别选择性地作用于界面的两个极性不同的物质，从而显现出降低表面张力的作用。

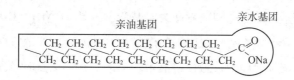

图4-1　表面活性剂的化学结构

二、表面活性剂的分类

表面活性剂根据其解离情况可分为离子型表面活性剂和非离子型表面活性剂。根据离子型表面活性剂所带电荷，又可分为阳离子型表面活性剂、阴离子型表面活性剂和两性离子型表面活性剂。

1. 阴离子型表面活性剂　阴离子型表面活性剂的特征是起表面活性作用的部分是阴离子部分，即带负电荷的部分，如肥皂、硫酸化物、磺酸化物。

（1）肥皂类　为高级脂肪酸的盐，通式为（$RCOO^-$）$_n M^{n+}$。肪酸烃链一般在 $C_{11} \sim C_{17}$ 之间，以硬脂酸、油酸、月桂酸等较常用。根据金属离子的不同，分为碱金属皂（一价皂如钾皂又名软皂）、碱土金属皂（二价皂如钙皂、镁皂）和有机胺皂（如三乙醇胺皂）等。它们都具有良好的乳化能力，其中碱金属皂、有机胺皂为 O/W 乳化剂，碱土金属皂为 W/O 乳化剂。肥皂类易被酸破坏，碱金属皂还可被钙盐、镁盐等破坏，电解质还可使之盐析。本品有一定的刺激性，一般只用于外用制剂。

（2）硫酸化物　为硫酸化油和高级脂肪醇硫酸酯类，通式为 $ROSO_3^- M^+$。其中高级醇烃链 R 在 $C_{12} \sim C_{18}$ 之间。硫酸化油的代表是硫酸化蓖麻油，又称土耳其红油，为黄色或橘黄色黏稠液，有微臭，可与水混合，为无刺激性的去污剂和润湿剂，可代替肥皂洗涤皮肤，亦可作挥发油或水不溶性杀菌剂的增溶剂。高级脂肪醇硫酸酯类中常用的是十二烷基硫酸钠（月桂醇硫酸钠，O/W 乳化剂）、十六烷基硫酸钠（鲸蜡醇硫酸钠）、十八烷基硫酸钠（硬脂醇硫酸钠）等，它们的乳化性很强，且较肥皂类稳定，主要用作外用软膏的乳化剂。

（3）磺酸化物　系指脂肪族磺酸化物、烷基芳基磺酸化物等，通式为 RSO_3^-M。脂肪族磺酸化物如二辛基琥珀酸磺酸钠（商品名阿洛索 – OT）、二己基琥珀酸磺酸钠（商品名阿洛索 – 18），十二烷基苯磺酸钠等，其中十二烷基苯磺酸钠是目前广泛应用的洗涤剂。

2. 阳离子型表面活性剂　这类表面活性剂起作用的部分是阳离子，亦称阳性皂。其分子结构的主要部分是一个五价的氮原子，所以也称为季铵化物。其特点是水溶性大，在酸性与碱性溶液中较稳定，具有良好的表面活性作用和杀菌作用。常用品种有苯扎氯铵和苯扎溴铵等。

3. 两性离子型表面活性剂

（1）天然两性离子表面活性剂　包括卵磷脂、豆磷脂和蛋磷脂。常用的是卵磷脂，其结构由磷酸酯盐型的阴离子和季铵盐型阳离子部分组成，因此卵磷脂有两个疏水基团，故不溶于水，但对油脂的乳化能力很强，可制成油滴很小不易被破坏的乳剂。其基本结构为：

$$CH_2 - OOCR_1$$
$$CH - OOCR_2$$
$$CH_2 - O - P - O - CH_2 - CH_2 - N^+ - CH_3$$

磷酸酯盐阴离子部分　　　　季铵盐阳离子部分

（2）合成型两性离子型表面活性剂　这类表面活性剂为合成化合物，阴离子部分主要是羧酸盐，其阳离子部分为季铵盐或胺盐，由胺盐构成者即为氨基酸型（$R \cdot {}^+NH_2 \cdot CH_2CH_2 \cdot COO^-$）；由季铵盐构成者即为甜菜碱型〔$R \cdot {}^+N \cdot (CH_2)CH_2 \cdot COO^-$〕。氨基酸型在等电点时亲水性减弱，并可能产生沉淀；而甜菜碱型则无论在酸性、中性及碱性溶液中均易溶，在等电点时也无沉淀。

4. 非离子型表面活性剂　这类表面活性剂在水中不解离，分子中构成亲水基团的是甘油、聚乙二醇和山梨醇等多元醇，构成亲油基团的是长链脂肪酸或长链脂肪醇以及烷基或芳基等，它们以酯键或醚键与亲水基团结合，品种很多。由于不解离，可不受电解质和溶液 pH 影响，毒性和溶血性小，能与大多数药物配伍，常用作增溶剂、分散剂、乳化剂和助悬剂，个别品种也用于静脉注射剂的附加剂。

（1）脂肪酸山梨坦类（司盘类）　为脱水山梨醇脂肪酸酯类，商品名为司盘。本品为白色至黄色、黏稠油状液体或蜡状固体。不溶于水，易溶于乙醇，HLB 值 1.8～8.6，亲油性较强，故一般用作 W/O 型乳化剂或 O/W 型乳剂的辅助乳化剂。脱水山梨醇的酯类因脂肪酸种类和数量的不同而有不同产品，例如月桂山梨坦（司盘 20）、棕榈山梨坦（司盘 40）、硬脂山梨坦（司盘 60）、三硬脂山梨坦（司盘 65）、油酸山梨坦（司盘 80）、三油酸山梨坦（司盘 85）等。其结构如下：

式中，—$RCOO^-$ 为脂肪酸根，山梨醇为六元醇，因脱水而环合

（2）聚山梨酯（吐温类）　为聚氧乙烯脱水山梨醇脂肪酸酯类，商品名为吐温。本品为黏稠的液体，易溶于水、乙醇，不溶于油，广泛用作增溶剂或 O/W 型乳化剂。聚氧乙烯脱水山梨醇脂肪酸酯类根据脂

肪酸种类和数量的不同而有不同产品。例如，聚山梨酯 20（吐温 20）、聚山梨酯 40（吐温 40）、聚山梨酯 60（吐温 60）、聚山梨酯 65（吐温 65）、聚山梨酯 80（吐温 80）、聚山梨酯 85（吐温 85）。其结构如下：

式中，$—(C_2H_4O)_nO^-$ 为聚氧乙烯基

（3）聚氧乙烯脂肪酸酯　系由聚乙二醇与长链脂肪酸缩合而成的酯，商品名为卖泽。可用通式 $RCOOCH_2(CH_2OCH_2)_nCH_2OH$ 表示，根据聚乙二醇的平均分子量和脂肪酸品种不同有不同品种。乳化能力很强，为 O/W 型乳化剂。常用的为聚氧乙烯 40 脂肪酸酯（卖泽 52 或 S40）。

（4）聚氧乙烯脂肪醇醚类　系由聚乙二醇与脂肪醇缩合而成的醚类，商品名为苄泽（Brij）。可用通式 $RO(CH_2OCH_2)_nH$ 表示，因聚氧乙烯基聚合度和脂肪醇的不同而有不同的品种。例如，西土马哥，是聚乙二醇与十六醇缩合而得；平平加 O 则是 15 单位氧乙烯与油醇的缩合物，作增溶剂、O/W 型乳化剂。

（5）聚氧乙烯 – 聚氧丙烯共聚物　系由聚氧乙烯和聚氧丙烯聚合而成，本品又称泊洛沙姆。商品名普朗尼克，通式为 $HO(C_2H_4O)_a(C_3H_6O)_b(C_2H_4O)_cH$。相对分子量由 1000 到 10000 以上，随着分子量的增大，本品由液体逐渐变为固体。具有乳化、润湿、分散、起泡、消泡等作用，但增溶作用较弱。Pluronic F68 为 O/W 型乳化剂，可作为静脉注射用的乳化剂，所制备的 O/W 乳剂能够耐受热压灭菌。

即学即练 4 –2

下列哪种物质属于阳离子型表面活性剂（　　）。

A. 十二烷基硫酸钠　　　　　　　　　B. 司盘 20

答案解析　C. 泊洛沙姆　　　　　　　　　　　　D. 苯扎氯铵

三、表面活性剂的基本性质和应用

1. 临界胶束浓度　表面活性剂在水溶液中，低浓度时产生表面吸附而降低溶液的表面张力，达到一定浓度后，正吸附到达饱和后继续加入表面活性剂，其分子则转入溶液中，表面活性剂的亲油基团相互吸引，形成亲油基团向内、亲水基团向外、在水中稳定分散、大小在胶体粒子范围的胶束。表面活性剂分子缔合形成胶束的最低浓度即为临界胶束浓度（CMC），不同表面活性剂（图 4 –2）的 CMC 不同。具有相同亲水基的同系列表面活性剂，若亲油基团越大，则 CMC 越小。在 CMC 时，溶液的表面张力基本上到达最低值。在 CMC 到达后的一定范围内，单位体积内胶束数量和表面活性剂的总浓度几乎成正比。

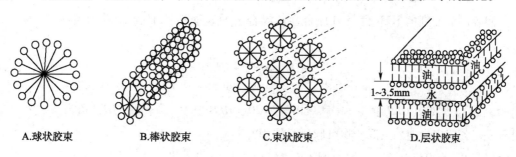

A.球状胶束　　　　B.棒状胶束　　　　C.束状胶束　　　　D.层状胶束

图 4 –2　胶束的形态

2. 亲水亲油平衡值 表面活性剂分子中亲水和亲油的强弱取决于其分子结构中亲水基团和亲油基团的多少。表面活性剂亲水亲油的强弱，可用亲水亲油平衡值表示（HLB）。表面活性剂的 HLB 值越高其亲水性愈强，HLB 值越低，其亲油性愈强。将表面活性剂的 HLB 值范围限定在 0 ~ 40，其中非离子表面活性剂的 HLB 值范围为 0 ~ 20，即完全由疏水碳氢基团组成的石蜡分子的 HLB 值为 0，完全由亲水性的氧乙烯基组成的聚氧乙烯的 HLB 值为 20，既有碳氢链又有氧乙烯链的表面活性剂的 HLB 值则介于两者之间。

表面活性剂的 HLB 值与其应用性质有密切关系，HLB 值在 3 ~ 6 的表面活性剂适合用作 W/O 型乳化剂；HLB 值在 8 ~ 18 的表面活性剂，适合用作 O/W 型乳化剂。作为增溶剂的 HLB 值在 13 ~ 18，作为润湿剂的 HLB 值在 7 ~ 9 等。常用表面活性剂 HLB 值如表 4 - 2 所示。

表 4 - 2　常用表面活性剂 HLB 值

品名	HLB 值	品名	HLB 值
阿拉伯胶	8.0	司盘 20	8.6
阿特拉斯 G - 263	25 ~ 30	司盘 40	6.7
泊洛沙姆 188	16.0	司盘 60	4.7
苄泽 30	9.5	司盘 65	2.1
苄泽 35	16.9	司盘 80	4.3
二硬脂酸乙二酯	1.5	司盘 83	3.7
单油酸二甘酯	6.1	司盘 85	1.8
单硬脂甘油酯	3.8	聚山梨酯 20	16.7
单硬脂酸丙二酯	3.4	聚山梨酯 21	13.3
聚氧乙烯 400 单月桂酸酯	13.1	聚山梨酯 40	15.6
聚氧乙烯 400 单油酸酯	11.4	聚山梨酯 60	14.9
聚氧乙烯 400 单硬脂酸酯	11.6	聚山梨酯 61	9.6
聚氧乙烯壬烷基酚醚	15.0	聚山梨酯 65	10.5
聚氧乙烯烷基酚	12.8	聚山梨酯 80	15.0
聚氧乙烯脂肪醇醚	13.3	聚山梨酯 81	10.0
明胶	9.8	聚山梨酯 85	11.0
卖泽 45	11.1	西黄蓍胶	13.0
卖泽 49	15.0	西土马哥	16.4
卖泽 51	16.0	油酸	1.0
卖泽 52	16.9	油酸钠	18.0
平平加 O 20	16.5	油酸钾	20.0
十二烷基硫酸钠	40	油酸三乙醇胺	12.0

非离子型表面活性剂的 HLB 值具有加合性，混合后的表面活性剂的 HLB 值可按式（4 - 1）进行计算。

$$HLB_{AB} = \frac{HLB_A \times W_A + HLB_B \times W_B}{W_A + W_B} \tag{4 - 1}$$

例 4 - 1　用司盘 80（*HLB* 值 4.3）和聚山梨酯 20（*HLB* 值 16.7）制备 *HLB* 值为 9.5 的混合乳化剂 100g，问两者应各用多少克？该混合物可起什么作用？

解：设司盘 80 的用量为 W_A，聚山梨酯 20 为 $100 - W_A$，代入式（4 - 1）为

$$9.5 = \frac{4.3 \times W_{A} + 16.7 \times (100 - W_{A})}{100}$$

解得 $W_{A} = 58g$，$100 - W_{A} = 42g$

该混合乳化剂需 58g 司盘 80 和 42g 聚山梨酯 20，可用作水包油型乳化剂和润湿剂。

3. Krafft 点 图 4-3 为十二烷基硫酸钠在水中的溶解度随温度而变化的曲线，随温度升高至某一温度，其溶解度急剧升高，该温度称为 Krafft 点，相对应的溶解度即为该离子表面活性剂的临界胶束浓度（图中虚线）。当溶液中表面活性剂的浓度未超过溶解度时（区域Ⅰ），溶液为真溶液；当继续加入表面活性剂时，则有过量表面活性剂析出（区域Ⅱ）；此时再升高温度，体系又成为澄明溶液（区域Ⅲ），但与Ⅰ不相同，Ⅲ相是表面活性剂的胶束溶液。

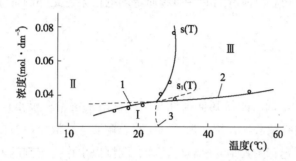

图 4-3 十二烷基硫酸钠的溶解度曲线

1. 溶解度曲线；2. CMC 曲线；3. Krafft 点

4. 起昙与昙点 聚氧乙烯型非离子表面活性剂溶解度随温度升高而增大，当达到某一温度后，其溶解度急剧下降，溶液变浑浊或分层，但冷却后又恢复澄明，这种由澄明变浑浊的现象称为起昙，起昙的温度称为昙点。这主要是因为温度升高可导致聚氧乙烯链与水之间的氢键断裂，当温度上升到一定程度时，聚氧乙烯链可发生强烈脱水和收缩，使增溶空间减小，增溶能力下降，表面活性剂溶解度急剧下降而析出，溶液出现浑浊。在聚氧乙烯链相同时，碳氢链越长，昙点越低；在碳氢链长相同时，聚氧乙烯链越长则昙点越高。昙点是非离子型表面活性剂的特征值，此类表面活性剂的昙点在 70～100℃，如聚山梨酯 20 为 90℃、聚山梨酯 60 为 76℃、聚山梨酯 80 为 93℃。但很多聚氧乙烯类非离子表面活性剂在常压下观察不到昙点，如泊洛沙姆 108、泊洛沙姆 188 等。

5. 表面活性剂的其他应用 表面活性剂除用于增溶外，还常用作乳化剂、润湿剂和助悬剂、起泡剂和消泡剂、去污剂、消毒剂或杀菌剂等。

（1）起泡剂和消泡剂 泡沫是气体分散在液体中的分散体系。一些含有表面活性剂或具有表面活性物质的溶液，如中草药的乙醇或水浸出液，含有皂苷、蛋白质、树胶以及其他高分子化合物的溶液，当剧烈搅拌或蒸发浓缩时，可产生稳定的泡沫。这些表面活性剂通常有较强的亲水性和较高的 HLB 值，在溶液中可降低液体的界面张力而使泡沫稳定，这些物质即称为"起泡剂"。在产生稳定泡沫的情况下，加入一些 HLB 值为 1～3 的亲油性较强的表面活性剂，则可与泡沫液层争夺液膜表面而吸附在泡沫表面上，代替原来的起泡剂，而其本身并不能形成稳定的液膜，故使泡沫破坏。这种用来消除泡沫的表面活性剂称为消泡剂，少量的辛醇、戊醇、醚类、硅酮等也可起到类似作用。

（2）去污剂 去污剂或称洗涤剂是用于除去污垢的表面活性剂，HLB 值一般为 13～16。常用的去污剂有油酸钠和其他脂肪酸的钠皂、钾皂、十二烷基硫酸钠或烷基磺酸钠等阴离子表面活性剂。去污的机制较为复杂，包括对污物表面的润湿、分散、乳化、增溶、起泡等多种过程。

（3）消毒剂和杀菌剂　大多数阳离子型表面活性剂和两性离子型表面活性剂都可用作消毒剂，少数阴离子型表面活性剂也有类似作用，如甲酚皂、甲酚磺酸钠等。这些消毒剂在水中都有比较大的溶解度，根据使用浓度，可分别用于手术前皮肤消毒、伤口或黏膜消毒、器械消毒和环境消毒等，如苯扎溴铵为一种常用广谱杀菌剂，皮肤消毒、局部湿敷和器械消毒分别用其 0.5% 醇溶液、0.02% 水溶液和 0.05% 水溶液（含 0.5% 亚硝酸钠）。

四、液体制剂常用的溶剂与附加剂

液体制剂的溶剂，对溶液剂来说可称为溶剂。对溶胶剂、混悬剂、乳剂来说药物并不溶解而是分散，因此称作分散介质。溶剂对液体制剂的性质和质量影响很大，此外制备液体制剂，根据需要还常加入附加剂。

（一）液体制剂常用的溶剂

1. 极性溶剂

（1）水　水是最常用的溶剂。能与其他极性和半极性溶剂混溶。能溶解绝大多数的无机盐类和极性大的有机药物，能溶解生物碱盐、苷类、糖类、树胶、鞣质、黏液质、蛋白质、酸类及色素等化学成分。但许多药物在水中不稳定，尤其是易水解的药物，配制以水作为溶剂的液体制剂使用纯化水。

（2）甘油　甘油为常用溶剂，为无色黏稠的澄明液体，有甜味，毒性小，能与水、乙醇、丙二醇等以任意比例混溶。可用于内服药剂。更多的则是应用于外用药剂。可单独作溶剂，也可与水、乙醇等溶剂以一定的比例混合应用。甘油对苯酚、鞣酸、硼酸的溶解比水大，常作为这些药物的溶剂。在水溶剂中加入一定比例的甘油，可起到保湿、增稠和润滑的作用，甘油的黏稠度大，液体制剂中含甘油 30% 以上时具有防腐作用。

（3）二甲基亚砜　二甲基亚砜为无色澄明液体，具有大蒜臭味，能与水、乙醇、丙二醇、甘油等溶剂以任意比例混溶，且溶解范围广，故有"万能溶剂"之称。本品能促进药物在皮肤和黏膜上的渗透，但有轻度刺激性，能引起烧灼感或不适感，孕妇禁用。

2. 半极性溶剂

（1）乙醇　乙醇为常用溶剂，可与水、甘油、丙二醇等溶剂以任意比例混溶，能溶解多种有机药物和药材中的有效成分，如生物碱及其盐类、苷类、挥发油、树脂、鞣质、有机酸和色素等。含乙醇 20% 以上具有防腐作用。但有易挥发、易燃烧等缺点。为防止乙醇挥发，成品应密闭贮存。乙醇与水混合时，会发生总体积缩小现象，所以用水稀释乙醇时，应放凉至室温后再调整至规定浓度。

（2）丙二醇　药用规格必须是 1, 2 - 丙二醇。其毒性小，无刺激性。性质与甘油相似，但黏度较甘油小，可作为内服及肌内注射用药的溶剂。可与水、乙醇、甘油等溶剂以任意比例混溶。一定比例的丙二醇和水的混合溶剂能延缓许多药物的水解，增加药物的稳定性。丙二醇的水溶液能促进药物在皮肤和黏膜上的渗透。但丙二醇有辛辣味，口服应用受到限制且价格高于甘油。

（3）聚乙二醇（PEG）　液体制剂中常用的聚合度低的聚乙二醇，如 PEG 300～600，为无色澄明的黏性液体。有轻微的特殊臭味，能与水、乙醇、丙二醇、甘油等溶剂混溶。聚乙二醇的不同浓度水溶液是一种良好的溶剂。能溶解许多水溶性无机盐和水不溶性的有机药物。对易水解的药物有一定的稳定作用。在外用液体制剂中有一定的保湿作用而对皮肤无刺激性。

3. 非极性溶剂

（1）脂肪油 本品为常用的非极性溶剂，是指药典上收载的一些植物油，如棉籽油、花生油、麻油、橄榄油、豆油等。脂肪油可用作内服药剂的溶剂，如维生素 A 和维生素 D 溶液剂，也作外用药剂的溶剂，如洗剂、搽剂、滴鼻剂等。脂肪油易酸败，也易受碱性药物的影响而发生皂化反应。

（2）液体石蜡 本品为饱和烃类化合物。其性质稳定。常用的是无色透明的油状液体。有轻质和重质两种，轻质密度为 0.828~0.860g/ml，重质密度为 0.860~0.890g/ml。能与非极性溶剂混合。能溶解生物碱、挥发油及一些非极性药物等。液体石蜡在肠道中不分解也不吸收，能使粪便软化，有润肠通便作用。

（3）乙酸乙酯 本品为无色或淡黄色流动性油状液体，有气味。可溶解甾体药物、挥发油及其他油溶性药物。可作外用液体制剂的溶剂。具有挥发性和可燃性，在空气中易被氧化，需加入抗氧剂。常作为搽剂的溶剂。

（4）肉豆蔻酸异丙酯 本品为无色澄明、几乎无气味的流动性油状液体，不易氧化和水解，不易酸败，不溶于水、甘油、丙二醇，但溶于乙醇、丙酮、乙酸乙酯和矿物油中。能溶解甾体药物和挥发油。本品无刺激性和过敏性。可透过皮肤吸收，并能促进药物经皮吸收，常用作外用药剂的溶剂。

（二）液体制剂常用的附加剂

1. 增溶剂 某些难溶性药物在表面活性剂的作用下增加溶解度形成溶液的过程称为增溶。具增溶能力的表面活性剂称为增溶剂，被增溶的药物称为增溶质。以水为溶剂的液体制剂，增溶剂的最适 HLB 值为 15~18，常用增溶剂为聚山梨酯类、聚氧乙烯脂肪酸酯类等。

2. 助溶剂 助溶系指难溶性药物与加入的第三种物质在溶剂中形成可溶性分子间络合物、复盐、缔合物等，以增加难溶性药物在溶剂中溶解度的现象。所加入的第三种物质称为助溶剂。助溶剂多为某些有机酸及其盐类如苯甲酸、碘化钾等，酰胺或胺类化合物如乙二胺等，一些水溶性高分子化合物如聚乙烯吡咯烷酮等。如碘在水中的溶解度为 1:2950，加入适量碘化钾，碘与碘化钾形成分子间络合物 KI_3，使碘在水中的溶解度增加到 5%。

3. 潜溶剂 为提高难溶性药物的溶解度而常使用混合溶剂。在混合溶剂中各溶剂达到一定比例时，药物的溶解度出现极大值，这种现象称为潜溶。这种混合溶剂称为潜溶剂。常与水形成潜溶剂的有乙醇、丙二醇、甘油、聚乙二醇等。例如，甲硝唑在水中的溶解度为 10%，如果使用水 - 乙醇混合溶剂，则溶解度提高 5 倍。

4. 防腐剂 液体制剂特别是以水为溶剂的液体制剂，易被微生物污染而发生霉变，尤其是含有糖类、蛋白质等营养物质的液体制剂，更容易引起微生物的滋长和繁殖，导致药物降低疗效或完全失效，甚至有可能产生一些对人体有害的物质。因此，研究如何防止药剂被微生物污染，如何抑制微生物在药剂中的生长繁殖，如何除去或杀灭药剂中的微生物，确保药剂质量，是制药工作的重要任务。

防腐剂品种较多，以下主要介绍药剂中常用的防腐剂。

（1）羟苯酯类 也称尼泊金类，是用对羟基苯甲酸与醇经酯化而得。此类系一类优良的防腐剂，无毒、无味、无臭，化学性质稳定，在 pH 3~8 范围内能耐 100℃、2 小时灭菌。常用的有尼泊金甲酯、尼泊金乙酯、尼泊金丙酯、尼泊金丁酯等，在酸性溶液中作用较强。本类防腐剂配伍使用有协同作用。表面活性剂对本类防腐剂有增溶作用，能增大其在水中的溶解度，但不增加其抑菌效能，甚至会减弱其抗微生物活性。本类防腐剂用量一般不超过 0.05%。含有聚山梨酯类的药液不宜采用羟苯酯类作为防腐剂，因其会发生络合作用使防腐能力降低。羟苯酯类遇铁能变色，可被塑料包装材料吸收。

（2）苯甲酸及其盐　苯甲酸是一种有效的防腐剂，最适 pH 为 4，用量一般为 0.1% ~ 0.25%，苯甲酸钠和苯甲酸钾必须转变成苯甲酸后才有抑菌作用。苯甲酸和苯甲酸盐适用于微酸性和中性的内服和外用药剂。苯甲酸防霉作用较尼泊金类弱，而防发酵能力则较尼泊金类强，可与尼泊金类联合应用。

（3）山梨酸及其盐　为白色至黄白色结晶性粉末，无味，有微弱特殊气味，山梨酸起防腐作用的是未解离的分子，故在 pH 4 的水溶液中抑菌效果较好。常用浓度为 0.15% ~ 0.2%。本品对真菌和细菌均有较强的抑制作用，特别适用于含有吐温类液体制剂的防腐；吐温类虽然也有络合作用，但在常用浓度为 0.2% 的情况下，仍有相当的抑菌力。山梨酸与其他防腐剂合用产生协同作用。本品稳定性差，易被氧化，在水溶液中尤其敏感，遇光时更甚，可加入适宜稳定剂。可被塑料吸附使抑菌活性降低。山梨酸钾、山梨酸钙作用与山梨酸相同，水中溶解度较大，需在酸性溶液中使用。

（4）苯扎溴铵　又称新洁尔灭，系阳离子型表面活性剂，为淡黄色黏稠液体，低温时为蜡状固体。味极苦，有特臭，无刺激性，溶于水和乙醇，水溶液呈碱性。本品在酸性、碱性溶液中稳定，耐热压。对金属、橡胶、塑料无腐蚀作用。只用于外用药剂中，使用浓度为 0.02% ~ 0.2%。

（5）其他防腐剂　醋酸氯己定（醋酸洗必泰），为广谱杀菌剂，用量为 0.02% ~ 0.05%。邻苯基苯酚微溶于水，具杀菌和杀霉菌作用，用量为 0.005% ~ 0.2%。桉叶油，使用浓度为 0.01% ~ 0.05%，桂皮油为 0.01%，薄荷油为 0.05%。

5. 矫味剂　为了掩盖和矫正药物的不良气味而加入的物质称为矫味、矫臭剂。味觉器官是舌上的味蕾，嗅觉器官是鼻腔中的嗅觉细胞，矫味、矫臭与人的味觉和嗅觉有密切关系，从生理学角度看，矫味也能矫臭。

（1）甜味剂　包括天然的和合成的两大类。天然甜味剂有糖类、糖醇类、苷类，其中糖类最为常用，蜂蜜也是甜味剂。天然甜味剂中以蔗糖、单糖浆及芳香糖浆应用较广泛。芳香糖浆如橙皮糖浆、枸橼糖浆、樱桃糖浆及桂皮糖浆等不但能矫味也能矫臭。天然甜味剂如甜菊苷，为微黄白色粉末，无臭，有清凉甜味，甜度比蔗糖大约 300 倍。本品甜味持久且不被吸收，但甜中带苦，故常与蔗糖和糖精钠合用。合成的甜味剂有糖精钠，甜度为蔗糖的 200 ~ 700 倍，易溶于水，但水溶液不稳定，长期放置甜度降低，常用量为 0.03%。常与单糖浆、蔗糖和甜菊苷合用，常作咸味的矫味剂。阿司帕坦，也称蛋白糖（阿斯巴甜），为二肽类甜味剂，又称天冬甜精。甜度比蔗糖高 150 ~ 200 倍，可用于低糖量、低热量的保健食品和药品中。

（2）芳香剂　在制剂中有时需要添加少量香料和香精以改善制剂的气味和香味，这些香料与香精称为芳香剂。香料分为天然香料和人造香料两大类。天然香料有植物中提取的芳香性挥发油如柠檬、薄荷挥发油等，以及它们的制剂如薄荷水、桂皮水等。人造香料也称调和香料，是由人工香料添加一定量的溶剂调和而成的混合香料，如苹果香精、香蕉香精等。

（3）胶浆剂　胶浆剂具有黏稠缓和的性质，可以干扰味蕾的味觉而能矫味，如海藻酸钠、阿拉伯胶、羧甲基纤维素钠、琼脂、明胶、甲基纤维素等的胶浆。如在胶浆剂中加入甜味剂，则增加其矫味作用。

（4）泡腾剂　将有机酸（如枸橼酸、酒石酸）与碳酸氢钠一起遇水后产生大量二氧化碳，二氧化碳能麻痹味蕾起矫味作用，对盐类的苦味、涩味、咸味有改善。

6. 着色剂　着色剂又称色素，能改善制剂的外观颜色，可用来识别制剂的浓度、区分应用方法和减少患者对服药的厌恶感。可分为天然色素和人工合成色素两大类。

（1）天然色素　常用的有植物性和矿物性色素，常用的无毒天然色素有姜黄、胡萝卜素等，矿物性的有氧化铁（棕红色）等。

（2）合成色素 人工合成色素的特点是色泽鲜艳，价格低廉，大多数毒性比较大，用量不宜过多。我国批准的内服合成色素有苋菜红、柠檬黄、胭脂红、胭脂蓝和日落黄，通常配成1%贮备液使用，用量不得超过万分之一。外用色素有伊红、品红、亚甲蓝等。

7. 其他附加剂 在液体制剂中为了增加稳定性，有时需要加入抗氧剂、pH调节剂、金属离子络合剂等。

即学即练4-3

表示表面活性剂亲水亲油综合亲和能力的参数是（ ）。

答案解析　A. Krafft点　　　　B. 昙点　　　　C. HLB　　　　D. CMC

任务三　溶液型液体制剂

PPT

一、溶液剂

溶液剂系指药物溶解于溶剂中所形成的澄明液体制剂。根据需要可加入助溶剂、抗氧剂、矫味剂、着色剂等附加剂。

溶液剂的制备有两种方法，即溶解法和稀释法。

1. 溶解法 其制备过程包含药物的称量、溶解、过滤、质量检查、包装等步骤。具体操作方法是取处方总量1/2~3/4量的溶剂，加入称好的药物，搅拌使其溶解。过滤，并通过滤器加溶剂至全量。过滤后的药液应进行质量检查。制得的药物溶液应及时分装、密封、贴标签及进行外包装。

2. 稀释法 稀释法系指将高浓度溶液或易溶性药物的浓贮备液稀释到治疗浓度范围内供临床应用的方法。稀释法操作时，应注意浓溶液的性质和浓度及稀释液的浓度，挥发性药物应防止挥发散失，如浓氨溶液稀释时，操作要迅速，量取后立即倒入水中，密封、轻微振动。

例4-2 复方碘口服溶液

【处方】 碘50g，碘化钾100g，纯化水加至1000ml。

【制法】 取碘化钾加纯化水溶解后，加入碘搅拌溶解，再加适量纯化水使成1000ml，搅拌均匀，即得。

【分析】

（1）本品具有调节甲状腺功能，主要用于甲状腺功能亢进的辅助治疗。外用作黏膜消毒。

（2）碘在水中溶解度为1:2950，加碘化钾作助溶剂，生成的络合物易溶于水中，并能使溶液稳定。其反应式为 $KI + I_2 = KI \cdot I_2$。先将碘化钾加适量蒸馏水配成浓溶液，有助于加快碘的溶解速度。

（3）本品具有刺激性，口服时宜用冷开水稀释后服用。

二、糖浆剂

糖浆剂系指含有药物或芳香物质的浓蔗糖水溶液，供口服应用，化学药物糖浆剂含蔗糖量应不低于45%（g/ml）。单糖浆浓度为85%（g/ml）或64.7%（g/g），用作矫味剂和助悬剂。

1. 质量要求　糖浆剂含糖量应不低于 45%（g/ml）。糖浆剂应澄清，在贮存期间不得有酸败、异臭、产生气体或其他变质现象。含药材提取物的糖浆剂，允许含少量轻摇即散的沉淀。糖浆剂中必要时可添加适量的乙醇、甘油和其他多元醇作稳定剂。如需加入防腐剂，羟苯甲酯的用量不得超过 0.05%，苯甲酸的用量不得超过 0.3%，必要时可加入色素。

单糖浆，不含任何药物，除供制备含药糖浆外，一般可作矫味糖浆，如橙皮糖浆、姜糖浆等，有时也用作助悬剂，如磷酸可待因糖浆等。

2. 制备方法

（1）**热溶法**　蔗糖在水中的溶解度随温度的升高而增加。将蔗糖加入沸纯化水中，加热溶解后，再加入药物，混合，溶解，过滤，从滤器上加适量纯化水至规定容量，即得。

此法适用于制备对热稳定的药物的糖浆剂，对热不稳定的药物，则在加热后，适当降温方可加入药物。此法的优点是蔗糖容易溶解，趁热容易滤过，所含高分子杂质如蛋白质加热凝固被滤除，制得的糖浆剂易于滤清，同时在加热过程中杀灭微生物，使糖浆易于保存，但加热过久或超过 100℃ 时，使转化糖含量增加，糖浆剂颜色容易变深。

（2）**冷溶法**　在室温下将蔗糖（和药物）溶于纯化水中制成糖浆剂。冷溶法的优点是制成的糖浆剂颜色较浅，较适宜用于对热不稳定的药物和挥发性药物。但制备过程易被微生物污染。

3. 配制注意事项

（1）制备应在清洁避菌环境中进行，及时灌装于灭菌的洁净干燥容器中。

（2）严格控制加热的温度、时间，并注意调节 pH，以防止蔗糖水解后生成转化糖。

（3）糖浆剂应在 30℃ 以下密闭贮存。

例 4 - 3　磷酸可待因糖浆

【**处方**】磷酸可待因 5g，蒸馏水 15ml，单糖浆加至 1000ml。

【**制法**】取磷酸可待因溶于蒸馏水中，加单糖浆至全量，即得。

【**作用与用法**】镇咳药，用于剧烈咳嗽，口服，一次 2～10ml，每日 10～15ml，极量一次 20ml，每日 50ml。

三、芳香水剂

芳香水剂系指芳香挥发性药物（多为挥发油）的饱和或近饱和水溶液，亦可用水与乙醇的混合溶剂制成浓芳香水剂。芳香性植物药材经水蒸气蒸馏法制得的内服澄明液体剂型称为露剂。芳香水剂应澄明，具有与原药物相同的气味，不得有异臭、沉淀或杂质等。芳香水剂可作矫味、矫臭、分散剂使用。芳香水剂大多易分解、氧化甚至霉变，所以不宜大量配制、久贮。

此类制剂的制备方法因原料不同而异。以挥发油、化学药物为原料时多用溶解法和稀释法；含挥发性成分的中药材则多用水蒸气蒸馏法。

四、醑剂

醑剂系指挥发性药物的浓乙醇溶液，可供内服或外用。凡用于制备芳香水剂的药物一般都可制成醑剂。醑剂中的药物浓度一般为 5%～10%，乙醇浓度一般为 60%～90%。醑剂中的挥发油容易氧化、挥发，长期贮存会变色等。醑剂应贮存于密闭容器中，但不宜长期贮存。醑剂可用溶解法和蒸馏法制备。

五、甘油剂

甘油剂系指药物溶于甘油中制成的专供外用的溶液剂。甘油剂用于口腔、耳鼻喉科疾病。甘油吸湿性较大，应密闭保存。

甘油剂的制备可用溶解法，如碘甘油；化学反应法，如硼酸甘油。

即学即练 4 - 4

下列专属于外用的液体制剂是（　　）。

A. 醋剂　　　　　　　　　　　　B. 糖浆剂

C. 芳香水剂　　　　　　　　　　D. 甘油剂

答案解析

PPT

任务四　胶体溶液

一、高分子溶液剂

高分子溶液剂系指高分子化合物溶解于溶剂中形成的均匀分散的液体制剂。以水为溶剂时，称为亲水性高分子溶液，又称为亲水胶体溶液或胶浆剂。以非水溶剂制成的称为非水性高分子溶液剂。高分子溶液剂属于热力学稳定系统。亲水性高分子溶液在药剂中应用较多。如混悬剂中的助悬剂、乳剂中的乳化剂、片剂的包衣材料、血浆代用品、微囊、缓释制剂等都涉及高分子溶液。

1. 高分子溶液剂的性质

（1）带电性　高分子溶液中高分子化合物的某些基团因解离而带电，有的带正电，有的带负电。带正电的高分子溶液有琼脂、血红蛋白、碱性颜料、明胶等，带负电的高分子溶液有淀粉、阿拉伯胶、鞣酸、酸性染料等。高分子化合物在溶液中荷电，所以有电泳现象，用电泳法可测得高分子化合物所带电荷的种类。

（2）渗透压　高分子溶液有较高的渗透压，渗透压的大小与高分子溶液的浓度有关。浓度越大，渗透压越高。

（3）黏性　高分子溶液是黏稠性流动液体，黏稠性大小用黏度表示。测定高分子溶液的黏度，可以确定高分子化合物的分子量。

2. 高分子溶液的制备　高分子溶液的制备要经过一个溶胀过程。可以分为有限溶胀和无限溶胀。

（1）有限溶胀　系指水分子单方向渗入到高分子化合物的分子间空隙中，与高分子中的亲水基团发生水化作用而使其体积膨胀。

（2）无限溶胀　系指由于高分子空隙间存在水分子，降低了高分子分子间的作用力（范德华力），溶胀过程继续进行，最后高分子化合物完全分散在水中形成高分子溶液。无限溶胀的过程也就是高分子化合物逐渐溶解的过程。无限溶胀常需搅拌或加热才能完成，形成高分子溶液的这一过程称为胶溶。

二、溶胶剂

溶胶剂系指固体药物微细粒子分散在水中形成的非均匀状态的液体分散体系，又称疏水胶体溶液。溶胶剂中分散的微细粒子在 1～100nm 之间，胶粒是多分子聚集体，有极大的分散度，属热力学不稳定系统。将药物分散成溶胶状态，它们的药效会出现显著的变化。目前溶胶剂很少使用，但它们的性质在药物制剂中却十分重要。

1. 溶胶剂的性质

（1）可滤过性　溶胶剂的胶粒（分散相）大小在 1～100nm 之间，能透过滤纸、棉花，而不能透过半透膜。这一特性与溶液不同，与粗分散体系也不同。因此，可用透析法或电渗析法除去胶体溶液中的盐类杂质。

（2）粒子具有布朗运动　溶胶的质点小，分散度大，在分散介质中存在不规则的运动，这种运动称为布朗运动。布朗运动是由于胶粒受分散介质水分子的不规则撞击而产生，胶粒愈小，布朗运动愈强烈，其动力学稳定性就愈大。

（3）光学效应　由于胶粒对光线的散射作用，当一束强光通过溶胶剂时，从侧面可见到圆锥形光束，称为丁铎尔（丁达尔）效应。这种光学性质在高分子溶液中表现不明显，因而可用于溶胶剂的鉴别。

溶胶剂的颜色与胶粒对光线的吸收和散射有关，不同溶胶剂对不同波长的光线有特定的吸收作用，使溶胶剂产生不同的颜色。如碘化银溶胶呈黄色，蛋白银溶胶呈棕色，氧化金溶胶则呈深红色。

（4）胶粒带电　溶胶剂中的固体微粒可因自身解离或吸附溶液中的某种离子而带电荷。带电的固体微粒由于电性的作用，必然吸引带相反电荷的离子，称为反离子。部分反离子密布于固体粒子的表面，并随之运动，形成胶粒。胶粒上的吸附离子与反离子构成吸附层，另一部分反离子散布于胶粒的周围，离胶粒愈近，反离子愈密集，形成了与吸附层电荷相反的扩散层。带相反电荷的吸附层与扩散层构成了胶粒的双电层结构。双电层之间的电位差称为 ζ 电位。由于胶粒可带正电或带负电，在电场作用下产生电泳现象。ζ 电位愈高，电泳速度就愈快。

（5）稳定性　由于胶粒表面所带相反电荷的排斥作用，胶粒荷电所形成的水化膜，以及胶粒具有的布朗运动，增加了溶胶剂的稳定性。

溶胶剂的稳定性受很多因素的影响，主要有以下几点。

①电解质的作用　加入电解质中和胶粒的电荷，使 ζ 电位降低，同时也因电荷的减弱而使水化层变薄，使溶胶剂产生凝聚而沉淀。

②溶胶的相互作用　将带相反电荷的溶胶剂混合，也会产生沉淀，但只有当两种溶胶的用量，刚好使电荷相反的胶粒所带的电荷量相等时才会完全沉淀，否则可能部分沉淀，甚至不会沉淀。

③保护胶的作用　向溶胶剂中加入亲水性高分子溶液，使溶胶剂具有亲水胶体的性质而增加稳定性。如制备氧化银胶体时，加入血浆蛋白作为保护胶而制成稳定的蛋白银溶胶。

2. 溶胶剂的制备

（1）分散法　分散法系将药物的粗粒子分散达到溶胶粒子大小范围的制备过程。

①机械分散法　多采用胶体磨进行制备，分散药物、分散介质以及稳定剂从加料口处加入胶体磨中，胶体磨以 10000r/min 的转速高速旋转将药物粉碎到胶体粒子范围，可以制成质量很好的溶胶剂。

②胶溶法　将新生的粗粒子重新分散成溶胶粒子的方法。

③超声波分散法　采用20000Hz以上超声波所产生的能量，使粗粒分散成溶胶剂的方法。

（2）凝聚法　分为物理凝聚法和化学凝聚法。

①物理凝聚法　通过改变分散介质，使溶解的药物凝聚成溶胶剂的方法。如将硫黄溶于乙醇中制成饱和溶液，过滤，滤液细流在搅拌下流入水中，由于硫黄在水中的溶解度小，迅速析出形成胶粒而分散于水中。

②化学凝聚法　借助氧化、还原、水解及复分解等化学反应制备溶胶剂的方法。如硫代硫酸钠溶液与稀盐酸作用，生成新生态硫分散于水中，形成溶胶。

 知识链接

溶胶的双电层构造

溶胶剂中固体微粒由于本身的解离或吸附溶液中某种离子而带有电荷，带电的微粒表面必然吸引带相反电荷的离子，称为反离子。吸附的带电离子和反离子构成了吸附层。少部分反离子扩散到溶液中，形成扩散层。吸附层和扩散层分别是带相反电荷的带电层称为双电层，也称扩散双电层。双电层之间的电位差称为ζ电位。在电场的作用下胶粒向与其自身电荷相反方向移动。ζ电位的高低决定于反离子在吸附层和溶液中分布量的多少，吸附层中反离子愈多则溶液中的反离子愈少，ζ电位就愈低。相反，进入吸附层的反离子愈少，ζ电位就愈高。由于胶粒电荷之间排斥作用和在胶粒周围形成的水化膜，可防止胶粒碰撞时发生聚结。ζ电位愈高斥力愈大，溶胶也就愈稳定。ζ电位降至25mV以下时，溶胶产生聚结，不稳定性增大。

任务五　粗分散体系

PPT

一、混悬剂

1. 概述

（1）定义　混悬剂系指难溶性固体药物以微粒状态分散于分散介质中形成的非均匀的液体制剂。属于热力学不稳定的粗分散体系。混悬剂中药物微粒一般在0.5~10μm之间，小者可为0.1μm，大者可达50μm或更大。所用分散介质大多数为水，也可用植物油。在药物制剂技术中合剂、搽剂、洗剂、注射剂、滴眼剂、气雾剂、软膏剂和栓剂等都有混悬剂的存在。

（2）适宜制成混悬剂的药物　有以下几种情况时适宜制成混悬剂：①不溶性药物需制成液体制剂应用；②药物的剂量超过了溶解度而不能制成溶液剂；③两种溶液混合由于药物的溶解度降低而析出固体药物或产生难溶性化合物；④与溶液剂比较，可使药物缓释长效。

（3）不适宜制成混悬剂的药物　毒剧药物或剂量太小的药物，为了保证用药的安全性，则不宜制成混悬剂应用。

（4）混悬剂的质量要求　主要有以下几方面内容：①药物本身化学性质应稳定，有效期内药物含量符合要求。②混悬微粒细微均匀，微粒大小应符合该剂型的要求。③微粒沉降缓慢，口服混悬剂沉降体积比应不低于0.90，沉降后不结块，轻摇后应能迅速分散。④混悬剂的黏度应适宜，倾倒时不沾瓶壁；外用混悬剂应易于涂布，不易流散。⑤不得有发霉、酸败、变色、异臭、异物、产生气体或其他变质现象；标签上应注明"用前摇匀"。

2. 混悬剂的稳定性 混悬剂主要存在物理稳定性问题。混悬剂中微粒的分散度较大，使混悬微粒具有较高的表面自由能。故处于不稳定状态，尤其是疏水性药物的混悬剂，存在更大的稳定性问题。混悬剂的稳定性与混悬剂微粒的沉降、混悬微粒的荷电和水化、混悬微粒的润湿、絮凝和反絮凝、结晶增大与转型、分散相的浓度和温度有关。

（1）混悬微粒的沉降 混悬剂中的微粒由于受重力作用，静置后会自然沉降，其沉降速度服从Stokes定律：

$$v = \frac{2r^2 \ (\rho_1 - \rho_2) \ g}{9\eta} \tag{4-2}$$

式中，v为沉降速度，cm/s；r为微粒半径；ρ_1和ρ_2分别为微粒和介质的密度，g/ml；g为重力加速度，cm/s^2；η为分散介质的黏度，Pa·s。

按Stokes定律要求，混悬剂中微粒浓度应在2%以下。但实际上常用的混悬剂浓度均在2%以上。此外，在沉降过程中微粒电荷的相互排斥作用，阻碍了微粒沉降，故实际沉降速度要比计算得出的速度小得多。由Stokes定律可见，混悬微粒沉降速度与微粒半径平方、微粒与分散介质密度差成正比，与分散介质的黏度成反比。混悬微粒沉降速度愈大，混悬剂的动力学稳定性就愈小。

为了使微粒沉降速度减小，增加混悬剂的稳定性，可采用以下措施：①尽可能减小微粒半径，采用适当方法将药物粉碎得愈细愈好，这是最有效的一种方法；②加入高分子助悬剂，既增加了分散介质的黏度，又减少微粒与分散介质之间的密度差，同时助悬剂被吸附于微粒的表面，形成保护膜，增加微粒的亲水性；③混悬剂中加入低分子助悬剂如糖浆、甘油等，减少微粒与分散介质之间的密度差，同时也增加混悬剂的黏度。这些措施可使混悬微粒沉降速度大为降低，有效地增加了混悬剂的稳定性，但混悬剂中的微粒最终总是要沉降的，只是大的微粒沉降稍快，细小微粒沉降速度较慢，更细小的微粒由于布朗运动，可长时间混悬在介质中。

（2）混悬微粒的荷电与水化 混悬微粒也可因某些基团的解离或吸附分散介质中的离子而荷电，具有双电层结构，产生ζ电位。又因微粒表面荷电，水分子在微粒周围定向排列形成水化膜，这种水化作用随着双电层的厚薄而改变。由于微粒带相同电荷的排斥作用和水化膜的存在，阻碍了微粒的合并，增加混悬剂的稳定性。当向混悬剂中加入少量电解质，则可改变双电层的结构和厚度，使混悬粒子聚结而产生絮凝。亲水性药物微粒除带电外，本身具有较强的水化作用，受电解质的影响较小；而疏水性药物混悬剂则不同，微粒的水化作用很弱，对电解质更为敏感。

（3）混悬微粒的润湿 固体药物的亲水性强弱，能否被水润湿，与混悬剂制备的难易、质量高低及稳定性大小关系很大。若为亲水性药物，制备时则易被水润湿，易于分散，并且制成的混悬剂较稳定。若为疏水性药物，不能为水润湿，较难分散，可加入润湿剂改善疏水性药物的润湿性，从而使混悬剂易于制备并增加其稳定性。如加入甘油研磨制得微粒，不仅能使微粒充分润湿，而且还易于均匀混悬于分散介质中。

（4）絮凝与反絮凝 由于混悬剂中的微粒分散度较大，具有较大的界面自由能，因而微粒易于聚集。为了使混悬剂处于稳定状态，可以使混悬微粒在介质中形成疏松的絮状聚集体，方法是加入适量的电解质，使ζ电位降低至一定数值（一般应控制ζ电位在20~25mV范围内），混悬微粒形成絮状聚集体。此过程称为絮凝。为此目的而加入的电解质称为絮凝剂。絮凝状态下的混悬微粒沉降虽快，但沉降体积大。沉降物不易结块，振摇后又能迅速恢复均匀的混悬状态。

向絮凝状态的混悬剂中加入电解质，使絮凝状态变为非絮凝状态的过程称为反絮凝。为此目的而加入的电解质称为反絮凝剂，反絮凝剂可增加混悬剂流动性，使之易于倾倒，方便应用。

注意电解质使用不当，使 ζ 电位降为零时，微粒会因吸附作用而紧密结合成大粒子沉降并成饼状。同一电解质既可作絮凝剂也可作反絮凝剂，只是量不同而已。

（5）结晶增大与转型　混悬剂中存在溶质不断溶解与结晶的动态过程。混悬剂中固体药物微粒大小不可能完全一致，小微粒由于表面积大，在溶液中的溶解速度快而不断溶解，而大微粒则不断结晶而增大，结果是小微粒数目不断减少，大微粒不断增多，使混悬微粒沉降速度加快，从而影响混悬剂的稳定性。此时必须加入抑制剂，以阻止结晶的溶解与增大，来保持混悬剂的稳定性。

具有同质多晶型性质的药物，若制备时使用了亚稳定型结晶药物，在制备和贮存过程中亚稳定型可转化为稳定型，可能改变药物微粒沉降速度或结块。

（6）分散相的浓度和温度　在相同的分散介质中分散相浓度增大，微粒碰撞聚集机会增加，混悬剂的稳定性降低。温度变化不仅能改变药物的溶解度和化学稳定性，还能改变微粒的沉降速度、絮凝速度、沉降容积，从而改变混悬剂的稳定性。

知识链接

混悬剂中的稳定剂

为了增加混悬剂的稳定性，可加入适当的稳定剂。常用的稳定剂有助悬剂、润湿剂、絮凝剂与反絮凝剂。

1. 助悬剂　助悬剂是能增加分散介质的黏度以降低微粒的沉降速度或增加微粒亲水性的附加剂。助悬剂包括很多种类，其中有低分子助悬剂、高分子助悬剂，甚至有些表面活性剂也可作助悬剂用。助悬剂的种类有以下几种。

（1）低分子助悬剂　常用的低分子助悬剂有甘油、糖浆等。

（2）高分子助悬剂　高分子助悬剂有天然形成、合成或半合成，以及触变胶。①天然的高分子助悬剂：主要有阿拉伯胶、西黄蓍胶、桃胶、海藻酸钠、琼脂、脱乙酰甲壳素、预胶化淀粉、β-环糊精等。阿拉伯胶可用其粉末或胶浆，用量为 5%～15%。西黄蓍胶用其粉末或胶浆，用量可为 0.5%～1%。②合成或半合成高分子助悬剂主要有甲基纤维素、羧甲基纤维素钠、羟丙基纤维素、羟丙甲纤维素、羟乙基纤维素、卡波普、聚维酮、葡聚糖、丙烯酸钠等。③触变胶是指某些胶体溶液在一定温度下静置时，逐渐变为凝胶，当搅拌或振摇时，又复变为溶胶。胶体溶液的这种可逆的变化性质称为触变性。具有触变性的胶体称为触变胶。单硬脂酸铝溶解于植物油中可形成典型的触变胶，利用触变胶作助悬剂，使静置时形成凝胶，防止微粒沉降。

2. 润湿剂　润湿剂系指能增加疏水性药物微粒被水润湿能力的附加剂。润湿剂的作用主要是吸附于微粒表面，降低药物固体微粒与分散介质之间的界面张力，增加疏水性药物的亲水性，使之容易被润湿、分散，常用的润湿剂是 HLB 值在 7～11 之间的表面活性剂，如聚山梨酯类、聚氧乙烯脂肪醇醚类、聚氧乙烯蓖麻油类、磷脂类、泊洛沙姆等。此外，乙醇、甘油等也可作润湿。

3. 絮凝剂与反絮凝剂　使混悬剂产生絮凝作用的附加剂称为絮凝剂，而产生反絮凝作用的附加剂称为反絮凝剂。絮凝剂与反絮凝剂可以是不同的电解质，也可以是同一电解质由于用量不同而起絮凝或反絮凝作用。常用的絮凝剂和反絮凝剂有枸橼酸盐（酸式盐或正盐）、酒石酸盐（酸式盐或正盐）、磷酸盐及一些氯化物等，一般阴离子的絮凝作用大于阳离子，离子的价数越高，絮凝、反絮凝作用越强。

3. 混悬剂的制备 混悬剂的制备目的应是使固体药物有适当的分散度，微粒分散均匀，让混悬剂更稳定。混悬剂的制备方法有分散法和凝聚法。

（1）分散法 将固体药物粉碎、研磨成符合混悬剂要求的微粒，再分散于分散介质中制成混悬剂。小量制备可用研钵，大量生产时可用乳匀机、胶体磨等机械。

分散法制备混悬剂要考虑药物的亲水性。对于亲水性药物如氧化锌、炉甘石等，一般可先将药物粉碎至一定细度，再采用加液研磨法制备，即 1 份药物加入 0.4～0.6 份的液体，研磨至适宜的分散度，最后加入处方中的剩余液体使成全量。加液研磨可用处方中的液体。此法可使药物更容易粉碎，得到的混悬微粒可达到 0.1～0.5μm。对于质重、硬度大的药物，可采用"水飞法"制备。"水飞法"可使药物粉碎成极细粉的程度而有助于混悬剂的稳定。

疏水性药物制备混悬剂时，可加入润湿剂与药物共研，改善疏水性药物的润湿性。助悬剂、防腐剂、矫味剂等附加剂可先用溶剂制成溶液。制备混悬剂时作液体使用。现代固体分散技术，如药物微粉化技术，应用于混悬剂的制备，可使混悬微粒更细小、更均匀，混悬剂的稳定性更好，生物利用度更高。如应用气流粉碎机，粉碎的药物可同时进行分级，可得到 5μm 以下均匀的微粉；胶体磨能将药物粉碎至小于 1μm 的微粉。

（2）凝聚法 是借助物理方法或化学方法将离子或分子状态的药物在分散介质中聚集制成混悬剂。

①物理凝聚法 此法一般是选择适当溶剂将药物制成过饱和溶液，在急速搅拌下加至另一种不同性质的液体中，使药物快速结晶，可得到 10μm 以下（占 80%～90%）微粒，再将微粒分散于适宜介质中制成混悬剂。如醋酸可的松滴眼剂就是采用凝聚法制成的。

酊剂、流浸膏剂、醑剂等醇性制剂与水混合时，由于乙醇浓度降低，使原来醇溶性成分析出而形成混悬剂。配制时必须将醇性制剂缓缓注入或滴加至水中，边加边搅拌，不可将水加至醇性药液中。

②化学凝聚法 将两种药物的稀溶液，在低温下相互混合，使之发生化学反应生成不溶性药物微粒混悬于分散介质中制成混悬剂。用于胃肠道透视的 $BaSO_4$ 就是用此法制成。化学凝聚法现已少用。

例 4 - 4　炉甘石洗剂

【处方】炉甘石 150g，氧化锌 50g，甘油 50ml，羧甲基纤维素钠 25g，纯化水加至 1000ml。

【制法】取炉甘石、氧化锌研细过筛后，加甘油及适量纯化水研磨成糊状，另取羧甲基纤维素钠加纯化水溶解后，分次加入上述糊状液中，随加随研磨，再加纯化水使成 1000ml，搅匀，即得。

【分析】①具有保护皮肤、收敛、消炎作用，可用于皮肤炎症、湿疹、荨麻疹等。应用前摇匀，涂抹于皮肤患处。②氧化锌有重质和轻质两种，以选用轻质为好。③炉甘石与氧化锌均为不溶于水的亲水性药物，能被水润湿，故先加入甘油和少量水研磨成糊状，再与羧甲基纤维素钠水溶液混合，使粉末周围形成水化膜，以阻碍微粒的聚合，振摇时易再分散。

例 4 - 5　复方硫洗剂

【处方】硫酸锌 30g，沉降硫 30g，樟脑醑 250ml，甘油 100ml，羧甲基纤维素钠 5g，纯化水加至 1000ml。

【制法】取羧甲基纤维素钠，加适量的纯化水，根据高分子化合物的特性，使溶解；另取沉降硫分次加甘油研至细腻后，与前者混合，另取硫酸锌溶于 200ml 纯化水中，过滤，将滤液缓缓加入上述混合液中，然后再缓缓加入樟脑醑，随加随研磨，最后加纯化水至 1000ml，搅匀，即得。

【分析】①具有保护皮肤，抑制皮脂分泌，轻度杀菌与收敛的作用，用于干性皮肤溢出症、痤疮等。用前摇匀，涂抹于患处。②药用硫由于加工生产方法不同，可分为精制硫、沉降硫、升华硫。沉降硫的颗粒最细，易制得细腻混悬液，故本品采用沉降硫。③硫为强疏水性药物，颗粒表面易吸附空气而形成气膜，故易聚集浮于液面，所以先以甘油润湿研磨。④樟脑醑应以细流加入混合液中，并急速搅拌使樟脑不致析出较大颗粒。⑤羧甲基纤维素钠作助悬剂，可增加分散介质的黏度，并能吸附在微粒周围。

4. 混悬剂的质量评价 混悬剂的质量优劣，应按质量要求进行评价，评价的方法有以下几项。

（1）微粒大小的测定 混悬剂中微粒大小与混悬剂的稳定性、生物利用度和药效有密切关系。因此测定混悬剂中微粒的大小、均匀状况，是对混悬剂进行质量评价的重要指标，可采用显微镜法、库尔特计数法进行测定。

①显微镜法 系用光学显微镜观测混悬剂中微粒大小及其粒度分布。如用显微镜照相法拍摄微粒照片，方法更简单、更可靠且具有保存性，通过不同时间所拍摄照片的观察对比，可考察混悬剂贮存过程中的微粒变化情况。

②库尔特计数法 本法可测定混悬剂微粒的大小及其粒度分布。此法方便、快速。

（2）沉降体积比的测定 沉降体积比是指沉降物的体积与沉降前混悬剂的体积之比。检查方法是用具塞量筒盛供试品50ml，密塞，用力振摇1分钟，记下混悬物开始高度 H_0，静置3小时，记下混悬的最终高度 H。沉降体积比按式（4-3）计算。

$$F = H/H_0 \qquad\qquad (4-3)$$

F 值在 $0 \sim 1$ 之间，F 值愈大混悬剂愈稳定。《中国药典》（2020年版）规定，口服混悬剂（包括干混悬剂）的沉降体积比应不低于0.90。

沉降体积比的测定，可考察混悬剂的稳定性，也可用于比较两种混悬液的质量优劣，评价稳定剂的效果，设计优良处方。

（3）絮凝度的测定 絮凝度是考察混悬剂絮凝程度的重要参数，用以评价絮凝剂的效果，预测混悬剂的稳定性。絮凝度用式（4-4）表示。

$$\beta = \frac{F}{F_\infty} = \frac{H/H_0}{H_\infty/H_0} = \frac{H}{H_\infty} \qquad\qquad (4-4)$$

式中，F 为絮凝混悬剂的沉降体积比；F_∞ 为非絮凝混悬剂的沉降体积比；β 为由絮凝作用所引起的沉降容积增加的倍数，β 值愈大，絮凝效果愈好，则混悬剂稳定性好。

（4）重新分散试验 优良的混悬剂在贮存后再经振摇，沉降微粒能很快重新分散，如此才能保证服用时混悬剂的均匀性和药物剂量的准确性。重新分散试验的检查方法是将混悬剂置于带塞的100ml量筒中，密塞，放置沉降，然后以360°、20r/min的转速转动，经一定时间旋转，量筒底部的沉降物应重新均匀分散。重新分散所需旋转次数愈少，表明混悬剂再分散性能愈好。

（5）流变学测定 采用旋转黏度计测定混悬液的流动曲线，根据流动曲线的形态确定混悬液的流动类型，用以评价混悬液的流变学性质。如测定结果为触变流动、塑性触变流动和假塑性触变流动，就能有效地减慢混悬剂微粒的沉降速度。

即学即练4-5

答案解析

混悬剂质量评价不包括的项目是（ ）。

A. 溶解度的测定　　　　　　　　　B. 微粒大小的测定

B. 沉降容积比的测定　　　　　　　D. 絮凝度的测定

二、乳剂

1. 概述

（1）乳剂的定义　乳剂系指互不相溶的两相液体混合，其中一相液体以液滴状态分散于另一相液体中形成的非均匀分散的液体制剂。分散成液滴的一相液体称为分散相、内相或不连续相，包在液滴外面的一相液体则称为分散介质、外相或连续相。乳剂中水或水性溶液称为水相，用 W 表示；另一与水不混溶的相则称为油相，用 O 表示。

（2）乳剂的特点　乳剂作为一种药物载体，其主要的特点包括以下几点：①药物制成乳剂后分散度大，吸收快，显效迅速，有利于提高生物利用度；②可增加难溶性药物的溶解度，如纳米乳；③水与油可以各种比例混合，分剂量准确；④可掩盖药物的不良气味，减少药物的刺激性及毒副作用；⑤脂溶性药物可溶于油相中，可减少药物的水解，增加稳定性，如对水敏感的药物；⑥静脉注射乳剂注射后分布快、药效高、有靶向性。

（3）乳剂的类型与鉴别　根据分散相不同，乳剂分为水包油型（O/W 型）和油包水型（W/O 型）；此外还有复合乳剂或称多重乳剂，可用 W/O/W 型或 O/W/O 型表示（表4−3）。

表4−3　乳剂类型的鉴别

鉴别方法	O/W 型	W/O 型
外观	乳白色	与油色近
稀释法	被水稀释	被油稀释
导电法	导电	不导电
加入水性染料	外相染色	内相染色
加入油性染料	内相染色	外相染色

乳剂可供内服，也可供外用，口服容易吸收且可掩盖药物的不良气味。乳剂型液体制剂存在许多剂型中，如口服乳剂、搽剂、滴眼剂、注射剂及气雾剂等制剂。

2. 乳化剂

乳化剂是指乳剂制备时，除油相和水相外，需加入使乳剂易于形成和稳定的物质。乳化剂是乳剂的重要组成部分。

（1）乳化剂的基本要求　优良的乳化剂应具备以下基本条件：①乳化能力强，并能在液滴周围形成牢固的乳化膜；②性质稳定，对外界影响稳定；③有一定的生理适应能力，无毒副作用，无刺激性。

（2）乳化剂的种类　主要有以下几种。

①天然乳化剂　这类乳化剂的种类较多，组成复杂，多为高分子化合物。具有较强亲水性，能形成 O/W 型乳剂，由于黏性较大，能增加乳剂的稳定性。天然乳化剂容易被微生物污染，故需临时配制或加入适宜防腐剂。a. 阿拉伯胶。主要含阿拉伯胶酸的钾、钙、镁盐，可形成 O/W 型乳剂。适用于乳化植物油、挥发油，多用于制备内服乳剂。阿拉伯胶的常用浓度为10% ~ 15%。阿拉伯胶乳剂在 pH 为2 ~ 10 时都是稳定的。阿拉伯胶乳化能力较弱且黏度较低，常与西黄芪胶、琼脂合用。b. 西黄芪胶。为 O/W 型乳化剂，其水溶液黏度大，pH 5 时黏度最大。由于西黄芪胶乳化能力较差，一般不单独作乳化剂，而是与阿拉伯胶合并使用。c. 明胶。为两性蛋白质，作 O/W 型乳化剂，用量为油量的1% ~ 2%，易受溶液的 pH 影响产生凝聚作用，使用时需加入防腐剂。常与阿拉伯胶合并使用。d. 杏树胶。为杏树分泌的胶汁凝结而成的棕色块状物。乳化能力和黏度都超过阿拉伯胶，可作为阿拉伯胶的代用品，其用量为2% ~4%。e. 磷脂。包括由卵黄提取的卵磷脂或由大豆提取的大豆磷脂，乳化能力强，为 O/W 型乳化

剂，可供内服或外用。精制品可供静脉注射用。常用量为 1% ~3% 。受稀酸、盐类及糖浆的影响较少，但应加防腐剂。其他天然乳化剂还有白及胶、果胶、桃胶、海藻酸钠、琼脂、酪蛋白、胆酸钠等。

②表面活性剂　此类乳化剂具有较强的亲水亲油性，乳化能力强，容易在乳滴周围形成单分子乳化膜，性质较稳定。这类乳化剂混合使用效果更好。阴离子型乳化剂常用的有硬质酸钠、油酸钠、十二烷基硫酸钠、十六烷基硫酸化蓖麻油等。非离子型乳化剂有单硬脂酸甘油酯、卖泽、苄泽、泊洛沙姆等。

③固体微粒乳化剂　一些溶解度小、颗粒细微的固体微粉，乳化时可被吸附于油水界面，形成溶剂。一类如氢氧化镁、氢氧化铝、二氧化硅、皂土等易被水润湿，可促进水滴的聚集成为连续相，故是 O/W 型的固体乳化剂；氢氧化钙、氢氧化锌、硬脂酸镁等易被油润湿，可促进油滴的聚集成为连续相，故是 W/O 型的固体乳化剂。

④辅助乳化剂　辅助乳化剂是指与乳化剂合并使用能增加乳剂稳定性的乳化剂。辅助乳化剂一般乳化能力很弱或无乳化能力，但能提高乳剂黏度，并能使乳化膜强度增大，防止乳剂合并，提高稳定性。a. 增加水相黏度的辅助乳化剂有甲基纤维素、羧甲基纤维素钠、羟丙基纤维素、海藻酸钠、琼脂、西黄蓍胶、阿拉伯胶、果胶、黄原胶等；b. 增加油相黏度的辅助乳化剂有鲸蜡醇、蜂蜡、单硬脂酸甘油酯、硬脂酸、硬脂醇等。

（3）乳化剂的选择　乳化剂的选择应根据乳剂的使用目的、药物的性质、处方的组成、欲制备乳剂的类型、乳化方法等因素综合考虑，做出最佳的选择。

①根据乳剂的类型选择　在乳剂的处方设计时应先确定乳剂的类型，根据乳剂的类型选择适宜的乳化剂。要制备 O/W 型乳剂应选择 O/W 型乳化剂，W/O 型乳剂则选择 W/O 型乳化剂。乳化剂的 HLB 值为选择乳化剂提供了依据。

②根据乳剂的给药途径选择　口服乳剂应选择无毒性的天然乳化剂或某些亲水性高分子乳化剂。外用乳剂应选择无刺激性乳化剂，并要求长期应用无毒性。注射用乳剂则应选择磷脂、泊洛沙姆等乳化剂为宜。

③根据乳化剂性能选择　各种乳化剂的性能不同，应选择乳化能力强、性质稳定、受外界各种因素影响小、无毒、无刺激性的乳化剂。

④混合乳化剂的选择　将乳化剂混合使用可改变 HLB 值，使乳化剂的适应性增大，形成更为牢固的乳化膜，并增加乳剂的黏度，从而增加乳剂的稳定性。各种油的介电常数不同，形成稳定乳剂所需要的 HLB 值也不同。

 知识链接

乳剂的形成条件及乳剂的稳定性

1. 乳剂的形成条件　两种互不相溶的液体（如植物油与水）混合时，用力搅拌或研磨，可使其中一相以大小不同的液滴分散于另一相中而形成乳剂，但放置后乳滴会很快合并分成油与水两层；而上述过程中，若有乳化剂（如表面活性剂）加入，则可形成稳定的乳剂。可见，乳剂的形成与稳定需要具备二个基本的条件。一是需要通过机械力等提供足够的能量使分散相形成细小的乳滴；二是需要加入乳化剂使形成的乳剂稳定。关于乳剂的形成与稳定，目前主要的理论包括界面张力学说和界面吸附膜学说。界面张力学说即形成乳剂的过程中，会产生许多新的界面，乳滴愈细，新增的界面愈多，乳化所做的功就愈多，乳滴的界面自由能也就越大。乳滴有合并恢复成原来的油水两层的趋势。界面吸附膜学说，即 Bancroft 规则解释为，在液 – 液界面中，当液滴分散度很大时，具有很大的吸附能力，乳化剂能吸附于液滴的周围，有规律地排列在液滴的表面而形成界面吸附膜，从而阻碍着液滴合并可使乳剂形成后保持稳定。

2. 乳剂的稳定性　乳剂属于热力学不稳定的非均相粗分散体系，易发生下列变化。

（1）分层　乳剂分层又称乳析，系指乳剂放置过程中出现分散相液滴上浮或下沉的现象。分层的主要原因是由于分散相和分散介质之间的密度差造成的。乳滴的上浮或下沉的速度符合 Stokes 定律。减小分散相和分散介质的密度差，增加分散介质的黏度，都可减小乳剂分层的速度。分层现象是可逆的，此时乳剂并未完全破坏，经振摇后仍能恢复成均匀的乳剂。

（2）絮凝　乳剂中分散相液滴发生可逆的聚集成团的现象称为絮凝。絮凝状态仍保持液滴及其乳化膜的完整性，与液滴的合并是不同的。絮凝时聚集和分散是可逆的，但絮凝时说明乳剂的稳定性已经降低，通常是乳剂破裂或转相的前奏。主要原因是液滴表面的电荷被中和，因而分散相小液滴发生絮凝。

（3）转相　由于某些条件的变化而引起乳剂类型的改变称为转相。如由 O/W 型转变为 W/O 型或由 W/O 型转变为 O/W 型。转相主要是由于乳化剂的性质改变而引起，如以 O/W 型乳化剂油酸钠制成的乳剂，遇到氯化钙后生成油酸钙，变为 W/O 型乳化剂，乳剂可由 O/W 型变为 W/O 型。向乳剂中添加相反类型的乳化剂也可引起乳剂转相。

（4）合并与破裂　乳剂中液滴周围的乳化膜破坏导致液滴变大，称为合并。影响乳剂稳定性的因素中，最重要的是乳化剂的理化性质。乳剂的稳定性也与液滴大小有较大关系，液滴愈小乳剂愈稳定。乳剂中液滴大小是不一致的，小液滴常填充于大液滴之间，使液滴合并可能性增大。故为了保证乳剂的稳定，制备时尽可能使液滴大小均匀一致。另外，增加分散介质的黏度，也可使液滴合并速度减慢。

破裂是指液滴合并不断进行，最后发生油水完全分层的现象。乳剂破裂后，由于液滴周围的乳化膜完全破坏，虽经振摇亦不能恢复成原来乳剂的状态，故破裂是一个不可逆的过程。

（5）酸败　乳剂受光、热、空气及微生物等的影响，使油相或乳化剂等发生变化而引起变质现象称为酸败。加入抗氧剂与防腐剂等可防止氧化或延缓酸败的发生。

3. 乳剂的制备

（1）制备方法　乳剂主要有以下几种制备方法。

①干胶法　先将油与胶粉同置于干燥乳钵中研匀，然后一次加入比例量的水迅速沿同一方向旋转研磨，至稠厚的乳白色初乳形成为止，再逐渐加水稀释至全量，研匀，即得。本法的特点是先制备初乳，在初乳中油、水、胶三者要有一定比例，若用植物油其比例为 4∶2∶1；若用挥发油其比例为 2∶2∶1；若用液体石蜡则比例为 3∶2∶1。所用胶粉通常为阿拉伯胶或阿拉伯胶与西黄蓍胶的混合胶。

②湿胶法　本法是将油相加到含乳化剂的水相中。制备时先将胶（乳化剂）溶于水中，制成胶浆作为水相，再将油相缓缓加于水相中，边加边研磨，直到初乳生成，再加水至全量研匀，即得。湿胶法制备初乳时油、水、胶的比例与干胶法相同。

③新生皂法　本法是利用植物油所含的硬脂酸、油酸等有机酸与加入的氢氧化钠、氢氧化钙、三乙醇胺等，在加热（70℃以上）条件下生成新生皂作为乳化剂，经搅拌或振摇即制成乳剂。若生成钠皂、有机胺皂则为 O/W 型乳化剂，生成钙皂则为 W/O 型乳化剂。本法多用于乳膏剂的制备。

④两相交替加入法　向乳化剂中每次少量交替地加入水或油，边加边搅拌或研磨，即可形成乳剂。

天然胶类、固体微粒乳化剂等可用本法制备乳剂。当乳化剂用量较多时本法是一个很适合的方法。

⑤机械法　本法是将油相、水相、乳化剂混合后用乳化机械制备乳剂，机械法制备乳剂可不考虑混合顺序而是借助机械提供的强大能量制成乳剂。乳化机械主要有电动搅拌器、乳匀机、胶体磨、超声波乳化器、高速搅拌机、高压乳匀机等。

⑥微乳的制备　微乳除含油、水两相和乳化剂外，还含有助乳化剂。乳化剂和助乳化剂应占乳剂的12%～25%。乳化剂主要是界面活性剂，不同的油对乳化剂的 HLB 值有不同的要求。制备 W/O 型微乳时，大体要求其 HLB 值应在3～6范围内；制备 O/W 型微乳时，则其 HLB 值应在15～18范围内。助乳化剂一般选择链长为乳化剂1/2的烷烃或醇等，如正丁烷、正戊烷、正己烷、5～8个碳原子的直链醇。

⑦复合乳剂的制备　用二步乳化法制备。即先将油、水、乳化剂制成一级乳，再以一级乳为分散相与含有乳化剂的分散介质（水或油）再乳化制成二级乳剂。

（2）乳剂中药物的加入方法　乳剂是药物良好的载体，加入各种药物使其具有治疗作用。药物的加入方法有以下几种：①水溶性药物先制成水溶液，可在初乳制成后加入；②油溶性药物先溶于油，再制成乳剂；③在油、水两相中均不溶的药物，可用亲和性大的液相研磨药物，再制成乳剂，或制成细粉后加入乳剂中；④大量生产时，药物能溶于油的先溶于油，可溶于水的先溶于水，然后将乳化剂以及油水两相混合进行乳化。

例 4 - 6　鱼肝油乳

【处方】鱼肝油368ml，聚山梨酯80 125g，西黄蓍胶9g，甘油19g，苯甲酸15g，糖精0.3g，杏仁油香精2.8g，香蕉油香精0.9g，纯化水加至1000ml。

【制法】将水、甘油、糖精混合，投入粗乳机搅拌5分钟，用少量的鱼肝油润匀苯甲酸、西黄蓍胶投入粗乳机，搅拌5分钟，投入聚山梨酯80，搅拌20分钟，缓慢均匀地投入鱼肝油，搅拌80～90分钟，将杏仁油香精、香蕉油香精投入搅拌10分钟后粗乳液即成。将粗乳液缓慢均匀地投入胶体磨中研磨，重复研磨2～3次，用二层纱布过滤，并静置脱泡，即得。

【分析】①本品用作治疗维生素 A 与维生素 D 缺乏的辅助剂。口服，每次3～8ml，每日3次。②本品采用聚山梨酯80为乳化剂，西黄蓍胶是辅助乳化剂，苯甲酸为防腐剂，糖精为甜味剂，杏仁油香精、香蕉油香精为矫嗅剂。③本品是 O/W 型乳剂，可用阿拉伯胶为乳化剂，采用干胶法或湿胶法制成。④本品采用机械法制备。

例 4 - 7　石灰搽剂

【处方】氢氧化钙溶液50ml，植物油50ml。

【制法】取氢氧化钙溶液与花生油混合，用力振摇，使成乳浊液，即得。

【分析】①本品外用于烫伤；②本品为 W/O 型乳剂，乳化剂是氢氧化钙与油中游离脂肪酸反应生成的钙皂。

4. 乳剂的质量评价　乳剂属于热力学不稳定体系，由于乳剂种类不同，其作用与给药途径不同，因此难于制定统一的质量标准。目前，主要针对影响乳剂稳定性的指标进行测试，以便对各种乳剂质量做定量比较。

（1）乳滴大小的测定　乳剂中乳滴大小测定可以用显微镜测定仪或库尔特粒度测定仪。由乳滴平均直径随时间的改变情况就可以表示或比较乳剂的稳定性。

（2）乳滴合并速度的测定　可以用升温或离心加速试验考查乳剂中乳滴合并速度。如乳剂用高速离心机离心5分钟或低速离心20分钟比较观察乳滴的大小变化。

（3）分层的观察　比较乳剂的分层速度是测定乳剂稳定性的简略方法。采用离心法即以 4000r/min 速度离心 15 分钟，如不分层则认为质量较好；或将乳剂染色，置于刻度管中在室温、低温、高温等条件下旋转一定时间后，由于乳析的作用使分散相上浮或下沉，因分散相浓度不均致使乳剂出现颜色深浅不一的色层变化，未出现该现象的为质量好，但应注意，乳剂的分层速度并不能完全反映乳剂稳定程度。因为有些乳剂虽可长时间出现分层，但经振摇仍可恢复原来的均匀状态。

即学即练 4-6

乳剂由 O/W 型转变为 W/O 型的现象称为乳剂的（　）。

答案解析　　A. 絮凝　　　　　　B. 分层　　　　　　C. 转相　　　　　　D. 合并

✐ 实践实训

实践项目四　胃蛋白酶合剂的制备

【实践目的】

1. 掌握合剂的制备方法；合剂生产工艺过程中的操作要点。
2. 熟悉合剂的常规质量检查方法。

【实践场地】

实训车间。

【实践内容】

1. **处方**

胃蛋白酶	1000g	羟苯乙酯溶液	500ml
稀盐酸	1000ml	橙皮酊	1000ml
单糖浆	5000ml	纯化水加至	50L

2. **需制成规格**　每瓶 50ml。

3. **拟定计划**　如图 4-4 所示。

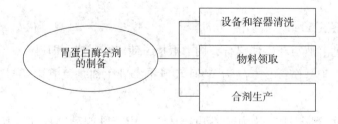

图 4-4　生产计划

【实践方案】

（一）生产准备阶段

1. **生产指令下达**　如表 4-4 所示。

2. **领料**　凭生产指令领取经检验合格、符合使用要求的胃蛋白酶、稀盐酸、单糖浆等原料及辅料。

3. 存放　确认合格的原辅料按物料清洁程序从物料通道进入生产区配料室。

表 4-4　生产指令

下发日期		生产依据	
生产车间		包装规格	
品　　名		生产批量	
规　　格		生产日期	
批　　号		完成时限	

物料编号	物料名称	规　格	用量	单位	检验单号	备注

备注：

编制 　生产部：	审核 　质量部：
批准 　生产部：	执行 　生产车间：
分发部门：	

（二）生产操作阶段

1. 操作前检查　操作人员按照企业人员进入 D 级洁净区净化流程着装进入操作间，做好操作前的一切准备工作。灌装操作前，操作人员应对操作间进行以下方面相应的检查，以避免产生污染或交叉污染。①温湿度、静压差的检查，应当根据所生产药品的特性及原辅料的特性设定相应的控制范围，确认操作间符合工艺要求。②生产环境卫生检查，操作室地面、工具是否干净、齐全；确保生产区域没有上批遗留的产品、文件或与本批产品生产无关的物料。③容器状态检查，检查容器等应处于："已清洁、消毒"状态，且在清洁、消毒有效期限内，否则按容器清洁消毒标准程序进行清洁消毒，经检查合格后方可进行下一步操作。④设备应处于"设备完好""已清洁"状态，重点检查灌封机下列部件：自动送瓶、灌装药液、送盖、封口、传动等。

2. 生产操作　按胃蛋白酶合剂的生产工艺流程来进行操作。具体操作顺序为：称料—配制—灌装—质检—包装。①取稀盐酸、单糖浆加入纯化水 35L 中混匀，缓缓加入橙皮酊、羟苯乙酯溶液随加随搅拌，然后将胃蛋白酶分次缓缓撒于液面上，待其自然膨胀溶解后，再加适量的纯化水使成 50L，即得；②合剂的灌装采用 YGZ 型全自动灌装机进行自动灌装，开机前对包装材料瓶和瓶盖进行人工目测检查，手动 4~5 个循环后，检查机械是否灵活，检查灌药量是否准确，确保正常的情况下进行自动操作。

头脑风暴

鱼肝油乳剂

处方：

鱼肝油	25ml
阿拉伯胶	6.5g
西黄蓍胶	0.8g
1%糖精钠溶液	0.5ml
5%尼泊金乙酯醇溶液	0.1ml
香精	适量
纯化水加至	50 ml

讨论：1. 试对以上处方进行分析。

2. 简述鱼肝油乳剂制备工艺流程。

3. 生产过程中注意事项有哪些？

答案解析

答案解析

目标检测

一、单选题

1. 可以作消毒剂的表面活性剂是（   ）。

A. 苄泽   B. 卖泽   C. 司盘   D. 苯扎溴铵

2. 以下说法错误的是（   ）。

A. 溶液剂系指药物溶解于溶剂中所形成的澄明液体制剂

B. 糖浆剂系指含药物的浓蔗糖水溶液

C. 酊剂久贮会发生沉淀，不可再用

D. 醑剂系指挥发性药物制成的浓乙醇溶液

3. 固体药物以多分子聚集体形式分散在水中形成的非均相液体制剂为（   ）。

A. 高分子溶液剂   B. 低分子溶液剂

C. 溶胶剂   D. 混悬剂

4. 下列属于混悬剂中絮凝剂的是（   ）。

A. 亚硫酸   B. 酒石酸   C. 硫酸盐   D. 硫酸氢钠

5. 混悬剂中使微粒 Zeta 电位升高的电解质是（   ）。

A. 润湿   B. 反絮凝剂   C. 絮凝剂   D. 助悬剂

二、多选题

1. 下列辅料中，可作为液体药剂防腐剂的有（   ）。

A. 甘露   B. 苯甲酸   C. 甜菊素   D. 羟苯乙酯

2. 属于均匀相液体制剂的有（   ）。

A. 混悬剂   B. 低分子溶液剂   C. 高分子溶液剂   D. 溶胶剂

3. 混悬剂质量评价包括的项目是（   ）。

    A. 微粒大小的测定   B. 沉降容积比的测定

    C. 絮凝度的测定   D. 重新分散试验

4. 以下可用于制备 O/W 型乳剂的是（   ）。

    A. 阿拉伯胶   B. 西黄蓍胶   C. 氢氧化铝   D. 白陶土

书网融合……

知识回顾   微课 1   微课 2   微课 3   微课 4   微课 5

微课 6   视频 1   视频 2   视频 3   视频 4   习题

学习引导

注射剂起效快，常用于急症的治疗，其质量和生产环境要求更高，价格较贵。注射剂有哪些类型，又是如何生产出来的？

本项目主要介绍常用的灭菌方法及小容量注射剂、大容量注射剂、注射用无菌粉末的生产技术，以及质量检查内容。

学习目标

1. **掌握** 注射剂的概念、特点、分类、质量要求和处方组成；注射剂的附加剂和溶剂；热原的去除和检查方法；小容量和大容量注射剂的工艺过程和制备要点。

2. **熟悉** 注射用无菌粉末的工艺过程；安瓿的清洗灭菌方法。

3. **了解** 胶塞的处理过程；大容量注射剂容器的分类；冻干制品的工艺过程与操作要点。

PPT

任务一 概 述 微课1

 实例分析

实例 2006年6~7月，部分患者使用"欣弗"后，出现胸闷、心悸、心慌等临床症状，8月卫生部发出紧急通知，停用安徽华源生物药业有限公司生产的克林霉素磷酸酯葡萄糖注射液。经调查，该公司当年6月以后生产的克林霉素磷酸酯葡萄糖注射液未按批准的工艺参数灭菌，而是降低灭菌温度，缩短灭菌时间，增加灭菌柜装载量，进而影响了灭菌效果。经国家药品生物制品检定所对相关样品进行检验后表明，无菌检查和热原检查均不符合规定。

讨论 1. 哪些因素会影响灭菌效果？

2. 药学工作者应如何避免类似事件的发生？

答案解析

注射剂（injections）系指原料药物或与适宜的辅料制成的供注入体内的灭菌溶液、乳状液、混悬液，以及供临用前配成溶液或混悬液使用的无菌粉末或稀释后静脉滴注用的无菌浓溶液。

一、注射剂的特点

1. 药效迅速，作用可靠 注射剂给药后，药物不经过消化系统和肝脏而进入血液循环，不受消化液的破坏和肝脏的代谢，尤其是静脉注射，无吸收过程，故适于抢救危重患者。

2. 适用于不宜口服的药物 如青霉素、胰岛素口服易被消化液破坏，链霉素、庆大霉素口服不易吸收等均可制成注射剂而发挥作用。

3. 适用于不宜口服给药的患者 如不能吞咽、昏迷或严重呕吐、不能进食患者均可注射给药和补充营养。

4. 用于局部的定位作用 如局麻药注射于局部组织，用于牙科和麻醉科；某些药物通过注射给药延长作用时间，如激素进行关节内注射等。

5. 靶向作用 注射脂质体或微乳等微粒给药系统，大多数药物能特定浓集于肝、脾等器官，临床上常用于癌症的治疗。

6. 使用不便，注射疼痛 注射剂一般不便于患者自己使用，应遵医嘱并经专业医护人员注射；注射时常有疼痛感，某些药物本身也可能引起刺激。

7. 生产过程复杂 注射剂直接注入体内，质量要求高，因而对生产环境要求更高，使得其成本较高，价格较贵。

8. 安全性 注射剂注入体内后起效迅速，若剂量不当或注入过快，或药品存在质量问题时会带来较严重的危害，安全性较口服制剂等差。

二、注射剂的分类

注射剂可以按照药物分散方式、制备工艺以及临用前操作进行分类。

（一）按药物分散方式分类

注射剂按照药物的分散方式不同，可以分为溶液型注射剂、混悬液型注射剂、乳状液型注射剂以及临用前配制成液体使用的无菌粉末。

1. 溶液型注射剂 对易溶于水，且在水溶液中比较稳定的药物可制成水溶液型注射剂，如维生素 C 注射液、葡萄糖注射液。不溶于水而溶于油的药物可制成油溶液型注射剂，如黄体酮注射液等。

2. 混悬液型注射剂 水中溶解度小的药物或需要延长药效的，可制成混悬液型注射剂，如鱼精蛋白胰岛素注射液、醋酸可的松注射液等。混悬型注射液中原料药物粒径应控制在 $15\mu m$ 以下；含 $15 \sim 20\mu m$（间有个别 $20 \sim 25\mu m$）者，不应超过 10%；若有可见沉淀，振摇时应分散均匀。混悬型注射液不得用于静脉或椎管内注射。

3. 乳状液型注射剂 对水不溶性或油性液体药物，根据临床需要可制成乳状液型注射剂，该类注射剂不得用于椎管注射，溶剂可以是水也可是油，静脉用乳状液型注射液中 90% 的乳滴粒径应在 $1\mu m$ 以下，不得有大于 $5\mu m$ 的乳滴，如静脉注射用脂肪乳剂。

4. 注射用无菌粉末 在水中不稳定的药物，常制成注射用无菌粉末，俗称粉针剂。临用前用适宜的溶剂（一般为灭菌注射用水）溶解或混悬后使用的制剂，如注射用青霉素 G。

（二）按制备工艺分类

注射剂按照制备工艺不同，可以分为终端灭菌注射剂和非终端灭菌注射剂。

1. 终端灭菌注射剂　系指在注射剂制备的最终阶段采用某种灭菌方法杀灭或除去所有活的微生物繁殖体和芽孢的注射剂，包括终端灭菌的小容量注射剂和大容量注射剂。

2. 非终端灭菌注射剂　系指采用无菌工艺制备的注射剂，包括注射用无菌分装制品和注射用冷冻干燥制品。

（三）按临用前操作分类

注射剂按照临用前操作可以分为注射液、注射用无菌粉末与注射用浓溶液。

1. 注射液　包括溶液型、乳状液型和混悬型注射液，临用前无需配制，可供直接注射使用。

2. 注射用无菌粉末　系指药物制成的供临用前用适宜的溶剂配制成澄清溶液或混悬液的无菌粉末或无菌块状物。

3. 注射用浓溶液　系指药物制成的供临用前稀释后静脉滴注用的无菌浓溶液，如左乙拉西坦注射液。

三、注射剂的给药途径

1. 脊椎腔注射（intrathecal inject）　药液注入脊椎四周蛛网膜下隙内，由于此处神经组织比较敏感，脊髓液循环慢，缓冲容量小，所以单次注射剂量不得超过 10ml，且注入时应缓慢。其 pH 在 5 ~ 8 之间，渗透压须与脊髓液相等（完全等张），不得含有微粒等异物，且不得添加抑菌剂。

2. 静脉注射（intravenous inject）　药液直接注入静脉血管内，起效迅速。静脉注射分为静脉滴注和静脉推注，前者用量一般在几百甚至数千毫升，后者一次注射量在 50ml 以下。静脉注射剂主要是水溶液，少数 O/W 型乳状液也可以，但非水溶液、混悬型注射液不能用于静脉注射。静脉输液与脑池内、硬膜外、椎管内用的注射液不得添加抑菌剂。除另有规定外，一次注射量超过 15ml 的注射液不得添加抑菌剂。

3. 肌内注射（intramuscular inject）　注射于肌肉组织中，单次注射剂量为 1 ~ 5ml。除水溶液外，注射用油溶液、混悬液、乳浊液也可用于肌内注射。肌肉组织血管丰富，药物吸收比皮下注射更快，但刺激性太大的药物不宜肌内注射，以免引起局部刺激。

4. 皮下注射（subcutaneous inject）　注射于真皮与肌肉之间的软组织内，药物吸收较慢，一般用量为 1 ~ 2ml。皮下注射剂主要是水溶液，刺激性药物不宜皮下注射。

5. 皮内注射（intradermal inject）　注射于表皮与真皮之间，单次注射量在 0.2ml 以下。常用于疾病诊断或过敏试验，如白喉诊断毒素、青霉素皮试液等。

此外，还有关节腔注射、腹腔注射、穴位注射、动脉内注射、心内注射等，如抗肿瘤药甲氨蝶呤采用动脉内给药可以产生靶向作用。

四、注射剂的质量评价

为确保用药安全有效，注射剂应符合下列要求。

（1）无菌　注射剂成品中不应有任何活的微生物，必须达到 2020 年版《中国药典》无菌检查的要求。

（2）无热原　无热原是注射剂的重要质量指标，特别是供脊椎及静脉注射的注射剂必须通过热原检查。

（3）可见异物　按2020年版《中国药典》规定条件检查，按可见异物检查法（包括灯检法和光散射法）检查，不得有肉眼可见的浑浊或异物。注射剂应在符合《药品生产质量管理规范》（GMP）的条件下生产，产品在出厂前应采用适宜的方法逐一检查并同时剔除不合格产品。临用前，需在自然光下目视检查（避免阳光直射），如有可见异物，不得使用。

（4）不溶性微粒　因可见异物只能检查大于 $50\mu m$ 的微粒和异物，但是不可见的微粒和异物也能造成严重后果。药典规定静脉用注射剂（溶液型注射液、注射用无菌粉末、注射用浓溶液）及供静脉注射用无菌原料药必须进行不溶性微粒检查。

（5）pH　注射剂的pH要求与血液相等或接近（血液 pH 7.4），一般应控制在 pH 4～9 范围内。

（6）渗透压　注射剂的渗透压要求与血液的渗透压相等或接近，特别是大容量注射剂；用于脊椎腔注射的药液必须严格等渗（等张）。

（7）安全性　注射剂不能对人体细胞、组织、器官等引起刺激或产生毒副反应，尤其是一些非水溶剂和附加剂，必须经过动物实验，以确保使用安全。

（8）稳定性　注射剂大多为水溶液，从生产到使用需要经过一段时间，必须保证具备一定的物理、化学、生物学稳定性，在贮存期内安全、有效。

（9）降压物质　有些注射剂如复方氨基酸注射液，其中的降压物质必须符合规定，以保证用药安全。

其他如含量、有关物质和装量差异等均应符合药典及相关质量标准的规定。另外，对于中药注射剂还应检查重金属及有害元素残留量，应符合规定。

五、热原

热原系指由微生物产生的能引起恒温动物体温异常升高的致热物质。注入人体时，可产生发冷、寒战、恶心呕吐、高热甚至休克等不良反应。大多数微生物均能产生热原，革兰阴性杆菌所产生的热原致热能力最强。热原主要来源是革兰阴性菌微生物产生的一种细菌内毒素，由脂多糖、磷脂和蛋白质所组成，其中脂多糖具有特别强的致热活性，因而可大致认为热原＝内毒素＝脂多糖。热原的分子量一般为 1×10^6 左右，分子量越大，致热作用越强。脂多糖的组成因菌种不同而不同。注入体内的输液中含热原量达 $1\mu g/kg$ 时就可引起热原反应。

（一）热原的性质

热原除具有很强的致热活性外，还具有下列性质。

1. 水溶性　由于磷脂结构上连接有多糖，热原能溶于水，似真溶液，但其浓缩液带有乳光。注射剂生产时所用的各种管道可用大量注射用水冲洗以除去热原。

2. 不挥发性　热原本身不挥发，但可随水蒸气雾滴带入蒸馏水中，故用蒸馏法制备注射用水时，蒸馏水器应安装有隔沫装置，以分离雾滴和蒸汽。

3. 滤过性　热原体积小（为1～5nm），一般滤器包括微孔滤膜都不能将其截留，但活性炭能吸附热原，从而将热原滤过除去；超滤装置也可除去热原。

4. 耐热性　热原在60～100℃加热1小时不被分解破坏，180℃、3～4小时，200℃、60分钟，250℃、30～45分钟或650℃、1分钟可使热原彻底破坏。因此，玻璃制品如生产过程中所用的容器和注射时使用的注射器等，均可采用高温法除去热原。

5. 不耐强酸、强碱、强氧化剂　热原能被强酸、强碱（如硫酸、氢氧化钠等）、强氧化剂（如过氧化氢或高锰酸钾等）破坏。

6. 其他　超声波或阴离子树脂也能在一定程度上破坏或吸附热原。

（二）热原的污染途径

1. 溶剂带入　注射用水最为常用，是热原污染的主要来源。冷凝的水蒸气中带有非常小的水滴（称飞沫）则可将热原带入。制备注射用水时不严格或贮存过久均会污染热原。因此，生产的注射用水应定时进行细菌内毒素检查，供配制用的注射用水必须在制备后 12 小时内使用，并用优质低碳不锈钢罐贮存，并至少每周全面检查一次。

2. 原辅料　原辅料质量及包装不好，均会产生热原，如抗生素、水解蛋白、右旋糖酐等容易带入热原，营养性药物如葡萄糖也易滋生微生物产生热原。

3. 容器、管道和用具　配制注射液用的器具等操作前应按 GMP 要求严格清洗处理，防止热原污染。

4. 生产过程及环境　洁净室的洁净级别不符合要求，操作时间过长，装置不密闭，灭菌不完全，操作不符合要求或包装封口不严等，均会增加细菌污染的机会而产生热原。

5. 输液器具和调配环境　临床所用的输液器具被细菌污染而带入热原，输液配制时应按静脉用药调配中心管理规范进行调配。

（三）热原的去除方法

1. 活性炭吸附法　在配液时常加入 0.01% ~ 0.5% 的活性炭（供注射用），以去除药液中的热原。分次加入活性炭去除热原的效果更好，而且活性炭还有脱色、助滤、除臭等作用。但需注意活性炭也会吸附部分药液，使用前应进行验证。

2. 离子交换法　热原在水溶液中带负电，可被阴离子树脂所交换。但树脂易饱和，须经常再生。

3. 凝胶过滤法　凝胶微观上呈分子筛状，可利用热原与药物分子量的差异，将两者分开。但当两者分子量相差不大时，不宜使用。如用二乙氨基乙基葡萄糖凝胶制备无热原去离子水。

4. 超滤法　孔径为 3.0 ~ 15nm 的微孔滤膜可用于去除药液中的热原，如 10% 葡萄糖注射液可用超滤法去除热原。

5. 酸碱法　玻璃容器、用具等均可使用稀氢氧化钠溶液煮沸 30 分钟以上，或重铬酸钾硫酸清洗液处理，以破坏热原。

6. 高温法　注射用针头、针筒及玻璃器皿等能耐受高温的器皿和用具，洗净后在 180℃ 加热 2 小时或 250℃ 加热 30 分钟以上处理破坏热原。

7. 蒸馏法　可采用蒸馏法加隔沫装置来制备注射用水，热原本身虽不挥发，但其具有水溶性可溶于雾滴，隔沫装置可阻挡雾滴，避免热原进入蒸馏水。

8. 反渗透法　用醋酸纤维素膜和聚酰胺膜等进行反渗透制备注射用水时可除去热原，具有节约热能和冷却水的优点。

即学即练 5-1

除去药液中热原可选用的方法是（　　）。

答案解析　　A. 高温法　　　　B. 酸碱法　　　　C. 蒸馏法　　　　D. 活性炭吸附法

（四）热原检查方法

1. 热原检查法　该法是目前各国药典法定的热原检查法。它是将一定量的供试品，由静脉注入家兔体内，在规定时间内观察体温的变化情况，如家兔体温升高的度数超过规定限度即认为有热原反应。本法结果准确，灵敏度为 0.001μg/ml，实验结果接近人体真实情况；但费时较长、操作繁琐，不适合生产过程中间体的质量监控，也不适合于肿瘤抑制剂、放射性药物等细胞毒性药物制剂。

2. 细菌内毒素检查法　该法系利用海洋动物鲎制成鲎试剂与革兰阴性菌产生的细菌内毒素之间可发生的凝胶反应，从而定性或定量地测定内毒素的一种方法。本法操作简单，结果迅速可得，灵敏度高，可达 0.0001μg/ml，比家兔法灵敏 10 倍。适合于生产过程中的热原控制，也适合于某些不能用家兔进行热原检查的品种，如放射性制剂、肿瘤抑制剂等。但本法对革兰阴性以外的内毒素不敏感，故还不能完全代替家兔发热试验法。当进行新药的内毒素检查试验前，或无内毒素检查项的品种建立内毒素检查法时，须进行干扰试验。当鲎试剂、供试品的处方、生产工艺改变或试验环境中发生了任何有可能影响试验结果的变化时，须重新进行干扰试验。

六、处方组成

（一）注射用溶剂

1. 注射用水　注射用水为纯化水经蒸馏制得的水，是注射剂最常用溶剂。注射用水的质量必须符合《中国药典》（2020 年版）的规定，应为无色的澄明液体；无臭无味。pH 为 5.0～7.0；氨含量不超过 0.00002%；每 1ml 中细菌内毒素量应小于 0.25EU；微生物限度，100ml 供试品中需氧菌总数不得过 10cfu。硝酸盐与亚硝酸盐、电导率、总有机碳、不挥发物与重金属照纯化水项下的方法检查，应符合规定。

2. 注射用油　水中难溶而在油中溶解的药物或为达到长效目的的药物，可选用注射用油作溶剂。《中国药典》（2020 年版）收载的大豆油（供注射用），其质量应符合以下要求：为淡黄色的澄明液体，无臭或几乎无臭；相对密度为 0.916～0.922，折光率为 1.472～1.476；酸值应不大于 0.1，碘值为 126～140，皂化值为 188～195，10.0g 的过氧化值不大于 3.0。并检查吸光度、过氧化物、不皂化物、棉籽油、碱性杂质、水分、重金属、砷盐、脂肪酸组成、微生物限度等，如供无除菌工艺的无菌制剂使用时应检查无菌。

3. 其他注射用溶剂　对于不溶或难溶于水或在水溶液中不稳定的药物，常根据药物性质选用其他溶剂或复合溶剂。以增加药物溶解度、防止药物水解及增加稳定性。

（1）乙醇　本品为无色澄清液体；微有特臭。可与水、甘油、挥发油等任意混溶。其用量可高达 50%，如氢化可的松注射液。

（2）甘油（供注射用）　本品为 1,2,3 - 丙三醇，按无水物计算，含 $C_3H_8O_3$ 不得少于 98.0%。本品为无色、澄清的黏稠液体；味甜；有引湿性。黏度、刺激性均较大，不宜单独使用。常与注射用水、丙二醇、乙醇等混合使用。

（3）丙二醇（供注射用）　本品为 1,2 - 丙二醇，含 $C_3H_8O_2$ 不得少于 99.5%。本品为无色澄清的黏稠液体；无臭；有引湿性。本品与水、乙醇或三氯甲烷能任意混溶。本品的相对密度（通则 0601）在 25℃时应为 1.035～1.037。

（4）聚乙二醇　本品为无色澄清的黏稠液体；微臭。为环氧乙烷与水缩聚而成的混合物，分子式以 H（OCH_2CH_2）$_n$ OH 表示，其中，n 代表氧乙烯基的平均数。其中供注射用的聚乙二醇 300、聚乙二醇400，化学性质稳定，能与乙醇、水混合，如塞替派注射液以聚乙二醇400为溶剂。

（二）注射剂的常用附加剂

除溶剂和主药以外，注射剂中往往还要添加其他的物质以保证注射剂的安全、有效及其稳定性，这些加入的物质统称为附加剂。所用附加剂不得影响药物的疗效，不干扰药品检测，用量应在规定范围内，不得产生刺激或毒性。注射剂的常用附加剂及用量可见表5-1。

表5-1　注射剂的常用附加剂及用量

附加剂	辅料名称	用量/%	附加剂	辅料名称	用量/%
增溶剂、润湿剂、乳化剂	聚山梨酯20	0.01		三氯叔丁醇	0.25~0.5
	聚山梨酯40	0.05		苯甲醇	1~2
	聚山梨酯80	0.04~4.0	抑菌剂	羟苯酯类	0.01~0.015
	聚乙烯吡咯烷酮	0.2~1.0		苯酚	0.5~1.0
	卵磷脂	0.5~2.3			
	脱氧胆酸钠	0.21			
	普朗尼克F-68	0.21			
pH调节剂	醋酸、醋酸钠	0.22~0.8		盐酸普鲁卡因	1.0
	枸橼酸、枸橼酸钠	0.5~4.0		利多卡因	0.05~1.0
	酒石酸、酒石酸钠	0.65~1.2	局部止痛剂	苯甲醇	1.0~2.0
	乳酸	0.1		三氯叔丁醇	0.3~0.5
	碳酸氢钠，碳酸钠	0.005~0.06			
助悬剂	甲基纤维素	0.03~1.05		乳糖	1~8
	羧甲基纤维素钠	0.1~0.75	填充剂	甘露醇	1~2
	明胶	2.0		甘氨酸	1~10
抗氧剂	亚硫酸钠	0.1~0.2		乳糖	2~5
	亚硫酸氢钠	0.1~0.2	保护剂	蔗糖	2~5
	焦亚硫酸钠	0.01~0.2		麦芽糖	2~5
	硫代硫酸钠	0.1		人血白蛋白	0.2~2
金属离子络合剂	EDTA-2Na	0.01~0.05	稳定剂	肌酐	0.5~0.8
				烟酰胺	1.25~2.5
				甘氨酸	1.5~2.25
渗透压调节剂	氯化钠	0.5~0.9		钠辛酸	0.4
	葡萄糖	4~5			

常用附加剂：注射剂根据需要加入增加溶解度的增溶剂；防止药物被氧化的抗氧剂亚硫酸钠、亚硫酸氢钠、金属离子络合剂等；防止微生物污染的抑菌剂如三氯叔丁醇；调节注射剂pH的pH调节剂如盐酸、醋酸、NaOH等；乳剂型注射液多用聚山梨酯80作乳化剂，供静脉注射时用卵磷脂、普朗尼克F-68作乳化剂。混悬型注射液需加入助悬剂，常用羧甲基纤维素钠。同时为满足注入体内这一要求还需加入渗透压调节剂。肌内及皮下注射等常需加入止痛剂。

任务二　灭菌技术

一、概述

灭菌与无菌操作对保证无菌制剂质量至关重要，是制备无菌制剂所必需的操作单元之一。

灭菌是指用物理或化学方法杀灭或除去一切微生物繁殖体及其芽孢的技术。灭菌法是指利用适当的物理或化学方法杀灭或除去活的微生物，从而使物品中残存活微生物的概率下降至预期的无菌保证水平的方法。微生物的种类不同，灭菌方法不同，灭菌效果也不同。细菌的芽孢具有较强的抗热能力，因此灭菌效果常以杀灭芽孢为标准。

无菌操作法是将整个操作过程控制在无菌环境下进行操作的一种技术。

灭菌过程只是一个统计意义的现象，并不能达到绝对无菌。实际生产中，灭菌需将物料、制剂中污染微生物的概率下降至预期的无菌保证水平。由于灭菌的对象是药物制剂，许多药物不耐高温，因此灭菌方法的选择应综合考虑制剂的性质、灭菌方法的有效性和经济性、灭菌后制剂的完整性和稳定性等因素。对微生物的要求不同亦可采用消毒、防腐等措施。

制剂制备中常用的灭菌法可分为物理灭菌法和化学灭菌法。一般可根据被灭菌物品的特性采用一种或多种方法组合灭菌。只要物品允许，应尽可能选用最终灭菌法灭菌。若物品不适合采用最终灭菌法，可选用过滤除菌法或生产工艺达到无菌保证要求，只要可能，应对非最终灭菌的物品作补充性灭菌处理（如流通蒸汽灭菌）。灭菌方法的分类如图 5 – 1 所示。

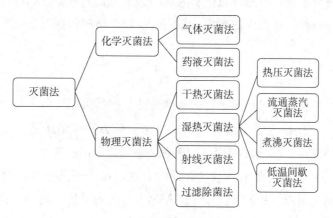

图 5 – 1　灭菌方法的分类

二、灭菌的可靠性参数

现行的无菌检验方法往往难以检出极微量的微生物，因此对灭菌方法的可靠性进行验证非常必要。F 和 F_0 值可作为验证灭菌可靠性的参数。

（一）F 值

为在一定灭菌温度（T）下给定 Z 值所产生的灭菌效果与参比温度（T_0）给定 Z 值的灭菌效果相同时，所需的相应时间，单位为分钟。即整个灭菌过程效果相当于 T_0 温度下 F 时间的灭菌效果。

如 $F = 3$，表示该灭菌过程对微生物的灭菌效果，相当于被灭菌物品置于参比温度下灭菌 3 分钟的灭菌效果。F 值常用于干热灭菌。

（二）F_0值

为在一定灭菌温度（T）、Z值为10℃所产生的灭菌效果与在121℃、Z值为10℃所产生的灭菌效果相同时所相当的时间，单位为分钟。F_0值是将不同灭菌温度折算到相当于121℃湿热灭菌时的灭菌效力。即不管温度如何变化，t分钟内的灭菌效果相当于121℃下灭菌F_0分钟的效果。因此，F_0又称为标准灭菌时间。

灭菌过程只需记录被灭菌物品的温度与时间，就可计算出F_0值，故对用来验证灭菌效果有重要的意义。F_0仅用于热压灭菌。

 知识链接

D值与Z值

1. D值 为微生物学耐热参数，是指一定温度下，杀灭90%微生物所需的时间，单位为分钟。D值越大，说明微生物耐热性越强。

2. Z值 为灭菌的温度系数，是指某一特定微生物的D值减少到原来的1/10时所需升高的温度值，单位为℃。即灭菌时间减少到原来的1/10所需升高的温度。如$Z=10$℃，表示灭菌时间减少到原来灭菌时间的1/10（但具有相同的灭菌效果），所需升高的灭菌温度为10℃。

三、物理灭菌法

物理灭菌法是利用高温、滤过或紫外线等杀灭或除去微生物的方法。加热或遇射线可使微生物的蛋白质与核酸凝固、变性，从而导致微生物死亡。常用的物理灭菌法包括干热灭菌法、湿热灭菌法、射线灭菌法以及过滤除菌法。

（一）干热灭菌法

干热灭菌法是在干燥环境中通过加热进行灭菌的方法，包括火焰灭菌法和干热空气灭菌法。

1. 火焰灭菌法 系指直接在火焰中灼烧灭菌的方法。该方法灭菌迅速、可靠、简便，适用于耐热材质（如金属、玻璃及陶器等）的物品与用具的灭菌，不适合药品的灭菌。

2. 干热空气灭菌法 系利用高温干热空气灭菌的方法。由于干热空气的穿透力较弱，故灭菌时间较长。常用的设备有干热灭菌柜、隧道灭菌器等。干热空气灭菌条件一般为：160～170℃灭菌120分钟以上，170～180℃灭菌60分钟以上，250℃灭菌45分钟以上，也可使用其他温度和时间参数，但应保证灭菌后的物品无菌保证水平（sterility assurance level，简称SAL）$\leqslant 10^{-6}$。250℃、45分钟的干热灭菌可除去无菌产品包装容器及有关生产灌装用具中的热原物质。

该法适用于耐高温但不宜用湿热灭菌法灭菌的物品灭菌，如玻璃器具、金属容器以及不允许湿气穿透的油脂类（如油性软膏基质、注射用油等）和耐高温的粉末化学药品的灭菌，不适于橡胶、塑料及大部分制剂的灭菌。

（二）湿热灭菌法

湿热灭菌法系利用饱和水蒸气、沸水或流通蒸汽灭菌的方法。由于蒸汽潜热大，穿透力强，容易使蛋白质变性或凝固，故灭菌效率高，为制剂生产中最有效、应用最广泛的灭菌方法。药品、容器、胶塞以及其他遇高温和潮湿不发生变化或损坏的物品，均可采用本法灭菌。不适用于对湿热敏感的药品的灭菌。

湿热灭菌法包括热压灭菌法、流通蒸汽灭菌法、煮沸灭菌法和低温间歇灭菌法。

1. 热压灭菌法　系指在密闭的高压蒸汽灭菌器内，利用高压饱和水蒸气来杀灭微生物的方法。热压灭菌条件通常采用126℃、15分钟，121℃、20分钟或115℃、15分钟，也可采用其他温度和时间参数，但应保证灭菌效果。热压灭菌具有灭菌可靠、效果好、易于控制等优点，能杀灭所有繁殖体和芽孢。适用于耐高温和耐高压蒸汽的制剂、玻璃容器、金属容器、瓷器等，在注射剂生产中应用广泛。

制剂生产中常用的热压灭菌设备为热压灭菌柜（图5-2），其结构主要由柜体、夹套、压力表、温度计、气阀、水阀、安全阀等组成。热压灭菌柜使用前需先开启夹层蒸汽阀及回汽阀，使蒸汽通入夹套中加热，同时将待灭菌物品放入柜内并关闭柜门。当柜内温度、压力上升至工艺要求值时即为灭菌开始时间。待灭菌时间到达后，先关闭总蒸汽和夹层进汽阀，排气至柜室压力降至零后再打开柜门，冷却后将灭菌物品取出。

图5-2　热压灭菌柜

为了保证灭菌效果，热压灭菌柜使用时应注意以下问题：①必须使用饱和蒸汽；②使用前必须排净柜内空气，否则压力表上的压力是柜内蒸汽与空气两者的总压，而非单纯的蒸汽压力，温度达不到规定值；③灭菌时间应从全部药液真正达到所要求的温度时算起；④灭菌完毕后，必须使压力降到零后等待10～15分钟，再打开柜门。

2. 流通蒸汽灭菌法　系指在常压下，采用100℃流通蒸汽加热杀灭微生物的方法。一般灭菌的时间为30～60分钟，但不能保证杀灭所有的芽孢。本法适用于不耐高温的制剂，可作为不耐热无菌制品的辅助灭菌手段。

3. 煮沸灭菌法　系将待灭菌物品置于沸水中加热灭菌的方法。本法不能保证杀灭所有的芽孢，常用于器具的灭菌。

4. 低温间歇灭菌法　系将待灭菌制剂于60～80℃加热60分钟，杀灭微生物的繁殖体后在室温放置24小时，使其芽孢发育成繁殖体。按相同操作再进行第二次灭菌，反复多次，直至杀灭所有的芽孢为止。此法适用于不耐高温的物料和制剂的灭菌，但灭菌时间长、效率低、灭菌效果较差。

（三）射线灭菌法

射线灭菌法为采用紫外线、辐射和微波杀灭微生物的方法，包括紫外线灭菌法、辐射灭菌法和微波灭菌法。

1. 紫外线灭菌法 系指用紫外线照射杀灭微生物的方法。紫外线作用于核酸、蛋白质促使其变性，同时空气受紫外线照射后产生微量臭氧，从而起共同杀菌作用。用于灭菌的紫外线一般波长为 200～300nm，灭菌力最强的是波长 254nm。紫外线灭菌仅限于被照射物的表面，其穿透能力较弱，不能透入溶液或固体深部，故只适于空气、物品表面灭菌，不适合药液、固体制剂深部的灭菌。

2. 辐射灭菌法 系将待灭菌物品置于适宜放射源（如^{60}Co 和^{137}Cs）辐射的 γ 射线或适宜的电子加速器发生的电子束中进行电离辐射而达到杀灭微生物的方法。辐射灭菌的主要灭菌参数为辐射剂量（指灭菌物品的吸收剂量），操作时应注意安全防护。该法具有不升高灭菌产品的温度、穿透力强等特点，适用于医疗器械、容器、生产辅助用品、不受辐射破坏的原料药及制剂的灭菌。

3. 微波灭菌法 系指用微波照射而杀灭微生物的方法。微波灭菌主要利用微波加热使微生物体内蛋白质变性或干扰微生物正常的新陈代谢达到灭菌的目的。微波灭菌具有低温、高效、经济、不污染环境、操作简单、易维护等特点，对热压灭菌不稳定的制剂可采取微波灭菌。

（四）过滤除菌法

过滤除菌法系利用细菌不能通过致密具孔滤材的原理以除去气体或液体中微生物的方法，常用于气体、热不稳定的药品溶液或原料的灭菌。制剂生产常用的滤器为 0.22μm 的微孔滤膜，可分为亲水性和疏水性两种，滤膜材质应根据待过滤物的性质及过滤目的进行选择。采取过滤除菌法的无菌产品应监控其生产环境的洁净度，在无菌环境下进行过滤操作，所用滤器及接受滤液的容器均须经 121℃热压灭菌。

四、化学灭菌法

化学灭菌法是用化学药品杀灭微生物的方法，包括气体灭菌法和药液灭菌法。

1. 气体灭菌法 是指利用化学消毒剂的气体或蒸气杀灭微生物的方法。常用的化学消毒剂包括环氧乙烷、甲醛蒸气、气态过氧化氢、臭氧等，适用于在气体中稳定的物品灭菌，如医疗器械、塑料制品等。本法中最常用的气体是环氧乙烷，一般与 80%～90% 的惰性气体混合使用，在充有灭菌气体的高压腔室内进行。采用该法灭菌时应注意灭菌气体对物品质量的损害以及灭菌后的残留气体的处理。

2. 药液灭菌法 是指利用药液杀灭微生物的方法。常用的消毒液有 0.1%～0.2% 苯扎溴铵溶液、2% 左右的酚或煤酚皂溶液、3% 双氧水溶液、75% 乙醇等。该法常应用于其他灭菌法的辅助措施，如皮肤、无菌器具的消毒等。

五、无菌操作法

无菌操作法指整个操作过程在无菌条件下进行的一种操作方法。本法适用于不能加热灭菌的无菌制剂，如注射用粉针剂、生物制剂、抗生素等。无菌分装及无菌冻干是最常见的无菌生产工艺。无菌操作所用的一切器具、物料以及操作环境必须进行灭菌，以保持操作环境的无菌。无菌操作可在无菌操作室或层流净化工作台中进行。

（一）无菌操作室的灭菌

无菌操作室应定期进行灭菌，对于流动空气采用过滤介质除菌，对于静止环境的空气可采用灭菌方法。常用的无菌操作室空气灭菌方法有甲醛溶液加热熏蒸、过氧醋酸熏蒸、紫外线照射灭菌等。近年来利用臭氧进行灭菌，代替紫外线照射与化学试剂熏蒸灭菌，取得了令人满意的效果。

　　除用上述方法定期对生产环境进行灭菌外，还需对无菌操作室内的地面、墙壁、设备、用具用75%乙醇、0.2%苯扎溴铵（新洁尔灭）、酚或煤酚皂溶液进行消毒，以保证操作环境的无菌状态。

（二）无菌操作

　　操作人员进入无菌操作室之前应按规定洗净双手并消毒，换上已灭菌的工作服和专用鞋、帽、口罩等，头发不得外露并尽可能地减少皮肤外露。操作中所用到的物料、容器具应经过灭菌，制备少量无菌制剂时，宜采用层流洁净工作台。室内操作人员不宜过多，尽量减少人员流动，操作中严格遵守无菌操作室的工作规程。

六、无菌检查

　　无菌检查法是用于检查要求无菌的药品、生物制品、医疗器具、原料、辅料及其他品种是否无菌的一种方法。若供试品符合无菌检查法的规定，仅表明了供试品在该检验条件下未发现微生物污染。无菌检查应在无菌条件下进行，试验环境必须达到无菌检查的要求，检验全过程应严格遵守无菌操作，防止微生物污染，防止污染的措施不得影响供试品中微生物的检出。单向流空气区域、工作台面及受控环境应定期按医药工业洁净室（区）悬浮粒子、浮游菌和沉降菌的测试方法的现行国家标准进行洁净度确认。隔离系统应定期按相关的要求进行验证，其内部环境的洁净度须符合无菌检查的要求。日常检验需对试验环境进行监测。

　　《中国药典》2020年版四部（通则1101）规定的无菌检查法包括薄膜过滤法和直接接种法。只要供试品性质允许，应采用薄膜过滤法。供试品无菌检查所采用的检查方法和检验条件应与方法适用性试验确认的方法相同。无菌试验过程中，若需使用表面活性剂、灭活剂、中和剂等试剂，应证明其有效性，且对微生物无毒性。

　　薄膜过滤法：取规定量的供试品经封闭式薄膜过滤器过滤后，取出滤膜在培养基上培养数日后观察是否出现浑浊或进行镜检。直接接种法：将规定量供试品接种于培养基上，培养数日后观察培养基上是否出现浑浊或沉淀，与阳性和阴性对照品比较或培养液涂片、染色后用显微镜观察。只要供试品性质允许，应采用薄膜过滤法；直接接种法适用于无法用薄膜过滤法进行无菌检查的供试品。

任务三　过滤技术

PPT

一、概述

　　过滤系指将悬浮液中的液体强制通过多孔性介质，使固体沉积或截留在多孔介质上，从而使固体与液体得到分离的操作。通常，将过滤用多孔材料称为过滤介质（滤材）；待过滤的悬浮液称为滤浆或料浆；截留于过滤介质上的固体称为滤饼或滤渣；通过过滤介质的液体称为滤液。

　　溶液剂、注射剂等常见的液体制剂通过过滤获得澄清的滤液，而固体药物的重结晶等操作，通过过滤获取过滤介质上截留的固体滤渣，即我们所需的物质。固液分离的操作除过滤外，还可以采取澄清、沉降、离心分离等方法。洁净室的空气过滤则是气固分离的典型操作，详见空气净化技术与滤过技术。

过滤的影响因素

在悬浮液过滤时，过滤介质上易形成固体厚层即滤渣层，过滤的速度随着滤渣层的增厚而减慢。影响过滤速度的主要有因素有：滤器两侧的压力差、滤器面积、滤渣层和滤材的阻力、滤液的黏度等。

在实际过滤操作中，可以通过增加滤渣两侧的压力差来提高过滤的速度，即采取加压或减压的过滤方法。同时，我们可以通过预滤的方法以减少滤饼的厚度；加助滤剂，以改变滤饼的性能；升高滤浆温度，以降低其黏度等方法来提高过滤的效率。

二、过滤器

过滤介质是过滤器的关键组成部分，过滤介质的选用直接影响过滤器的过滤效果。过滤器按照其截留能力，在制剂生产中可以用作药液的粗滤或精滤。粗滤滤器包括砂滤棒、钛滤器、板框式压滤机等；精滤滤器包括垂熔玻璃滤器、微孔滤膜滤器和超滤器等。下面介绍制剂生产中常用的过滤器。

（一）砂滤棒与钛滤器

砂滤棒主要有两种，一种是硅藻土滤棒（苏州滤棒），系由硅藻土、石棉及有机黏合剂高温烧制而成；另一种是多孔素瓷滤棒（唐山滤棒），系由白陶土等烧结而成的。前者质地松散，适用于黏度高、浓度大的滤液的过滤；后者质地致密，滤速慢，适用于低黏度液体的过滤。

砂滤棒易脱砂，对药液吸附性强，近年来在生产中常采用钛滤器。钛滤棒由工业纯钛粉高温烧结而成，具有如下特点：耐酸碱、耐高温、化学稳定性好；机械强度大，精度高；分离效率高；无微粒脱落，不对药液形成二次污染。钛滤器常用于注射剂配制中的脱炭过滤，是一种较好的预滤材料。

（二）垂熔玻璃滤器

垂熔玻璃滤器系用硬质玻璃细粉烧结而成，根据形状分为垂熔玻璃漏斗、滤球及滤棒三种，根据滤板孔径分为1~6号，号数越大，孔径越小。

该滤器具有化学性质稳定，不改变药液的pH；对药液吸附性低；无微粒脱落，易于清洗等特点。但垂熔玻璃滤器价格贵，质脆易破碎，常用于膜滤器前的预滤。

（三）微孔滤膜滤器

微孔滤膜滤器是以具有很多均匀微孔的高分子滤膜材料作为过滤介质的过滤装置。微孔滤膜的过滤机制是物理过筛作用，厚度为0.12~0.15μm，孔径为0.01~14μm，大于孔径的颗粒被滤膜所截留。微孔薄膜滤器常用于注射剂的精滤和除菌过滤，其具有以下特点。

（1）滤膜孔径均匀，截留能力强，具有一定的机械强度，加压不易出现微粒的"泄漏"；

（2）滤膜上的有效过滤面积大，空隙率大，过滤速度快；

（3）滤膜吸附性小，不滞留药液；

（4）用后直接弃去，产品间不易发生交叉污染；

（5）截留物易使滤膜堵塞，需结合其他滤器先预滤。

微孔滤膜使用前需用注射用水浸泡12小时以上备用，临用前取出用注射用水冲洗后装入滤器。为了检测滤膜的完整性，保证过滤后滤液的质量符合要求，过滤前后均需进行起泡点测试。

（四）其他滤器

生产中常用的滤器还有板框式压滤机、超滤器等。板框式压滤机多用于中药注射剂的预滤；超滤器常用于酶、蛋白质等的分离和浓缩，在生物工程后处理中应用广泛。

三、常见过滤装置

过滤装置为多种过滤器组合而成，可分为高位静压过滤装置、减压过滤装置和加压过滤装置。

（一）高位静压过滤装置

高位静压过滤装置是利用液位差进行过滤的装置。适用于生产量不大、缺乏加压或减压设备的情况，如注射剂配液后通过管道送入高位槽，然后进行灌封。此法压力稳定，质量好，但滤速慢。

（二）减压过滤装置

减压过滤装置为利用真空泵对过滤系统抽真空形成负压，使待过滤溶液通过过滤介质的装置。该装置适用于多种滤器，如对采取二级过滤的注射液的过滤，减压过滤装置中药液先经钛滤器进行预滤，再经微孔滤膜滤器进行精滤。

此装置可以进行连续过滤操作，药液处于密闭状态，不易被污染。但缺点是压力不够稳定，操作不当易使滤层松动而影响滤液质量。此外，应注意对进入滤过系统的空气进行过滤，防止其对滤液的污染。

（三）加压过滤装置

加压过滤装置是利用离心泵对过滤系统加压，使待过滤溶液通过过滤介质的装置。适用于配液、过滤及灌封等工序在同一平面的情况，操作前应注意检查过滤系统的严密性。加压过滤装置具有压力稳定、滤速快、滤液澄明、产量高等特点。整个装置处于正压下，过滤停顿对滤层影响也较小，同时有利于防止外界空气的污染。

任务四　小容量注射剂工艺与制备 ⓔ微课2~3 ⓔ视频1~2

PPT

一、生产工艺流程

小容量注射剂注也称为水针剂，指装量小于50ml的注射剂，其生产过程包括原辅料和容器的准备、配液（过滤）、灌封、灭菌、质检、印字、包装等。小容量注射剂生产工艺流程见图5-3。

图5-3所示为最终灭菌产品的生产环境洁净级别要求。如果是非最终灭菌的无菌制剂，则要采用无菌操作法（无菌生产工艺）进行生产，对生产环境要求更高。

二、容器和处理办法

（一）注射剂容器的式样

1. 安瓿瓶　小容量注射剂容器有安瓿和西林瓶，我国目前一般采用玻璃安瓿。式样有直颈与曲颈两种，其容积通常有1、2、5、10、20ml等几种规格。目前国内强制推行易折安瓿，避免瓶颈折断时产生的微粒、玻璃屑进入安瓿，污染药液。易折安瓿包括有色点易折和色环易折两种，用时不用锉刀即可

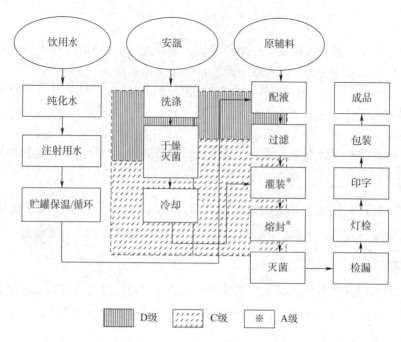

图 5-3 小容量注射剂生产工艺流程

折断，破损率低，使用方便。色点易折安瓿颈部有一道刻痕，其上方有一个色点易折标志，折断时于刻痕中间的背面施力，折断后断面平整；色环易折安瓿颈部有一圈低熔点玻璃色环，因安瓿与色环玻璃的膨胀系数不同，可产生局部应力而折断。

2. 西林瓶　包括管制瓶和模制瓶两种，主要用于分装注射用无菌粉末，如青霉素等粉针剂。

3. 卡式瓶　为两端开口的管状筒，其瓶口用胶塞和铝盖密封，底部用橡胶活塞密封。在实施注射时，需与可重复使用的卡式注射架、卡式半自动注射笔、卡式全自动注射笔等注射器械结合使用，注射操作简单，对使用者进行一定的注射知识培训，即可自行完成注射。适合需常年用药的患者及患者发病时的自救。

4. 预填充注射器　是采用一定的工艺将药液预先灌装于注射器中，以方便医护人员或患者随时可注射药物的一种"药械合一"的给药形式，同时具有贮存和注射药物的功能。

5. 塑料安瓿　塑料安瓿按材质主要有聚丙烯和聚乙烯两种。聚丙烯安瓿透明度好，强度高，可耐受 121℃高温灭菌，常用于最终灭菌注射剂。聚乙烯一般不耐受 110℃以上高温灭菌，常用于无菌生产工艺的注射剂。与玻璃安瓿相比，塑料安瓿具有强度高、不易破碎，质量轻，不会产生玻璃碎屑，易操作、安全性强等优点；但透光性相对较差，不适于易氧化药物。

（二）安瓿的质量要求

安瓿的质量对注射剂的稳定性影响很大，应满足以下要求。

（1）应无色透明，便于澄明度、杂质、药液变质情况的检查。

（2）要有足够的物理强度，耐受热压灭菌的压力，并避免生产、操作、保存过程中破损。

（3）化学性质稳定，不易被药液所侵蚀，不改变药液的 pH。

（4）应具有优良的耐热性能和低膨胀系数。在洗涤、灭菌中不易爆裂。

（5）不得有气泡、麻点、砂粒等。

（6）熔点低，易于熔封。

（三）安瓿使用前的处理

1. 安瓿的检查 为保证注射剂质量，安瓿应经过一系列检查，包括物理和化学检查。物理方面包括外观、长度、应力、清洁度、热稳定性等，具体要求及检查方法可参照国家标准。化学检查项目有耐酸、耐碱和中性检查。必要时尤其当安瓿材料变更时，需进行装药试验，证明其材质与药液的相容性良好方能应用。

2. 安瓿的洗涤 安瓿的洗涤方法有甩水洗涤法、气水加压喷射洗涤法和超声波洗涤法。

（1）甩水洗涤法 将安瓿灌满经滤过且澄明度符合要求的纯化水，再用甩水机将水甩出，反复3次，最后一次用澄明度合格的注射用水。该法一般适用于5ml以下安瓿。

（2）气水加压喷射洗涤法 使用的洗涤用水和压缩空气均应事先精滤合格，由针头交替喷入倒置的安瓿内进行洗涤，冲洗顺序为气→水→气→水→气，反复冲洗4~8次，最后一次应是滤过空气。本法的关键是所用压缩空气应有足够的压力，一般为294.2~392.3kPa；二是压缩空气应过滤纯净，最后一遍洗涤用水应是经微孔滤膜精滤的注射用水。

（3）超声波洗涤法 利用液体中传播的超声能对物体表面的污物进行清洗，能够对一般清洗方法难以清洁的盲孔和各种几何形状进行清洗，具有清洗速度快、清洗洁净度高等特点。一般和汽水加压喷射洗涤法相结合。

（四）安瓿的干燥灭菌

安瓿洗涤后，一般采用120~140℃烘箱干燥。用于盛装无菌操作的药液或低温灭菌制品的安瓿，须用180℃干热灭菌1.5小时。大量生产时多用红外线隧道式烘箱，隧道内平均温度约200℃，有利于安瓿连续生产。一般350℃经5分钟即能达到安瓿灭菌目的。为防止污染，设备内附有局部层流装置。

灭菌的安瓿应在24小时内使用，存放柜应有层流净化空气保护。

三、配制

（一）原辅料的质量要求与投料计算

供注射用的原料药，应达到注射用规格，符合《中国药典》2020年版所规定的各项检查与含量限度，并经检验合格后方能投料；辅料应符合药用标准，若有注射用规格，应选用注射用规格。生产中更换原辅料的生产厂家时，甚至对于同一厂家的不同批号的原料，在生产前均应作小样试验。

配液时应按处方规定和原辅料化验测定的含量结果计算出每种原辅料的投料量。药物含结晶水应注意处方是否要求换算成无水药物的用量。称量时应两人核对。

（二）配制用具的选择与处理

配液用的器具均应用化学稳定性好的材料制成，常用的有玻璃、不锈钢、耐酸碱搪瓷或无毒聚氯乙烯等。铝制品不宜选用。大量生产可选用夹层的配液罐，并装有搅拌器。配液罐可以通蒸汽加热，也可通冷水冷却。供配制用的所有器具使用前须用新鲜注射用水烫洗或灭菌后备用。

（三）配制方法

注射液配制方法分为稀配法和浓配法。

1. 稀配法 凡药液浓度不高或配液量不大时，如原料质量好，常用稀配法，即将原料加入所需溶剂中一次配成所需的浓度。

2. 浓配法　当原料质量较差，则常采用浓配法，即将全部原辅料加入部分溶媒中配成水溶液，经加热或冷藏、过滤等处理后，再稀释至所需浓度。溶解度小的杂质在浓配时可以滤过除去。

药液不易滤清时，可加入配液量 0.01% ~ 0.5% 活性炭（供注射用）或通过铺有炭层的布氏漏斗。使用时需注意：活性炭在酸性条件下吸附作用强，在碱性溶液中有时出现胶溶或脱吸附，反而使药液中杂质增加。因此活性炭应进行酸处理并活化后使用。

若为油溶液，注射用油应在用前经 150 ~ 160℃，干热灭菌 1 ~ 2 小时后，冷却至适宜温度待用，趁热配制，过滤，温度不宜过低，否则黏度增加，不易滤过。

四、滤过

滤过是保证注射液澄明的关键操作。注射液的过滤一般采用二级过滤，宜先用钛滤棒粗滤，再用微孔滤膜精滤，常用微孔滤膜滤器。药液应进行中间体质量检查，包括 pH、含量等，合格后才能精滤。为了确保药液质量，灌装前，往往将精滤后的药液进行终端过滤。

五、灌封

灌封是将滤净的药液，定量地灌装到安瓿中并加以封闭的过程。包括灌注药液和封口两步，为避免污染，应立即封口。灌封室洁净级别要求最高，高污染风险的最终灭菌产品灌封在洁净级别 C 级背景下 A 级，如为非最终灭菌产品洁净级别则为 B 级背景下的 A 级。

药液灌封要求做到剂量准确，药液不沾瓶口，以防熔封时发生焦头或爆裂，注入容器的量要比标示量稍多，以抵偿在给药时由于瓶壁黏附和注射器及针头的吸留而造成的损失，一般易流动液体可增加少些，黏稠性液体宜增加多些。2020 年版《中国药典》规定的注射剂的增加装量见表 5 - 2。

表 5 - 2　注射液的增加装量通例表

标示装量/ml	0.5	1	2	5	10	20	50
黏稠液增加量/ml	0.12	0.15	0.25	0.50	0.70	0.90	1.5
易流动液增加量/ml	0.10	0.10	0.15	0.30	0.50	0.60	1.0

灌装时要求装量准确，每次灌装前必须调整装量，符合规定后再进行灌注。接触空气易变质的原料药物，在灌装过程中，应排除容器内的空气，可填充二氧化碳或氮等气体，立即熔封或严封。通入惰性气体的方法很多，一般认为两次通气较一次通气效果好。1 ~ 2ml 的安瓿常在灌装药液后通入惰性气体，而 5ml 以上的安瓿则在药液灌装前后各通一次，以尽可能驱尽安瓿内的残余空气。对温度敏感的原料药物在灌封过程中应控制温度，灌封完成后应立即将注射剂置于规定的温度下贮存。

已灌装好的安瓿应立即熔封。安瓿熔封应严密、不漏气，安瓿封口后长短整齐一致，颈端应圆整光滑、无尖头和小泡。封口方法有拉封和顶封两种，顶封易出现毛细孔，不如拉封封口严密，故目前常用拉封的封口方式。

生产上多采用全自动灌封机，药液的灌封由 5 个动作协调进行：①移动齿档送安瓿；②灌注针头下降；③药液灌注入安瓿；④灌注针头上升后安瓿离开同时灌注器吸入药液；⑤灌好药液的安瓿在封口工位进行熔封。上述动作必须按顺序协调进行。

灌封时常发生的问题有剂量不准、焦头、鼓泡、封口不严、瘪头等，但最易出现的问题是产生焦头。产生焦头的主要原因有：灌液太猛，药液溅到安瓿内壁，封口时形成炭化点；针头回药慢，针尖挂有液滴；针头不正，尤其是安瓿口粗细不匀，针头碰安瓿内壁；灌注与针头行程未配合好，针头刚进瓶口就注药或针头临出瓶口时才注完药液；针头升降不灵等。应针对不同原因加以解决。

我国现已有洗、灌、封联动机，提高了生产效率。在安瓿干燥灭菌和灌封工位增加层流装置，有利于提高成品质量。其主要特点是生产全过程是在密闭或层流条件下，符合 GMP 的要求，采用微机控制和电子技术实现机电一体化，使整个生产过程可控，能实现自动控温、自动记录、自动报警和显示故障等，有利于后期对问题的追溯。同时，减少了操作人员，减轻了劳动强度。

六、灭菌和检漏

（一）灭菌

灌封后应立即灭菌，从配液到灭菌要求在 12 小时内完成。灭菌和保持药物稳定是矛盾的两个方面，在选择灭菌方法时，需保证药物稳定又要达到灭菌完全。因而对热稳定品种，可采用热压灭菌，属于最终灭菌产品，应满足灭菌效果 $F_0 > 8$。对热不稳定品种，则需对生产环境要求较高，一般 1～5ml 注射剂可采用 100℃、30 分钟进行灭菌，10～20ml 注射剂采用 100℃、45 分钟进行灭菌。

（二）检漏

安瓿如有毛细孔或微小的裂缝存在，则微生物或污物可进入安瓿或产生药物泄露，损坏包装。

检漏一般应用灭菌检漏两用的灭菌器。灭菌完毕后，放入冷水淋洗，待温度稍降，抽气至真空度 85.3～90.6kPa，停止抽气。再打开色水阀放入有色溶液至盖过安瓿，然后关闭色水阀，打开气阀，将色水抽回贮罐中，淋洗后检查。由于漏气安瓿中的空气被抽出，当空气放入时，有色溶液即借大气压力压入漏气安瓿内而被检出。

七、印字包装

灭菌检漏完成的安瓿先进入中间品暂存间，经质量检查合格后方可印字包装。

印字内容包括品名、规格、批号、厂名及批准文号。经印字后的安瓿，即可装入纸盒内，盒外应贴标签，标明注射剂名称、内装支数、每支装量及主药含量、附加剂名称、批号、制造日期与失效期、商标、卫生主管部门批准文号及应用范围、用量、禁忌、贮藏方法等。产品还附有详细说明书。

目前已有印字、装盒、贴签及包装等一体的印包联动线，大大提高安瓿印包效率。

八、质量评价

按照《中国药典》2020 年版四部（通则 0102），除另有规定外，注射剂应进行以下检查。

1. 装量 供试品标示装量不大于 2ml 者，取供试品 5 支（瓶）；2ml 以上至 50ml 者，取供试品 3 支（瓶）。照装量检查方法检查，每支（瓶）的装量均不得少于其标示装量。

2. 可见异物 除另有规定外，照可见异物检查法（通则 0904）检查，应符合规定。

3. 不溶性微粒 除另有规定外，用于静脉注射、静脉滴注、鞘内注射、椎管内注射的溶液型注射液、注射用无菌粉末及注射用浓溶液照不溶性微粒检查法（通则 0903）检查，均应符合规定。

4. 无菌 按药典无菌检查法（通则 1101）项下的规定进行检查，应符合规定。

5. 细菌内毒素或热原 除另有规定外，静脉用注射剂按药典各品种项下的规定，照细菌内毒素检查法（通则1143）或热原检查法（通则1142）检查，应符合规定。

此外，某些注射剂如生物制品要求检查降压物质，鉴别、含量测定、pH、毒性试验和刺激性试验等应根据具体品种项下规定进行检查。

例5-1　盐酸普鲁卡因注射液

【处方】盐酸普鲁卡因　　　　　　　20.0g

　　　　氯化钠　　　　　　　　　　4.0g

　　　　0.1mol/L盐酸　　　　　　　适量

　　　　注射用水加至　　　　　　　1000ml

【制法】取配制量80%的注射用水，加入氯化钠，搅拌溶解，再加盐酸普鲁卡因使之溶解。加入0.1mol/L的盐酸溶液调节 pH 4.0~4.5，再加水至足量，搅匀，滤过分装于中性玻璃容器中，封口灭菌。

本品为局部麻醉药，用于封闭疗法、浸润麻醉和传导麻醉。

【分析】

（1）本品为酯类药物，易水解，应调节在适宜 pH 范围，灭菌温度不宜过高，时间不宜过长。

（2）氯化钠用于调节渗透压，也具有增加药物稳定性的作用。

（3）影响本品稳定性的因素有光、空气及铜、铁等金属离子。

（4）极少数患者对本品有过敏反应，故用药前询问患者过敏史或需做皮内试验。

例5-2　醋酸可的松注射液

【处方】醋酸可的松微晶　　　　　　25g

　　　　硫柳汞　　　　　　　　　　0.01g

　　　　氯化钠　　　　　　　　　　3g

　　　　聚山梨酯80　　　　　　　　1.5g

　　　　CMC-Na　　　　　　　　　5g

　　　　注射用水加至　　　　　　　1000ml

【制法】

（1）取总量30%的注射用水，加硫柳汞、CMC-Na溶液，用布氏漏斗垫200目尼龙布滤过，密闭备用。

（2）氯化钠溶于适量注射用水中，经 G_4 号垂熔玻璃漏斗滤过。

（3）将（1）置水浴中加热，加（2）及聚山梨酯80搅匀，使水浴沸腾，加醋酸可的松，搅匀，继续加热30分钟。

（4）取出冷至室温，加注射用水至足量，用200目尼龙布过滤两次，于搅拌下分装于瓶内，盖塞轧口密封。用100℃、30分钟不断振摇下灭菌。

【分析】

（1）混悬液型注射剂除无菌、pH、安全性、稳定性等与溶液型注射剂相同外，还应有良好的"适针性"和"通针性"。"适针性"是指产品从容器抽入针筒时不易堵塞与发泡，保证剂量正确的特性；"通针性"是指注射时能顺利进入体内。此外，药物的细度应控制在 15μm 以下，含 15~20μm 者不超过10%；混悬粒子在运输、贮存后不应增大，粒子沉降不能太快，沉降物易分散；在振摇和抽取时，药液无持久的泡沫。

（2）将固体药物分散成粒度大小适宜、分散性良好的颗粒是制备混悬型注射剂的关键；为防止微粒沉降、凝固、结块，常加入助悬剂、润湿剂，如 CMC－Na、聚山梨酯 80 等。

（3）本处方中 CMC－Na 作为助悬剂，聚山梨酯 80 作为润湿剂。

任务五　大容量注射剂工艺与制备 视频 3~4

PPT

一、概述

大容量注射剂系指由静脉滴注输入体内的大剂量（除另有规定外，一般不小于 100ml）注射液，也称为静脉输液，以下简称输液。通常包装在玻璃瓶或塑料输液瓶或袋中，不含抑菌剂。由于其用量大且直接进入血液，故质量要求更加严格，在生产过程中应采取各种措施防止微生物、微粒污染，确保安全。生产工艺与小容量注射剂有一定差异，以下主要以输液瓶生产线为例说明输液的生产工艺流程，如图 5－4 所示。

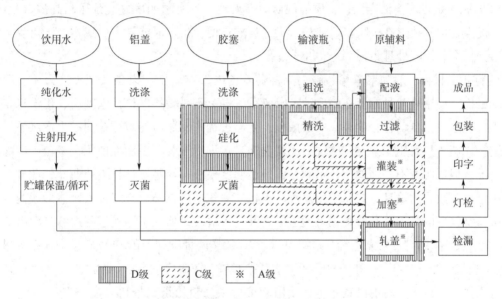

图 5－4　大容量注射剂生产工艺流程

输液剂的生产已按工艺流程形成了生产联动线，药液的灌装、加塞、轧盖，应采用局部单向流净化，洁净度要求为 A/C 或 A/B 级，为输液剂的质量提供保证。

（一）输液的分类

1. 电解质输液　用以补充体内水分和电解质，调节酸碱平衡等。常用的有氯化钠注射液、复方氯化钠注射液、碳酸氢钠注射液等。

2. 营养输液　常用于不能口服吸收的患者，主要包括糖类及多元醇类输液（如葡萄糖注射液、甘露醇注射液等）、氨基酸类输液（如复方氨基酸注射液等）、脂肪类输液（如静脉脂肪乳注射液等）。

3. 胶体输液　这类输液是一种与血浆等渗的胶体溶液，可作代血浆使用，但不能代替全血应用。该类输液可较长时间地保持在循环系统中，增加血容量和维持血压，除符合注射剂有关质量要求外，不妨碍红细胞的携氧功能，易被机体吸收，不得在脏器组织中蓄积。如右旋糖酐注射液、羟乙基淀粉等。

4. 含药输液　含治疗性药物的输液，可直接用于临床治疗，如替硝唑氯化钠注射液、硝酸异山梨酯葡萄糖注射液等。

（二）大容量注射剂的质量评价

输液的质量评价与注射剂基本上是一致的，但由于输液一次注射量较大，故对无菌、无热原及可见异物的要求更为严格；pH 应在保证制品稳定和疗效的基础上尽量与血浆相等或接近；渗透压应等渗或稍偏高渗；含量、色泽也应符合要求；不得添加抑菌剂，在贮存过程中质量稳定。

静脉乳状液型注射液还必须符合下列要求：乳滴直径 90% 应在 1μm 以下，不得有大于 5μm 的液滴。

血浆代用液还应符合下列要求：不妨碍血型试验，不妨碍红细胞的携氧功能，在血液中能保留较长时间，易被机体吸收，不在脏器组织中蓄积。

二、容器和包装材料

大容量注射剂的容器有玻璃瓶、塑料瓶和塑料袋三种，除此之外，还应有密封件和铝盖。

（1）玻璃瓶　是传统输液容器，材质为硬质中性玻璃，具有透明度好、耐压耐高温、瓶体不变形、气密性好等优点，但其缺点在于重量、体积较大、运输不便；生产时能耗大、成本高；可反复利用，增加了交叉污染机会，回收处理不便。

（2）塑料瓶　材料一般为聚乙烯、聚丙烯，随着国内塑料瓶生产设备及配套的灭菌、灌装设备的国产化，现已广泛使用。此种输液瓶耐腐蚀，具有重量轻、不易破损、机械强度高、化学稳定性好等优点，有利于长途运输；自动化程度高，一次成型，生产过程中制瓶与灌装可在同一生产区域，甚至在同一台机器进行，瓶子只需用无菌空气吹洗，无需洗涤直接进行灌装；一次性使用，避免了旧瓶污染和交叉污染的情况。但透明度不如玻璃瓶，不利于输液澄明度检查；热稳定性较玻璃瓶差；此外，与玻璃瓶一样，均属于半开放式的输液方式，使用过程中需建立空气通路，外界空气进入瓶体形成内压才能使药液顺利滴出，空气中的微生物及微粒仍可通过空气针进入输液，增加了输液过程中的二次污染。

（3）塑料袋　有 PVC（聚氯乙烯）软袋和非 PVC 软袋两种类型。因 PVC 软袋中含有的增塑剂邻苯二甲酸 -2- 乙基己酯（DEHP）和未聚合的聚氯乙烯单体（VCM）会在长期放置过程中逐渐迁移进入药液中，对人体产生毒害。目前已禁止生产使用 PVC 输液塑料软袋。非 PVC 软袋全称为非 PVC 多层共挤输液袋，制备材料不采用 PVC，是目前较为理想的输液形式，代表最新国际发展趋势。制袋过程中不使用增塑剂，为输液软袋的安全使用提供了保障。膜材易于热封，弹性好，抗冲击；温度耐受范围广，既耐高温可在 121℃下灭菌，又抗低温（-40℃）；透明度高，利于澄明度检查；化学惰性、药物相容性好，适宜包装各种输液；生产工艺简单，自动化程度高；临床输液时软袋可完全自收缩，实现全封闭式输液，避免了输液时的二次污染，输液安全性高。由于制膜工艺和设备较复杂，膜材以及专用的制袋、灌封设备多为进口，价格高昂，因此其生产成本高于其他包装技术。

（4）密封件　大容量注射剂常用的密封件为卤化丁基胶塞和聚异戊二烯垫片。①卤化丁基胶塞主要为氯化和溴化丁基胶塞，阻湿性能低，具有化学和生物学稳定性，针刺时自密封性能好，耐热、耐臭氧等。②聚异戊二烯垫片弹性比丁基胶塞好，耐穿刺效果好，多用于输液剂塑料包装中。

（5）铝盖和铝塑组合盖　常用形式有两件组合型、三件组合型、拉环型等。

多室袋输液

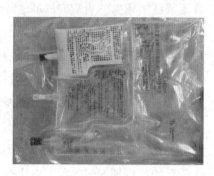

　　非 PVC 软袋可以制作成单室、双室或多室输液（图 5 – 5）软袋，以满足临床需要。非 PVC 多室软袋可以有多个腔室，不同的药物被装在不同的腔室，腔室与腔室之间为虚焊，使用时通过挤压，虚焊处在一定压力下被挤压开，各腔室中的药物被混合在一起。此种包装形式杜绝了临床配药时的交叉污染，减轻劳动强度，有利于提高用药的安全性。目前，多室输液软袋已成为输液行业的发展方向，应用前景非常广泛。

图 5-5　多室袋输液

三、制备

（一）输液的工艺过程和操作要点

　　1. 配制　原辅料的质量好坏，对输液质量影响较大，故原料应选用优质注射用原料。配液必须用新鲜的注射用水，注意控制注射用水质量，特别是热原、pH 等。配制时，根据处方按品种进行，必须严格核对原辅料的名称、重量、规格等。采用浓配法，通常加入活性炭在 45 ~ 50℃ 保温 20 ~ 30 分钟，活性炭分次加比一次加效果好。所用器具、设备及处理方法等基本与小容量注射剂相同，应避免热原污染，特别是管道阀门等部位，不得遗留死角。

　　2. 滤过　输液的滤过与安瓿注射剂相同，滤过多采用加压滤过法。为提高产品质量，目前生产多采用"粗滤 – 精滤 – 终端过滤"三级过滤：常先以钛滤棒脱碳过滤，再分别以 0.45μm 和 0.22μm 的滤膜滤过，有效控制药液中的微粒及微生物污染水平，滤液应按中间体质量标准进行检查，合格后方能灌装。

　　3. 灌封　输液的灌封分为灌注药液、塞胶塞、轧铝盖等三步。采用局部层流，严格控制洁净度（A/B 或 A/C 级）。药液维持 50℃ 较好。大量生产多采用自动转盘式灌装机、自动加塞机和自动落盖轧口机等组成联动生产线，完成整个灌封过程。灌封过程中，应剔除轧口不紧、松动的输液。

玻璃瓶大输液的灌装

　　4. 灭菌　灌封后的输液应及时灭菌，从配液到灭菌以不超过 4 小时为宜。输液灭菌常用的热压灭菌柜有蒸汽式和水浴式两种，使用时合理选用。根据药液中原辅料的性质，选择不同的灭菌方法和时间，一般采用 116℃、40 分钟或 121℃、15 分钟。按照热压灭菌柜的标准操作进行。塑料袋装输液一般采用 109℃、45 分钟灭菌，灭菌设备还应具有加压装置，以免爆破。但无论采用何种灭菌温度和时间参数，都必须进行验证，证明所采用的灭菌工艺和监控措施在日常运行过程中能确保物品灭菌后的 SAL≤ 10^{-6}，按灭菌后的效果 $F_0 > 8$ 分钟进行验证，一般要保证 $F_0 ≥ 12$。

　　5. 包装　输液经质量检验合格后，应立即贴上标签，标签上应印有规格、品名、批号、生产日期等，以免发生差错。贴好标签后装箱，封好，送入仓库。包装箱上应印有规格、品名、生产厂家等项目。

（二）大容量注射剂存在的问题及解决方法

　　输液生产中存在的主要问题是可见异物和微粒问题、染菌和热原反应。

1. 可见异物（澄明度）与微粒问题 注射液特别是输液中异物与微粒污染所造成的危害，已引起普遍关注。较大的可造成局部循环障碍，引起血管栓塞；微粒过多，造成局部堵塞和供血不足，组织缺氧而产生水肿和静脉炎等。微粒包括碳黑、碳酸钙、氧化锌、纤维素、纸屑、黏土、玻璃屑、细菌、真菌等。微粒产生的原因是多方面的：①空气洁净度不够；②工艺操作中的问题；③胶塞与输液容器质量不好，在贮存期间污染药液；④原辅料质量影响。宜针对产生原因采取相应措施。

2. 染菌 染菌的输液会出现霉团、云雾状、浑浊、产气等现象，也有些外观上无任何变化。如果使用这种输液，会引起脓毒症、败血症、内毒素中毒甚至死亡。染菌原因主要在于生产过程中严重污染、灭菌不彻底、瓶塞松动不严等。有些放线菌140℃灭菌15~20分钟才能杀死。营养类输液，细菌易生长繁殖，即使经过灭菌，由于有大量的尸体存在，仍会引起致热反应。所以，生产时要尽量减少制备过程中的污染，控制染菌水平，按经验证的灭菌条件严格灭菌，严密包装。

3. 热原反应 热原污染途径及除去方法可详见热原项下。生产过程中进行全程控制。使用经灭菌的一次性全套输液器，有利于解决使用过程中热原污染。

四、质量评价

1. 可见异物 可见异物按《中国药典》（2020年版）可见异物检查法（通则0904）规定进行检查，应符合规定。生产时与小容量注射剂一样也可采用利用光散射原理的自动灯检仪进行逐瓶检测，以提高质量均一性，减少人为影响。

2. 不溶性微粒检查 由于肉眼只能检出50μm以上的粒子，在可见异物检查合格后，对静脉用注射液、注射用无菌粉末、注射用浓溶液等，还需通过不溶性微粒检查，控制不溶性微粒大小及数量。常用的有显微计数法和光阻法。当光阻法测定不符合规定或供试品不适于用光阻法测定时，应以显微计数法进行测定，并以显微计数法的测定结果作为判断依据。具体按《中国药典》（2020年版）不溶性微粒检查法（通则0903）检查。

（1）光阻法

①测定原理 当液体中的微粒通过一窄细检测通道时，与液体流向垂直的入射光，由于被微粒阻挡而减弱，因此由传感器输出的信号降低，这种信号变化与微粒的截面积大小相关。黏度过高或易析出结晶的制剂，以及进入传感器时易产生气泡的制剂不适用本法。

②结果判定 A. 标示装量为100ml或100ml以上的静脉用注射液除另有规定外，每1ml中含10μm及10μm以上的微粒数不得过25粒，含25μm及25μm以上的微粒数不得过3粒。B. 标示装量为100ml以下的静脉用注射液、静脉注射用无菌粉末、注射用浓溶液及供注射用无菌原料药除另有规定外，每个供试品容器（份）中含10μm及10μm以上的微粒数不得过6000粒，含25μm及25μm以上的微粒数不得过600粒。

（2）显微计数法

①测定原理 是将药液用微孔滤膜滤过，然后在显微镜下对微粒的大小和数目进行计数的方法。

②结果判定 A. 标示装量为100ml或100ml以上的静脉用注射液除另有规定外，每1ml中含10μm及10μm以上的微粒数不得过12粒，含25μm及25μm以上的微粒数不得过2粒。B. 标示装量为100ml以下的静脉用注射液、静脉注射用无菌粉末、注射用浓溶液及供注射用无菌原料药除另有规定外，每个供试品容器（份）中含10μm及10μm以上的微粒数不得过3000粒，含25μm及25μm以上的微粒数不得过300粒。

3. 其他 包括装量、热原、无菌、pH 以及含量测定等项，均应符合药典规定。

例 5 – 3 5% 葡萄糖注射液

【处方】 葡萄糖　　　　　　　　　50g

　　　　 1% 盐酸　　　　　　　　适量

　　　　 注射用水　　　　　　　　加至 1000ml

【制法】 取处方量葡萄糖投入煮沸的注射用水中，使成 50% ~ 60% 的浓溶液；加盐酸调 pH 为 3.8 ~ 4.0；加活性炭 0.1% （g/ml），混匀，煮沸 10 分钟，冷至 40 ~ 50℃，搅拌 10 分钟，趁热滤过脱炭；滤液加注射用水至全量；测定含量、pH 合格后，反复滤至澄明；灌封，115℃热压灭菌 30 分钟。

【分析】

（1）5% 葡萄糖注射液，具补充体液、营养、强心、利尿、解毒作用，用于大量失水、血糖过低等症。

（2）葡萄糖注射液有时产生云雾状沉淀，一般是由于原料不纯或滤过时漏炭等原因造成，解决办法是采用浓配法，滤膜滤过，加入适量盐酸，中和胶粒上的电荷，加热煮沸使原料中的糊精水解，蛋白质凝聚，并加入活性炭吸附滤过除去杂质。

（3）葡萄糖注射液易变黄和 pH 下降，因葡萄糖在酸性溶液中易分解生成 5 - 羟甲基呋喃甲醛聚合生成有色物质，所以应注意严格控制灭菌温度与时间，灭菌完毕后应立即降温，并应调节溶液 pH，在 3.8 ~ 4.0 较为稳定。

任务六　注射用无菌粉末工艺与制备

PPT

一、概述

注射用无菌粉末系用无菌操作法将经过无菌精制的药物分（灌）装于无菌容器中，临用前再用灭菌的注射用溶剂溶解或混悬而制成的剂型，简称粉针。凡遇水、热不稳定的药物如青霉素 G、辅酶 A、胰蛋白酶、酶制剂等均需制成粉针。

根据制备方法不同，粉针剂分为注射无菌分装制品和注射用冻干制品（冻干粉针）两类。

注射用无菌粉末为非最终灭菌产品，其生产过程必须采用高洁净度控制工艺，以保证无菌水平。注射用无菌粉末的质量要求与溶液型注射液基本一致，质量检查应符合《中国药典》注射用无菌粉末的各项规定。

制备注射用冻干制品时，由于单独的药物溶液往往不易冻干，或蛋白质药物易变性等，故在冻干处方中常需加入冻干保护剂。冻干保护剂可改善冻干产品的溶解性和稳定性，或使冻干产品有美观的外形。优良的保护剂应在整个冻干过程中以及成品贮藏期间保护药物的稳定性。

常用的保护剂有如下几类：①糖类、多元醇，如蔗糖、海藻糖、乳糖、葡萄糖、麦芽糖、甘露醇等；②无水溶剂，如乙烯乙二醇、甘油、二甲基亚砜（DMSO）、二甲基甲酰胺（DMF）等；③聚合物，如聚维酮（PVP）、聚乙二醇（PEG）、右旋糖酐等；④表面活性剂，如聚山梨酯 80 等；⑤盐和胺，如磷酸盐、醋酸盐、柠檬酸盐等；⑥氨基酸，如脯氨酸、L - 色氨酸、谷氨酸钠、丙氨酸、甘氨酸、肌氨酸等。

二、注射用无菌分装制品

注射用无菌分装制品是将符合要求的药物及辅料，采用无菌操作直接分装于洁净的西林瓶中，密封制成的粉针剂。若药物能耐受一定的温度，应进行补充灭菌。

（一）原辅料的质量

注射用无菌分装制品在分装之前应对原料进行严格的质量检查，以保证灌装后产品的质量。无菌原料可采用无菌结晶法、喷雾干燥法精制或发酵法制备而成，必要时应先进行粉碎、过筛等操作，以满足分装的需要。对无菌分装的原辅料除应符合终端灭菌产品的质量要求外，还应符合以下规定：①无菌、无热原；②粉末的细度或结晶应适宜，便于分装；③用合适溶剂配制成溶液或混悬液，可见异物应符合规定。

（二）注射用无菌分装制品的制备过程

1. 原辅料的准备

（1）西林瓶的清洗灭菌　我国注射用无菌粉末的容器主要采用中性硬质玻璃制成的玻璃瓶，俗称西林瓶。西林瓶及胶塞均应按规定进行处理，均需灭菌。西林瓶处理普遍采用立式转鼓式超声波洗瓶机清洗，将清洗合格的西林瓶送入隧道烘箱，300～350℃温度下，灭菌0.5～1小时。

（2）胶塞的处理　常选用卤化丁基胶塞。为了保证胶塞在灭菌干燥后具有较好的上机性能，必要时可在胶塞清洗过程中进行硅化。硅化就是指在胶塞表面涂抹一薄层硅油。常用的硅化工序是在精洗合格后进行，根据硅化膜厚度的要求，将核定用量的硅油加入清洗箱内，清洗箱内的注射水温度宜在80～90℃之间，在稍高的清洗桶转速下进行硅化。硅化程度不够，加塞时走机不顺畅，压塞困难；硅化过度，容易造成压塞反弹、跳塞、走机落塞，同时真空干燥时易落塞，且会增加不溶性微粒。应控制胶塞每平方厘米比表面积硅油含量，一般控制在0.01～0.03mg/cm^2，以实现胶塞硅化度与上机性能、不溶性微粒之间的最优化。

胶塞处理过程中还应严格监控灭菌、干燥的时间、温度、压力等，并监测胶塞细菌内毒素，应符合要求，一般采用125℃干热灭菌2.5小时。胶塞的清洗灭菌工艺流程如图5-6所示。

图5-6　胶塞的清洗灭菌工艺流程图

灭菌胶塞和西林瓶的存放柜应有净化空气保护，其使用时限应进行验证，应在验证的时间内使用，一般不得超过24小时。

目前多数企业选用胶塞清洗灭菌机，胶塞的清洗、硅化、灭菌、干燥等步骤可一并完成，能较好满足生产的需要。近年来，已有免洗胶塞（RFS）和即用胶塞（RFU）。免洗胶塞可以采用蒸汽灭菌、环氧乙烷灭菌和γ射线灭菌，但不适于干热灭菌。有的企业选择的灭菌条件为121℃、20分钟湿热灭菌，随即在80℃条件下干燥1小时。即用胶塞已经过提前的灭菌过程，并保持无菌状态。不少企业也开始选用即用型或免洗型胶塞。

（3）胶塞的质量要求　①有良好的弹性及柔软性；②具有适宜的硬度、尺寸以及形状，需具有光滑的表面和干净光滑的边缘，能满足不同的需求；③针头刺入、拔出后应立即闭合，能耐受多次穿刺而无碎屑脱落；④有高度的化学稳定性，不吸附主药，同时，胶塞中的附加剂也不向粉针迁移，具有良好的相容性；⑤无毒，无溶血作用。

2. 分装 无菌分装制品的生产工艺常采用直接分装法，必须在规定的洁净环境中按照无菌生产工艺操作进行。目前常用的分装设备有螺杆式分装机、气流式分装机等。进瓶、分装、压塞或封口应在A级层流装置下进行，分装后应立即加塞、轧盖密封。为确保无菌工艺的无菌性，应进行培养基模拟灌装试验。培养基模拟灌装试验的首次验证，每班次应当连续进行3次合格试验。空气净化系统、设备、生产工艺及人员重大变更后，应当重复进行培养基模拟灌装试验。培养基模拟灌装试验通常应当按照生产工艺每班次半年进行一次，每次至少一批。

3. 灭菌和异物检查 对于能耐热的品种如青霉素，可进行补充灭菌，以保证无菌水平，确保安全。对于不耐热的品种必须严格无菌操作。异物检查一般在传送带上，逐瓶目视检查，剔除不合格者。

4. 印字、贴签与包装 目前产品的印字、贴签与包装已实现机械化和自动化。

（三）无菌分装工艺中目前可能存在的问题

1. 不溶性微粒 《中国药典》规定，注射用无菌粉末应进行不溶性微粒检查。分装的无菌药物粉末经过粉碎、过筛、混合等工艺，污染机会增加，易使药物粉末溶解后溶液出现小点、纤毛，以致可见异物和不溶性微粒检查不合格。为确保质量，应从原辅料的处理开始，严格控制环境洁净度，防止污染。

2. 装量差异 装量差异的主要影响因素是药物粉末的流动性。药物的晶型、粒度、吸湿性、分装室内的相对湿度、粉末松密度等均会影响其流动性，从而影响装量差异。此外，选用设备的机械性能也会影响装量差异，应根据具体情况分析处理。

3. 吸潮变质 瓶装无菌粉末有时会发生吸潮变质的现象。主要原因是铝盖轧封不严、胶塞的质地疏松、铝盖松动。因此，应对所用胶塞进行密封防潮性能测定，选择性能好的胶塞，同时采用铝盖轧紧后瓶口烫蜡等方法，防止水汽渗入。

4. 无菌 产品生产过程采用无菌工艺，稍有不慎就可能造成局部染菌，而微生物在固体粉末中繁殖较慢，肉眼不易发现，危险性很大。因此，为了确保用药安全，层流净化装置应定期进行验证。

三、注射用冻干制品

（一）概述

注射用冷冻干燥制品即冻干型粉针，是将药物制成无菌水溶液，进行无菌灌装，再经冷冻干燥，在无菌生产工艺条件下封口制成的固体状制剂。

冻干制品具有以下优点：①可避免药品氧化或高热分解；②所得产品质地疏松，加水后能迅速溶解恢复药液原有特性；③含水量低，在1%～3%内，干燥在真空下进行，不易氧化，有利于产品长期贮藏；④产品微粒物质较少，污染机会少；⑤剂量准确，外观优良，避免了一般干燥方法中因物料内部水分向表面迁移所携带的无机盐在表面析出而造成表面硬化的现象。不足之处在于溶剂不能随意选择，需特殊设备，冻干过程时间长，成本较高。

冻干制品制备的特殊之处在于采用冷冻干燥方法除去水。冷冻干燥是将药物溶液先冻结成固体，然后再在一定低温与真空条件下，将水分从冻结状态直接升华除去的一种干燥方法。

1. 冷冻干燥的原理 冷冻干燥的原理可用水的三相图说明（图5-7）。图5-7中可分为三个区域：

水（液态）、冰（固态）、水蒸气（气态）。O点（0.01℃，613.3Pa）是冰、水、气三相的平衡点，在此温度和压力条件下冰、水、气三相共存。OA、OB、OC分别为固–液、气–液、气–固两种状态相互转化的平衡曲线。

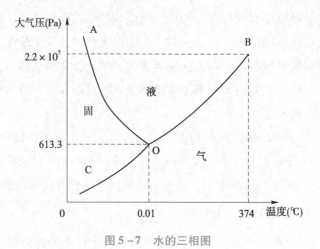

图5-7 水的三相图

由图5-7可知，当压力低于613.3Pa时，不管温度如何变化，只有气–固两态存在，液态（水）不存在。根据平衡曲线OC，对于固态（冰），升高温度或降低压力都会打破气–固平衡，使固态（冰）朝着转变为气态（水蒸气）的方向进行。

2. 冷冻干燥的设备 药品冷冻干燥的设备为冷冻干燥机，不同种类和规格的冷冻干燥机结构和原理大致相同。其主要由制冷系统、真空系统、加热系统和控制系统四部分组成，结构上包括冻干箱（或称干燥箱）、冷凝器（或称水汽凝集器）、冷冻机、真空泵和阀门、电气控制元件等。图5-8为冻干机组成示意图。

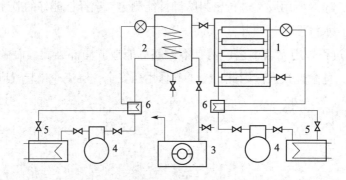

图5-8 冻干机组成示意图
1. 冻干箱；2. 冷凝器；3. 真空泵；4. 制冷压缩机；5. 水冷却器；6. 热交换器

（二）冻干粉针的分类

根据冷冻干燥最终产品的不同成型方式，可将冻干粉针制剂按工艺流程分为：玻璃小瓶冻干制剂、托盘冻干制品以及预灌装注射器冻干制剂。

1. 玻璃小瓶冻干制剂 是先将药液灌装进西林瓶或安瓿后冻干制得。

2. 托盘冻干制品 是将药物经溶解、无菌过滤后注入广口托盘内冷冻干燥，将干燥品按无菌分装粉针剂的生产工艺制备，一般用于原料药的生产。

3. 预灌装注射器冻干制剂 是将冻干制剂和助溶剂，由密封材料隔断并组合在一起的制剂。使用时，推注射器使助溶剂进入冻干粉针剂的空间，并迅速溶解成为注射液的制剂。

（三）冻干制品的工艺过程与操作要点

冷冻干燥的工艺条件对保证产品质量非常重要，对于新产品采用冷冻干燥技术干燥时应先测定产品的低共熔点，将预冻温度控制在共熔点以下，以保证产品完全冻结。

1. 冻干前的操作 冻干前操作包括西林瓶的处理、胶塞的处理以及药液的配制、灌装等过程。考虑到无菌生产工艺的特殊性，药液灌装操作必须在 A/B 级区内进行。冻干粉针剂的灌装过程和小容量注射剂的要求一致，唯一不同在于灌装后进行半压塞，半压塞的产品在 A 级保护下或密封容器内转运至冻干机内。

冻干制品所用胶塞与无菌分装制品所用胶塞形状不同，顶部为塞盖，中间为直径与瓶口内径配合很紧密的圆柱部，下部为带槽（或缺口）的支撑部。按其形态可以分为单叉型、双叉型、三叉型和四叉型。配液按注射剂的一般要求进行，需进行无菌过滤，然后分装进西林瓶，半压塞（即胶塞一半插入瓶口，胶塞上的孔道使内外相通，既可防止异物落入，又可使冷冻干燥时的水分升华出来），最后将玻瓶放入冻干机中。其制备应在 A/B 级洁净条件下进行。

当药物剂量较小，自身体积不够大时，需添加适宜的填充剂增加容积，常用的填充剂有甘露醇、乳糖、右旋糖酐、山梨醇、明胶、牛白蛋白等。

分装时溶液不宜过厚，一般厚度为 1~2cm，最多不超过容器的 1/2，以利于冷冻干燥过程中水分的逸出，保证整个过程的顺利进行。

2. 冷冻干燥 冷冻干燥的过程主要包括预冻、升华干燥和再干燥。

共熔点是指药物的水溶液在冷却过程中，冰和溶质同时析出结晶混合物的温度。在冷冻干燥的过程中，若在冻结与升华的过程中温度超过了共熔点，则溶质将部分或全部处于液相中，固态水的升华被液体浓缩蒸发所取代，将导致干燥后的制品发生萎缩、溶解速度降低等问题。控制冻结的温度在共熔点以下，才能保证冷冻干燥的顺利进行。因此，测定药物溶液的共熔点在冷冻干燥生产工艺中十分重要。

（1）预冻 预冻是恒压降温的过程，通常预冻的温度应低至共熔点以下 10~20℃。预冻的方法主要有速冻与慢冻两种。速冻法是先将冻干箱降温至 -45℃ 以下，再将制品放入，因急速冷冻而析出细晶，制得产品疏松易溶，引起蛋白质变性的概率减小，对酶类、活菌、活病毒的保存有利。慢冻法是将制品放入缓慢降温的冻干箱中冷冻，形成的结晶粗，但冻干效率高。预冻采取哪种方法，应根据具体情况加以选择。

（2）升华干燥 生产上升华干燥有两种，一次升华法和反复冷冻升华法。

一次升华法指通过一次冻结、一次升华完成制品的干燥。操作中先将预冻后的制品减压，待达到一定真空度后启动加热系统缓缓加热，使制品中的冰升华除去。该法适用于共熔点为 (-10~-20)℃ 的制品，且溶液的浓度与黏度不大的情况。

反复冷冻升华法的减压和加热升华过程与一次升华法相同，只是预冻过程须在共熔点与共熔点以下 20℃ 之间反复升降温度预冻。通过反复升温、降温处理，使制品晶体的结构由致密变为疏松，有利于水分的升华。如某制品的共熔点为 -25℃，可以先预冻至 -45℃ 左右，然后将制品升温至共熔点附近，维持 30~40 分钟，再降至 -40℃ 左右，如此反复处理。因此，本法常用于结构较复杂、稠度难冻干、共熔点较低的制品，如蜂蜜等。

（3）再干燥 升华干燥完成后，温度继续升高并保持一段时间，使已升华的水蒸气或制品中残留的水分被抽尽。再干燥的温度应根据产品性质来确定。产品在保温干燥一段时间后，整个冻干过程即告结束。

冻干终点可以采用温度法或压力测量法。温度法是制品温度与板温重合即达干燥终点。压力测量法是将干燥箱与冷凝器之间的阀门关闭一段时间，如果箱内压力没有变化，即表示干燥已到终点。冷冻干燥完毕，制品需在真空条件下进行箱内压塞，样品出箱后进行压盖。冻干周期一般在 25~30 小时之间。

3. 冻干曲线　冻干曲线为冻干过程中搁板温度与制品温度随时间的变化曲线。冻干曲线的制定是生产出合格冻干品的前提条件，因此每种新冻干产品必须制定冻干曲线。如图 6-9 的冻干曲线，1 表示降温阶段（预冻），2 表示第一次升温阶段（升华干燥），3 表示低温维持阶段，4 表示第二次升温阶段（再干燥），5 表示最后维持阶段。

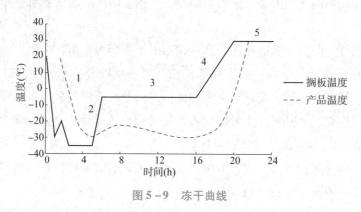

图 5-9　冻干曲线

（四）注射用冻干制品易出现的问题

1. 含水量偏高　装液量过多、干燥时热量供应不足、真空度不够、冷凝器温度偏高等，均可造成含水量偏高。可采用旋转冻干提高冻干效率或用其他相应措施解决。

2. 喷瓶　预冻温度偏低，产品冻结不实；升华时供热过快，局部过热，造成少量液体存在，在高真空时少量液体喷出而形成"喷瓶"。可采取降低预冻温度、同时降低加热温度和提高冻干箱真空度，控制产品温度低于共熔点。

3. 产品外形不饱满或萎缩　药液浓度太高，已干外壳结构致密对内部水蒸气阻力过大，已升华的水蒸气未能及时抽走与表面已干层接触时间较长使其逐渐潮解，从而体积萎缩，致外形不饱满。可在处方中加入填充剂如氯化钠、甘露醇或反复预冻升华，改善结晶状态与制品的通气性，使水蒸气顺利逸出，改善产品外观。

4. 可能是冻干前处理过程存在问题　应加强物流与工艺、人员流向和密集度控制，严格控制环境污染。

四、注射用无菌粉末的质量评价

1. 装量差异　注射用无菌粉末应检查装量差异，取供试品 5 瓶（支），除去标签、铝盖，容器外壁用乙醇擦净，干燥，开启时注意避免玻璃屑等异物落入容器中，分别迅速精密称定；容器为玻璃瓶的注射用无菌粉末，首先小心开启内塞，使容器内外气压平衡，盖紧后精密称定。然后倾出内容物，容器用水或乙醇洗净，在适宜条件下干燥后，再分别精密称定每一容器的重量，求出每瓶（支）的装量与平均装量。每瓶（支）装量与平均装量相比较（如有标示装量，则与标示装量相比较），应符合表 5-3 中的规定，如有 1 瓶（支）不符合规定，应另取 10 瓶（支）复试，应符合规定。

表 5-3　注射用无菌粉末装量差异

平均重量或标示装量	装量差异限度
0.05g 及 0.05g 以下	±15%
0.05g 以上至 0.15g	±10%
0.15g 以上至 0.50g	±7%
0.50g 以上	±5%

2. 不溶性微粒检查　采用光阻法检查时，除另有规定外，每个供试品容器（份）中含 $10\mu m$ 及 $10\mu m$ 以上的微粒不得超过 6000 粒，含 $25\mu m$ 及 $25\mu m$ 以上的微粒不得超过 600 粒。采用显微计数法时，除另有规定外，每个供试品容器（份）中含 $10\mu m$ 及 $10\mu m$ 以上的微粒不得超过 3000 粒，含 $25\mu m$ 及 $25\mu m$ 以上的微粒不得超过 300 粒。具体参见《中国药典》（2020 年版）不溶性微粒检查法（通则 0903）。

3. 其他　其他检查项目同小容量注射剂。

例 5-4　注射用盐酸阿糖胞苷

【处方】盐酸阿糖胞苷　　　　　500g

　　　　5%氢氧化钠溶液　　　　适量

　　　　注射用水　　　　　　　加至 1000ml

【制法】在无菌操作室内称取盐酸阿糖胞苷 500g，置于适当无菌容器内，加无菌注射用水至 950ml，搅拌使溶，加入 5%氢氧化钠溶液调节 pH 至 6.3～6.7，补加灭菌注射用水至足量，然后加配制量 0.02%的活性炭，搅拌 5～10 分钟，用无菌布氏漏斗铺二层灭菌滤纸过滤，再用经灭菌的 G_6 号垂熔漏斗精滤，滤液检查合格后，分装于 2ml 安瓿中，低温冷冻干燥约 26 小时后，无菌熔封即得。

例 5-5　注射用辅酶 A

【处方】注射用辅酶 A　　56.1U　　　　水解明胶　　　　5mg

　　　　甘露醇　　　　　10mg　　　　葡萄糖酸钙　　　1mg

　　　　半胱氨酸　　　　0.5mg　　　　注射用水　　　　适量

【制法】将上述各成分用适量注射用水溶解，无菌滤过，分装安瓿中，每瓶 0.5ml，冷冻干燥，熔封，半成品质检，包装。

【分析】

（1）注射用辅酶 A 为主药，半胱氨酸为稳定剂，水解明胶、甘露醇、葡萄糖酸钙为填充剂。

（2）辅酶 A 效价在冻干工艺中易损失，投料量应酌情增加。

（3）复合辅酶 A 可以从生产细胞色素 C 的废液中提取，也可以制成冻干制品。

（4）辅酶 A 为微黄色或白色粉末，具有典型的硫醇味，有引湿性，易溶于水，不溶于乙醚、乙醇和丙酮。易被氧化成无活性的二硫化物，故应在制剂中加稳定剂和赋形剂。

📱 **知识链接**

渗透压调节剂 📖 拓展阅读

　　输液必须调节其等渗，因此在设计输液处方时，除甘露醇等临床特殊要求具有较高渗透压的输液外，一般输液都要求具有等渗。人体可耐受的渗透压，肌内注射为 0.45%～2.7%的氯化钠溶液，相当于 0.5～3 倍等渗浓度。静脉滴注的大输液，应调整为等渗或偏高渗，不得低渗。若大量输入低渗溶液，水分子可迅速进入红细胞内，使红细胞破裂而溶血。若输入大量高渗溶液，红细胞可皱缩，但输入缓慢且量不大时，机体可自行调节，不致产生不良反应。临床上不得使用低渗输液。

但在实际工作中往往调节等渗后，红细胞仍出现不耐受的现象。这里就要区分等张溶液和等渗溶液。等张溶液系指与红细胞膜张力相等的溶液，这是一个生物学概念。红细胞膜是一个理想的半透膜，它只让溶剂分子通过而不让溶质分子通过，0.9%的氯化钠注射液是等渗溶液，但1.9%的尿素溶液、2.6%的甘油溶液虽然等渗但不等张。

等渗溶液系指与血浆或泪液等体液渗透压相等的溶液。如5%的葡萄糖注射液、0.9%的氯化钠注射液与血浆具有相同的渗透压，为等渗溶液，这是一个物理化学的概念。

等渗溶液与等张溶液的定义不同，等渗溶液不一定等张，等张溶液也不一定等渗。在新产品开发时，一般先调节等渗，再验证等张。

常用的渗透压调节剂有氯化钠、葡萄糖等。调节渗透压的方法有冰点降低数据法、氯化钠等渗当量法。

1. 冰点降低数据法 本法依据：冰点相同的稀溶液具有相等的渗透压。人的血浆与泪液的冰点均为 $-0.52℃$，根据物理化学原理，任何溶液其冰点调整为 $-0.52℃$，即与血浆等渗。表5-4中列出了一些药物1%水溶液的冰点降低数据，根据这些数据，可将所配溶液调整为等渗溶液。

冰点降低数据法计算时，等渗调节剂的用量可用式（5-1）计算。

$$W（g/100ml）=（0.52-a）/b \qquad (5-1)$$

式中，W 为配制100ml等渗溶液需加等渗调节剂的量，g；a 为未经调节的药物溶液的冰点下降度数，℃，若溶液中含有两种或两种以上的物质时，则 a 为各物质冰点降低值的总和；b 为1%（g/ml）等渗调节剂的冰点降低度数，℃。

例5-6 配制2%盐酸普鲁卡因注射液100ml，需加入多少克氯化钠可调整为等渗溶液？

查表（5-4）可知，$a=0.12×2=0.24$，$b=0.58$，代入式（5-1），则

$$W=（0.52-0.24）/0.58=0.48（g）$$

即配制100ml的2%盐酸普鲁卡因注射液需加入0.48g氯化钠才能调节等渗。计算时需注意的是所得值为100ml中需加入的量，如果配制 V ml，还需乘以倍数。

2. 氯化钠等渗当量法 与1g药物呈等渗效应的氯化钠的量称为氯化钠等渗当量，用 E 表示。例如无水葡萄糖的等渗当量为0.18，即1g无水葡萄糖在溶液中产生与0.18g氯化钠相等的渗透效应。

氯化钠等渗当量法计算时，等渗调节剂的用量可用式（5-2）计算。

$$X=0.009V-EW \qquad (5-2)$$

式中，X 为配成 V ml的等渗溶液需加的氯化钠量，g；V 为欲配制溶液的体积，ml；E 为药物的氯化钠等渗当量（可查表或测定）；W 为配液用药物的重量，g；0.009为每毫升等渗氯化钠溶液中所含氯化钠的量。

例5-7 配制1%的盐酸吗啡注射液500ml，需加入多少克氯化钠才能调整为等渗溶液？

查表5-4可知，盐酸吗啡的 E 值为0.15，1%盐酸吗啡注射液500ml需药物 $W=5g$，代入式（5-2），则

$$X=0.009×500-0.15×5=3.75（g）$$

即配制1%盐酸吗啡注射液500ml，需加入3.75g氯化钠调节等渗。

表 5-4　一些药物水溶液的冰点降低值和氯化钠等渗当量

药物名称	1% 水溶液（g/ml）冰点降低值/℃	1g 药物的氯化钠等渗当量/E	等渗溶液的溶血情况		
			浓度/%	pH	溶血/%
碳酸氢钠	0.381	0.65	1.39	8.3	0
硼酸	0.28	0.47	—	—	—
青霉素 G 钾	—	0.16	5.48	6.2	0
尿素	0.341	0.55	—	—	—
氯霉素	0.06	—	—	—	—
氯化钠	0.58	—	0.90	6.7	0
甘露醇	0.10	0.18			
盐酸吗啡	0.086	0.15			
依地酸钙钠	0.12	0.21	4.50	6.1	0
依地酸二钠	0.132	0.23			
氢溴酸后马托品	0.097	0.17	5.67	5.0	92
枸橼酸钠	0.185	0.30			
聚山梨酯 80	0.01	0.02	—	—	—
硫酸阿托品	0.08	0.10			
盐酸丁卡因	0.109	0.18			
盐酸可卡因	0.09	0.14	6.33	4.4	47
盐酸麻黄碱	0.16	0.28	3.20	5.9	96
无水葡萄糖	0.10	0.18	5.05	6.0	0
葡萄糖（含 H_2O）	0.091	0.16	5.51	5.9	0
盐酸普鲁卡因	0.12	0.18	5.05	5.6	91
硝酸毛果芸香碱	0.133	0.22	—	—	—

实践实训

实践项目五　维生素 C 注射液

【实践目的】

1. 掌握注射剂（水针）的制备方法及工艺过程中的操作要点。

2. 识记《中国药典》（2020 年版）中小容量注射剂的质量检查项目并会在实际操作中应用。

3. 严格按照现行版《药品生产质量管理规范》（GMP）的要求规范操作。

【实践场地】

小容量注射剂生产车间。室内温度为 18～26℃，相对湿度 45%～65%，洁净级别为 A/C 级。

【实践内容】

1. 处方　　维生素 C　　　　　　　104g

EDTA-2Na　　　　　　0.05g

碳酸氢钠　　　　　　49g

<table>
<tr><td>亚硫酸氢钠</td><td>2g</td></tr>
<tr><td>注射用水加到</td><td>1000ml</td></tr>
</table>

2. 需制成规格　2ml：0.1g。

3. 拟定计划　如图5-10所示。

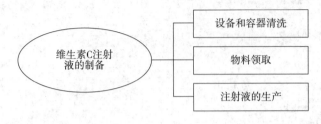

图5-10　生产计划

【实践方案】

（一）生产准备阶段

1. 生产指令下达　如表5-5所示。

2. 领料　按生产指令领取经检验合格的维生素C、EDTA-2Na、碳酸氢钠、亚硫酸氢钠、安瓿等原辅料。（表5-6）

3. 存放　确认合格的原辅料按物料清洁程序从物料通道进入生产区配料室。

表5-5　生产指令

下发日期			生产依据	
生产车间			包装规格	
品　名			生产批量	
规　格			生产日期	
批　号			完成时限	

物料编号	物料名称	规　格	用量	单位	检验单号	备注

备注：

编制　生产部：	审核　质量部：
批准　生产部：	执行　生产车间：
分发部门：	

表5-6　领料单

车间：		产品名称：		规格：		批号：		产量：	
物料名称	规格	进场编号	检验编号	单位		领用数	实发数		备注

车间主任：		领料人：		发料人：		发料日期：	

（二）生产操作阶段

1. 生产前准备　须做好生产场地、仪器、设备的准备和物料的准备。

2. 生产操作

（1）安瓿的清洗　将安瓿放入 QCL100 立式超声波洗瓶机进行清洗，具体的操作过程如下。

①按《QCL100 立式超声波洗瓶机标准操作规程》检查电源是否正常，超声波发生器是否完好，整机外罩是否罩好；各润滑点的润滑状况；检查气、水管路、电路连接是否完好，过滤器罩及各管路接头是否紧牢；打开新鲜水入槽阀门，给清洗槽注水，清洗槽注满水后，水将自动溢入储水槽内，储水槽水满后，关闭新鲜水入槽阀门；检查各仪器仪表是否显示正常，各控制点是否可靠。做好记录。

②接通电源，开机，在操作画面上启动加热按钮，水箱自动加热，并将水温恒定在 50~60℃。打开新鲜水控制阀门、压缩空气控制阀门、循环水控制阀门、喷淋水控制阀门，调整压力到合格范围。

③启动超声波，启动输瓶网带，调整传输速度。

（2）安瓿的灭菌　洗净后的安瓿送入 SZA400/32A 型隧道式灭菌干燥机灭菌，具体操作如下。

①按《SZA400/32A 型隧道式灭菌干燥机标准操作规程》检查隧道内灭菌仓两端升降门及出瓶口罩的下边，内平面是否处于离直立在网带上的安瓿口 15~20cm 距离的位置；检查排风风门是否开启在合适的位置上，调节风门位置，即拉出排风风门锁定钮将风门锁定在合适的档次上。

②接通电源，设定隧道工作温度，按《自动电子记录仪标准操作程序》作好温度记录准备。按下开机按钮。待工作温度升至设定值并稳定后，开启和操作洗瓶机，使安瓿直立密排通过隧道，然后开启和操作灌封机。

（3）药液的配制

①称量　配料前核对原辅料品名、批号、生产厂家、规格及数量，按照生产指令称量，双人复合。操作人、复核人均应在原始记录上签名。

②配液　在配制容器中加入 80% 的注射用水，通二氧化碳饱和，加维生素 C 溶解，分次缓缓加入碳酸氢钠，搅拌使完全溶解，至无二氧化碳产生时，加入预先配好的 EDTA-2Na 溶液和亚硫酸氢钠溶液，搅拌均匀，调节药液 pH 至 6.0~6.2，加二氧化碳饱和的注射用水至足量。

③药液的滤过　用钛滤棒和 0.45μm 微孔滤膜过滤至澄明，盛精滤液的容器应密闭，并标明药液品种、规格、批号，按中间体质量标准进行检查，合格后方可流入下工序。

（4）灌封　按《安瓿灌封机标准操作规程（AGF10A/1-20）》进行操作，调节装量，使装量在标准范围内，在二氧化碳或氮气流下灌封。

（5）灭菌　100℃流通蒸汽灭菌15分钟。

（6）检漏　灭菌后的产品放入色水中进行检漏。

（7）灯检　按《灯检标准操作规程》逐瓶灯检。灯检后，每盘成品必须放上标有品名、规格、工号的标签，剔除不合格品。

（8）质量检查　根据维生素C注射液质量标准进行检查。

（9）印字与包装　将全检合格的维生素C注射液按《印字标准操作规程》和《包装标准操作规程》进行印字、包装、入库。

实践项目六　注射用细胞色素C的制备

【实践目的】

1. 掌握冻干粉针剂的制备方法及工艺过程中的操作要点。

2. 熟悉注射剂的可见异物检查

3. 了解细胞色素C的有关化学性质。

【实践场地】

制剂车间。室内温度为18~26℃，相对湿度45%~65%，洁净级别为A/B级。

【实践内容】

1. 处方　　细胞色素C　　　　　　　　　　15mg

　　　　　　葡萄糖　　　　　　　　　　　　15mg

　　　　　　亚硫酸钠　　　　　　　　　　　2.5mg

　　　　　　亚硫酸氢钠　　　　　　　　　　2.5mg

　　　　　　注射用水　　　　　　　　　　　0.7ml

2. 需制成规格　每支15mg。

3. 拟定计划　如图5-11所示。

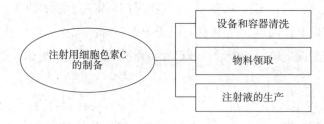

图5-11　生产计划

【实践方案】

（一）生产准备阶段

1. 生产指令下达　如表5-7所示。

2. 领料　按生产指令领取经检验合格的细胞色素C、葡萄糖、亚硫酸钠、亚硫酸氢钠、西林瓶、胶塞等原辅料。（表5-8）

3. 存放 确认合格的原辅料按物料清洁程序从物料通道进入生产区配料室。

表 5-7 生产指令

下发日期			生产依据	
生产车间			包装规格	
品　名			生产批量	
规　格			生产日期	
批　号			完成时限	

物料编号	物料名称	规　格	用量	单位	检验单号	备注

备注：

编制 　生产部：	审核 　质量部：
批准 　生产部：	执行 　生产车间：
分发部门：	

表 5-8 领料单

车间：	产品名称：	规格：	批号：	产量：

物料名称	规格	进场编号	检验编号	单位	领用数	实发数	备注

车间主任：	领料人：	发料人：	发料日期：

（二）生产操作阶段

1. 生产前准备 须做好生产场地、仪器、设备的准备和物料的准备。

2. 生产操作

（1）西林瓶的清洗、灭菌

①调整压缩空气、蒸馏水压力。

②水温控制在大于 50℃，检测洗瓶用注射用水的澄明度，合格方可使用。

③开启超声波电源。

④从理瓶岗位领取本批生产所需西林瓶，交料人与领料人对西林瓶的规格、数量进行核对，核对无误后在交接单上签字。

⑤接通隧道烘箱电源，设定隧道工作温度，按《自动电子记录仪标准操作程序》作好温度记录。按下开机按钮。待工作温度升至设定值并稳定后，开启和操作洗瓶机。

（2）胶塞的处理　按《胶塞清洗、灭菌标准操作规程》进行操作，将清洁后的胶塞转交灌装加塞工序，并与领料人对胶塞的规格、数量进行核对。

（3）铝盖的处理　按《铝盖清洗、灭菌标准操作规程》进行操作，将清洁后的铝盖转交轧盖工序，并与领料人对铝盖的规格、数量进行核对。

（4）药液的配制

①称量　配料前核对原辅料品名、批号、生产厂家、规格及数量，按照生产指令称量，双人复合。操作人、复核人均应在原始记录上签名。

②配液　在无菌操作室中，按生产指令称取细胞色素C、葡萄糖，置于配液容器中，加注射用水，在氮气流下加热（75℃以下），搅拌使之溶解，再加入亚硫酸钠和亚硫酸氢钠使溶解。

③pH调节　用2mol/L的NaOH溶液调节pH至7.0～7.2。

④除热原　加配制量0.1%～0.2%的活性炭（供注射用），搅拌数分钟。

⑤药液的滤过　用钛滤棒和微孔滤膜过滤，最后需经0.22μm微孔滤膜除菌过滤。

（5）灌装与半压塞

①打开操作面板，检查灌装（泵规格选择、针头位置、加塞位置）参数是否正常。

②按下操作键，检查转盘振荡筒进瓶转盘、旋转是否正常，胶塞振荡器是否正常，检查并调节针头位置及压塞位置，检查传动是否畅通，针头位置是否合适，加塞是否正常，有无漏塞或歪塞的现象。

③将药液经二道除菌过滤器运输到灌装工段，从除菌过滤滤芯下游取样口取样，按中间体质量标准进行检测，合格后方可正式开始灌装。

④调节装量和半压塞速率，一人调节，一人复核，开机试运行。将每个针头灌装的前5瓶取出用于检查装量、澄清度、可见异物检测合格后，将灌装机清零后开始正常灌装半加塞。

⑤半压塞后的瓶子必须在百级层流下转移，从除菌过滤开始到灌装结束不得超过8小时。

（6）冷冻干燥与压塞

①将灌装半加塞的中间产品及时装入不锈钢托盘，在A层流下转移至冻干箱，自上而下摆放在冻干箱搁板上，清点数量，并检查温度探头摆放位置是否正确，摆放完毕后，关上冻干箱门。

②按《注射用细胞色素C工艺规程》，设定冻干参数，按《冻干机标准操作规程》操作，随时监控冻干参数，记录冻干曲线，冻干结束打印冻干曲线。

③压塞完成后，须按从下往上的顺序一次性将一个板层出完，出箱过程中应检查每盘是否有跳塞、歪塞、破瓶、倒瓶等不合格品。

（7）轧铝盖

①轧盖机的操作按《轧盖机标准操作规程》进行操作，轧盖应在A/B级洁净区。

②开启设备电源开关，检查设备有无异常，用灭菌后的空瓶加塞后试轧，检查松紧度，如不合格调节上压盖头至合格为止。

③冻干后的半成品经输送带传送到轧盖机，振荡器内加入适量的铝盖，经拨瓶盘加盖、定位、

轧牢。

　　④轧盖过程中每台机器每个头每隔 30 分钟抽样检查，用中指、拇指、食指成三角直立向一方轻轻拧盖，以不松动为合格，铝盖外观不得有皱褶。

　　（8）质量检查　根据《注射用细胞色素 C 质量标准》进行检查。

　　（9）印字、贴签与包装　将全检合格的注射用细胞色素 C 按《印字、贴签标准操作规程》和《包装标准操作规程》进行印字、贴签与包装，入库。

目标检测

答案解析

一、单选题

1. 有关注射剂的叙述错误的是（　　）。

　　A. 注射剂车间设计要符合 GMP 的要求

　　B. 注射剂按分散系统可分为溶液型、混悬型、乳浊型和注射用无菌粉末或浓溶液四类

　　C. 配制注射液用的水应是纯化水，符合药典纯化水的质量标准

　　D. 注射液都应达到药典规定的无菌检查要求

2. 将青霉素钾制成粉针剂的目的是（　　）。

　　A. 防止光照降解　　　　　　　　　　　B. 防止氧化分解

　　C. 防止水解　　　　　　　　　　　　　D. 免除微生物污染

3. 常用于注射液最后精滤的是（　　）。

　　A. 砂滤棒　　　　　B. 垂熔玻璃棒　　　　C. 微孔滤膜　　　　D. 布氏漏斗

4. 注射剂最常用的抑菌剂为（　　）。

　　A. 三氯叔丁醇　　　　B. 尼泊金乙酯　　　　C. 碘仿　　　　　　D. 醋酸苯汞

5. 冷冻干燥工艺流程正确的为（　　）。

　　A. 测共熔点→预冻→升华→干燥　　　　B. 测共熔点→预冻→干燥→升华

　　C. 预冻→测共熔点→升华→干燥　　　　D. 预冻→测共熔点→干燥→升华

6. 可加入抑菌剂的制剂是（　　）。

　　A. 肌内注射剂　　　　B. 输液　　　　　　C. 眼用注射剂　　　　D. 手术用滴眼剂

二、多选题

1. 将药物制成注射用无菌粉末的目的是（　　）。

　　A. 防止药物潮解　　　　　　　　　　　B. 防止药物挥发

　　C. 防止药物水解　　　　　　　　　　　D. 防止药物遇热分解

2. 生产注射剂时常加入适量的活性炭，其作用是（　　）。

　　A. 脱色　　　　　　　B. 助滤　　　　　　C. 吸附热原　　　　　D. 吸附杂质

3. 有关注射剂灭菌的叙述中，错误的是（　　）。

　　A. 从配液到灭菌在 12 小时内完成

　　B. 微生物耐热性在中性溶液中最大，酸性溶液中最小

　　C. 滤过除菌法是最常用的灭菌方法

D. 灌封后的注射剂必须在 12 小时内进行灭菌

4. 注射液机械灌封中可能出现的问题是（　　）。

A. 药液蒸发　　　　　　B. 出现鼓泡　　　　　C. 焦头　　　　　　D. 装量不正确

5. 注射用冷冻干燥制品的特点是（　　）。

A. 可避免药品因高热而分解变质

B. 可随意选择溶剂以制备某种特殊药品

C. 含水量低

D. 所得产品质地疏松

6. 以下关于注射用无菌粉末的叙述正确的是（　　）。

A. 对水不稳定药物可制成粉针剂　　　　　B. 粉针剂为非最终灭菌药品

C. 粉针剂可采用冷冻干燥法制备　　　　　D. 粉针剂的原料必须无菌

书网融合……

知识回顾　　　　微课1　　　　微课2　　　　微课3　　　　微课4

视频1　　　　视频2　　　　视频3　　　　习题　　　　拓展阅读

学习引导

用于眼部的液体制剂有哪些质量要求？在添加剂的选择上相对于其他液体制剂有何不同？它的生产工艺又是怎样的呢？

由于眼部独特的生理结构，以至于特指用于眼部的眼用液体制剂必须具有其固有的质量要求和制备工艺，以保证用药的安全性。本项目主要介绍眼用液体制剂概念、滴眼剂的概念、质量要求、制备工艺、质量检查等内容。

学习目标

1. **掌握** 眼用液体制剂概念、滴眼剂的概念、质量要求、制备工艺、质量检查。
2. **熟悉** 眼用液体制剂的分类、滴眼剂的吸收途径及附加剂。
3. **了解** 影响滴眼剂吸收的因素。

任务一 眼用液体制剂基础知识 微课1

PPT

 实例分析

实例 *硝酸毛果芸香碱滴眼液*

【处方】
硝酸毛果芸香碱	10g
无水磷酸二氢钠	5g
无水磷酸氢二钠	3g
硫柳汞	0.2g
注射用水	加至1000ml

讨论 1. 处方中各成分的作用是什么？
2. 硝酸毛果芸香碱滴眼液的制备工艺流程是什么？

答案解析

一、概述

眼用液体制剂系指供洗眼、滴眼或眼内注射用以治疗或诊断眼部疾病的无菌液体制剂。根据用法不同可分为滴眼剂、洗眼剂和眼内注射溶液三类。

滴眼剂：系指由药物与适宜辅料制成的供滴入眼内的无菌液体制剂。可分为水性或油性澄明溶液、混悬液或乳状液。

洗眼剂：系指由药物制成的无菌澄明水溶液，供冲洗眼部异物或分泌液、中和外来化学物质的眼用液体制剂。

眼内注射溶液：系指由药物与适宜辅料制成的无菌液体，供眼周围组织或眼内注射的无菌眼用液体制剂。

眼用液体制剂多以液体形式包装，也可以固体形式包装，需要另备溶剂，在临用前配成溶液或混悬液。滴眼剂在眼用液体制剂中应用最为广泛，常用作杀菌、消炎、散瞳、缩瞳、麻醉或诊断，也可用作润滑或代替泪液等。本项目主要介绍滴眼剂。

二、滴眼剂的质量评价

1. 黏度 滴眼剂合适的黏度范围应为 4.0 ~ 5.0cPa·s，适当增大黏度可延长药物在眼内停留时间，减少刺激性，有利于增强药物的作用。

2. 无菌 一般滴眼剂要求无致病菌，不得检出铜绿假单胞菌和金黄色葡萄球菌，根据需要可添加抑菌剂。用于眼外伤及手术后用的眼用制剂要求绝对无菌，且不得添加抑菌剂。

3. 渗透压 滴眼剂除另有规定外，应与泪液等渗。眼球可适应的渗透压范围相当于浓度为 0.6% ~ 1.5% 的氯化钠溶液。

4. pH 滴眼剂的 pH 应控制在 5.0 ~ 9.0，pH 为 6.0 ~ 8.0 时眼睛无不适感，pH 小于 5.0 或大于 11.4 时则对眼有明显刺激性，增加泪液分泌，导致药物迅速流失，甚至损伤眼角膜。

5. 可见异物 溶液型滴眼剂应澄清透明，混悬型滴眼剂的颗粒符合要求。

6. 装量 多剂量滴眼剂的包装应能连续给药，并且容量应不超过 10ml。

三、滴眼剂附加剂

滴眼剂中可以加入调节渗透压、pH、黏度以及增加原料药物溶解度和制剂稳定的辅料，所用辅料不应降低药效或产生局部刺激。

1. pH 调节剂 为了增大药物溶解度、提高制剂稳定性以及避免过大的刺激性，常用缓冲溶液来稳定药液的 pH。常用的缓冲溶液有以下几种。

（1）磷酸盐缓冲液 用 0.8% 无水磷酸二氢钠溶液和 0.947% 无水磷酸氢二钠溶液，按不同比例配制得到 pH 5.9 ~ 8.0 的缓冲液，其等量配制得到的 pH 6.8 的磷酸缓冲液最为常用。

（2）硼酸盐缓冲液 用 1.24% 的硼酸溶液及 1.91% 硼砂溶液，按不同量配制可得 pH 6.7 ~ 9.1 的缓冲液。硼酸盐缓冲液能使磺胺类药物的钠盐溶液稳定而不析出结晶。

（3）硼酸液 以 1.9g 硼酸溶于 100ml 注射用水中制成的 pH 5.0 的溶液，可直接用作眼部溶媒。

2. 抑菌剂 一般滴眼剂为多剂量包装，在使用过程中无法始终保持无菌，故需加入抑菌剂。作为滴眼剂的抑菌剂，不仅要求有效，还要求起效迅速，能在患者两次用药的间隔时间内达到抑菌，并要求对眼无刺激。联合使用抑菌剂较单独使用效果好，常用的抑菌剂有以下几种。

（1）有机汞类 常用 0.002% ~ 0.005% 硝酸苯汞，另外也可用醋酸苯汞、硫柳汞。

（2）季铵盐类 常用 0.001% ~ 0.002% 苯扎氯铵，也可用氯己定、苯扎溴铵等。

（3）醇类 常用 0.35% ~ 0.5% 三氯叔丁醇、0.5% 苯乙醇、0.3% ~ 0.6% 苯氧乙醇，苯氧乙醇对铜绿假单胞菌有特殊的抑菌力。

（4）酯类　常用羟苯酯类，如羟苯甲、乙、丙酯，对真菌有较好的抑菌能力，但不与聚山梨酯配伍。

（5）酸类　0.15%～0.2%山梨酸对真菌有较好的抑菌力，适用于含有聚山梨酯的滴眼剂。

单一的抑菌剂常因处方的pH不适合，或与其他成分有配伍禁忌，不能达到速效目的，故采用复合抑菌剂发挥协同作用，提高杀菌效能。

3. 渗透压调节剂　滴眼剂应与泪液等渗，渗透压过高或过低都会引起眼部不适感。常用的渗透压调节剂有氯化钠、葡萄糖、硼砂等。

4. 增稠剂　适当增加滴眼剂的黏度，可降低滴眼剂的刺激性，延长药物在眼内作用时间且减少流失量，从而提高药效。滴眼剂合适的黏度范围为4.0～5.0cPa·s，常用的增稠剂有甲基纤维素、聚乙烯醇、聚维酮等。

四、滴眼剂药物的吸收

药物溶液滴入结膜内主要经过角膜渗透和结膜渗透两种途径吸收。

1. 角膜渗透　角膜渗透是眼部吸收的最主要途径，发挥局部作用。角膜表面积较大，药物与角膜接触后，透过角膜进入房水，经前房到达虹膜和睫状肌，被局部的血管网摄取，在眼部发挥局部治疗作用。此途径主要是针对脂溶性药物。

2. 结膜渗透　结膜渗透是药物经眼进入体循环的主要途径，发挥全身作用。药物经结膜吸收，并经巩膜转运到眼球后部，结膜和巩膜的渗透性能比角膜强，药物在吸收过程中经结膜血管网进入体循环。不利于药物进入房水，同时也有可能引起药物副作用。

 知识链接

影响药物吸收的因素

1. 药物从眼睑缝隙的损失　人正常泪液容量有限，因此大部分滴眼液从眼部溢出而损失，增加滴药次数，可提高药物的吸收量。

2. 药物的外周血管消除　结膜内含有许多血管与淋巴管，外来物引起刺激时，血管扩张，药物在外周血管消除快，并有可能引起全身的副作用。

3. 药物的水溶性　角膜的组成为脂肪－水－脂肪，因而即能溶于水又能溶于油的药物易透过角膜。

4. 刺激性　滴眼剂刺激性大时，使血管与淋巴管扩张，增加药物从外周血管的消除，且由于泪液分泌增加，药物流失量增加。

5. 表面张力　降低滴眼剂的表面张力，有利于药液与角膜的接触使药物入膜。

6. 黏度　增加药液黏度，延长滞留时间，有利于吸收。

任务二　滴眼剂的生产技术 微课2

PPT

一、滴眼剂容器的处理

滴眼剂灌装容器主要采用塑料瓶，也可用玻璃瓶。塑料瓶体软而有弹性、不易破碎、容易加工、吹塑制成，即时封口不易污染。清洗时先切开封口，常采用安瓿喷射洗涤法洗瓶，气体灭菌法灭菌，灌装药液后灭菌。玻璃瓶一般为中性玻璃，耐热或遇光不稳定的药物常采用棕色瓶。玻璃瓶洗涤方法与注射剂容器相同，常用干热灭菌法。

二、滴眼剂的生产

滴眼剂的生产工艺与注射剂基本相同，生产工艺流程如图6-1所示。

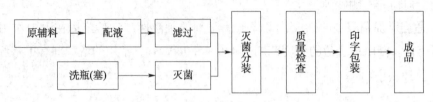

图6-1 滴眼剂的生产工艺流程

滴眼剂要求无菌，小量配制可在无菌柜中进行；大量生产，要按注射剂生产工艺要求进行。所用器具洗净后干热灭菌，或用杀菌剂浸泡灭菌，用前再用注射用水洗净。操作者的手宜用75%酒精消毒，或戴灭菌手套，以免细菌污染。

制备过程中对热稳定的药物，配液滤过后应装入适宜容器中进行灭菌，然后进行无菌分装。对热不稳定的药物，需严格按照无菌操作法操作，用已灭菌的溶剂和用具在无菌柜中配制与过滤，操作过程中应避免染菌。滴眼剂的药液灌装方法要随容器的类型和生产量的大小而采用适宜的灌装设备，目前生产上多采用减压灌装法。

三、滴眼剂的质量评价

滴眼剂的质量检查，除主药含量外，还应检查以下项目。

1. 粒度 混悬型滴眼剂照《中国药典》（2020年版）四部"粒度和粒度分布测定法"（通则0982）项下的方法检查，大于50μm的粒子不得多于2个，且不得检出大于90μm的粒子。

2. 可见异物 除另有规定外，滴眼剂照《中国药典》（2020年版）四部"可见异物检查法"（通则0904）中滴眼剂项下的方法检查，应符合规定。

3. 沉降容积比 混悬型滴眼剂照《中国药典》（2020年版）四部"沉降容积比检查法"（通则0105）检查，沉降容积比应不低于0.90。

4. 无菌 除另有规定外，照《中国药典》（2020年版）四部"无菌检查法"（通则1101）检查，应符合规定。

5. 装量 除另有规定外，眼用液体制剂照《中国药典》（2020年版）四部"最低装量检查法"（通则0942）检查，应符合规定。

即学即练6-1

滴眼液处方中加入聚乙烯醇，其作用是（　　）。

答案解析　　A. 调节等渗　　　　B. 抑菌　　　　C. 调节黏度　　　　D. 医疗作用

例6-1　氯霉素滴眼液

【处方】
氯霉素	2.5g
硼酸	19g
硼砂	0.38g
硫柳汞	0.04g
注射用水	加至1000ml

【制法】取注射用水900ml，加热煮沸，加入硼酸、硼砂使其溶解，待冷至约60℃，加入氯霉素、硫柳汞搅拌溶解，加注射用水至1000ml，过滤，灌装，100℃灭菌30分钟。

【分析】

1. 氯霉素在水中溶解度为1：400，处方中的用量已达饱和，故加硼砂助溶，当配高浓度时，可加入适量聚山梨酯80为增溶剂。

2. 氯霉素在中性或弱酸性时稳定，碱性时易分解。本处方选用硼酸缓冲液调整pH在5.8~6.5。

3. 氯霉素滴眼液在贮存过程中，效价常渐降低，故生产时需适当增加投料量，来保持效价。

【用途】本品用于治疗沙眼、急慢性结膜炎、眼睑缘炎、睑腺炎（麦粒肿）、角膜炎等。

实践实训

实践项目七　利巴韦林滴眼液的制备

【实践目的】

1. 掌握滴眼剂的制备方法；滴眼剂生产工艺过程中的操作要点。

2. 熟悉滴眼剂的常规质量检查方法。

【实践场地】

实训车间。室内温度为18~26℃，相对湿度45%~65%。

【实践内容】

1. 处方
利巴韦林	166g
氯化钠	1411g
苯扎溴铵溶液	332ml
注射用水	适量
共制成滴眼液	20000 支

2. 需制成规格　8ml：8mg。

3. 设备　全自动理瓶机（LP-100型），滚筒式洗瓶机（GTX500型），电子秤（MD340型），隧道式臭氧灭菌干燥机（CMG-600型），眼药水双针灌装机（YGX-400型），超声波清洗机（CXS-1型），浓配罐（NPG-250L型），稀配罐（XPG-500L型），纯蒸汽灭菌柜（CG-0-24型）等。

【实践方案】

（一）生产准备阶段

1. 生产指令下达　如表6-1所示。

表 6 - 1　生产指令

生产车间	滴眼剂车间		包装规格		8ml/瓶	
品　名	利巴韦林滴眼液		生产批量		2 万支	
规　格	8ml：8mg		生产日期		2020 - 9 - 12	
批　号	20200912		完成时限		2020 - 9 - 12	
生产依据	滴眼剂工艺规程					
物料编号	物料名称	规　格	用量	单位	检验单号	备注
YL2020091	利巴韦林	药用	166g	g	YLJY2020091	
FL2020092	氯化钠	药用	1411g	g	FLJY2020092	
FL2020093	苯扎溴铵溶液	药用	332ml	ml	FLJY2020093	
BC2020061	塑瓶	8ml/瓶	20000	支	BCJY2020094	
备注：						

编制 　　生产部：王力	审核 　　质量部：王丹
批准 　　生产部：李丽	执行 　　生产车间：刘楠

分发部门：总工办、质量部、物料部、工程部

2. 领料　凭生产指令领取经检验合格的利巴韦林、氯化钠、苯扎溴铵溶液、塑瓶等原辅料。

3. 存放　确认合格的原辅料按物料清洁程序从物料通道进入生产区原辅料暂存间。

（二）生产操作阶段

1. 生产前准备　操作人员按照企业人员进入 D 级洁净区净化流程着装进入操作间，做好操作前的准备工作。操作人员应对操作间温湿度及静压差、生产环境卫生、容器状态、生产设备进行相应的检查，经检查合格后方可进行生产操作，以避免产生污染或交叉污染。

2. 生产操作　按利巴韦林滴眼液的生产工艺流程中各岗位标准操作规程及设备操作规程进行操作。

（1）洗瓶、塞盖清洗操作过程　将塑瓶倒入理瓶机槽内，经理瓶机将理好的塑瓶传输至洗瓶机，通过洗瓶机进行纯化水及注射用水冲洗、压缩空气吹扫，洗后的塑瓶进入臭氧烘箱进行干燥灭菌。将内塞、外盖倒入洗塞洗盖机槽内，通过洗瓶机进行注射用水冲洗、压缩空气吹扫，洗后的内塞、外盖进入臭氧烘箱进行干燥灭菌。

（2）配剂操作过程　将领用的原辅料按照工艺规程顺序投料。在浓配罐用全量 25% 注射用水溶解，搅拌均匀，经钛滤棒粗滤后，将药液输送至稀配罐，在稀配罐内补水至全量，调 pH 至 5.5～6.5，经 0.45μm 和 0.22μm 柱状过滤器循环过滤 20 分钟后，取样测定含量、pH，合格后精滤至可见异物检查合格，通过二级过滤，将药液输送灌装岗位。

（3）灌装操作过程　首先启动局部层流电源开关　净化 30 分钟后开启灌装机。启动理瓶、理盖振荡器将内塞、外盖经震荡和轨道送至指定部位。调整针头及装量，并检查可见异物，正常后方可连续操作，将检查合格的药液用灌装机灌装于 8ml 塑瓶中。

（三）利巴韦林滴眼液可见异物检查

每次取样 20 支，开启灯检机开关，关闭室内照明，开启灯检机传输带，按照《滴眼剂车间可见异物检查方法》进行灯检，首先检查外观质量，然后检查可见异物，20 支应全部合格，如有 1 支检出符

合规定；如有 2~3 支检出需另取 20 支复检，复检不合格数不能超过 3 支；如有 3 支检出，此批产品不合格。

【实践结果】

利巴韦林滴眼液的质量检查结果，记录于表 6-2。

表 6-2　利巴韦林滴眼液的质量检查结果

品　　名			包装规格		
规　　格			取样日期		
批　　号			取样量		
取样人			检测人		
取样依据	利巴韦林滴眼液工艺规程				
检测项目	灌装装量	滴眼液外观质量	可见异物		
			可见异物合格数		可见异物不合格数
结果					
结论：					
备注：					

目标检测

答案解析

一、单选题

1. 滴眼剂质量要求，每一容器的装量应不超过（　　）。

　　A. 5ml　　　　　　　　B. 10ml　　　　　　　　C. 15ml　　　　　　　　D. 20ml

2. 滴眼液处方中加入甲基纤维素的作用是（　　）。

　　A. 调节等渗　　　　　　　　　　　　　　B. 抑菌

　　C. 调节黏度　　　　　　　　　　　　　　D. 医疗作用

3. 滴眼剂质量检查项目中，混悬液型滴眼剂（　　）。

　　A. 不得有超过 50μm 的颗粒　　　　　　　　B. 不得有超过 60μm 的颗粒

　　C. 不得有超过 65μm 的颗粒　　　　　　　　D. 不得有超过 70μm 的颗粒

4. 滴眼剂主要吸收途径有（　　）。

　　A. 1 种　　　　　　　　B. 2 种　　　　　　　　C. 3 种　　　　　　　　D. 4 种

5. 为增加滴眼液的黏度延长药液在眼内的滞留时间，合适的黏度是（　　）。

　　A. 2.0~3.0cPa·s　　　　　　　　　　　　B. 3.0~4.0cPa·s

　　C. 4.0~5.0cPa·s　　　　　　　　　　　　D. 5.0~6.0cPa·s

二、多选题

1. 滴眼剂中常用的缓冲溶液有（　　）。

    A. 磷酸盐缓冲液　　　　　　　　　　　B. 碳酸盐缓冲液

    C. 醋酸盐缓冲液　　　　　　　　　　　D. 硼酸盐缓冲液

2. 关于滴眼剂的生产工艺叙述正确的是（　　）。

    A. 药物性质稳定者灌封完毕后进行灭菌、质检和包装

    B. 主药不耐热的品种全部采用无菌操作法制备

    C. 用于眼部手术的滴眼剂必须加入抑菌剂，以保证无菌

    D. 生产上多采用减压灌装法

3. 滴眼剂中常用的抑菌剂有（　　）。

    A. 醋酸苯汞　　　　　　　　　　　　　B. 苯扎溴铵

    C. 三氯叔丁醇　　　　　　　　　　　　D. 羟苯甲酯

4. 眼用液体制剂包括（　　）。

    A. 滴眼剂　　　　　　　　　　　　　　B. 洗眼剂

    C. 眼内注射溶液　　　　　　　　　　　D. 眼膏剂

5. 以下关于滴眼剂说法正确的是（　　）。

    A. 指由原料药物与适宜辅料制成的供滴入眼内的无菌液体制剂

    B. 药物溶液滴入结膜内主要经过角膜渗透和结膜渗透两种途径吸收

    C. 适当增大黏度可延长药物在眼内停留时间

    D. 混悬型滴眼剂沉降容积比应不低于0.90

三、综合题

1. 滴眼剂的附加剂有哪些？举例说明。

2. 滴眼剂的质量要求有哪些？

3. 简述滴眼剂的制备工艺流程。

4. 简述滴眼剂质量检查的项目。

5. 分析硫酸锌滴眼液处方中各成分的作用，简述其制备过程。

【处方】硫酸锌　　　　　0.5g

      硼酸　　　　　　1.7g

      注射用水　　　　加至1000ml

书网融合……

知识回顾　　　　　微课1　　　　　微课2　　　　　习题

学习引导

相比于液体制剂，固体制剂的物理、化学稳定性好，生产制造成本较低，服用与携带方便。那么我们生活中经常用到的固体剂型有哪些呢？这些剂型的生产工艺是怎样的呢？

固体制剂剂型之间有着密切的联系，制备过程的前处理经历相同的单元操作，以保证药物的均匀混合与准确剂量。本项目主要介绍固体制剂的基本性质，散剂、颗粒剂的生产技术，以及散剂、颗粒剂的质量检查内容。

学习目标

1. **掌握**　散剂、颗粒剂的概念、特点、制备工艺、质量检查要求；散剂、颗粒剂的生产技术。

2. **熟悉**　散剂、颗粒剂的种类、处方组成。

3. **了解**　口服固体药物体内吸收过程。

任务一　概　述

PPT

实例分析

实例　BCS Ⅱ类药物 A 是非甾体解热镇痛药，具有高通透性和低溶解性（25℃时水中的溶解度为 22.0μg/ml）。口服给药后，药物在胃肠道中溶出速度慢，吸收量少，生物利用度低。

讨论　1. 影响药物溶出速度的因素有哪些？
　　　　2. 哪些措施可以用于提高固体药物的溶出速度？

答案解析

一、固体制剂的概述

1. 固体制剂的定义　固体形态存在的各种制剂，包括散剂、颗粒剂、胶囊剂、片剂、丸剂、膜剂等，是目前新药开发或临床使用中的首选剂型，在市场中的占有率高达 70% 以上。

2. 固体制剂的优点　该类剂型具有以下优点。

（1）相比液体制剂而言，固体制剂的物理、化学稳定性好。

（2）对于生产制备而言，固体制剂生产成本较低，工艺流程较为简单。

（3）服用与携带方便。

3. 固体制剂的缺点　固体制剂也存在一定的缺点。

（1）在生产制备过程中因有粉碎、筛分、混合操作，易造成粉尘飞扬，不利于劳动保护。

（2）在质量控制方面，易存在含量不均匀的问题。

（3）在吸收方面，相比于液体制剂，生物利用度较低。

二、固体制剂的溶出

固体制剂的主要给药途径是口服给药，口服后药物需经过以下过程：固体制剂→崩解（或分散）→溶解→经生物膜吸收。即固体制剂首先要崩解或分散成细小颗粒，药物溶解到胃肠液中，经过胃肠道上皮细胞膜吸收后进入血液循环，然后才能发挥药效。因此，药物从制剂中的溶出速度对药物起效的快慢、作用的强弱和维持时间的长短等有着重要的影响。

1. 溶出速度　溶出速度是药物在单位时间内、特定的溶解介质中溶解的量。溶出过程包括两个连续的阶段，即药物首先从固体表面溶解出来，然后在扩散或对流的作用下进入溶液中。固体制剂中药物的溶出是吸收的前提，尤其是难溶性药物，溶出速度直接影响其吸收速度、起效快慢。因此，在固体制剂中，药物的药效与溶出速度密切相关，是控制和评定药品质量的重要指标之一。

2. 影响溶出速度的因素　固体药物的溶出速度及其影响因素可以用 Noyes – Whitney 方程来描述：

$$dC/dt = KS(C_S - C) \tag{7-1}$$

式中，dC/dt 为药物的溶出速度；K 为溶出速度常数；S 为固体粒子的表面积；C_S 为固体药物的溶解度；C 为 t 时刻药物在总溶液中的浓度。

在漏槽条件下，$C \to 0$，式（7-1）可以简化为：

$$dC/dt = KSC_S \tag{7-2}$$

由以上公式得出，药物在固体制剂中的溶出速度与溶出速度常数 K、固体药物粒子的表面积 S、药物的溶解度 C_S 成正比。

因此，增加固体制剂溶出速度的有效措施包括以下几个方面：减小粒径、增加固体粒子的表面积和增加药物的溶解度。

三、粉体的基本知识

粉体（powder）是无数个固体粒子的集合体，粉体学（micromeritics）是研究粉体的基本性质及其应用的科学。粉体学是药剂学的基本理论之一，对制剂的处方设计、制备生产、质量控制、包装等都有重要的指导意义。

1. 粉体粒子的大小　粉体中粒子的大小范围很宽，制剂中常用的粒子范围在几微米到十几毫米之间，通常所说的"粉""粒"都属于粉体的范畴，小于 $100\mu m$ 的粒子通常叫"粉"，大于 $100\mu m$ 的粒子叫"粒"。粒子大小是决定粉体其他性质的最基本的性质，粒子大小不同，其溶解速度、吸附性、附着性以及粉体的密度、孔隙率、流动性等也会明显不同。

（1）粒子径　粒子大小可以用粒子径表示。由于粉体中各粒子形状很不规则，很难用描述规则物体的特征长度来表示其大小，为了适应生产和研究的需要，科学工作者根据测定方法的不同提出了一些表示粒径的方法。

①几何学粒子径（geometric diameter）　是根据几何学尺寸定义的粒子径，见图7-1。一般用显微镜法测定。近年来计算机的发展为几何学粒子径提供了快速、方便、准确的测定方法。

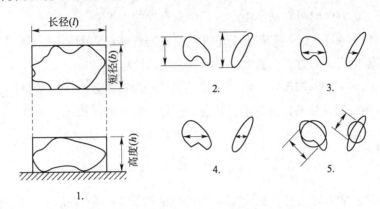

图7-1　几何学粒子径

1. 三轴径；**2.** 定方向接线径；**3.** 定方向最大径；**4.** 定方向等分径；**5.** 投影面积圆相当径

②筛分径（sieving diameter）　又称细孔通过相当径，是用筛分法测得的直径。当粒子通过粗筛网且被截留在细筛网时，粗细筛孔直径的算术或几何平均值称为筛分径。

③沉降速度相当径（settling velocity diameter）　亦称Stocks径或有效径（effect diameter），是用沉降法求得的粒径，用与被测粒子具有相同沉降速度的球形粒子的直径来表示。常用于测定混悬剂的粒径。

（2）粒度分布　研究粉体性质时不仅要知道粉体粒子的大小，还要了解某一粒径范围内粒子所占的百分率，这就是粒度分布，反映粒子大小的均匀程度。由于粒子大小是决定粉体其他性质的最基本的性质，粒子大小越均匀，粉体的性质就越均一。

频率分布（frequency size distribution）与累积分布（cumulative size distribution）是粒度分布的常用表示方式。累积分布是将小于或大于某粒径的粒子在全粒子群中所占的百分数为纵坐标，粒径为横坐标作图得到，见图7-2。

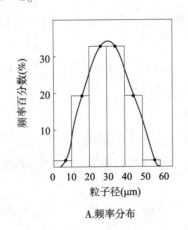

A.频率分布

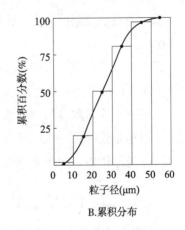

B.累积分布

图7-2　粒度分布示意图

2. 粉体的流动性　流动性（flow ability）是粉体的重要性质之一。粉体的流动性对于散剂、颗粒剂分剂量的准确性以及胶囊剂的装量差异、片剂的重量差异等影响较大，良好的流动性是保证产品质量的重要因素。

粉体流动性的表示方法有如下三种。

（1）休止角（angle of repose） 休止角是静止状态下粉体堆积层的自由斜面与水平面形成的夹角，用 θ 表示，如图 7-3 所示。θ 越小说明粉体粒子间摩擦力越小，即休止角越小，流动性就越好。一般认为 $\theta \leq 30°$ 时流动性好，$\theta \leq 40°$ 时可以满足生产过程中流动性的需求。

（2）流出速度（flow velocity） 流出速度是将一定量的粉体装入漏斗中，测定粉体从漏斗中全部流出所需的时间，流出时间越短，流动性越好。

（3）压缩度（compressibility index） 将一定量的粉体轻轻装入量筒后测量最初最松堆体积 V_0，采用轻敲法使粉体处于最紧状态，测量此时的堆体积 V_f，计算最松堆密度 ρ_0 与最紧堆密度 ρ_f，按照公式（7-3）计算出粉体的压缩度。

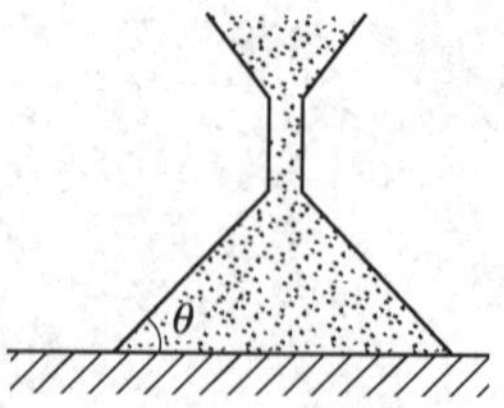

图 7-3 休止角

$$C = \frac{V_0 - V_f}{V_0} \times 100\% = \frac{\rho_f - \rho_0}{\rho_f} \times 100 \quad (\%) \tag{7-3}$$

压缩度是粉体流动性的重要指标，其大小反映粉体的团聚性、松软状态。压缩度 20% 以下时流动性较好，压缩度增大时流动性下降，当压缩度达到 40%～50% 以上时粉体很难从容器中自动流出。

任务二 散剂工艺与制备 微课 1～6

PPT

一、概述

1. 散剂的定义 散剂（powders）系指药物或与适宜的辅料经粉碎、均匀混合制成的干燥粉末状制剂。散剂可供内服或外用。中药散剂系指药材或药材提取物经粉碎、混合均匀制成的粉末状制剂。散剂是我国传统剂型之一。虽然西药散剂应用越来越少，但中药散剂仍广泛应用于临床。

2. 散剂的优点 该剂型具有以下优点。①粒径小，比表面积大，易分散、起效快。②外用覆盖面积大，可同时发挥保护和收敛等作用。③剂量容易控制，方便婴幼儿使用。④制备工艺简单，生产成本低。⑤贮存、运输、携带方便。

3. 散剂的缺点 散剂也存在一定的缺点，由于比表面积大、分散度高，容易吸潮导致质量不稳定，所以应注意包装与贮存。

另外也要注意，药物粉碎后某些不良性状会增加（如嗅味、刺激性等），且某些挥发性成分易散失，所以，一些腐蚀性强、易吸湿变质的药物一般不宜制成散剂。

4. 散剂的分类 散剂可分为口服散剂和局部用散剂。

（1）口服散剂 一般溶于或分散于水、稀释液或者其他液体中服用，也可直接用水送服。口服散剂可发挥全身治疗作用或局部作用，如小儿清肺散、六味安消散、蛇胆川贝散、蒙脱石散、聚乙二醇 4000 散剂等。

（2）局部用散剂 可供皮肤、口腔、咽喉、腔道等处应用；专供治疗、预防和润滑皮肤的散剂也可称为撒布剂或撒粉，如皮肤用散剂痱子粉、口腔溃疡散等。

即学即练 7-1

关于散剂特点的叙述，正确的是（　）。

答案解析　A. 易分散，奏效快　　B. 剂量可随意调整　　C. 制法简便　　D. 成本较高

二、散剂的生产技术

散剂的制备工艺是制备其他固体剂型的基础，散剂的一般制备工艺流程如图 7-4 所示。

图 7-4　散剂的制备工艺流程图

（一）粉碎

粉碎是利用机械力将大块物料破碎成符合要求的小颗粒的操作过程。

1. 粉碎的主要目的　①增加药物的表面积，促进药物溶解与吸收，提高难溶性药物的溶出度和生物利用度；②适当的粒度有利于制剂生产中各成分的均匀混合；③加速药材中有效成分的浸出；④为混悬液、散剂、片剂、胶囊剂等多种剂型制备的前处理工序。

粉碎对制剂质量影响很大，粉碎过程可能带来晶型转变、热分解、黏附性与吸湿性增大、流动性变差和粉尘飞扬等不良作用。药物粉碎不均匀，会影响制剂生产中的均匀混合，还会使制剂的剂量或含量不准确，从而影响疗效。

2. 粉碎的原理　物料依靠分子间的内聚力集结成一定的形状，粉碎过程是利用外力破坏物料分子间的内聚力，被粉碎的物料受到外力的作用后局部产生很大的应力和形变，当应力超过物料分子间的内聚力时，大物料破碎成颗粒或细粉。

粉碎过程中常见的外力有冲击力、压缩力、剪切力、弯曲力、研磨力等。冲击、压缩力对脆性物料的粉碎更有效；剪切力对纤维状物料更有效；粗碎以冲击力和压缩力为主；细碎以剪切力、研磨力为主，实际上粉碎过程是几种力综合作用的结果。

3. 粉碎的方法　根据被粉碎物料的性质和粉碎程度的不同，需选择不同的粉碎方法。常见的粉碎方法有干法粉碎与湿法粉碎、单独粉碎与混合粉碎、低温粉碎、流能粉碎等。

（1）干法粉碎与湿法粉碎　干法粉碎系指将物料经适当干燥，降低水分再进行粉碎的方法。干法粉碎是制剂生产中最常用的粉碎方法。

湿法粉碎系指在物料中加入适量水或其他液体进行研磨粉碎的方法。选用的液体应不影响药物的药效，刺激性或有毒药物通过加液研磨可避免粉尘飞扬。樟脑、薄荷脑等常加入少量液体（如乙醇、水）研磨；朱砂、珍珠、炉甘石等为得到极细粉末，可采取水飞法。水飞法属于湿法粉碎，将药物与水共置研钵或球磨机中研磨，有部分细粉研成时，将含有细粉的混悬液倾出，余下药物加水反复操作，直至全部研磨完毕。所得混悬液合并、沉降，倾去上清液，将湿粉干燥，可得极细粉末。

（2）单独粉碎与混合粉碎　单独粉碎系指将同一物料单独进行粉碎处理。贵重、毒性、刺激性药物为减少损耗或污染宜单独粉碎；氧化性药物和还原性药物混合易于引起爆炸宜单独粉碎；质地坚硬的物料如磁石、石膏等应采取单独粉碎。

混合粉碎系指两种或两种以上物料掺合在一起粉碎的操作。处方中某些物料的性质及硬度相似，可采取混合粉碎。混合粉碎既可避免一些黏性药物单独粉碎的困难，又可使粉碎与混合操作结合进行。

（3）低温粉碎　低温粉碎系指利用低温时物料脆性增加，韧性与延伸性降低，易于粉碎的特性进行的粉碎的操作。低温粉碎适宜于树脂、树胶、干浸膏等在常温下粉碎困难的物料，同时低温条件能保留物料中的香气及挥发性有效成分，并可获得更细的粉末。

（4）流能粉碎 流能粉碎是指利用高压气流使物料与物料之间、物料与器壁间相互碰撞而产生强烈的粉碎作用的操作。粉碎时高压气流在粉碎室中膨胀产生冷却效应，故热敏性物料和低熔点物料可采取本法粉碎。

4. 粉碎的器械

（1）研钵 一般用瓷、玻璃、玛瑙或金属制成，但以瓷研钵和玻璃研钵最为常用，主要用于少量物料的粉碎和实验室小剂量的粉碎操作。

（2）球磨机 由圆柱形缸内装入一定数量、大小不一的不锈钢或瓷制圆球组成。圆柱形球磨缸的轴固定在轴承上，当缸转动时，物料经圆球的冲击和研磨作用被粉碎。球磨机需要有适当的转速（图7-5），才能使圆球沿壁运行到最高点落下，以产生最大的冲击力和良好的研磨作用。如转速太低，圆球不能达到一定高度落下；如转速太快，圆球受离心力的作用而沿筒壁旋转，均达不到最好的粉碎效果。

球磨机结构简单，密闭操作，必要时还可在球磨缸内充入惰性气体以保护被粉碎的物料。但粉碎效率低，粉碎时间较长。

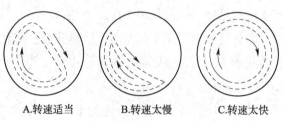

A.转速适当　　　　B.转速太慢　　　　C.转速太快

图7-5　球磨机在不同转速下圆球运转情况

（3）万能粉碎机 对物料的作用力以冲击力为主，典型的粉碎结构有锤击式（图7-6）和冲击柱式（图7-7）。

万能粉碎机适用于脆性、韧性物料及需达到中碎、细碎、超细碎等物料的粉碎，如中药材的根、茎、皮及干浸膏等，应用十分广泛。

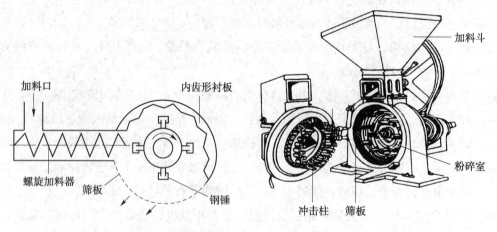

图7-6　锤击式粉碎机示意图　　　　　　　　图7-7　冲击柱式粉碎机

（4）流能磨（气流粉碎机） 流能磨（图7-8）的工作原理是将空气通过一定形状的喷嘴形成高速气流，吹入粉碎室带动物料在密闭室内相互碰撞而产生剧烈的粉碎作用。粉碎后的细粉被高速气流带至出料口，进入旋风分离器进行分离，较大颗粒的物料由于离心力的作用沿室壁外侧进入粉碎室继续粉碎。

由于粉碎过程中高压气流膨胀吸热，产生明显的冷却作用，适用于低熔点及热敏性物料的粉碎。流能磨可进行粒度要求为 3~20μm 的超微粉碎，亦可在无菌状态下操作。

（二）筛分

筛分是通过网孔状工具将粒度不同的物料进行分离的操作。

通过筛分可以除去不符合要求的粗粉或细粉，从而获得较均匀粒度的物料，同时筛分还有混合作用。筛分除可对粉碎后的物料进行粉末分等外，通过及时筛出已达细度要求的物料可减少粉碎时能量消耗，提高粉碎效率。

1. 药筛的种类和规格 药筛根据制作方法不同可分为编织筛和冲制筛。编织筛的筛网由铜丝、铁丝、不锈钢丝、尼龙丝等编织而成，在使用时筛线易移位使筛孔变形。尼龙丝对一般药物较稳定，在制剂生产中应用较多。冲制筛是在金属板上冲压出圆形筛孔，其筛孔牢固，孔径不易变动，常用于粉碎过筛联动的机械上。

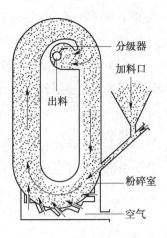

图 7-8 流能磨示意图

《中国药典》（2020 年版）所用药筛，选用国家标准的 R40/3 系列，共规定了 9 种筛号，一号筛的筛孔内径最大，九号筛的筛孔最小。目前制药工业上，常以目数来表示筛号及粉末的粗细，即以每英寸（2.54cm）长度有多少筛孔来表示。如每英寸长度有 80 个孔的药筛叫作 80 目筛，目数越大，筛孔越小。工业用筛的规格与药典规定的筛号对照如表 7-1 所示。

表 7-1 工业用筛的规格与药典规定的筛号对照表

筛号	筛孔内径（平均值）	工业筛目号（孔/英寸）
一号筛	2000μm ± 70μm	10 目
二号筛	850μm ± 29μm	24 目
三号筛	355μm ± 13μm	50 目
四号筛	250μm ± 9.9μm	65 目
五号筛	180μm ± 7.6μm	80 目
六号筛	150μm ± 6.6μm	100 目
七号筛	125μm ± 5.8μm	120 目
八号筛	90μm ± 4.6μm	150 目
九号筛	75μm ± 4.1μm	200 目

2. 粉末的分等 粉末的分等是按通过相应规格的药筛而定的。《中国药典》（2020 年版）把固体粉末分为六种规格。

最粗粉 指能全部通过一号筛，但混有能通过三号筛不超过 20% 的粉末；

粗粉 指能全部通过二号筛，但混有能通过四号筛不超过 40% 的粉末；

中粉 指能全部通过四号筛，但混有能通过五号筛不超过 60% 的粉末；

细粉 指能全部通过五号筛，并含能通过六号筛不少于 95% 的粉末；

最细粉 指能全部通过六号筛，并含能通过七号筛不少于 95% 的粉末；

极细粉 指能全部通过八号筛，并含能通过九号筛不少于 95% 的粉末。

3. 筛分的设备

（1）手摇筛 是将筛网按照筛号大小依次叠成套，最粗号在顶上，其上面加盖，最细号在底下，套在接收器上。适用于少量药粉的分等级。

（2）往复振动筛粉机 利用偏心轮对连杆所产生的往复振动筛选粉末。该设备借电机带动皮带轮，使偏心轮做往复运动，从而使筛体往复运动，对物料产生筛选作用。由于待筛分物料密闭于箱内，适用于毒性、刺激性、易风化潮解药物的过筛。

（3）旋振筛　通过配置不平衡重锤或棱角形凸轮的旋转轴的转动，使筛产生振动的过筛装置。旋振筛可用于单层或多层分级使用，结构紧凑、分离效率高，单位筛面处理能力大，故在制剂生产中被广泛应用。

（三）混合

混合是指将两种或两种以上物料相互交叉分散均匀的操作。混合以含量均匀一致为目的，使处方组分均匀分散，色泽一致，以保证剂量准确和用药安全。混合是固体制剂生产的基本单元操作之一。

1. 混合机制　包括对流混合、切变混合和扩散混合三种。

对流混合指固体粒子群在机械转动的作用下产生较大的位移，从一处转移到另一处，经过多次转移达到总体混合。

切变混合指由于粒子群内部力的作用而产生滑动面，使粒子群的团聚状态破坏所进行的局部混合。

扩散混合是由于粒子的无规则运动，在相邻粒子间相互交换位置而进行的局部混合。

在实际混合过程中一般是对流、切变、扩散等混合方式结合进行。因混合设备的类型、粉体性质、操作条件等不同而以其中某种混合方式为主。

2. 混合方法　包括研磨混合、搅拌混合和过筛混合三种。

研磨混合是将各组分物料置乳钵中进行研磨的混合操作，一般用于少量物料的混合。

搅拌混合是将物料置于容器中通过搅拌进行混合的操作，多作初步混合之用。制剂生产中常用混合机进行混合。

过筛混合是将已初步混合的物料多次通过一定规格的筛网使之混匀的操作。由于较细较重的粉末先通过筛网，故在过筛后加以适当的搅拌混合效果更好。

3. 混合设备

（1）混合筒（旋转型混合机）　混合筒有 V 形、双锥形等多种形状，是利用容器的旋转作用使物料在容器内流动、扩散，达到混合均匀的目的。生产中常用的设备有 V 型混合筒、三维运动混合机（图 7-9）。三维运动混合机的容器可作三维空间多方向的转动，混合中无死角，混合效果较好。

（2）槽形混合机　槽形混合机（图 7-10）的混合槽内轴上装有与旋转方向成一定角度的"～"形搅拌桨，可以正反向旋转，用以搅拌槽内的药粉。该设备除可以混合粉料外，还可用于颗粒剂、片剂生产中软材的制备。

图 7-9　三维运动混合机

图 7-10　槽形混合机

（3）双螺旋锥形混合机 物料在螺旋推进器的自转作用下由底部上升，又在公转的作用下在容器内旋转运动，在较短时间内能使物料混合均匀。

4. 混合原则 在物料混合的过程中应注意以下几方面原则。

（1）当各组分比例量相差悬殊时，应采取等量递加法。即将量大的组分先取出部分，与量小的组分约等量混合均匀，如此倍量增加量大的组分，直至全部混匀为止。

（2）当组分密度相差较大时，应先将密度小的组分放入混合设备内，再加密度大的组分进行混匀。

（3）当组分色泽深浅不一时，应先加色深者垫底，再加色浅者。

（4）应注意混合设备的吸附性，操作中先将量大且不易吸附的药粉垫底，量少且易吸附者后加。

（5）含液体或易吸湿性组分时，可用处方中其他成分吸收至不显湿为止。吸湿性强的药物混合时应注意控制相对湿度，迅速操作。

（四）分剂量

分剂量是将均匀混合的散剂，按需要的剂量分成等重的份数的过程。常用的分剂量方法有目测法、重量法和容量法。

1. 目测法（又称估分法） 系将一定重量的散剂，以目测分成若干等份的方法。此法操作简便，但准确性差。药房临时调配少量普通药物散剂时可用此方法。

2. 重量法 系用衡器（主要是天平）逐份称重的方法。此法分剂量准确，但操作麻烦，效率低，难以机械化。主要用于含毒剧药物、贵重药物散剂的分剂量。

3. 容量法 系用固定容量的容器进行分剂量的方法。此法效率高，但准确性不如重量法。目前生产上多采用容量法。

三、散剂的质量评价与包装贮存

1. 散剂的质量评价 除另有规定外，散剂应进行以下相应检查。

（1）粒度 除另有规定外，化学药局部用散剂和用于烧伤或严重创伤的中药局部用散剂及儿科用散剂，照下述方法检查，应符合规定。

检查法：除另有规定外，取供试品10g，精密称定，照粒度和粒度分布测定法测定。化学药散剂通过七号筛（中药通过六号筛）的粉末重量，应不低于95%。

（2）外观均匀度 取供试品适量，置光滑纸上，平铺约$5cm^2$，将其表面压平，在明亮处观察，应色泽均匀，无花纹与色斑。

（3）水分 中药散剂照水分测定法测定，除另有规定外，不得超过9.0%。

（4）干燥失重 化学药和生物制品散剂，除另有规定外，取供试品，照干燥失重测定法测定，在105℃干燥至恒重，减失重量不得过2.0%。

（5）装量差异 单剂量包装的散剂，照下述方法检查，应符合表7-2中的规定。

检查法：取散剂10包（瓶），除去包装，分别精密称定每包（瓶）内容物的重量，求出内容物的装量与平均装量。每包（瓶）装量与平均装量（凡无含量测定的散剂，每包装量应与标示装量比较）相比应符合规定，超出装量差异限度的散剂不得多于2包（瓶），并不得有1包（瓶）超出装量差异限度1倍。

表7-2 散剂装量差异限度要求

平均装量或标示装量	装量差异限度（中药、化学药）	装量差异限度（生物制品）
0.1g或0.1g以下	±15%	±15%
0.1g以上至0.5g	±10%	±10%
0.5g以上至1.5g	±8%	±7.5%
1.5g以上至6.0g	±7%	±5%
6.0g以上	±5%	±3%

凡规定检查含量均匀度的化学药和生物制品散剂，一般不再进行装量差异的检查。

（6）装量 除另有规定外，多剂量包装的散剂，照最低装量检查法检查，应符合规定。

（7）无菌 除另有规定外，用于烧伤［除程度较轻的烧伤（Ⅰ°或浅Ⅱ°外）］、严重创伤或临床必须无菌的局部用散剂，照无菌检查法检查，应符合规定。

（8）微生物限度 除另有规定外，照非无菌产品微生物限度检查：微生物计数法和控制菌检查法及非无菌药品微生物限度标准检查，应符合规定。凡规定进行杂菌检查的生物制品散剂，可不进行微生物限度检查。

2. 散剂的包装与贮存 散剂的分散度大，吸湿性显著，散剂吸湿可出现潮解、结块、变色、霉变等一系列不稳定现象，影响散剂质量和用药安全，因此，散剂包装与贮存的重点在于防止吸潮。

（1）包装材料 散剂的包装应根据其吸湿性强弱采用不同的包装材料，常用的包装材料有：①聚乙烯塑料薄膜袋。质软透明，但在低温下久贮会脆裂，有透气透湿性。②铝塑复合膜袋。防透气、透湿性好，硬度较大，密封性、避光性好，目前应用广泛。③玻璃瓶（管）。密闭性好，特别适用于含芳香挥发性成分和吸湿性成分的散剂。

（2）贮存 散剂在贮存过程中，关键是防潮，此外还要注意温度、光线等对散剂质量的影响。除另有规定外，散剂应密闭贮存，含挥发性药物或易吸潮药物的散剂，应密封贮存。

任务三 颗粒剂工艺与制备 微课7~10

PPT

一、概述

1. 颗粒剂的定义 颗粒剂（granules）系指药物与适宜的辅料混合制成具有一定粒度的干燥颗粒状制剂。颗粒剂主要供内服，可直接吞服，也可分散或溶解在水中服用。

2. 颗粒剂的分类 颗粒剂可分为可溶颗粒（通称为颗粒）、混悬颗粒、泡腾颗粒、肠溶颗粒、缓释颗粒和控释颗粒等。

3. 颗粒剂的优点 颗粒剂是近年来发展较快的剂型之一，具有以下优点。

（1）可溶颗粒、混悬颗粒和泡腾颗粒保持了液体制剂起效快的特点。

（2）飞散性、附着性、聚集性、吸湿性等均较散剂小；流动性较散剂好，易于分剂量。

（3）性质稳定，运输、携带、贮存方便。

（4）颗粒剂常采用蔗糖等矫味剂，以掩盖成分的不良嗅味，便于服用。

（5）必要时对颗粒包衣，根据包衣材料的性质可制成缓、控释颗粒或肠溶颗粒，也可使颗粒具防潮性、掩味等作用。

4. 颗粒剂的缺点 颗粒剂也存在一定的缺点。

（1）多数颗粒剂因含糖较多，贮存、包装不当时，易引湿受潮，软化结块，影响质量。

（2）多种颗粒混合的颗粒剂可能因各种颗粒大小以及密度差异产生离析现象，使分剂量不易准确。

二、颗粒剂的处方组成

颗粒剂中常用的辅料有稀释剂、黏合剂（润湿剂）、崩解剂，根据需要还可加入矫味剂、着色剂等。以下简单介绍前两类，可详见片剂工艺与制备；矫味剂和着色剂参见液体制剂工艺与制备。

1. 稀释剂 稀释剂（diluents）主要用来增加制剂的重量或体积，也称填充剂（fillers）。颗粒剂常用的稀释剂有以下几种。

（1）糖粉 结晶性蔗糖经低温干燥、粉碎而成的白色粉末。黏合力强，吸湿性较强，一般不单独使用，常与糊精、淀粉配合使用。

（2）糊精 淀粉水解的中间产物，为白色或淡黄色粉末，在冷水中溶解较慢，较易溶于热水。具有较强的黏结性，制粒时使用不当会造成颗粒崩解或溶出迟缓，有时也会影响含量测定，很少单独使用，常与糖粉、淀粉配合使用。

（3）乳糖 由等分子葡萄糖及半乳糖组成，为白色结晶性粉末，带甜味，易溶于水。常用含有一分子结晶水的乳糖（α-乳糖），无吸湿性，性质稳定，可与大多数药物配伍。

2. 黏合剂（润湿剂）

（1）润湿剂（moistening agent） 润湿剂是本身无黏性，但可润湿物料并诱发其黏性的液体。在制粒过程中常用的润湿剂有以下几种。

①纯化水 是最常用的润湿剂，无味无毒，价格低廉，适用于对水稳定的药物，但制成的颗粒干燥温度高、干燥时间长，对热不稳定药物非常不利。在处方中水溶性成分较多时可能出现发黏、结块、湿润不均匀、干燥后颗粒发硬等现象，此时最好采用低浓度的淀粉浆或乙醇溶液代替，以克服上述不足。

②乙醇 可用于遇水易分解的药物或遇水黏性太大的药物。中药浸膏的制粒常用乙醇-水溶液做润湿剂，随着乙醇浓度的增大，润湿后所产生的黏性降低。常用浓度为30%~70%。

（2）黏合剂（adhesives） 黏合剂系指对无黏性或黏性不足的物料给予黏性，从而使物料聚结成粒的辅料。黏合剂可以用其溶液，也可以用其细粉。常用黏合剂如下。

①淀粉浆 是淀粉在水中受热糊化而得。由于淀粉价廉易得，且淀粉浆黏合性良好；因此淀粉浆是制粒中首选的黏合剂，常用浓度为8%~15%。淀粉浆的制法有煮浆法和冲浆法两种。煮浆法是将淀粉混悬于全部量的冷水中，在夹层容器中加热并不断搅拌，直至糊化。冲浆法是将淀粉混悬于少量（1~1.5倍）水中，然后根据浓度要求冲入一定量的沸水，不断搅拌糊化而成。

②纤维素衍生物 是将天然的纤维素经处理后制成的各种纤维素的衍生物。常用的有甲基纤维素（MC）、羟丙基纤维素（HPC）、羟丙基甲基纤维素（HPMC）、羧甲基纤维素钠（CMC-Na）等。

知识链接

作为黏合剂的纤维素衍生物的性质

甲基纤维素具有良好的水溶性，可形成黏稠的胶体溶液，不溶于热水和乙醇，应用于水溶性及水不溶性物料的制粒中，颗粒的压缩成形性好且不随时间变硬。羟丙基纤维素（HPC）易溶于冷水，加热至50℃发生胶化或溶胀，可溶于甲醇、乙醇、异丙醇和丙二醇中。羟丙基甲基纤维素（HPMC）易溶于冷水，不溶于热水和乙醇，因此制备 HPMC 水溶液时，最好先将 HPMC 加入到总体积 1/5～1/3 的热水（80～90℃）中，先充分分散与水化，然后降温，不断搅拌使溶解，加冷水至总体积。羧甲基纤维素钠（CMC - Na）溶于水，可形成透明的胶体溶液，不溶于乙醇。应用于水溶性与水不溶性物料的制粒中。聚维酮（PVP）根据分子量不同分为多种规格，其中最常用的型号是 K_{30}（分子量6万）。既溶于水，又溶于乙醇，因此可用于水溶性或水不溶性物料以及对水敏感性药物的制粒。

三、颗粒剂的生产技术

颗粒剂的制备方法与片剂生产中的制粒基本相同。传统的制备工艺流程如图 7 - 11 所示。

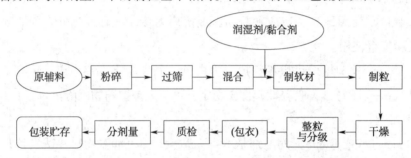

图 7 - 11　颗粒剂传统的制备工艺流程

1. 粉碎、过筛、混合　主药与辅料在混合前均需经过粉碎、过筛或干燥等处理。其细度以通过 80～100 目筛为宜。毒剧药、贵重药及有色的原辅料宜更细些，易于混匀，使含量准确（详见散剂工艺与制备）。

2. 制软材　制软材系将药物与稀释剂（常用淀粉、蔗糖、乳糖等）、崩解剂（常用淀粉、纤维素衍生物等）等辅料混合后，再加入适宜的润湿剂或黏合剂进行混合，制成具有一定塑性物料的操作。采用湿法挤压制粒工艺生产时常采用槽型混合机进行制软材。现在常用的高速搅拌制粒机则可将制软材、制粒于同一设备中完成。

3. 制粒　制粒是把粉末、块状物、溶液等不同状态的物料制成具有一定形态、大小颗粒的操作。制粒是制剂生产的重要技术之一，通过制粒可以起到改善物料的流动性、减少粉尘飞扬等作用。颗粒除可以直接作为剂型使用外，还可用于其他剂型的制备，如用于压片制备片剂、作为硬胶囊剂的填充物。

制粒技术可分为湿法制粒技术和干法制粒技术两类。不同的制粒技术所制得颗粒的形状、大小有所差异，应根据制粒的目的、物料的性质来进行选择。

（1）湿法制粒技术　湿法制粒技术是指在物料中加入润湿剂或液态黏合剂进行制粒的方法，目前在制剂生产中应用广泛。根据使用的制粒设备的不同，湿法制粒技术包括挤压制粒、转动制粒、高速混合制粒、流化床制粒、喷雾制粒等。

①挤压制粒是指在混合均匀的原辅料中加入黏合剂制备软材,然后将软材强制挤压通过一定规格的筛网而制粒的方法。

常见的挤压制粒设备有螺旋挤压制粒机、旋转挤压制粒机以及摇摆式制粒机。螺旋挤压制粒机的结构如图7-12所示。把混合好的物料加入螺杆上部加料口,通过螺杆的旋转物料被推至右侧的制粒室,物料在制粒室内被强制挤压通过筛筒的筛孔而形成颗粒。

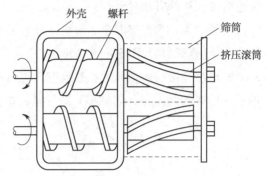

图7-12　螺旋挤压制粒机示意图

旋转挤压制粒机主要结构如图7-13所示。由电机带动滚压轮旋转,捏合好的物料投于筛圈内,被旋转的辊子和筛圈的挤压通过筛孔而成粒。挤压制粒的压力由筛圈和辊子间的距离调节。

摇摆式制粒机的主要结构如图7-14所示。加料斗的底部与筛网相连,筛网内装有固定了若干个棱柱形刮粉轴的转子。在加料斗中加入物料后,通过转子正、反方向旋转时刮粉轴对物料的挤压作用,物料通过筛网而形成颗粒。该设备结构紧凑、操作简单,目前使用仍很广泛;但生产能力较低,对筛网的损耗较大,使用前应检查筛网是否破损、规格是否符合工艺要求。

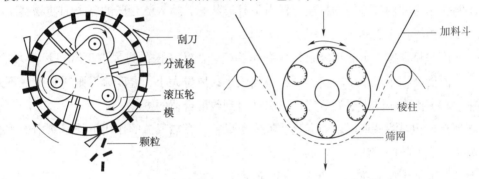

图7-13　旋转挤压制粒机示意图　　　　图7-14　摇摆式制粒机示意图

②转动制粒是指在混合均匀的物料中加入一定量的润湿剂或黏合剂,在转动、摇动、搅拌等作用下使物料结聚成球形粒子的方法。转动制粒多用于丸剂的生产,可制备2~3mm以上的药丸,生产操作多凭经验控制,成本较低。转动制粒机如图7-15所示。

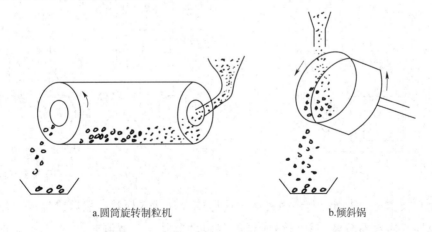

a.圆筒旋转制粒机　　　　　　　　　　b.倾斜锅

图7-15　转动制粒机示意图

③高速混合制粒是将物料加入高速混合制粒机的容器内，搅拌混匀后加入黏合剂或润湿剂，使粉末快速结聚成粒的方法。

常用的设备为高速混合制粒机，分为卧式和立式两种，其制粒的主要部件包括混合槽、搅拌桨、制粒刀等，内部结构如图7-16所示。

制粒过程中影响颗粒大小和致密性的因素有：混合槽的装量，物料的粒度；加入黏合剂的种类和用量；搅拌桨和制粒刀（切割刀）的转速；搅拌桨的形状与制粒刀的位置。

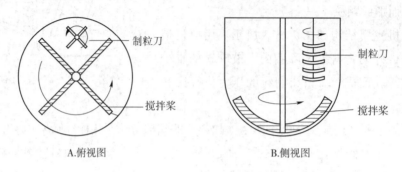

图7-16　高速混合制粒机内部结构图

④流化床制粒是指利用气流使物料在容器内呈悬浮状态，喷入流化床的黏合剂使物料聚结成颗粒的方法。常用的设备为流化床制粒机，如图7-17所示。

控制干燥速度和喷雾速率是流化床制粒的操作关键。流化床内的进风温度和进风量影响干燥速度，一般进风量大、温度高，干燥速度较快，颗粒粒径较小；风量太小、温度太低则物料干燥不及时，容易结块。喷雾速率和雾滴大小亦需要调节好，以保证得到粒度合适的颗粒。

⑤喷雾制粒是把物料溶液或混悬液雾化后喷入干燥室，在热气流的作用下使雾滴中的水分迅速蒸发以直接获得球状干燥颗粒的方法。

常用的设备为喷雾干燥制粒机，如图7-18所示。

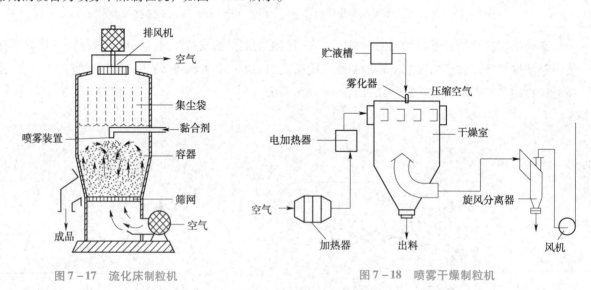

图7-17　流化床制粒机　　　　　　　图7-18　喷雾干燥制粒机

（2）干法制粒技术　干法制粒是将物料混匀后压成大片状或板状，然后粉碎成所需大小颗粒的方法，常用于热敏性、遇水易分解、易压缩成形的物料的制粒。干法制粒技术可分为重压法和滚压法两种。

重压法为利用重型压片机将物料压成 20～25mm 的坯片，然后再破碎成所需粒度的颗粒。

滚压法为利用转速相同的二个滚动轮之间的缝隙将物料压成板状，然后破碎成一定大小的颗粒。滚压法常用的设备为滚压制粒机。

4. 干燥　干燥是利用热能或其他适宜的方法将物料中的湿分（水分或其他溶剂）气化除去，从而获得干燥固体产品的操作。干燥的目的是在于保证制剂的质量和提高稳定性，或使半成品具有一定的规格标准，便于进一步处理。

干燥是制剂生产重要的单元操作，在生产过程中需要干燥的物料包括中药材、中药浸膏剂、湿颗粒、丸剂等。干燥的温度、方法应根据物料的性质进行选择，同时干燥的程度需根据制剂工艺的要求来控制。

📱 **知识链接** ┄┄┄

物料中所含水分的性质

1. 平衡水分和自由水分　平衡水分是指在一定空气条件下，物料表面产生的水蒸气分压与空气中水蒸气分压相等时，物料中所含的水分，即不能干燥除去的水分。平衡水分是一定空气条件下物料干燥的限度。自由水分是指物料中所含的多于平衡水分的部分，即在干燥中可以除去的水分。各物料的平衡含水量随空气中相对湿度的增加而增大，故物料的干燥是相对的。

2. 结合水分和非结合水分　物料中的水分根据除去的难易程度可分为结合水分和非结合水分。结合水分是指主要以物理方式结合的水分，如物料细胞壁内的水分，物料内毛细管中的水分、结晶水等。结合水分与物料的结合力较强，较难除去。非结合水分是指与物料以机械力结合的水分，包括存在于物料表面的游离水分和较大孔隙中的水分。非结合水分与物料的结合力较弱，容易从物料中除去。

┄┄┄

制剂生产中需干燥处理的物料有粉末状、颗粒状、块状以及膏状；干燥处理后的物料对疏松程度、粒径以及含水量等要求也不尽相同。因此，在实际操作过程中应根据被干燥物料的性质、要求、干燥程度等不同，采取不同的干燥方法和设备。

（1）厢式干燥器（图 7-19）　属于常压干燥设备，小型的称为烘箱，大型的称为烘房。干燥器内设置有多层支架，在支架上放置物料盘，空气经预热后进入干燥室内。热空气通过物料表面时，带走物料的水分，使物料得到干燥。为了使干燥均匀，物料盘中的物料不能过厚，必要时在物料盘上开孔。

厢式干燥器多用于中药材、药材提取物、散剂、颗粒等干燥，干燥后物料破损少、粉尘少。其设备简单，适应性强，适用于小批量生产物料的干燥，但干燥时间长、物料干燥不够均匀、劳动强度大、热能损耗大。

图 7-19　厢式干燥器

（2）流化床干燥器　又叫沸腾干燥器，干燥过程中湿颗粒因从流化床底部吹入的热空气而悬浮，在干燥室内翻滚如"沸腾状"，在动态下进行热交换，带走水汽，达到干燥的目的。流化干燥器有立式和卧式两种，制剂工业中常用卧式多室流化床干燥器，如图 7-20。它是由空气过滤器、沸腾床主机、旋风分离器、布袋除尘器、高压离心通风机、操作台等组成。

其工作过程是将湿物料由加料器送入干燥器内多孔筛板上，空气经预热器加热后吹入底部的多孔筛板与物料接触，物料在干燥室内呈悬浮状态上下翻动而干燥，干燥后的产品由卸料口排出，废气由干燥器的顶部排出，经袋滤器或旋风分离器回收粉尘后排空。

流化床干燥器结构简单、操作方便，操作时物料与气流接触面大，提高了干燥效率，但干燥后细粉比例较大，干燥室内不易清洗。该设备主要用于湿粒性物料的干燥（如颗粒剂的干燥、片剂生产中湿颗粒的干燥），适宜于热敏性物料的干燥，但不适宜于含水量高、易黏结成团的物料干燥。

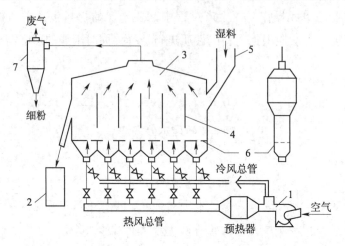

图 7-20   卧式多室流化干燥器示意图

1. 风机；2. 干料桶；3. 干燥器；4. 挡板；5. 料斗；6. 多孔板；7. 旋风分离器

（3）喷雾干燥器   由雾化器、干燥器、旋风分离器、风机、加热器、压缩空气等组成。其工作过程为空气经过滤、加热后通过干燥器顶部空气分配器均匀地进入干燥室，原料液经干燥器顶部的雾化器雾化成极细微液滴后在干燥室内与热空气接触，在极短的时间内迅速干燥为成品。成品连续地由干燥器底部和旋风分离器中输出，废气由风机排空。喷雾干燥器常用于中药提取液的干燥、制粒及颗粒的包衣等。

喷雾干燥能直接将液态物料干燥成粉末状或颗粒状干燥制品，所得成品多为疏松的空心颗粒或粉末，溶解性好。具有瞬间干燥、干燥温度低等特点，对热敏性物料非常适合；但设备体积庞大、动力消耗多，干燥时物料易发生黏壁。

（4）红外干燥器   是利用红外辐射元件所发射的红外线对物料直接照射而加热干燥的设备。红外线是介于可见光和微波之间的一种电磁波，干燥时物料表面和内部的分子同时吸收红外线，具有受热均匀、干燥快等特点，但电能消耗大。

远红外隧道烘箱即属于红外干燥设备，干燥隧道的两端可进行加料和卸料，被干燥物料放置于不锈钢网带上沿隧道式的干燥通道缓慢向前移动，通过红外线的照射加热达到物料干燥目的。该设备广泛用于各种安瓿瓶、西林瓶及其他玻璃容器的干燥灭菌。

（5）微波干燥器   是利用微波对物料进行干燥的设备。微波是频率很高、波长很短，介于无线电波和光波之间的一种电磁波。湿物料中的水分子在微波的作用下因快速转动而产生剧烈的碰撞与摩擦，产生的热能使物料被加热而干燥。微波干燥具有加热迅速、受热均匀、干燥速度快、热效率高等优点，但成本高、对某些物料的稳定性有一定的影响。

（6）冷冻干燥   又称升华干燥，是将药物溶液先冻结成固体，然后在一定的低温与真空条件下，将水分从冻结状态直接升华除去的一种干燥方法（详见冻干粉针制剂工艺与制备章节内容）。

5. **整粒与分级**　颗粒在干燥过程中，可能发生粘连甚至结块的现象。所以需通过整粒以制成一定粒度的均匀颗粒。一般应按粒度规格的上限，过一号筛，把不能通过筛孔的部分进行粉碎，然后按粒度的下限，过五号筛，进行分级，除去粉末部分。

6. **包衣**　为使颗粒达到矫味、矫嗅、稳定、缓释或肠溶等目的，可对其进行包衣，一般常用薄膜包衣。

7. **分剂量、包装与贮存**　颗粒剂分剂量基本与散剂相同，但要注意均匀性，防止分层。颗粒剂的包装通常用复合塑料袋包装，其优点是轻便、不透湿、不透气、颗粒不易出现潮湿溶化的现象。包装可采用单剂量包装或多剂量包装。除另有规定外，颗粒剂应密封，于干燥处保存，防止受潮。

四、颗粒剂的质量评价

颗粒剂的质量检查，除主药含量外，还应检查以下项目。

1. **外观**　颗粒剂应干燥，颗粒均匀，色泽一致，无吸潮、软化、结块、潮解等现象。

2. **粒度**　除另有规定外，照粒度和粒度分布测定法（双筛分法）检查，不能通过一号筛与能通过五号筛的总和不得超过15%。

3. **干燥失重**　除另有规定外，化学药品和生物制品颗粒剂照干燥失重测定法测定，于105℃干燥至恒重，减失重量不得超过2.0%。

4. **水分**　中药颗粒剂照水分测定法测定，除另有规定外，水分不得超过8.0%。

5. **溶化性**　除另有规定外，颗粒剂照下述方法检查，溶化性应符合规定。含中药原粉的颗粒剂不进行溶化性检查。

可溶颗粒检查法：取供试品10g（中药单剂量包装取1袋），加热水200ml，搅拌5分钟，立即观察，可溶颗粒应全部溶化或轻微浑浊。

泡腾颗粒检查法：取供试品3袋，将内容物分别转移至盛有200ml水的烧杯中，水温为15～25℃，应迅速产生气体而呈泡腾状，5分钟内颗粒均应完全分散或溶解在水中。

颗粒剂按上述方法检查，均不得有异物，中药颗粒还不得有焦屑。

混悬颗粒以及已规定检查溶出度或释放度的颗粒剂可不进行溶化性检查。

6. **装量差异**　单剂量包装的颗粒剂按下述方法检查，应符合表7-3中的规定。

表7-3　装量差异限度

平均装量或标示装量	装量差异限度
1.0g 及 1.0g 以下	±10%
1.0g 以上至 1.5g	±8%
1.5g 以上至 6.0g	±7%
6.0g 以上	±5%

检查法：取供试品10袋（瓶），除去包装，分别精密称定每袋（瓶）内容物的重量，求出每袋（瓶）内容物的装量与平均装量。每袋（瓶）装量与平均装量相比较［凡无含量测定的颗粒或有标示装量的颗粒剂，应将每袋（瓶）装量与标示装量进行比较］，超出装量差异限度的颗粒剂不得多于2袋（瓶），并不得有1袋（瓶）超出装量差异限度1倍。

凡规定检查含量均匀度的颗粒剂，一般不再进行装量差异检查。

7. **装量**　多剂量包装的颗粒剂，照最低装量检查法检查，应符合规定。

8. 微生物限度 以动物、植物、矿物质为来源的非单体成分制成的颗粒剂以及生物制品颗粒剂，照非无菌产品微生物限度检查，微生物计数法和控制菌检查法及非无菌药品微生物限度标准检查，应符合规定。

规定检查杂菌的生物制品颗粒剂，可不进行微生物限度检查。

9. 其他 缓释颗粒应符合缓释制剂的有关要求，缓释颗粒、肠溶颗粒应进行释放度检查。必要时，薄膜包衣颗粒应检查残留溶剂。

实践实训

实践项目八　复合维生素B颗粒

【实践目的】

1. 能熟练操作粉碎、制粒、混合及干燥等设备，并按处方生产出合格的颗粒剂产品。

2. 识记颗粒剂的工艺流程。

3. 学会解决颗粒剂制备过程中的常见问题。

4. 识记《中国药典》（2020年版）中颗粒剂的质量检查项目并会在实际操作中应用。

5. 严格按照现行版《药品生产质量管理规范》（GMP）的要求规范操作。

【实践场地】

实训车间。

【实践内容】

1. 处方

盐酸硫胺	1.20g	维生素B$_2$	0.24g
盐酸吡多辛	0.36g	烟酰胺	1.20g
泛酸钙	0.24g	枸橼酸	2.0g
蔗糖粉	995g	共制成	1000g

2. 需制成规格　每袋2g。

3. 拟定计划　如图7-21所示。

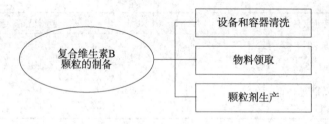

图7-21　生产计划

【实践方案】

（一）生产准备阶段

1. 生产指令下达　如表7-4所示。

表7-4 生产指令单

指令编号		产品名称		产品代码		规格		计划产量	
批号		车间		生产日期	年 月 日	生产完成日期		年 月 日	
物料代码	物料名称		规格	进厂编号	检验报告书号	生产厂		单位	数量
备注:									
制单人: 日期: 年 月 日		生产技术部部长: 日期: 年 月 日		发料人: 日期: 年 月 日			收料人: 日期: 年 月 日		

2. 领料 凭生产指令领取经检验合格、符合使用要求的维生素 B_2、盐酸硫胺、枸橼酸等原料及辅料。（表7-5）

表7-5 领料单

日期:

原辅料名称	代码	规格	批号	需要量	领取量	备注
领料人:		审核人:			发放人:	

3. 存放 确认合格的原辅料按物料清洁程序从物料通道进入生产区配料室。

（二）生产操作阶段

1. 生产前准备 须做好生产场地、仪器、设备的准备和物料的准备。

2. 生产操作 按颗粒剂的生产工艺流程来进行操作：物料—粉碎—筛分—混合—制软材—制湿颗粒—干燥—整粒、分级—质检—分剂量—包装。（表7-6、表7-7）

（1）物料的前处理 将物料经万能粉碎机进行粉碎后过100目筛，按处方量准确称量各成分。将维生素 B_2 分次用蔗糖粉稀释后混合，再加入盐酸硫胺、烟酰胺混合均匀。

表7-6 制粒岗位生产原始记录

品名:			规格:		批号:	
指令	1	设备完好清洁:				
	2	本批原料为:				
	3	按颗粒剂生产SOP操作:				
	4	指令签发人:				
混合制粒机编号:				完好与清洁状态:完好□ 清洁□		
使用原料总重量:		kg		理论产量:		

日期	时间	得率	外观质量	日期	时间	得率	外观质量

检查人：				复核人：			

（2）制软材　将盐酸吡多辛、泛酸钙、枸橼酸溶于适量纯化水中，加入上述混合药粉中制软材，使其达到"握之成团，轻压即散"。

（3）制颗粒　将制成的软材经 YK – 160 型摇摆式颗粒机制粒，具体的操作过程如下。

①将清洁干燥的刮粉轴装入机器，装上刮粉轴前端固定压盖，拧紧螺母。

②将卷网轴装到机器上，装上 16 目筛网。

③检查机器润滑油，油位不得低于前侧油位视板的红线，过低则需补充。

④接通电源，打开开关，观察机器的运转情况，无异常声音，刮粉轴转动平稳则可投入使用。

⑤将物料均匀倒入料斗内，根据物料性质控制加料速度，物料在料斗中应保持一定的高度。

⑥制粒完成后，清理颗粒机和筛网上的余料，并注意余料中有无异物，经适当处理后加入颗粒中。

⑦按《YK – 160 型摇摆式颗粒机清洁规程》对设备进行清洁保养。

（4）干燥　将制得的湿颗粒转移至热风循环烘箱中，于 60 ~ 65℃ 干燥。

（5）整粒、分级　将干燥好的颗粒进行整粒与分级，剔除过粗和过细的颗粒，使不能通过一号筛和能通过五号筛的颗粒总和不超过供试量的 15%。

（6）质量检查　根据颗粒剂项下的各项检查项目进行检查。

（7）分剂量与包装　将各项质量检查符合要求的颗粒按剂量装入适宜的分装材料中进行包装，颗粒剂的分装材料为复合条形膜，经颗粒包装机完成制袋、计量、填充、封合、分切、计数、热压批号等过程。

表 7 – 7　颗粒剂岗位生产原始记录

品名				规格		批号	
溶化性检查		日期	时间	外观	日期		粒度
桶号 净重量/kg							
总重量			kg	可见损耗量			kg
物料平衡		收得率 = 实际产量（kg）/理论产量（kg）×100%				操作人： 复核人：	
异常情况分析							

头脑风暴

　　1. 影响混合均匀度的因素有哪些？若将 0.2g 朱砂与 10g 玄明粉混合均匀，该如何操作？

　　2. 通过比较散剂和颗粒剂的制备，分析它们的作用特点。

　　3. 处方分析：维生素 C 泡腾颗粒剂

　　【处方】维生素 C　　　　　1% ~2%

　　　　　　枸橼酸　　　　　　8% ~10%

　　　　　　碳酸氢钠　　　　　6% ~10%

　　　　　　糖粉　　　　　　　70% ~90%

　　　　　　柠檬黄　　　　　　适量

　　　　　　甜味剂　　　　　　适量

　　　　　　食用香精　　　　　适量

答案解析

　　讨论：（1）处方中各成分的作用是什么？

　　　　　（2）维生素 C 泡腾颗粒剂的制备工艺流程有哪些？

目标检测

答案解析

一、单选题

1. 制软材可用（　　）设备。

　　A. 流化干燥设备　　　　B. 喷雾干燥制粒机　　　　C. 槽形混合机　　　　D. 摇摆式颗粒机

2. 与散剂相比，（　　）是颗粒剂必须进行的质量检查项目。

　　A. 外观　　　　　　B. 水分　　　　　　C. 溶化性　　　　　　D. 装量差异

3. 一步制粒机可完成的工序是（　　）。

　　A. 粉碎→混合→制粒→干燥　　　　　　　　B. 混合→制粒→干燥→整粒

　　C. 混合→制粒→干燥→压片　　　　　　　　D. 混合→制粒→干燥

4. 一般颗粒剂的制备工艺是（　　）。

　　A. 原辅料混合→制软材→制湿颗粒→干燥→整粒与分级→装袋

　　B. 原辅料混合→制湿颗粒→制软材→干燥→整粒与分级→装袋

　　C. 原辅料混合→制湿颗粒→干燥→制软材→整粒与分级→装袋

　　D. 原辅料混合→制软材→制湿颗粒→整粒与分级→干燥→装袋

5. 颗粒剂的粒度检查中，不能通过 1 号筛和能通过 5 号筛的总和不得超过（　　）。

　　A. 5%　　　　　　B. 8%　　　　　　C. 10%　　　　　　D. 15%

二、多选题

1. 以下粉体流动性的评价方法正确的是（　　）。

　　A. 休止角是粉体堆积层的自由斜面与水平面形成的最大角，常用其评价粉体流动性

　　B. 压缩度是评价粉体流动性的重要指标

　　C. 休止角越大，流动性越好

D. 流出速度是对物料全部加入漏斗中所需时间的描述

2. 药典中收载的颗粒剂质量检查项目，主要有（　　）。

    A. 外观　　　　　　　　B. 粒度　　　　　　　　C. 干燥失重　　　　　　D. 溶化性

3. 湿法制粒方法有（　　）。

    A. 挤出制粒　　　　　　B. 一步制粒　　　　　　C. 沸腾制粒　　　　　　D. 搅拌制粒

4. 关于颗粒剂特点的叙述，正确的是（　　）。

    A. 易吸潮，故少量结块颗粒不影响质量

    B. 携带方便，性质稳定

    C. 只可内服，不可外用

    D. 可通过加入矫味剂改善口感，掩盖不良嗅味

书网融合……

知识回顾　　　微课1　　　微课2　　　微课3　　　微课4　　　微课5

微课6　　　微课7　　　微课8　　　微课9　　　微课10　　　习题

学习引导

相比于液体制剂，固体制剂的物理、化学稳定性好，生产制造成本较低，服用与携带方便。我们生活中经常用到的固体剂型有散剂、颗粒剂、片剂、胶囊剂等。

胶囊剂由于将药物填充于空心胶囊或密封于软质囊材中，故可掩盖药物的不良臭味，提高药物的稳定性，与此同时，可在胶囊壳上印字或制成各种颜色，整洁美观，易于区别，服用方便。本项目主要介绍胶囊剂的概念、特点、生产技术，以及质量检查等内容。

学习目标

1. **掌握**　胶囊剂的概念、特点、分类；硬空胶囊壳的规格；硬胶囊剂的生产工艺；软胶囊剂的生产工艺；胶囊剂的质量检查。
2. **熟悉**　硬胶囊壳及软胶囊囊材的组成；肠溶胶囊剂的制备。
3. **了解**　硬胶囊剂物料的填充形式；胶囊剂的包装与贮存。

任务一　概　述　微课1-2

PPT

 实例分析

实例　2012年4月15日央视《每周质量报告》曝光了"采用工业明胶生产药用胶囊，出现胶囊重金属铬含量超标，其中超标最多的达90多倍"的毒胶囊事件，国家食品药品监督管理局2012年4月28日颁布了《关于加强胶囊剂药品及相关产品质量管理工作的通知》（国食药监电〔2012〕18号），加强药用明胶、药用胶囊、胶囊剂药品生产企业的质量管理和检验工作。根据《中国药典》（2020年版）标准，药用空心胶囊中铬含量限定在2ppm（mg/kg）以内。

讨论　药品生产中所用辅料质量对产品有什么影响？

答案解析

1. 胶囊剂的定义　胶囊剂（capsules）系指原料药物或与适宜辅料充填于空心胶囊或密封于软质囊材中制成的固体制剂，主要供口服用，也可用于其他部位，如直肠、阴道、植入等。构成上述硬质空心胶囊或软质胶囊壳的材料称为囊材，其填充内容物称为囊心物。

2. 胶囊剂的特点　胶囊剂与其他口服固体制剂相比，具有如下特点。

（1）可掩盖药物的不良嗅味、提高药物的稳定性　药物装填于胶囊壳中与外界隔离，避开了水分、空气、光线的影响，对具有不良嗅味、对光敏感、遇湿热或氧不稳定的药物有一定程度的遮蔽、保护与稳定作用。

（2）药物在体内起效快、生物利用度高　胶囊剂填充物在制备时可不加黏合剂和压力，所以在胃肠液中分散快、吸收好、生物利用度高，一般情况下其起效快于片剂、丸剂等剂型。

（3）液态药物的固体剂型化　含油量高的药物或液态药物难以制成丸剂、片剂等，但可制成软胶囊，将液态药物以个数计量，服药方便。

（4）可延缓药物的释放和定位释药　可将囊心物制成缓释颗粒装入空胶囊中而达到缓释延效目的；若需在肠道中显效可制成肠溶胶囊剂，将药物定位释放于小肠；亦可制成直肠给药或阴道给药的胶囊剂，使其定位在这些腔道释药；对在结肠段吸收较好的蛋白质、多肽类药物，可制成结肠靶向胶囊剂。

（5）易识别且美观　在胶囊壳或胶皮制备时加入色素可使胶囊具有各种颜色，或在胶囊壳上通过激光喷码等方法在胶囊壳上印字，利于识别且外表美观。

以药用明胶为主要组成成分的胶囊剂囊材具有脆性和水溶性，故下列情况不适宜制成胶囊剂。①能使胶囊壁溶解的液体药剂，如药物的水溶液或稀乙醇溶液，以防囊壁溶化。②易溶性及小剂量的刺激性药物，因其在胃中溶解后局部浓度过高会刺激胃黏膜。③容易风化的药物，可使胶囊壁变软。④吸湿性强的药物，可使胶囊壁变脆。⑤液体药物 pH 超过 2.5 ~ 7.5 范围的，因酸性液体会使明胶水解，碱性液体会使明胶鞣质化，影响溶解。但若采取相应的措施，如加入少量惰性油与吸湿性药物混匀后，可延缓或预防囊壁变脆，也可能制成胶囊剂。

即学即练 8 - 1

以下药物不宜填充于胶囊中的是（　　）。

A. 副反应较多的　　　　　　B. 脂溶性强的　　　　　　C. 分子量大的

答案解析　D. 小剂量的刺激性药物　　　E. 起效慢的

---

3. 胶囊剂的分类　胶囊剂按硬度可分为硬胶囊与软胶囊，按溶解或释放特性可分为肠溶胶囊、缓释胶囊与控释胶囊。

（1）硬胶囊（hard capsules）　系指采用适宜的制剂技术，将原料药物或加适宜辅料制成的均匀粉末、颗粒、小片、小丸、半固体或液体等，充填于空心胶囊中的胶囊剂。如头孢氨苄胶囊、地奥心血康胶囊等。

（2）软胶囊（soft capsules）　系指将一定量的液体原料药物直接密封，或将固体原料药物溶解或分散在适宜的辅料中制备成溶液、混悬液、乳状液或半固体，密封于软质囊材中的胶囊剂。如维生素 E 胶丸、藿香正气软胶囊等。

（3）缓释胶囊　系指在规定的释放介质中缓慢地非恒速释放药物的胶囊剂。缓释胶囊应符合缓释制剂的有关要求并应进行释放度检查。

（4）控释胶囊　系指在规定的释放介质中缓慢地恒速释放药物的胶囊剂。控释胶囊应符合控释制剂的有关要求并应进行释放度检查。控释制剂血药浓度恒定，无"峰谷"现象，从而更好地发挥疗效。

（5）肠溶胶囊　系指用肠溶材料包衣的颗粒或小丸充填于胶囊而制成的硬胶囊，或用适宜的肠溶材料制备而得的硬胶囊或软胶囊。肠溶胶囊不溶于胃液，但能在肠液中崩解而释放活性成分。肠溶胶囊适用于一些具辛嗅味、对胃有刺激性、遇酸不稳定或需在肠中释药的药物制备。

4. 胶囊剂的质量要求　胶囊剂在生产与贮藏期间均应符合下列有关规定。

（1）胶囊剂内容物不论其活性成分或辅料，均不应造成胶囊壳的变质。

（2）小剂量原料药物应用适宜的稀释剂稀释，并混合均匀。

（3）硬胶囊可根据下列制剂技术制备不同形式内容物充填于空心胶囊中。

①将原料药物粉末直接填充。

②将原料药物加适宜的辅料如稀释剂、助流剂、崩解剂等制成均匀的粉末、颗粒或小片后填充。

③将普通小丸、速释小丸、缓释小丸、控释小丸或肠溶小丸单独填充或混合后填充，必要时加入适量空白小丸作填充剂。

④将药物制成包合物、固体分散体、微囊或微球。

⑤溶液、混悬液、乳状液等也可采用特制灌囊机填充于空心胶囊中，必要时密封。

（4）胶囊剂应整洁，不得有黏结、变形、渗漏或囊壳破裂现象，并应无异臭。

（5）胶囊剂的微生物限度应符合要求。

（6）根据原料药物和制剂的特性，除来源于动、植物多组分且难以建立测定方法的胶囊剂外，溶出度、释放度、含量均匀度等应符合要求。必要时，内容物包衣的胶囊剂应检查残留溶剂。

任务二　硬胶囊剂制剂技术 微课3 　 视频1~7

PPT

一、空心胶囊

1. 囊材　空心胶囊是由明胶或其他适宜的药用材料制成的具有弹性的空心囊状物。明胶应符合《中国药典》（2020年版），此外还应具有一定的黏度、胶冻力、pH等性质。明胶的来源对其物理性质也有影响。以骨骼为原料制成的骨明胶质地坚硬、性脆、透明度差，而以猪皮为原料制成的猪皮明胶，可塑性好、透明度好。两种混合使用效果较好。

由于明胶的性质并不完全符合空心胶囊的要求，为了改善空心胶囊的性能，可加入下列物质：①增加空胶囊韧性与可塑性的增塑剂，如甘油、羧甲基纤维素钠（CMC‑Na）、羟丙基纤维素（HPC）、山梨醇等；②增加美观和便于识别的着色剂，如柠檬黄、胭脂红等；③增加对光敏感药物稳定性而制成不透光空心胶囊的遮光剂，如二氧化钛等；④防止胶囊在贮存中霉变的防腐剂，如羟苯酯类等；⑤调整胶囊口感的芳香矫味剂，如乙基香草醛、香精等；⑥减小蘸膜后流动性、增加胶液胶冻力的增稠剂，如琼脂等；⑦使空心胶囊厚薄均匀、增加光洁度的表面活性剂，如十二烷基硫酸钠等。

当然，不是任何一种空心胶囊都必须加入以上物质，而应根据目的要求选择。胶囊用明胶和明胶空心胶囊均应符合《中国药典》（2020年版）四部药用辅料该品种项下各项规定。

📱 **知识链接** --

明胶空心胶囊

明胶空心胶囊在我国实行许可管理制。明胶空心胶囊生产企业必须取得药品生产许可证，采购的明胶应符合药用要求，经检验合格后方可入库和使用。生产的产品应由企业质量管理部门检验合格后才能出厂销售。药品生产企业必须从具有药品生产许可证的企业采购明胶空心胶囊，经检验合格后方可入库和使用。

毒胶囊是指用工业皮革废料做成的药用胶囊。违规企业用生石灰处理皮革废料，熬制成工业明胶，卖给其他企业制成药用胶囊，最终流入药品生产企业，进入患者腹中。由于皮革在工业加工时，要使用含铬的鞣制剂，因此，制成的胶囊重金属铬超标。

根据《中国药典》2020年版的标准，明胶空心胶囊中含铬不得超过百万分之二，此标准可以灵敏地反映是否采用工业明胶生产药用空心胶囊。

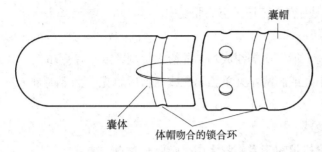

囊帽

囊体

体帽吻合的锁合环

图 8-1 空心胶囊壳结构示意图

2. 空心胶囊壳的选用 空心胶囊呈圆筒形，由囊体和囊帽两节套合而成，有普通型和锁口型两类，锁口型又分单锁口和双锁口两种。目前生产中多使用锁口式胶囊，其密闭性好，不必封口，如图 8-1 所示。

中国医药包装协会发布的 T/CNPPA3008—2020《空心胶囊规格尺寸及外观质量》标准，规定胶囊按其容量大小分为 00#、0#、1#、2#、3#、4#、5# 及其他特殊规格型号，常规加长型胶囊以 el 表示，例如 0#el。特殊规格型号可由生产企业自行制定企业标准。不同规格型号胶囊的规格尺寸见表 8-1。

表 8-1 常用空心胶囊的型号与容积

规格型号		长度/mm		单壁厚/mm		口部外径/mm	囊重差异/mg
		基本尺寸	极限偏差	基本尺寸	极限偏差		
00#	帽	11.50~11.90		0.090~0.120		8.45~8.65	±9.0
	体	20.00~20.40		0.090~0.120		8.10~8.30	
0#	帽	10.70~11.10		0.085~0.115		7.55~7.75	±8.0
	体	18.40~18.80		0.085~0.115		7.25~7.45	
1#	帽	9.60~10.00		0.085~0.115		6.85~7.05	±7.0
	体	16.40~16.80		0.080~0.110		6.55~6.75	
2#	帽	8.80~9.20	±0.40	0.080~0.110	±0.020	6.27~6.45	±6.0
	体	15.20~15.60		0.080~0.110		6.00~6.18	
3#	帽	7.90~8.30		0.080~0.105		5.74~5.92	±5.0
	体	13.40~13.80		0.080~0.105		5.48~5.66	
4#	帽	7.00~7.40		0.080~0.105		5.23~5.41	±4.0
	体	12.00~12.40		0.075~0.100		4.95~5.13	
5#	帽	6.00~6.40		0.070~0.105		4.83~4.98	±3.0
	体	9.20~9.60		0.065~0.100		4.61~4.75	

长度和单壁厚尺寸允许在规定的尺寸范围内修订中心值，但极限偏差应在规定范围内。
规格尺寸仅供参考，不作为验收依据，可由供需双方根据填充要求协商确定具体的指标。

3. 空心胶囊的制备 明胶空心胶囊的生产企业必须取得药品生产许可证，一般由专门企业生产，制剂生产厂家只需按需购买即可。生产用空心胶囊都是由自动化生产线完成，生产采用的方法是栓模法，即将不锈钢制的栓模浸入明胶溶液中形成囊壳。

4. 空胶囊的质量检查与贮存 空胶囊除应检查明胶本身的质量外，还应对外观、长度、厚度、臭味、水分、脆碎度、溶化时限、炽灼残渣、微生物等检查。

空胶囊应贮存于密闭容器中，避光，环境温度在 15~25℃ 最佳，相对湿度 30%~40%。

二、胶囊剂的内容物

不同形式的内容物充填于空心胶囊中即可制备成硬胶囊。一般药物粉碎至适当粒度能满足硬胶囊剂填充要求的，可以直接填充。但更多的情况是在药物中添加适量的辅料后，才能满足生产或治疗的要求。胶囊剂常用的辅料有稀释剂，如淀粉、微晶纤维素、蔗糖、乳糖、氧化镁等，润滑剂如硬脂酸镁、滑石粉、二氧化硅、微粉硅胶等。添加的辅料可采用与药物混合的方法，亦可采用与药物一起制粒的方法，然后再进行填充。可根据药物性质和临床需要，通过制剂技术制成不同形式和功能的内容物，主要有以下几种。

1. 粉末　当主药剂量小于所选用胶囊充填量的 1/2 时，通常需要加入淀粉、PVP 等稀释剂；当主药为粉末或针状结晶、引湿性药物时，流动性差，给填充操作带来困难，常加入微粉硅胶或滑石粉等润滑剂，以改善其流动性。

2. 颗粒　许多胶囊剂是将药物制成颗粒、小丸后再充填入胶囊壳内；以浸膏为原料的中药颗粒剂，引湿性强，富含黏液质及多糖类物质，可加入无水乳糖、微晶纤维素、预胶化淀粉等辅料以改善其引湿性。

3. 小丸　将药物制成普通小丸、速释小丸、缓释小丸、控释小丸或肠溶小丸单独填充或混合后填充，必要时加入适量空白小丸作填充剂。

📖 **知识链接** --

小　丸

小丸是指药物与辅料制成的直径小于 2.5mm 的实心球状制剂。可根据不同需要将其制成速释、缓释、控释或肠溶小丸。速释小丸可使药物迅速释放。缓释、控释小丸是由药物与阻滞剂混合制成或先制成普通丸芯后再包缓、控释膜衣而成。小丸可压制成片，也可装于空心胶囊中制成缓、控释胶囊剂。

小丸有许多其他口服制剂无法相比的优点：①可通过包衣制成缓、控释制剂；②在胃肠道分布面积大，生物利用度高，刺激性小；③控释小丸可迅速达到有效血药浓度，并维持平稳、长时间的有效浓度；④小丸的流动性好，大小均匀，易于处理（如包衣、分剂量）；⑤改善药物稳定性，掩盖不良臭味。

----

4. 液体或半固体　向硬胶囊内充填液体药物，需要解决液体从囊帽与囊体接合处泄漏的问题，一般采用增加充填物黏度的方法，可加入增稠剂如硅酸衍生物等，使液体变为非流动性软材，然后灌装入胶囊中。在填充药物的过程中，要经常检查胶囊的装量差异限度是否符合药典的相关规定。

三、胶囊剂的制备工艺

硬胶囊剂的生产过程包括物料的领取、囊心物的制备、填充、封口及抛光等，硬胶囊剂的生产工艺流程及生产区域洁净度要求如图 8-2 所示。

1. 胶囊的填充　硬胶囊的填充方法有手工填充和机械填充。其填充操作间应保持温度 18~26℃，相对湿度 45%~65%，温湿度过高可使胶囊软化、变形，影响产品质量。

（1）手工填充　小量制备硬胶囊时可采用模具进行手工填充药物，用有机玻璃制成胶囊分装器（图 8-3），由体板、帽板、导向排列盘、中间板组成。充填时将导向排列盘轮回放置于帽板或体板上，使定位锁定位于定位孔中，放上适量胶囊来回倾斜轻轻筛动，待胶囊基本落满后，倒出多余胶囊，补上空缺胶囊，将适量所需填充的囊心物倒在装满胶囊的体板上，用刮板来回刮动，使囊心物装满胶囊，刮净多余囊心物，将中间板扣在装满胶囊的帽板上，再将扣在一起的帽板和中

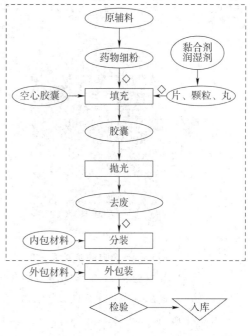

图 8-2　硬胶囊剂生产工艺流程

⬭——物料；▭——工序；◇——检验；
▽——入库

虚线框内代表 D 级或以上洁净生产区域

间板反过来扣在体板上，对准位置轻轻地边摆动边下压使胶囊在预锁合状态，将整套板翻面（使帽板在下）用力下压到底，使体板与帽板压实至胶囊锁合成合格长度的产品，拿掉帽板端出中间板（可再把胶囊帽向上的中间板放在其他平面的地方下压一下中间板可使胶囊一次倒完）把胶囊倒入容器中即可。充填好的胶囊可用洁净的纱布包起，轻轻搓滚，以拭去胶囊外面黏附的药粉。如在纱布上喷少量液体石蜡，搓滚后可使胶囊光亮。此法主要缺点是药尘飞扬严重，装量差异大，返工率高，生产效率低。

图 8-3 硬胶囊分装器

（2）机械填充 目前，国内外应用最为广泛的硬胶囊填充设备为全自动胶囊填充机（图 8-4、图 8-5）。其特点是全自动密闭式操作，可防止污染，装量准确，机内有检测装置及自动排除废胶囊装置。

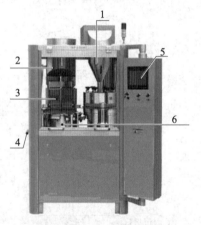

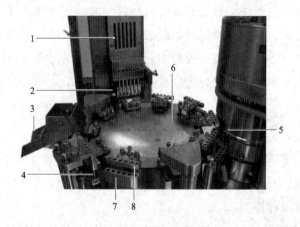

图 8-4 全自动胶囊填充机

1. 填充物料斗；2. 空胶囊料斗；3. 送囊板；4. 成品出口；5. 人机界面；6. 充填转盘

图 8-5 全自动胶囊填充机结构图

1. 下囊板；2. 定向（顺向）模块；3. 出料口；4. 锁合杆；5. 计量盘；6. 转台；7. 下模板；8. 上模板

全自动胶囊填充机主要由机架、回转台、传动系统、胶囊送进机构、囊心物充填机构、胶囊分离机构、废胶囊剔除机构、胶囊封合机构、成品胶囊排出机构、清洁机构等组成。

全自动胶囊填充机采用电容式传感器感应控制粉环内囊心物高度，当物料斗里的料量低于极限值时可自动停机，防止出现不合格产品。可根据囊心物的流动性，适当调整传感器的高度，调整好计量盘、药粉的距离。

全自动胶囊填充机的工作台面上设有可绕轴旋转的工作盘，工作盘可带动胶囊板做周向旋转。围绕工作盘设有空胶囊排序与定向、拔囊、剔除废囊、闭合胶囊、出囊和清洁等结构，如图 8 – 6 所示。工作台下的机壳内设有传动系统，将运动传递给各机构，以完成以下工序操作。

①空胶囊排序与定向　由排序装置排出的空胶囊有的胶囊帽在上，有的胶囊帽在下。为便于空胶囊的体帽分离及药物的充填，需进一步将空胶囊按帽在上、体在下的方式进行定向排列。空胶囊的定向排列可由定向装置完成，该装置设有滑槽和推爪，滑槽可在槽内作水平往复运动，如图 8 – 7 所示。工作时，胶囊依靠自重落入滑槽中。由于滑槽的宽度（与纸面垂直的方向上）略大于胶囊体的直径而略小于胶囊帽的直径，因此滑槽对胶囊帽有一个夹紧力，但并不夹紧胶囊体。同时，推爪只作用于直径较小的胶囊体中部。这样，当推爪推动胶囊体运动时，胶囊体将围绕滑槽与胶囊帽的夹紧点转动，使胶囊体朝前，并被推向定向器座的边缘。此时，垂直运动的压囊爪将胶囊体翻转 90°，并将其垂直推入囊板孔中。

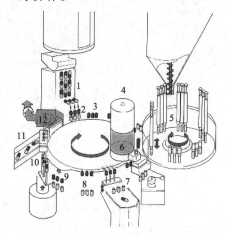

图 8 – 6　全自动胶囊填充机工作示意图

1. 胶囊排序入模；2. 囊体、囊帽分离；3. 囊体、囊帽水平分离；4. 料斗；5、6. 计量与装填；7. 剔除未分离胶囊；8. 模具安装工位；9. 帽体重合；10. 帽体锁合；11. 成品顶出；12. 清洁

②拔囊　在真空吸力的作用下，胶囊体落入下囊板孔中，而胶囊帽则留在上胶囊孔中。该装置由上、下囊板以及真空分配板组成（图 8 – 8）。空胶囊被压囊爪推入囊板孔后，真空分配板上升，与下囊板闭合，顶杆随真空分配板同步上升并伸入到下囊板孔中，真空接通，实现空胶囊的体帽分离。由于上、下囊板孔的直径相同，且都为台阶孔，上下囊板台阶孔的直径分别小于囊帽和囊体的直径。这样，当囊体被真空吸至下囊板孔中时，上囊板孔中的台阶可挡住囊帽下行，下囊板孔中的台阶可使囊体下行至一定位置时停止，从而达到体帽分离的目的。

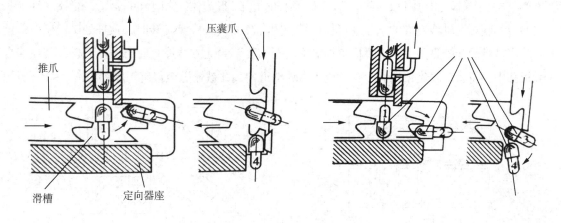

图 8 – 7　空胶囊的定向装置示意图

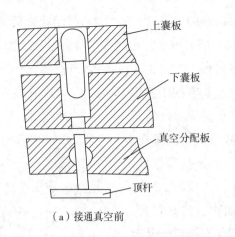

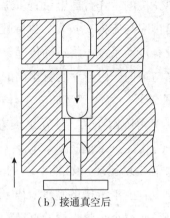

（a）接通真空前　　　　　　　　（b）接通真空后

图 8-8　拔囊装置示意图

③体帽错位　上囊板连同胶囊帽一起移开,胶囊体的上口置于定量填充装置的下方。

④药物填充　药物由药物定量填充装置填充进胶囊体中。

⑤废囊剔除　个别空胶囊可能会因某种原因而使体、帽未能分开,这些空胶囊一直滞留于上囊孔中,但并未填充药物。为防止这些空胶囊混入成品中,应在胶囊闭合前将其剔除出去。其核心构件是一个可上下往复运动的顶杆架,上面设有与模块孔相对应的顶杆。当上、下囊板转动至剔除装置并停止时,顶杆上升,伸到上囊板孔中,若囊板孔中仅有胶囊帽,则上行的顶杆对囊帽不产生影响;若囊板孔中存有未拔开的空胶囊,则上行的顶杆将其顶出囊板孔,剔除装置的结构与工作原理如图8-9所示。

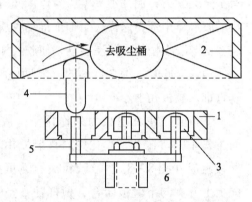

图 8-9　胶囊废囊剔除装置结构与原理图

1. 上囊板；2. 下囊板；3. 囊帽；4. 空胶囊；
5. 剔废杆；6. 顶杆架

⑥胶囊闭合　胶囊闭合装置由压板和顶杆组成,当上、下囊板的轴线对准后,压板下行,将胶囊帽压住。同时,顶杆上行伸入下囊板孔中顶住胶囊体下部。随着顶杆的上升,胶囊体、帽闭合并锁紧,如图8-10所示。

⑦出囊　当囊板孔轴线对准的上、下囊板携带着闭合胶囊随工作盘旋转时,顶杆处于低位,即位于下囊板下方。当携带闭合胶囊的上、下囊板工作盘旋转至出囊装置上方并停止时,顶杆上升,其顶端自下而上伸入囊板孔中,将闭合胶囊顶出囊板孔,进入出囊滑道中,并被输送至包装工序,如图8-11所示。

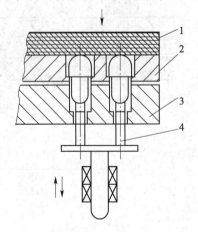

图 8-10　锁合装置结构与工作原理图

1. 弹性压板；2. 上囊板；3. 下囊板；4. 顶杆

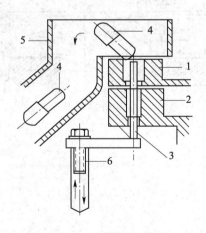

图 8-11　出囊装置示意图

1. 上囊板；2. 下囊板；3. 推杆；4. 成品；
5. 滑槽；6. 推杆架

⑧清洁　上、下囊板经过拔囊、填充药物、出囊等工序后，囊板孔可能会受到污染。因此，上、下囊板在进入下一周期的操作循环之前，应通过清洁装置对其囊板孔进行清洁，清洁装置结构如图8－12所示，通过吸真空的方式将上、下囊板孔中的药物、囊皮屑清洁干净，然后进入下一个周期的循环操作，如图8－12所示。

（3）药物填充方法的类型　硬胶囊的囊心物为粉末及颗粒时，其充填方式有4种类型（图8－13）。①由螺旋挤压进物料（图8－13A）；②由柱塞上下往复动作压进药物（图8－13B）；③药物自由流入（图8－13C）；④在填充管内的捣棒将药物压成块状单位量，再填充于胶囊中（图8－13D）。从填充原理看，①②型填充机对物料的要求不高，只要物料不易分层即可。③型填充机要求物料具有良好的流动性，常需要制粒才能达到。④型适用于流动性差但混合均匀的物料，如针状结晶药物、易吸湿药物等。

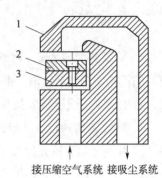

接压缩空气系统　接吸尘系统

图8－12　清洁装置示意图

1. 清洁装置；2. 上囊板；3. 下囊板

以上所述④法称为填塞式定量法，又称夯实式、杯式定量法，是用填塞杆逐次将药物装粉夯实在定量杯里，最后在转换杯里达到所需充填量。药粉从锥形储料斗通过搅拌输送器直接进入计量粉斗，计量粉斗里有多组孔眼，组成定量杯，填塞杆经多次将落入杯中药粉夯实，最后一组将已达到定量要求的药粉充入胶囊体。这种充填方式可满足现代粉体技术要求。其优点是装量准确，误差可在±2%，特别适用于流动性差的和易粘连的药物，并可通过调节压力和升降充填高度来调节充填重量。

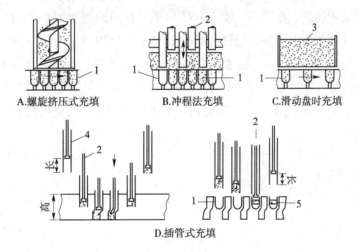

A.螺旋挤压式充填　　B.冲程法充填　　C.滑动盘时充填

D.插管式充填

图8－13　硬胶囊剂药物充填原理图

1. 胶囊；2. 柱塞；3. 粉末；4. 填塞杆；5. 药量

2. 胶囊的抛光　也常称为打光。填充后的硬胶囊表面会粘有药粉，胶囊剂通过抛光可达到胶囊外表无细粉、表面光滑。常采用药品抛光机。

胶囊从抛光机斜槽入口通过旋转毛刷将胶囊带至筛网筒中，通过毛刷的旋转运动，带动胶囊沿抛光筒管壁做圆周螺旋运动，使胶囊顺螺旋弹簧前进，在与毛刷、抛光筒壁的不断摩擦下，使胶囊壳外表抛光，被抛光的胶囊从出料口进入废斗。在去废器中，由于负压的作用，胶囊在气流作用下，重量轻的不合格胶囊上升，通过吸管进入吸尘器内，重量大的合格胶囊继续下落，通过活动出料斗出料，有效达到抛光去废目的。抛光过程中被刷落的药粉及细小碎片，通过抛光筒壁上的小孔进入密封筒后，被吸入吸尘器内回收。

任务三　软胶囊剂制剂技术　微课4　视频8~10

PPT

一、概述

1. 软胶囊剂的定义　软胶囊剂系指将一定量的液体原料药物直接密封，或将固体原料药溶解或分散在适宜的辅料中制备成溶液、混悬液、乳状液或半固体，密封于软质囊材中的胶囊剂。软胶囊剂也称为胶丸，可用滴制法或压制法制备。软质囊材一般是用明胶、甘油或其他适宜的药用辅料单独或混合制成。

2. 软胶囊剂的特点　液体油性药物可直接封入胶囊，无需使用吸附、包合之类的添加剂；密封性好，胶囊强度和膜遮光性高，内容物可长期保持稳定；摄取后，内容物迅速释放，体内生物利用度高；填充物均一性好，含量偏差非常低；能遮盖某些内容物异臭、异味；胶囊皮膜的味、色、香、透明度、光泽性均可自由选择，与其他圆形物制品相比，外观光泽好，引人注目。

油性药物及低熔点药物、对光敏感遇湿热不稳定或者易氧化的药物、具不良气味的药物及微量活性药物、具有挥发性成分的药物和生物利用度差的疏水性药物等可制成软胶囊。

二、软胶囊剂的囊材组成

软胶囊剂的囊壳主要由明胶、增塑剂、水三者所构成，常用的增塑剂有甘油、山梨醇或两者的混合物，其他辅料有防腐剂（可用尼泊金类，用量为明胶量的 $0.2\% \sim 0.3\%$）、遮光剂、色素等。囊壳的弹性与干明胶、增塑剂和水所占的比例有关，通常干明胶、增塑剂、水三者的重量比为 $1 : (0.4 \sim 0.6) : 1$，若增塑剂用量过低（或过高），则囊壁会过硬（或过软）。增塑剂的用量可根据产品主要销售地的气温和相对湿度进行适当调节，比如我国南方的气温和相对湿度一般较高，因此增塑剂用量应少一些，而在北方增塑剂用量应多一些。

即学即练 8 –2

为了增强软胶囊壳的可塑性，可选择的增塑剂有（　　）。

A. 聚山梨酯 80　　　　B. 聚乙二醇 400　　　　C. 山梨醇

答案解析　　D. 羟苯乙酯　　　　E. 甘油

三、软胶囊剂囊心物的性质

软胶囊剂中可以填充各种油类液体药物或对明胶无溶解作用的药物溶液、混悬液，也可填充半固体药物。软胶囊剂的囊心物除少数液体药物（如鱼肝油等）外，药物均需用植物油、PEG 400、芳香烃酯类、有机酸、甘油、异丙醇以及表面活性剂等适宜的油脂或非油性辅料溶解或制成混悬剂，可提高有效成分的生物利用度，同时也增加药物稳定性。

液体药物中若含水量在 5% 以上或为水溶性、挥发性、小分子有机物如乙醇、丙酮、酸、酯类等，能使软胶囊壳软化或溶解；醛类药物可使明胶变性，以上种类的药物一般均不宜制成软胶囊剂。制备中药软胶囊时，应注意除去提取物中的鞣质，因鞣质可与蛋白质结合为鞣性蛋白质，使软胶囊的崩解度受到影响。

在填充液体药物时 pH 应控制在 2.5～7.5，否则易使明胶水解或变性，导致泄漏或影响崩解和溶出，可选用磷酸盐、乳酸盐等缓冲液调整。

四、软胶囊剂的制备工艺

软胶囊剂的制备方法主要有滴制法与压制法两种。其中，由滴制法生产出来的软胶囊剂呈球形，且无缝，称为无缝胶丸。压制法生产出来的软胶囊剂中间有压缝，可根据模具的形状来确定软胶囊的外形，如椭圆形、橄榄形、鱼形等，称为有缝胶丸。

1. 化胶　化胶是指将明胶、水、甘油及防腐剂、色素等辅料，使用规定的化胶设备，煮制成适用于压制软胶囊的明胶液。明胶液经检查合格后方可使用。化胶设备可采用水浴式化胶罐或真空搅拌罐，投入明胶至放胶整个过程尽可能控制在 2 个小时内，温度通常不超过 70℃，如利用回收网胶应在明胶全溶后投入网胶，防止胶液夹生。化胶过程中应控制化胶的温度和时间，温度越高、时间越长，胶液的黏度破坏越严重，应根据每批明胶的质量不同，控制化胶温度及时间。如加入 Fe_2O_3、Fe_3O_4 等色素，应增加甘油的投料量，以保持制成软胶囊后胶皮的柔软性。

2. 囊心物配制　囊心物配制时将药物及辅料通过调配罐、胶体磨、乳化罐等设备制成符合软胶囊剂质量标准的溶液、混悬液或乳液等类型的囊心物。

药物本身是油类，只需加入适量抑菌剂，或再添加一定数量的玉米油（或 PEG 400）混匀即得。药物若是固态，可将其先粉碎过 100～200 目筛，再与玉米油等油脂或非油性辅料混合，经胶体磨研匀，使药物以极细腻的质点形式均匀地悬浮于玉米油中。

3. 压制或滴制成形

（1）压制法　系将明胶、甘油、水等混合溶解为明胶液，并制成胶皮，再将药物置于两块胶皮之间，用钢板模或旋转模压制成软胶囊的一种方法。压制法可分为平板模式和滚模式两种。软胶囊剂压制法生产工艺流程如图 8-14 所示，生产环境包括一般洁净区和 D 级洁净区。

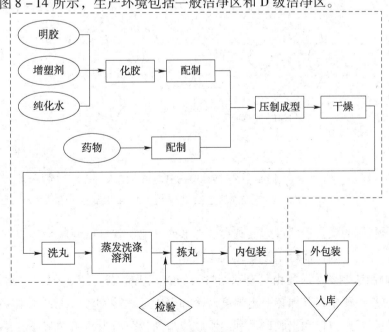

图 8-14　软胶囊剂压制法生产工艺流程

⬭——物料；▭——工序；◇——检验；▽——入库

虚线框内代表 D 级生产区

大量生产软胶囊时常采用滚模式软胶囊压制机，压丸主机包括机身、机头、供料系、左右明胶滚、下丸器、明胶盒、润滑系统、喷体、胶液供应系统、胶皮冷却系统、胶囊输送带等。另配有压缩空气、冷水、清洁热水等辅助动力。其原理如图8-15所示，生产时胶液分别由软胶囊机两边的输胶系统（明胶盒）流出，铺到转动的胶带定型转鼓上形成胶液带，由胶盒刀闸的高低可调整胶带厚薄。胶液带经冷源（空气冷却）冷却定型后，由上油滚轮揭下胶带，制出两条胶带，经胶带传送导杆和传送滚柱，从模具上部对应送入两平行对应吻合转动的一对圆柱形滚模间，使两条对合的胶带一部分先受到楔形注液器加热与模压作用而先黏合，此时囊心物料液泵同步随即将囊心物料液定量输出，通过料液管到楔形注液器，楔形注液器内有电加热管，可加热喷体使胶皮受热后能黏合。料液经喷射孔喷出，冲入两胶带间所形成的由模腔托着的囊腔内。因滚模不断转动，使喷液完毕后的囊腔旋即模压黏合而完全封闭，形成软胶囊，其原理如图8-16所示。

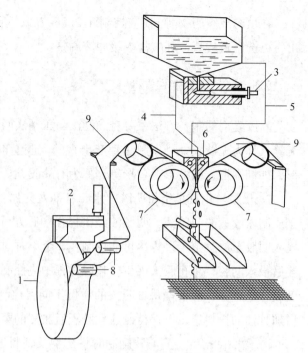

图8-15 滚模式软胶囊压制机模压示意图

1. 胶皮轮；2. 明胶盒；3. 注射泵；4. 加料管；5. 余液返回导管；
6. 楔形注液器；7. 滚模；8. 油滚轴；9. 胶皮

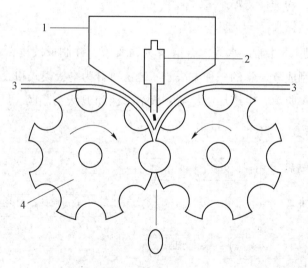

图8-16 喷体喷出药液示意图

1. 贮液槽；2. 定量填充泵；3. 明胶软片；4. 轮状模

滚模式软胶囊压制机的模具形状可为椭圆形、球形或其他形状。压制法生产软胶囊产量大、自动化程度高、成品率高、计量准确，适合于工业化大生产。

（2）滴制法 滴制法制备软胶囊由具有双层喷头的滴丸机完成（图8-17）。将油状药液加入药液贮槽，明胶液加入胶液贮槽中，并保持一定温度。冷却管中放入冷却液（常为液体石蜡），根据每一胶丸内含药量多少，调节好出料口和出胶口。利用明胶液与油状药液为两相，明胶液、药液先后以不同的速度从同心管出口滴出，其中，明胶液在外层，药液从中心管喷出，使一定量的明胶液将定量的药液包裹后，滴入与明胶液不相混溶的冷却液中，由于表面张力作用而使之形成球形，并逐渐冷却、凝固而形成无缝胶丸。

　　为保证胶丸的质量应掌握好以下条件：①明胶液中明胶、甘油及水的比例在 1∶（0.3～0.4）∶（0.7－1.4）为宜，否则胶丸将过软或过硬。②胶液的黏度应为 3～5°E（恩氏黏度）③适当调节药液、胶液及冷却液三者的密度，以免影响胶丸在冷却液中沉降速度和形成。④控制好温度，胶液、药液贮液槽保温 60℃，喷头保温 75～80℃，冷却器温度维持在 13～17℃。⑤冷却液必须安全无害，与明胶不相混溶，一般为液体石蜡、植物油、硅油等。

　　滴制法制备软胶囊具有成品率高、装量差异小、产量大、成本低等优点。

　　4. 干燥　干燥是软胶囊剂的制备过程中不可缺少的过程。在压制或滴制成形后，软胶囊胶皮内含有 40%～50% 的水分，未具备定型的效果，生产时要进行干燥，使软胶囊胶皮的含水量下降至 10% 左右。因胶皮遇热易熔化，干燥过程应在常温或低于常温的条件下进行，即在低温低湿的条件下干燥，除湿的效果将直接影响软胶囊的质量。软胶囊剂的干燥条件是：温度 20～24℃、相对湿度 20% 左右。压制成形的软胶囊可采用滚筒干燥，动态的干燥形式有利于提高干燥的效果；滴制成形的软胶囊可直接放置在托盘上干燥。为保障干燥的效果，干燥间通常采用平行层流的送回风方式。

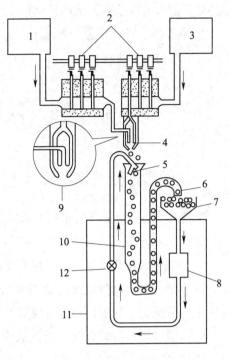

图 8－17　滴丸机滴制软胶囊示意图

1. 药液贮槽；2. 定量控制器；3. 明胶液贮槽；4. 喷头；5. 冷却液液体石蜡出口；6. 胶丸出口；7. 胶丸收集箱；8. 液体石蜡贮箱；9. 喷头放大；10. 冷却管；11. 冷却箱；12. 泵

　　5. 清洗　为除去软胶囊表面的润滑液，在干燥后应用 95% 乙醇或乙醚进行清洗，清洗后在托盘上静置，使清洗剂挥干。

PPT

任务四　肠溶胶囊制剂技术

　　肠溶胶囊系指用肠溶材料包衣的颗粒或小丸充填于胶囊而制成的硬胶囊，或用适宜的肠溶材料制备而得的硬胶囊或软胶囊，如奥美拉唑肠溶胶囊。肠溶胶囊不溶于胃液，但能在肠液中崩解而释放活性成分。

　　凡药物具有刺激性或臭味，或遇酸不稳定及需要在肠内溶解而发挥疗效的，均可制成在胃内不溶到肠内崩解、溶化的肠溶胶囊。

　　1. 囊壳的肠溶处理

　　（1）以肠溶材料制成空心胶囊　把溶解好的肠溶性高分子材料直接加入明胶液中，制成混合胶液，然后加工成肠溶性空胶囊，常用的肠溶材料有肠溶型Ⅱ号、Ⅲ号聚丙烯酸树脂系列。

　　（2）用肠溶材料作外层包衣　先用明胶（或海藻酸钠）制成空胶囊，然后在明胶壳表面包裹肠溶材料，如用 PVP 作底衣层，然后用蜂蜡等作外层包衣，也可用丙烯酸树脂Ⅱ号、CAP、邻苯二甲酸羟丙甲纤维素等溶液包衣，其肠溶性均较稳定。

　　（3）甲醛浸渍法　明胶经甲醛处理，发生胺缩醛反应，使明胶分子互相交联，形成甲醛明胶。但此种处理方法受甲醛浓度、处理时间、成品贮存时间等因素影响较大，使其肠溶性极不稳定。这类产品应经常作崩解时限检查，因产品质量不稳定现已不用。

2. 囊心物的肠溶处理　充填于空心胶囊中的内容物，如颗粒、小丸等，可用适宜的肠溶材料，如聚乙烯吡咯烷酮，进行包衣，使其具有肠溶性，然后充填于胶囊壳而制成肠溶胶囊剂。

PPT

任务五　胶囊剂的质量评价与包装贮存

一、胶囊剂的质量评价

胶囊剂的质量检查项目包括外观检查、装量差异、崩解时限、溶出度、释放度、含量、均匀度、微生物限度等。

1. 外观　胶囊剂应整洁，不得有黏结、变形、渗漏或囊壳破裂等现象，并应无异臭。

2. 水分　中药硬胶囊剂应进行水分检查。取供试品内容物，照《中国药典》（2020年版）通则0832中水分测定法测定，除另有规定外，不得过9.0%。硬胶囊剂内容物为液体或半固体不检查水分。

3. 装量差异　除另有规定外，取供试品20粒（中药取10粒），分别精密称定重量，倾出内容物（不得损失囊壳），硬胶囊囊壳用小刷或其他适宜的用具拭净，软胶囊或内容物为半固体或液体的硬胶囊囊壳用乙醚等易挥发性溶剂洗净，置通风处使溶剂挥尽，再分别精密称定囊壳重量，求出每粒内容物的装量与平均装量，每粒装量与平均装量相比较（有标示装量的胶囊剂，每粒装量应与标示装量比较），超出装量差异限度的不得多于2粒，并不得有1粒超出限度的1倍（表8-2）。

表8-2　胶囊剂装量差异限度

平均装量	装量差异限度
0.30g 以下	±10%
0.30g 及 0.30g 以上	±7.5%（中药±10%）

凡规定检查含量均匀度的胶囊剂，一般不再进行装量差异的检查。

4. 崩解时限　硬胶囊剂或软胶囊剂的崩解时限，除另有规定外，照《中国药典》（2020年版）通则0921崩解时限检查法检查，均应符合规定。取供试品6粒，硬胶囊应在30分钟内全部崩解，软胶囊应在1小时内全部崩解。如有1粒不能完全崩解，应另取6粒复试，均应符合规定。

肠溶胶囊剂，除另有规定外，取供试品6粒，按片剂崩解时限检查装置与方法，先在盐酸溶液（9→1000）中不加挡板检查2小时，每粒的囊壳均不得有裂缝或崩解现象；然后将吊篮取出，用少量水洗涤后，每管加入挡板，再按上述方法，改在人工肠液中进行检查，1小时内应全部崩解。如有1粒不能完全崩解，应另取6粒复试，均应符合规定。

结肠溶胶囊剂，除另有规定外，取供试品6粒，按片剂崩解时限检查装置与方法，先在盐酸溶液（9→1000）中不加挡板检查2小时，每粒的囊壳均不得有裂缝或崩解现象；将吊篮取出，用少量水洗涤后，再按上述方法，在磷酸盐缓冲液（pH 6.8）中不加挡板检查3小时，每粒的囊壳均不得有裂缝或崩解现象；然后将吊篮取出，用少量水洗涤后，每管加入挡板，再按上述方法，改在磷酸盐缓冲液（pH 7.8）中检查，1小时内应全部崩解。如有1粒不能完全崩解，应另取6粒复试，均应符合规定。

凡规定检查溶出度或释放度的胶囊剂，可不进行崩解时限的检查。

5. 溶出度与释放度　溶出度系指活性药物从片剂、胶囊剂或颗粒剂等制剂中在规定条件下溶出的速度或程度。除另有规定外，胶囊剂的溶出度照《中国药典》（2020 年版）通则 0931 溶出度测定法进行。

释放度系指药物从缓释制剂、控释制剂、肠溶制剂及透皮贴剂等在规定条件下释放的速度和程度。除另有规定外，胶囊剂的释放度照《中国药典》（2020 年版）通则 0931 释放度测定法进行。

6. 含量均匀度　除另有规定外，硬胶囊剂每粒标示量不大于 25mg 或主药含量不大于每粒重量 25%。内容物非均一溶液的软胶囊剂，均应检查含量均匀度。

7. 微生物限度检查　微生物限度检查项目包括细菌数、霉菌数、酵母菌数及控制菌（口服给药制剂为大肠埃希菌）检查。

即学即练 8 - 3

胶囊剂质量检查项目包括（　　）。

A. 硬度　　　　　　　　B. 装量差异　　　　　　　C. 崩解时限

答案解析　　D. 水分　　　　　　　　E. 溶散时限

二、胶囊剂的包装与贮存

由胶囊剂的囊材性质所决定，包装材料与贮存环境对胶囊剂的质量有明显的影响，因此，必须选择适当的包装容器与贮存条件。通常采用密闭性良好的玻璃瓶、塑料瓶、泡罩式或窄条式包装。除另有规定外，胶囊剂应密封贮存，其存放环境温度不高于 30℃，相对湿度 <60%，防止受潮、发霉、变质。

实践实训

实践项目九　吲哚美辛胶囊

【实践目的】

1. 掌握硬胶囊剂的制备方法；硬胶囊剂生产工艺过程中的操作要点。

2. 熟悉硬胶囊剂的常规质量检查方法。

【实践场地】

实训车间。室内温度为 18～26℃，相对湿度 45%～65%，洁净级别为 D 级。

【实践内容】

1. 处方　吲哚美辛 40kg，淀粉适量，共制成胶囊 400000 粒。

2. 需制成规格　0.25g/粒。

3. 设备　粉碎机（GY300AX 型），振动筛（XZS - 500 型），电子秤（MD340 型），多项运动混合机（HD - 600 型），全自动胶囊充填机（NJR - 400 型）。

4. 拟定计划　如图 8 - 18 所示。

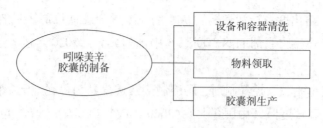

图 8 - 18　生产计划

【实践方案】

（一）生产准备阶段

1. 生产指令下达　如表 8 - 3 所示。

表 8 - 3　吲哚美辛胶囊生产指令

生产车间	胶囊车间	包装规格	10 粒/ 板
品名	吲哚美辛胶囊	生产批量	400000 粒
规格	0.25g/粒	生产日期	2020 - 03 - 02
批号	20200302	完成时限	2020 - 03 - 03
生产依据	吲哚美辛胶囊工艺规程		

物料编号	物料名称	规格	用量	单位	检验单号	备注
YL2020101	吲哚美辛	药用	40	kg	YLJY2020101	
FL2020102	淀粉	药用	60	kg	FLJY2020102	
BC202080	空心胶囊	1#	400000	粒	BCJY202080	

备注：

编制	审核
生产部：王军	质量部：陈东
批准	执行
生产部：沈林	生产车间：袁尚

分发部门：胶囊车间、物料供应部、工程部

2. 领料　凭生产指令领取经检验合格、符合使用要求的吲哚美辛、淀粉、1# 空心胶囊等原辅料。填写领料单，记录于表 8 - 4。

表 8 - 4　吲哚美辛胶囊领料单

品名	吲哚美辛胶囊	生产批量	400000 粒
规格	0.25g/粒	生产日期	2020 - 03 - 02
批号	20200302	完成时限	2020 - 03 - 03

物料编号	物料名称	规格	用量	单位	检验单号	领料人	复核人
YL2020101	吲哚美辛	药用	40	kg	YLJY2020101		
FL2020102	淀粉	药用	60	kg	FLJY2020102		
BC202080	空心胶囊	1#	400000	粒	BCJY202080		

备注：

编制	审核
生产部：王军	质量部：陈东

批准	执行
生产部：沈林	生产车间：袁尚

分发部门：总工办、质量部、物料部、工程部

3. 存放　确认合格的原辅料按物料清洁程序从物料通道进入生产区原辅料暂存间。

（二）生产操作阶段

1. 生产前准备　操作人员按照企业人员进入 D 级洁净区净化流程着装进入操作间，做好操作前的一切准备工作。填充操作前，操作人员应对操作间进行以下方面相应的检查，以避免产生污染或交叉污染。

（1）温湿度、静压差的检查　应当根据所生产药品的特性及原辅料的特性设定相应的控制范围，确认操作间符合工艺要求。

（2）生产环境卫生检查　操作室地面、工具是否干净、齐全；确保生产区域没有上批遗留的产品、文件或与本批产品生产无关的物料。

（3）容器状态检查　检查容器等应处于"已清洁"状态，且在清洁、消毒有效期限内，否则按容器清洁消毒标准程序进行清洁消毒，经检查合格后方可进行下一步操作。

（4）生产设备检查　设备应处于"设备完好""已清洁"状态，重点检查胶囊填充机下列部件：旋转台和罩内部、下料管、水平叉、导引块、上下模块、空胶囊加料器、颗粒料斗、给料装置、废胶囊剔除盒、吸尘器桶等。

2. 生产操作　按吲哚美辛硬胶囊剂的生产工艺流程（物料—粉碎—筛分—混合—充填—质检—包装）来进行操作。

（1）填充内容物的制备　淀粉干燥，过 120 目筛，与吲哚美辛最细粉按等量递加法混合，过两次 120 目筛，充分混合均匀，即得。

（2）胶囊的填充　采用 NJR － 400 型全自动胶囊充填机进行自动填充。检查全自动胶囊充填机至正常状态，将填充内容物加入料斗中，运行进行试充填，检查外观、装量差异、符合要求后正式充填。充填过程中，每隔 15 分钟检查一次装量差异，应在合格范围内。装完的胶囊装入洁净容器，称量，备用。填写生产记录，记录于表 8 － 5。

表 8 － 5　吲哚美辛胶囊填充岗位生产记录

生产日期		2020 － 03 － 02	班次	1 班次
品名		吲哚美辛胶囊	规格	0.25g/粒
批号		20200302	理论量	400000
生产操作	填充时间		填充开始	
	填充结束		模具规格	
	每粒重	0.25g	装量差异	
	崩解时限		胶囊壳颜色	
	装量差异检查频率	15 分钟/次	填充速度	
	领料量		领胶囊壳量	
	余量		胶囊总量	
	取样量		废料量	
	设备名称		设备编号	

续表

物料平衡	公式	（胶囊总量＋取样量＋余量＋废料量）／（领料量＋领胶囊壳量）×100%		
	计算			
	限度	95%≤限度≤100%	□符合限度	□不符合限度
备注	偏差分析及处理：			

操作人		复核人		QA	

（三）吲哚美辛硬胶囊剂装量差异检查

先将20粒胶囊分别精密称定重量，再将内容物完全倾出，硬胶囊壳用小刷或其他适宜的用具拭净，再分别精密称定囊壳重量，求出每粒内容物的装量与平均装量，将每粒装量与平均装量进行比较，超出装量差异限度的不得多于2粒，并不得有1粒超出限度的1倍。

【实践结果】

吲哚美辛胶囊的质量检查结果记录于表8－6。

表8－6 吲哚美辛胶囊质量检查记录单

品　名			包装规格		
规　格			取样日期		
批　号			取样量		
取样人			检测人		
取样依据	吲哚美辛胶囊工艺规程				
检测项目	胶囊锁口质量	胶囊外观质量	胶囊装量差异		
			超出装量差异限度/粒	超出限度的1倍/粒	
结果					

结论：

备注：

实践项目十　维生素 E 软胶囊

【实践目的】

1. 掌握软胶囊剂的制备方法；软囊剂生产工艺过程中的操作要点。

2. 熟悉软胶囊剂的常规质量检查方法。

【实践场地】

实训车间。室内温度 20～25℃，相对湿度 30%～40%，洁净级别为 D 级。

【实践内容】

1. 处方　维生素 E 5000g，大豆油 10000g，共制 100000 粒。

2. 需制成规格　每丸重 400mg

3. 设备　胶体磨（160 型），水浴式化胶罐（JG700A 型），滚模式软胶囊机（软胶囊压制机）（RGY6X15F 型），转笼干燥机（RGY6X15F 型）。

4. 拟定计划　如图 8－19 所示。

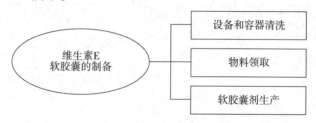

图 8－19　生产计划

【实践方案】

（一）生产准备阶段

1. 生产指令下达　如表 8－7 所示。

表 8－7　维生素 E 软胶囊生产指令

生产车间	软胶囊车间		包装规格		10 粒/板	
品名	维生素 E 胶囊		生产批量		100000 粒	
规格	400mg/粒		生产日期		2020－03－02	
批号	20200302		完成时限		2020－03－03	
生产依据	维生素 E 软胶囊工艺规程					
物料编号	物料名称	规格	用量	单位	检验单号	备注
YL20191223	维生素 E	药用	5	kg	YLJY20191223	
FL20191123	大豆油	药用	10	kg	FLJY20191123	
FL20191120	明胶	药用	18.75	kg	FLJY20191120	
FL20191228	甘油	药用	7.5	kg	FLJY20191228	
FL20191227	纯化水	药用	18.75	kg	FLJY20191227	

备注：

编制 生产部：王军	审核 质量部：林琳
批准 生产部：李林	执行 生产车间：袁尚
分发部门：软胶囊车间、质量部、物料供应部	

2. 领料　凭生产指令领取经检验合格、符合使用要求的各原辅料，按物料清洁程序从物料通道进入生产区原辅料暂存间。填写领料单，记录于表 8－8。

表8-8 维生素E软胶囊领料单

生产车间	软胶囊车间		包装规格	10粒/板		
品名	维生素E胶囊		生产批量	100000粒		
规格	400mg/粒		生产日期	2020-03-02		
批号	20200302		完成时限	2020-03-03		
物料编号	物料名称	规格	用量	单位	检验单号	领料人	复核人
YL20191223	维生素E	药用	5	kg	YLJY20191223		
FL20191123	大豆油	药用	10	kg	FLJY20191123		
FL20191120	明胶	药用	18.75	kg	FLJY20191120		
FL20191228	甘油	药用	7.5	kg	FLJY20191228		
FL20191227	纯化水	药用	18.75	kg	FLJY20191227		

备注：

编制 　　生产部：王军	审核 　　质量部：林琳
批准 　　生产部：李林	执行 　　生产车间：袁尚

分发部门：软胶囊车间、质量部、物料供应部

（二）生产操作阶段

1. 生产前准备 操作人员按照企业人员进入D级洁净区净化流程着装进入操作间，做好操作前的一切准备工作。填充操作前，操作人员应对操作间进行以下方面相应的检查，以避免产生污染或交叉污染。

（1）温湿度、静压差的检查 应当根据所生产药品的特性及原辅料的特性设定相应的控制范围，确认操作间符合工艺要求。

（2）生产环境卫生检查 操作室地面、工具是否干净、齐全；确保生产区域没有上批遗留的产品、文件或与本批产品生产无关的物料。

（3）容器状态检查 检查容器等应处于"已清洁"状态，且在清洁、消毒有效期限内，否则按容器清洁消毒标准程序进行清洁消毒，经检查合格后方可进行下一步操作。

（4）生产设备检查 设备应处于"设备完好""已清洁"状态。

2. 生产操作 按维生素E软胶囊压制法生产工艺流程来进行操作。

（1）内容物的制备 称量处方量的维生素E溶于等量的大豆油中，搅拌使其充分混匀，加入剩余处方量的大豆油混合均匀，通过胶体磨研磨3次，真空脱气泡。在真空度-0.10MPa以下和温度90~100℃左右进行2小时脱气，即得。

（2）化胶 按明胶：甘油：水=2：1：2的量称取明胶、甘油、水，和甘油、明胶、水总量0.4%的姜黄素。明胶先用约80%水浸泡使其充分溶胀后待用。将剩余水与甘油混合，置化胶罐中加热至70℃，加入明胶液，搅拌使之完全熔融均匀约1~1.5小时，加入姜黄色素，搅拌使混合均匀，放冷，60℃下保温静置，除去上浮的泡沫，滤过，测定胶液黏度，试验方法依据《中国药典》（2020年版）四部通则0633，使胶液黏度约为40（mPa·s）。

（3）压制制丸　打开胶液桶下口阀门，打开压缩阀门，调压力至规定值，使胶液流速均匀，使胶液经输胶管连续流入左右两只展布箱中，胶液温度控制在55～65℃。将胶带轮表面擦净，放开展布箱下口闸门，让胶液流到正在旋转的胶带轮上进行制皮，调节好转鼓进风温度，以胶皮不粘鼓轮为宜（10～20℃），用测厚仪多处测定胶皮厚度在750～900μm。将胶带轮展制的胶带剥出，经过油轮及顶部导杆引入两只转模中间，引导胶带入剥轮中间，引导胶带的同时开注射器，电热棒加热，设定注射器温度为35～45℃，调节转模螺丝收张程度，以能切断胶皮并融合为宜。调转模转速为每分钟0～3转。在压制过程当中，应随时检查软胶囊外形是否正常，有无渗漏，并每20分钟检查装量差异一次。

（4）干燥及定形　主机压制的合格胶丸经输送带送入干燥转笼内进行干燥定形。干燥机可一节也可多节串联组成，干燥箱一端由鼓风机输出恒温的空调风以保证软胶丸干燥，装丸最大量为转笼的3/4。干燥约7～16小时。转笼放出的胶丸放在干燥车上的筛网上并摊平，将干燥车推入干燥间静置干燥达到工艺规程所要求的干燥时间，每车按上、中、下层随机抽取若干胶丸检查，胶丸坚硬不变形，即可送入洗丸间，或用胶桶装好密封并送至洗前暂存间。

（5）洗擦丸　洗丸是通过乙醇或异丙醇等清洗溶剂将胶囊表层的油脂去除，可人工清洗也可设备清洗。洗丸间是防爆作业区，属化学危险区。因工艺需要使用浓度较高乙醇，应按每日使用量领用，且只能放置在有防爆功能的洗丸间内。使用过的废乙醇应及时清离。

（6）干燥晾丸　将经乙醇洗涤后的软胶囊于网机内吹干约6小时。

（7）拣丸　将干燥后的软胶囊进行人工拣丸或机械拣丸，拣去大小丸、异形丸、明显网印丸、漏丸、瘪丸、薄壁丸、气泡丸等。将合格的软胶囊丸放入洁净干燥的容器中，称量，容器外应附有状态标志，标明产品名称、重量、批号、日期，用不锈钢桶加盖封好后，送中间站。

（8）检验、包装　取上述软胶囊送检，合格后分装。填写生产记录于表8-9。

表8-9　维生素E软胶囊制丸岗位生产记录

生产日期	2020-03-02		班　次		1班次
品　名	维生素E软胶囊		规　格		0.25g/粒
批　号	20200302		理论量		100000
设　备			喷体温度		
药液	上班剩余量	领用量	使用量	剩余量	残损量
胶液					
左明胶盒温度		右明胶盒温度		胶皮厚度	
胶丸平均重量		滚模转速			
时间					
丸重					
转笼温度		转笼湿度		定行时间	
总重量	折合粒数	本班产量	本批产量	本批数量	废料数量

续表

物料平衡	公式	（本批数量＋废料数量）/药液折合数量×100%		
	计算			
	限度	95%≤限度≤100%	□符合限度	□不符合限度
备注	偏差分析及处理：			

操作人		复核人		QA	

（三）软胶囊剂装量差异检查

先将 20 粒胶囊分别精密称定重量，倾出内容物（不得损失囊壳），软胶囊壳用乙醚等溶剂洗净，置通风处使溶剂挥尽，再分别精密称定囊壳重量，求出每粒内容物的装量与平均装量，将每粒装量与平均装量进行比较，超出装量差异限度的不得多于 2 粒，并不得有 1 粒超出限度的 1 倍。

【实践结果】

维生素 E 软胶囊的质量检查结果记录于表 8 – 10。

表 8 – 10　维生素 E 软胶囊的质量检查结果

品　名			包装规格		
规　格			取样日期		
批　号			取样量		
取样人			检测人		
取样依据	维生素 E 软胶囊工艺规程				
检测项目	胶囊外观质量			胶囊装量差异	
	变形	黏结	渗漏	破裂	超出装量差异限度/粒	超出限度的 1 倍/粒
结果						

结论：

备注：

目标检测

答案解析

一、单选题

1. 以下关于胶囊剂的特点叙述错误的是（　　）。

　　A. 可掩盖药物的不良苦味　　　　　　　　B. 提高药物的稳定性

　　C. 可定时定位释药　　　　　　　　　　　D. 生物利用度较片剂、丸剂低

2. 宜制成胶囊剂的药物是（　　）。

　　A. 对光敏感的药物　　　　　　　　　　　B. 水溶性的药物

  C. 易溶性的药物　　　　　　　　　　　　D. 稀乙醇溶液的药物

3. 胶囊剂不需要检查的项目是（　　）。

  A. 装量差异　　　　　B. 崩解时限　　　　　C. 硬度　　　　　D. 水分

4. 当硬胶囊内容物为易风化药物时，将使硬胶囊壳（　　）。

  A. 分解　　　　　　　B. 软化　　　　　　　C. 变脆　　　　　D. 变色

5. 软胶囊的胶皮处方，较适宜的重量比是干增塑剂：干明胶：水为（　　）。

  A. 1：(0.4 ~ 0.6)：1　　　　　　　　　　B. 1：1：1

  C. 0.5：1：1　　　　　　　　　　　　　　D. (0.4 ~ 0.6)：1：1

6. 胶囊剂制备时，空胶囊在进行体帽分离前应进行（　　）。

  A. 体帽错位　　　　　　　　　　　　　　B. 药物填充

  C. 废囊剔除　　　　　　　　　　　　　　D. 空心胶囊的排序定向

7. 在制备胶囊壳的明胶液中加入甘油的目的是（　　）。

  A. 增加可塑性　　　　　　　　　　　　　B. 遮光

  C. 增加胶冻力　　　　　　　　　　　　　D. 增加空心胶囊的光泽

8. 含油量高的药物适宜制成的剂型是（　　）。

  A. 溶液剂　　　　　　B. 片剂　　　　　　　C. 栓剂　　　　　D. 软胶囊剂

9. 2020 年版《中国药典》规定，硬胶囊剂崩解时限为（　　）。

  A. <15 分钟　　　　　B. <20 分钟　　　　　C. <30 分钟　　　　D. <35 分钟

10. 凡规定检查含量均匀度的胶囊剂，一般不再进行（　　）的检查。

  A. 释放度　　　　　　B. 溶出度　　　　　　C. 崩解度　　　　　D. 装量差异

二、多选题

1. 下列可用作硬胶囊壳增塑剂的有（　　）。

  A. 山梨醇　　　　　　B. HPC　　　　　　　C. CMC – Na

  D. 甘油　　　　　　　E. HPMC

2. 下列不宜制成软胶囊的情况有（　　）。

  A. 油性药物　　　　　B. 挥发性药物　　　　C. 水溶性药物

  D. 小分子有机物　　　E. 醛类药物

3. 2020 年版《中国药典》规定，胶囊剂的质量检查项目有（　　）。

  A. 外观　　　　　　　B. 水分　　　　　　　C. 装量差异

  D. 崩解时限　　　　　E. 微生物限度

4. 软胶囊的制备方法有（　　）。

  A. 分散法　　　　　　B. 滴制法　　　　　　C. 研合法

  D. 凝聚法　　　　　　E. 压制法

5. 下列关于硬胶囊壳的叙述错误的是（　　）。

  A. 囊壳含水量高于 15% 时囊壳太软

  B. 加入二氧化钛使囊壳易于识别

  C. 制囊壳时加入山梨醇作抑菌剂

D. 囊壳编号数值越大，其容量越大

E. 胶囊壳的主要囊材是明胶

书网融合……

知识回顾　微课1　微课2　微课3　微课4　视频1　视频2　视频3

视频4　视频5　视频6　视频7　视频8　视频9　视频10　习题

学习引导

日常生活中药片是最常见的一种剂型，在生产片剂时使用的辅料及制备工艺不同，对其在人体内的吸收及作用时间等产生不同影响。那么片剂的特点有哪些呢？常用的辅料又有哪些呢？它是如何生产出来的呢？合格的片剂又有哪些要求呢？本项目我们将学习片剂的基本知识、制备方法与工艺，根据 GMP 的要求制备合格的片剂。

学习目标

1. **掌握** 片剂的分类、特点、质量要求、片剂常用辅料、制备工艺；包衣的目的、种类和方法。
2. **熟悉** 片剂的辅料、包衣材料及包装贮存。
3. **了解** 片剂压制、包衣常用设备。

PPT

任务一 概　述

实例分析

实例 在日常生活中，人吃五谷杂粮，总会生病，就需要服用药物。我们经常会服用如健胃消食片、阿司匹林肠溶片、白加黑片、维生素 C 泡腾片、牛黄解毒片、钙尔奇咀嚼片等药品。片剂的品种较多，服用方便。

讨论 1. 片剂有哪些种类？

2. 片剂由什么组成的？

3. 它们是如何生产出来的？

4. 合格的片剂有哪些质量要求呢？

答案解析

一、片剂的概述

片剂作为最常用的剂型之一，早在 19 世纪 40 年代就已出现。19 世纪末随着压片机械的出现和不断改进，片剂的生产和应用得到了迅速的发展。近几十年来，随着片剂的新理论、新技术以及各种新型辅料的不断研究，片剂的生产技术和机械设备也得到了很大的发展。沸腾制粒、全粉末直接压片、流化喷雾制粒、半薄膜包衣、全自动高速压片机以及生产环节一体化等新工艺和新设备已经广泛地应用于片剂生产实践，从而使得片剂的品种不断丰富，质量得到很大的提高，满足临床用药需求。目前片剂已成为用途广、品种多、产量大、质量稳定、使用和贮运方便的剂型之一。在中国以及其他国家药典收载的制剂中，均占 1/3 以上，其应用广泛。

1. 片剂的定义　片剂是原料药物或与适宜的辅料均匀混合后经制粒或不经制粒压制而成的圆形或异形的片状固体制剂。常见的异形片有椭圆形、三角形、菱形。

2. 片剂的优点

（1）质量稳定，受外界环境条件影响小，必要时可进行包衣。

（2）含量均匀，易于分剂量。

（3）体积小，携带、运输和使用方便。

（4）便于机械化生产，产量大，成本较低。

（5）根据临床治疗与预防用药的需求，可通过各种制剂技术工艺制成各种类型的片剂如包衣片、分散片、缓释和控释片、多层片等达到速效、长效、缓控释、肠溶等目的。

3. 片剂的缺点

（1）婴幼儿及昏迷患者不宜吞服。

（2）贮存过程往往会变硬，崩解时间延长，容易受工艺影响。有些片剂的溶出度和生物利用度相对较低等。

（3）含挥发性成分的片剂，贮存久时含量有所下降。

即学即练 9 - 1

下列关于片剂特点的叙述错误的是（　　）。

答案解析

A. 生产自动化程度高　　　　　　　　B. 溶出度及生物利用度较丸剂好

C. 剂量准确　　　　　　　　　　　　D. 片剂内药物含量差异大

二、片剂的分类

片剂按给药途径不同，主要分为以下几种类型。

1. 口服片剂　是指口服通过胃肠道吸收而发挥作用的一类最广泛的片剂。常用的有以下几种。

（1）普通片　药物与适宜辅料均匀混合后压制成的普通片剂。一般重量 0.1～0.5g。

（2）包衣片　在普通片（常称作片芯或素片）的外面包裹上一层衣膜的片剂。根据包衣材料的不同，又分为糖衣片和薄膜衣片。

（3）咀嚼片　指于口腔中咀嚼后吞服的片剂，一般应选择甘露醇、山梨醇、蔗糖等水溶性辅料作填充剂和黏合剂。咀嚼片的硬度应适宜。

（4）泡腾片　指含有泡腾崩解剂的片剂。遇水可产生大量 CO_2 气体，使片剂迅速崩解。

（5）分散片　系指在水中能迅速崩解（3分钟内）并均匀分散的片剂。分散片中的原料药物应是难溶性的，分散片可加水分散后口服。也可将分散片含于口中呎服或吞服。分散片应进行溶出度和分散均匀性检查。

（6）多层片 是指由两层或多层药物组成的片剂。每层含不同的药物，或每层的药物相同而辅料不同。这类片剂有两种：一种按照上、下顺序分为两层或多层；另一种是先将一种颗粒压成片芯，再将另一种颗粒压包在片芯之外，形成片中有片的结构。制成多层片不但可避免复方制剂中不同药物之间的配伍变化，也可制成一层由速效颗粒制成，另一层由缓释颗粒制成的片剂，以此达到控制药物释放的目的。

（7）缓释片 指在规定的释放介质中缓慢地非恒速释放药物的片剂。缓释片应符合缓释制剂的有关要求并应进行释放度检查。

（8）控释片 指在规定的释放介质中缓慢地恒速释放药物的片剂。控释片应符合控释制剂的有关要求并应进行释放度检查。

（9）口崩片 指在口腔内不需要用水或只需少量水即能迅速崩解或溶解的片剂。一般适合于小剂量原料药物，常用于吞咽困难或不配合服药的患者。口崩片应在口腔内迅速崩解或溶解、口感良好、容易吞咽、对口腔黏膜无刺激性。可采用粉末直接压片法和冷冻干燥法制备。

2. 口腔用片

（1）含片 指含于口腔中缓慢溶化产生局部或全身作用的片剂，含片中的原料药物一般是易溶性的，主要起局部消炎、杀菌、收敛、止痛或局部麻醉等作用。

（2）舌下片 指置于舌下能迅速溶化，药物经舌下黏膜吸收发挥全身作用的片剂。舌下片中的原料药物应易于直接吸收，以避免药物的肝脏首过效应。主要适用于急症的治疗。

（3）口腔贴片 指粘贴于口腔，经黏膜吸收后起局部或全身作用的片剂。这类片剂用于全身作用时可避开肝脏的首过效应，迅速达到治疗浓度；用作局部治疗时剂量小、副作用少，维持药效时间长，又便于随时中止给药。口腔贴片应进行溶出度或释放度检查。

3. 其他给药途径的片剂

（1）溶液片 亦称可溶片，指临用前能溶解于水形成一定浓度溶液后使用的片剂。所用药物和辅料均为可溶性成分，溶于水中形成的溶液可呈轻微乳光。可供口服、外用、含漱等用。

（2）阴道片 指置于阴道内使用的片剂阴道片和阴道泡腾片。其形状应易置于阴道内，可借助器具将阴道片送入阴道。阴道片在阴道内应易溶化、溶散或融化、崩解并释放药物，主要起局部消炎、杀菌作用。为加快药片在阴道内的崩解常制成泡腾片应用。阴道片应进行融变时限检查，泡腾片还应进行发泡量检查。

（3）注射用片 指供皮下或肌内注射用的无菌片剂。注射时可溶解于灭菌注射用水中。现已很少使用。

（4）植入片 指通过手术或特制的注射器埋植于皮下缓缓溶解、吸收以产生长久药效（长达数月至数年）的无菌片剂。一般为长度不大于8mm的圆柱体，灭菌后单片避菌包装。多为剂量小、作用强烈的激素类药物，常将纯净的药物结晶，在无菌条件下压制成片剂后进行灭菌。

即学即练 9 - 2

属于口服片剂的有（   ）。

A. 咀嚼片   B. 可溶片   C. 分散片

答案解析 D. 泡腾片   E. 肠溶片

三、片剂的质量要求

根据《中国药典》（2020 年版）四部制剂通则要求，片剂在生产与贮藏期间应符合下列规定。

1. 原料药物与辅料应混合均匀。含药量小或含毒、剧药物的片剂，应根据原料药物的性质采用适宜方法使药物分散均匀。

2. 凡属挥发性或对光、热不稳定的药物，在制片过程中应采取遮光、避热等适宜方法，以避免成分损失或失效。

3. 压片前的物料、颗粒或半成品应控制水分，以适应制片工艺的需要，防止片剂在贮存期间发霉、变质。

4. 根据依从性需要，片剂中可加入矫味剂、芳香剂和着色剂等，一般指含片、口腔贴片、咀嚼片、分散片、泡腾片、口崩片等。

5. 为增加稳定性、掩盖原料药物不良臭味、改善片剂外观等，可对制成的药片包糖衣或薄膜衣。对一些遇胃液易破坏、刺激胃黏膜或需要在肠道内释放的口服药片可包肠溶衣。必要时，薄膜包衣片应检查残留溶剂。

6. 片剂外观应完整光洁、色泽均匀，有适宜的硬度和耐磨性，以免包装、运输过程中发生磨损或破碎。除另有规定外，非包衣片应符合片剂脆碎度检查法的要求。

7. 根据原料药物和制剂的特性，除来源于动、植物多组分且难以建立测定方法的片剂外，溶出度、释放度、含量均匀度等应符合要求。

8. 片剂的微生物限度等应符合要求。

9. 除另有规定外，片剂应密封贮存，生物制品原液半成品和成品的生产及质量控制应符合相关品种要求。

四、片剂的辅料

片剂是由药物和辅料两部分组成。辅料是片剂组成中除主药之外物质的总称。辅料所起的作用主要是填充、黏合、崩解和润滑。有些片剂会加入着色剂、矫味剂等。

片剂辅料的选用直接影响片剂的制备和质量，因此选择辅料一般有以下原则：无活性、不影响药效、不干扰含量测定、无相互作用物质、性能突出、价格低廉等。因此应当根据主药的理化性质和辅料的性质，结合具体的生产工艺要求，选用适宜的辅料。根据所起作用的不同，常将片剂辅料分成以下四大类。

1. 填充剂　是稀释剂和吸收剂的总称，其主要作用是增加片剂的重量或体积，为了应用和生产方便，当片剂的药物含有油性组分时，则需加入吸收剂吸收油性物以利于制成片剂。常用的填充剂有以下几种。

（1）水溶性填充剂　常用的有糖粉、乳糖、甘露醇等。

①糖粉　为结晶性蔗糖经低温干燥粉碎后而成的白色粉末，味甜，黏合力强。用糖粉作为填充剂时，物料的可压性较好，可用来增加片剂的硬度，压出的片剂表面光滑美观；但缺点是吸湿性较强，长期贮存会使片剂的硬度过大，崩解或溶出困难。除口含片或可溶性片剂外，一般不单独使用，常与淀粉、糊精配合使用，也可用作干燥黏合剂。

②乳糖　由牛乳清提取制得，为白色或类白色结晶性粉末，无臭，微甜。作为一种优良的片剂填充剂，它的优点有无吸湿性、可压性好、性质稳定，与大多数药物不起化学反应，压成的药片光洁、美

观，在国外应用非常广泛。但因其价格较贵，在国内应用不多。一般用淀粉、糖粉、糊精以一定比例的混合物代替，称为代乳糖。通过喷雾干燥法制得的乳糖为非结晶乳糖，具有良好的流动性、可压性，可供粉末直接压片使用。

③甘露醇　是白色、无臭、具有甜味的粉末，或可自由流动的细颗粒，在口中溶解时吸热，有凉爽感，甜度约为蔗糖的一半并与葡萄糖相当。但其价格较贵，常与蔗糖配合使用。在口中无砂砾感，一般用于咀嚼片、口腔用片的填充剂。

（2）水不溶性填充剂　常用的有淀粉、糊精、微晶纤维素、无机盐类等。

①淀粉　作为较常用的片剂辅料，常用的是玉米淀粉，为白色细微粉末，性质稳定、价格便宜、吸湿性小、外观色泽好。与大多数药物不起作用，价格较便宜。淀粉的压缩成型性差，若单独使用会使压出的药片过于松散，故常与可压性较好的糖粉、糊精按一定比例混合使用。

②糊精　是淀粉不完全水解产物，为白色或淡黄色粉末，水溶物约为80%，在冷水中溶解缓慢，易溶于热水，不溶于乙醇，具有较强的黏性，制颗粒时使用不当会造成片面出现麻点、水印或造成片剂崩解或溶出迟缓，常与糖粉、淀粉配合使用。

③微晶纤维素（MCC）　是纤维素部分水解而制得的聚合度较小的结晶性纤维素，具有良好的可压性，有较强的结合力，可作为粉末直接压片的干黏合剂使用。国产微晶纤维素已在国内得到广泛应用，但其质量有待于进一步提高，产品种类也有待于丰富。片剂中含20%微晶纤维素时崩解较好。

④无机盐类　是油类物质的吸收剂，多是一些无机钙盐，如硫酸钙、药用碳酸钙及磷酸氢钙等，较为常用的是二水硫酸钙。其无臭无味，性质稳定，微溶于水，均可与多种药物配伍。制成的片剂外观光洁，硬度及崩解均较好，对药物无吸附作用。但应注意硫酸钙对某些主药（如四环素类药物）的吸收干扰，使用时应注意。

（3）直接压片用填充剂　常用的有喷雾干燥乳糖、可压性淀粉等。可压性淀粉亦称预胶化淀粉，是将淀粉部分或全部胶化的产物，是一种改良淀粉。为白色或类白色粉末，具有良好的流动性、可压性、自身润滑性和干黏合性，并有较好的崩解作用，亦可用于粉末直接压片。我国于1988年研制成功，现已大量供应市场。国产可压性淀粉是部分预胶化的产品（全预胶化淀粉又称为α–淀粉）。本品是多功能辅料，可作填充剂。

在制剂过程中要注意填充剂吸湿性对药品质量的影响，若填充剂使用量较大且容易吸湿则既影响片剂的成型，又影响其分剂量，贮存期质量也难以保证。在实际生产过程中要根据制剂工艺的需要选择合适的填充剂。

2. 润湿剂和黏合剂　润湿剂是本身无黏性，但可润湿原辅料并诱发其黏性从而利于制粒的液体。当原料本身无黏性或黏性不足时，需加入黏性物质以便于制粒，这些黏性物质称为黏合剂。黏合剂可以用其溶液，也可以用其细粉（干燥黏合剂）。常用的润湿剂和黏合剂有如下几种。

（1）常用的润湿剂　常用的润湿剂有水和乙醇。

①水　一般应采用纯化水。当原辅料有一定黏性时，例如中药浸膏或含具有黏性物质的配方，加入水即可制成性能符合要求的颗粒。应用时由于物料往往对水的吸收较快，易发生润湿不均匀的现象，最好采用低浓度的淀粉浆或乙醇代替，以克服上述不足。

②乙醇　当药物遇水能引起变质，或用水为润湿剂制成的软材太黏以致制粒困难，或制成的干颗粒太硬时，可选用适宜浓度的乙醇为润湿剂。随着乙醇浓度的增大，湿润后所产生的黏性降低，因此浓度要视原辅料的性质而定，一般为30%～70%。用中药浸膏制粒压片时，应注意迅速操作，以免乙醇挥发

而产生强黏性团块。

（2）常用的黏合剂　常用的黏合剂有以下几种。

①淀粉浆　由于淀粉价廉易得，并且淀粉浆的黏性较好，所以淀粉浆是制粒中最常用的黏合剂。淀粉浆的制法主要有煮浆和冲浆两种方法，是将淀粉混悬于冷水中，加热使糊化（煮浆法）或用少量冷水混悬后再加热使糊化（冲浆法）而制成。都是利用了淀粉能够糊化的性质，糊化后，淀粉的黏度急剧增大，从而可以作为片剂的黏合剂使用。常用的浓度是8%～15%，10%淀粉浆最为常用。当物料可压性较差，可适当提高淀粉浆的浓度到20%，也可根据需要适当降低淀粉浆的浓度，如氢氧化铝片即用5%淀粉浆作黏合剂。

②糖浆　是指蔗糖的水溶液，其黏性随浓度不同而改变。常用浓度为50%～70%（g/g）。本品有时与淀粉浆合用，以增强黏合力，有时也可将蔗糖粉末与原料混合后，再加水润湿制粒。

③羧甲基纤维素钠（CMC-Na）　是纤维素的羧甲基醚化物，不溶于乙醇、三氯甲烷等有机溶剂，是常用的黏合剂。本品的取代度和聚合度适宜时，兼有促进片剂崩解的作用。用作黏合剂的浓度一般为1%～2%，其黏性较强，常用于可压性较差的药物。但应注意是否造成片剂硬度过大或崩解超限。

④羟丙基纤维素（HPC）　是纤维素的羟丙基醚化物。为白色粉末，易溶于冷水，加热至50℃可发生胶化或溶胀。本品既可作湿法制粒的黏合剂，也可作为粉末直接压片的干燥黏合剂。

⑤羟丙基甲基纤维素（HPMC）　是一种最为常用的薄膜衣材料，因其溶于冷水成为黏性溶液，故亦常用其2%～5%的溶液作为黏合剂使用。压成片剂的外观、硬度均好，特别是药物的溶出度好。

⑥甲基纤维素（MC）和乙基纤维素（EC）　二者分别是纤维素的甲基或乙基醚化物。甲基纤维素具有良好的水溶性，可形成黏稠的胶体溶液而作为黏合剂使用。但应注意当蔗糖或电解质达到一定浓度时本品会析出沉淀。乙基纤维素不溶于水，但在乙醇等有机溶剂中的溶解度较大，并因其浓度的不同而产生不同强度的黏性。可作为对水敏感药物的黏合剂。乙基纤维素对片剂的崩解和药物的释放有阻滞作用，利用这一特性可通过调节乙基纤维素或水溶性黏合剂的用量改变药物的释放速度，用作缓、控释制剂的黏合剂。

⑦聚维酮（PVP）　为无臭、无味、白色粉末。根据分子量不同而分为若干种规格，可根据实际需要选择。可溶于水，常用其适宜浓度水溶液作为黏合剂，其用量占片剂总重的0.5%～20%。也可溶于乙醇，其醇溶液为润湿剂，因此较适于对水敏感的药物，也适用于疏水性药物，既有利于润湿药物易于制粒，又因改善了药物的润湿性而有利于药物溶出。

⑧其他黏合剂　5%～20%明胶水溶液，其黏性强，适于不宜制粒的原料，但本品使用不当易使制成的片剂崩解缓慢。阿拉伯胶、海藻酸钠、聚乙二醇等也可用作黏合剂。近年由于新的优质黏合剂的推广应用，这些辅料已较少使用。

3. 崩解剂　崩解剂是使片剂在胃肠液中迅速裂碎成细小颗粒的物质，除了缓、控释片以及某些特殊用途的片剂以外，一般的片剂中都应加入崩解剂。由于它们具有很强的吸水膨胀性，能够瓦解片剂的结合力，使片剂从一个整体的片状物裂碎成许多细小的颗粒，以实现片剂的崩解，更有利于片剂中主药在体内的溶解和吸收。

片剂中加入崩解剂的方法有三种：内加法、外加法、内外加法。一般采用外加法，即压片前将崩解剂与颗粒混匀。内加法是将崩解剂与处方中其他组分混合均匀后制粒。用内外加法时，加入50%～75%的崩解剂于颗粒内部，25%～50%加在干颗粒外。通常崩解剂采用内外加法崩解更完全。

（1）常用崩解剂　常用的崩解剂有以下几种。

①干淀粉　是最常用的一种崩解剂，含水量在8%以下，用量一般为配方总量的5%～20%，其崩解作用较好。因其压缩成形性不好，故本品用量不宜太多。对不溶性药物或微溶性药物较适用。有些药物如水杨酸钠、对氨基水杨酸钠可使淀粉胶化，故可影响其崩解作用。在生产过程中一般采用外加法、内加法或内外加法来达到预期的效果。

②羧甲基淀粉钠（CMS－Na）　由淀粉经醚化而制成，常用其钠盐。本品为白色至类白色的粉末，流动性良好，有良好的吸水性，吸水后其体积大幅度增大，具有良好的崩解性能。具有较好的压缩成型性，既可用内加法也可用外加法加入，既适用于不溶性药物也适用于水溶性药物的片剂。

③低取代羟丙基纤维素（L－HPC）　这是国内近年来应用较多的一种崩解剂。由于其具有很大的表面积和孔隙率，而有很好的吸水速度和吸水量。其吸水溶胀性较淀粉强。崩解后颗粒也比较细小，在有利于药物溶出方面远优于淀粉。一般用量为2%～5%。

④交联羧甲基纤维素钠（CCNa）　是交联化的纤维素羧甲基醚（大约有70%的羧基为钠盐型）。虽为钠盐，因为有交联键的存在，不溶于水，但可吸水并有较强的膨胀作用。其崩解作用优良。当与羧甲基淀粉钠合用时，崩解效果更好，与干淀粉合用时崩解作用会降低。

⑤交联聚维酮（PVPP）　即交联聚乙烯吡咯烷酮，是乙烯基吡咯烷酮的高分子量交联物。为白色易流动的粉末，在水中不溶，但可以迅速溶胀，吸水速度快，为性能优良的崩解剂。用作崩解剂时，崩解时间受压力的影响较小。

（2）泡腾崩解剂　是专用于泡腾片的特殊崩解剂，由碳酸氢钠和有机酸组成，最常用的酸是枸橼酸。遇水时，能连续不断地产生二氧化碳气体，使片剂在几分钟之内迅速崩解。含有这种崩解剂的片剂，应妥善包装，避免受潮造成崩解剂失效。

知识链接

崩解剂的作用机制

崩解剂能够将片剂迅速崩解成小粒子，其作用机制有以下几种。

（1）毛细管作用　一些崩解剂和填充剂，特别是粉末直接压片用的辅料，多为圆球形亲水性聚集体，在加压的过程中形成无数空隙和毛细管，具有强烈的吸水性，能使水分迅速进入片剂中，将整个片剂润湿崩解，如干淀粉等。

（2）膨胀作用　崩解剂通常为亲水性物质，压制成片后，遇水易被润湿并通过自身膨胀使片剂崩解，这种膨胀作用还包括润湿热所致的片剂中残存空气的膨胀，如交联羧甲基纤维素钠、羧甲基淀粉钠等。

（3）产气作用　在泡腾制剂中加入泡腾崩解剂，遇水能产生 CO_2 气体，借助气体的膨胀作用使片剂迅速崩解。

（3）其他崩解剂

①海藻酸钠及海藻酸的其他盐类都有较强的吸水性，也有崩解作用。

②可压性淀粉为多功能辅料，处方中含量较多时，制成的片剂可快速崩解。

③离子交换树脂也可作崩解剂。

④表面活性剂可以改善疏水性片剂的润湿性，使水易于渗入片剂，因而可以加速某些含有疏水性药物片剂的崩解。常用的表面活性剂有泊洛沙姆、蔗糖脂肪酸酯、十二烷基硫酸钠以及聚山梨酯80等。其中十二烷基硫酸钠对黏膜有刺激作用，聚山梨酯80为液态，加入量应控制并应先用固体粉末吸收或

与润湿剂混溶后制粒。

含片、舌下片、植入片、缓控释片不加崩解剂。难溶于水、口服吸收差、生物利用度低的药物以及含有浸膏的中药片剂，通常选用高效崩解剂，如交联聚乙烯吡咯烷酮、羧甲基淀粉钠、交联羧甲基纤维素钠等。预制得溶液片，需选用水溶性崩解剂，如泡腾片选用泡腾崩解剂，非泡腾片选用可溶性淀粉等水溶性崩解剂。

4. 润滑剂 润滑剂使压片时能顺利加料和出片，并减少粘冲及降低颗粒与颗粒、药片与模孔壁之间摩擦力，使片面光滑美观。

（1）润滑剂的主要作用

①助流作用 可降低颗粒间或粉末间的摩擦力，增加颗粒或粉末的流动性，改善颗粒的填充，减少片重差异。

②抗黏着作用 可防止压片时物料黏着于冲头和冲模表面引起"粘冲"，并使片剂表面光洁。

③润滑作用 主要增加颗粒间的滑动性，降低颗粒间以及颗粒与冲头和模孔壁间的摩擦力，保证压片时压力分布均匀，防止裂片。

（2）常用的润滑剂 常用的润滑剂有以下几种。

①硬脂酸镁 为常用的疏水性润滑剂，用量为0.1%～1%，易与颗粒混匀，附着性好，压片后片面光滑美观，但助流性较差。用量大时，由于其具有疏水性，会造成片剂的崩解或溶出迟缓。另外，本品因含有碱性杂质，不宜与乙酰水杨酸、某些抗生素药物及多数有机盐类药物合用。

②滑石粉 国内最常用的助流剂，它可将颗粒表面的凹陷处填满补平，减低颗粒表面的粗糙性，从而降低颗粒间的摩擦力、改善颗粒流动性。与多数药物不起作用，价格低廉，但其附着力差且比重大，易与颗粒分离，用量一般为0.1%～3%，最多不超过5%。

③微粉硅胶 又称胶态二氧化硅，是由四氯化硅经气相水解而制得，可用作粉末直接压片的助流剂，为优良的片剂助流剂。流动性好，亲水性强，对药物有吸附作用，特别适宜于油类和浸膏类药物。其助流作用及用量与其比表面积有关，常用量为0.1%～0.3%。因其价格较贵，在国内的应用尚不够广泛。

④氢化植物油 本品是以喷雾干燥法制得的粉末，是润滑性能良好的润滑剂。应用时，将其溶于轻质液体石蜡或己烷中，然后将此溶液喷于颗粒上，以利于均匀分布。凡不宜用碱性润滑剂的品种，都可用本品代替。

⑤聚乙二醇（PEG）和月桂醇硫酸镁 二者皆为水溶性润滑剂的典型代表。前者主要使用PEG 4000和PEG 6000（皆可溶于水），制得的片剂崩解溶出不受影响。月桂醇硫酸镁为目前正在开发的新型水溶性润滑剂。

（3）润滑剂的加入方法 润滑剂一般于制粒后压片前加入。润滑剂的加入方法有三种：一是直接加到待压的干颗粒中，此法不能保证分散混合均匀；二是用60目筛筛出颗粒中部分细粉，与润滑剂充分混匀后再加到干颗粒中混匀；三是将润滑剂溶于适宜的溶剂中或制成混悬液或乳浊液，喷入颗粒中混匀后将溶剂挥发，液体润滑剂常用此法。目前生产上多采用第二种方法，能将润滑剂和颗粒充分混匀。

即学即练 9-3

下列既可作为填充剂，又可作为崩解剂、黏合剂的是（ ）。

答案解析　A. 淀粉　　　B. 糊精　　　C. 微粉硅胶　　　D. 糖粉

任务二 片剂的生产技术 微课1~2 视频1~2

PPT

片剂的制备是将药物与辅料混合后，将其填充于一定形状的模孔内，经加压而制成片状的过程。根据制粒方法和对物料处理方法不同分可为制粒压片、直接压片和空白颗粒压片。为了能顺利地压出合格的片剂，原料一般都需要经过预处理或加工，使其具有良好的流动性和可压性。

片剂的制备技术根据制备工艺不同分为直接压片法和制粒压片法，而直接压片法又分为粉末直接压片法和结晶压片法；制粒压片法又分为湿法制粒压片法、干法制粒压片法，其中湿法制粒压片法应用最广泛。

一、湿法制粒压片法

湿法制粒压片法是将原料药物（主药）和辅料的粉末均匀混合后，加入黏合剂或润湿剂制备湿颗粒，湿颗粒经干燥、整粒、添加适宜辅料混合后压制成片的工艺方法。本法可较好地解决粉末流动性差和可压性差的问题，适合于对湿、热比较稳定的药物，是片剂生产最常用的方法。工艺流程如图9-1所示。

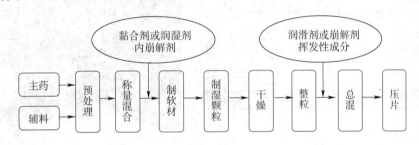

图9-1 湿法制粒压片法生产工艺流程

1. 原辅料的预处理 原辅料在使用前必须经过鉴定、含量测定、干燥、粉碎、过筛等处理，压片过程中所用的原辅料均应符合有关标准。要求原辅料粉末细度一般在80~100目左右，对毒剧药、贵重药及有色泽的原料则要求更细，以便于混合均匀。片剂的疗效与片剂中药物的溶出度有关，对于溶解度很小的药物，必要时可经微粉化处理使粒径减小（如 <5μm）以提高溶出度。片剂的疗效也与晶型等有关，必要时应鉴定其晶型。多数药用辅料是高分子材料，应选择合适的型号和规格，例如纤维素衍生物的取代度、黏度等。由于片剂生产过程主要为物理过程，因此应控制某些辅料如崩解剂、润滑剂等的物理性质，如粒度和粒度分布等。处方中各组分用量差异大时，应采用等量递加法或溶剂分散法以保证混合均匀。

2. 称量与混合 根据处方量分别称取原辅料。由于粉末的色泽、粗细和比重的不同，可采用适宜的方法使之充分混合。毒剧药或微量药物应取120~150目的细粉，先与部分辅料混合，然后用80~100目筛过筛1~3次充分混匀。处方中各组分量差异较大时，用等量递加法进行混合。处方中的一些挥发性药物或挥发油应在颗粒干燥后加入，以免受热损失。大量生产可采用混合机、混合筒或气流混合机进行混合。

3. 制颗粒 压片前一般应将原辅料混合均匀并制成颗粒，其主要目的是保证片剂各组分处于均匀混合状态。制成密度均一的细颗粒，使其具有良好的流动性和可压性，以保证片剂的重量差异符合要求且具有足够的硬度。

湿颗粒的粗细和松紧须视具体品种加以考虑。如磺胺嘧啶片片形大，颗粒应粗大些；核黄素片片形小，颗粒应细小些。吸水性强的药物如水杨酸钠，颗粒宜粗大而紧密。凡在干颗粒中需加细粉压片的品种，其湿颗粒宜紧密，如复方阿司匹林片。凡用糖粉、糊精为辅料的产品其湿颗粒宜较松细。

湿颗粒的检查目前尚无科学方法，亦多凭经验检查，通常以湿颗粒置于手掌簸动应有沉重感，细粉少，湿颗粒大小整齐、色泽均匀、无长条者为宜。

4. 颗粒的干燥　湿颗粒制成后，应立即干燥，放置过久湿颗粒易结块或变形。干燥温度一般以 50 ~ 60℃ 为宜，如洋地黄片、含碘喉症片等因温度过高可引起颗粒变色和药物变质。对热稳定的药物如磺胺嘧啶等干燥温度可适当提高到 70 ~ 80℃，以缩短干燥时间。加热温度应缓慢升高，温度过高可使颗粒中含有的淀粉粒或糖粉糊化或熔化，造成"假干"现象，不但使颗粒坚硬，而且片剂不易崩解。一些含结晶水的药物，如硫酸奎宁等的干燥温度不宜过高，时间不宜长，以免失去过多结晶水，使颗粒松脆而造成压片困难。

干燥设备的类型较多，生产中常用的有烘箱（图9-2）、烘房及沸腾干燥器。

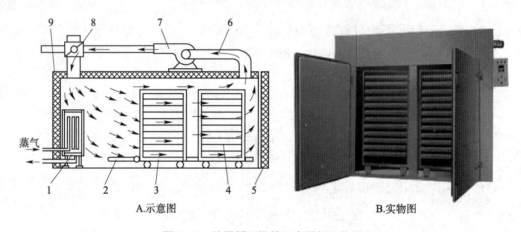

A.示意图　　　　　　　　　　　　　　　B.实物图

图 9 - 2　热风循环烘箱示意图与实物图

1. 热源；2. 定位管；3. 烘车；4. 烘盘；5. 门；6. 风管；7. 风机；8. 调节机构；9. 隔热层

根据目前的生产实践经验，流化床干燥法可用于一般湿颗粒的干燥，但有些片剂要求干颗粒坚实完整，故此法不适用。与烘箱干燥相比较，使用流化床干燥后的干颗粒中细颗粒比例高一些，但细粉比例并不高。

 知识链接

压片前中间体的质量检查

干颗粒的质量与原辅料的物理性状、处方组成或压片设备等有关。通常有如下要求。

（1）主药含量　为确保干颗粒不影响压片的质量，干颗粒中的主药含量应符合该品种要求。通过干颗粒中主药含量检查以确定片重。

（2）干颗粒的含水量　对片剂成型及质量有较大影响，颗粒含水过多会导致粘冲，水分过少会引起松片或裂片。药物性质不同，对干颗粒的水分含量有不同要求。化学药干颗粒含水量一般为 1% ~ 3%，中药干颗粒含水量一般为 3% ~ 5%。也有例外，如四环素片的干颗粒含水量要求 10% ~ 14%，而阿司匹林片干颗粒的含水量要求 0.3% ~ 0.6%。干颗粒含水量还与空气湿度有关，生产车间空气相对湿度应符合工艺要求。

（3）细粉含量适宜　含量应控制在 20% ~ 40%。一般片重在 0.3g 以上时，含细粉的量可控制在

20%左右；片重小于0.3g时，细粉量控制在30%左右。

（4）干颗粒的松紧度 颗粒的松紧度与压片时片重差异和片剂物理外观也有关系。颗粒过硬，在压片时容易产生麻面，且影响崩解和溶出。颗粒过松容易出现松片、裂片、片重差异大等现象。一般经验认为，以颗粒用手捻能碾碎并有粗糙感为宜。

（5）颗粒的大小 颗粒的大小应适当。颗粒大小应根据片重及药片直径选用，大片可用较大的颗粒或小颗粒进行压片；但对小片来说，必须用小颗粒，若小片用大颗粒，则片重差异较大。同时干颗粒还应含有一定比例的细粉，在压片时细粉填充于大颗粒间，使片重和含量准确。但细粉不宜过多，否则压片时易产生裂片、松片、边角毛缺及粘冲等现象；一般控制在20%～40%左右。

5. 整粒与总混

（1）整粒 在干燥过程中，一部分湿颗粒彼此粘连结块，需过筛整粒，使成为适于压片的均匀干颗粒。

（2）总混 总混是整粒后压片前的一项工艺操作，需要向颗粒中加入片剂处方中尚未加入的其他组分，并混合均匀。

总混时可能需要加入的物料包括以下几种。

①润滑剂、助流剂与崩解剂 润滑剂、助流剂与崩解剂常在过筛整粒后加入。外加的崩解剂应先干燥过筛，再加入干颗粒中充分搅匀，也可将崩解剂及润滑剂等与干颗粒一起加入V型混合器内进行总混合。使用混合设备时，应控制有关工艺参数，例如，批次量以及混合时间等，定期进行工艺验证，以保证混合均匀。

②挥发油及挥发性药物 若在干颗粒中加挥发油，如薄荷油、桂皮油、冬绿油、八角茴香油等，最好加于润滑剂与颗粒混匀后筛出的部分细粒中混匀，再与全部干粒混匀，这样可避免润滑剂混合不匀和产生花斑。此外，可用80目筛从颗粒中筛出适量细粉，用以吸收挥发油，再加于干粒中混匀。若所加的挥发性药物为固体（薄荷脑）时可先用适量乙醇溶解，或与其他成分混合研磨共熔后喷入干颗粒中，混匀后，置桶内密闭，存放数小时，使挥发油在颗粒中渗透均匀，以防止挥发油吸附于颗粒表面导致压片时产生裂片。

③小剂量的药物和对湿热不稳定的药物 小剂量的药物主要问题是不容易与辅料混合均匀，应先将大部分辅料制备成空白颗粒，留取少部分辅料过80目筛，与小剂量药物按等量递加法混合均匀，之后再与空白颗粒总混。对湿热不稳定的药物若采用湿法制粒，也应先将其他药物和辅料制成颗粒，干燥、整粒后，再将对湿热不稳定的药物加入混合均匀，以避免药物的活性丧失。

6. 压片

（1）片重计算 混合均匀的颗粒，经质量检查合格，计算片重即可压片。片重的计算方法主要有如下两种。

①测定主药含量以确定片剂的理论片重 片重按照式（9-1）所示计算。适用于投料时未考虑制粒过程中主药的损耗量。

$$片重 = \frac{每片含主药量（标示量）}{干颗粒中主药的百分含量（实测值）} \times 主药含量允许误差范围 \qquad (9-1)$$

例9-1 某片剂中主药含量为0.1g，测得颗粒中主药的含量为50%，代入式（9-1）计算理论片重。通过查阅片剂的质量检查中此片剂的重量差异限度，计算出该片剂的上下限。

$$片重 = \frac{0.1}{50\%} = 0.2g$$

0.2g < 0.3g，片重差异限度为7.5%，所以该片剂的限度范围为0.185~0.215g。

②按颗粒重量计算片重 按照式（9-2）所示计算片重，投料时应考虑制粒过程中主药的损耗量。

$$片重 = \frac{干颗粒重 + 压片前所加辅料量}{应压片数} \quad (9-2)$$

（2）压片机 常用的压片机按其结构分为单冲压片机（一般实验室用）和旋转压片机。按压制时压缩次数有一次压制和二次压制。旋转压片机有多种型号，按冲数分为16、19、27、33、55、77冲等。按流程分为单流程和双流程两种，单流程仅有一套上、下压轮，旋转一周每个模孔仅压出一个药片；双流程有两套上、下压轮，旋转一周每个模孔可压出两个药片。

旋转压片机的饲粉方式合理、片重差异小，由上、下冲同时加压，片剂内部压力分布均匀，生产效率高。如55冲的双流程压片机的生产能力高达每小时50万片。目前国外发展的封闭式高速压片机最高产量达每小时300万片。新型的全自动旋转压片机除能将片重差异控制在一定范围外，对缺角、松裂片等不良片剂也能自动鉴别并剔除。

旋转式压片机的主要工作部分有机台、压轮、片重调节器、压力调节器、加料斗、刮粉器（也称饲粉器）等部分组成（图9-3）。

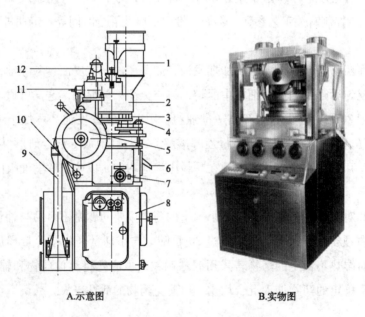

A.示意图　　　　　B.实物图

图9-3　旋转式压片机示意图及实物图

1. 加料斗；2. 机架；3. 机台；4. 刮粉器；5. 手转；6. 出料口；7. 充填调节器；
8. 机座；9. 附属吸尘器；10. 片重调节器；11. 上压轮调节摆杆；12. 上压轮罩

 知识链接

压片机的冲和模

压片机的冲和模是重要的工作部件，由优质钢材制成，机械强度和耐磨性能好。一副冲模分别由一个上冲杆、一个下冲杆和一个中模组成。上、下冲的结构相似，冲头直径一致，下冲的冲头较长，冲头直径应与中模的模孔配套，冲头能在模孔中自由滑动。冲头的端面形状可以是平面，也可以是浅凹形、深凹形（一般用于包糖衣片）或特深凹形（一般用于丸形片剂的制备），也可以在端面上刻文字、数字、字母、线条，以标明产品的名称、规格、商标等。线条便于一分为二或一分为四服用。

冲头和模孔截面的形状各种各样，有圆形、异形（如三角形、椭圆形、球形、长胶囊形等）。根据所用的冲模模型不同，可以压制各种形状的片剂。应根据制备工艺选择合适的冲模（图9-4）。

一般冲头和冲模的安装顺序为：中模→上冲→下冲；拆冲头和冲模的顺序为：下冲→上冲→中模；以确保在拆装过程中上、下冲头不接触；安装异形冲头和冲模时应将上冲套在中模孔中一起放在中模转盘再固定中模。

图9-4　异形冲模

二、干法制粒直接压片法

干法压片法有粉末直接压片法、结晶药物直接压片法和空白颗粒直接压片法。其优点是生产工序少、设备简单，有利于自动化连续生产，尤其适合于对湿热敏感的药物制片。

1. 粉末直接压片法　是指药物的粉末与适宜的辅料混合后，不经过制粒而直接压片的方法。此方法的基本条件是辅料应有良好的流动性和可压性。当片剂中药物的剂量不大，药物在片剂中占的比例较小时，混合物的流动性和可压性主要决定于直接压片所用辅料的性能。为改善流动性和可压性，就必须选用优质助流剂（如微粉硅胶）和添加适宜的可改善物料可压性的辅料（如MCC）。粉末直接压片法的制备工艺比较简单。主药经粉碎、过筛，加入处方中的辅料，混合均匀后，直接压片即得。其工艺流程如图9-5所示。

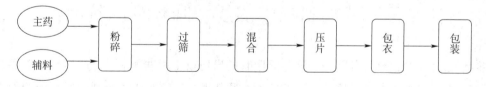

图9-5　粉末直接压片法生产工艺流程

粉末直接压片时，还需在压片机的加料斗中装上电磁振荡器，使药粉能定量地填入模孔。另外，可通过要求刮粉器与模台紧密接合、增加预压过程、减慢车速、延长受压时间等措施来克服粉末压片的不足。

2. 结晶药物直接压片法　具有适当流动性和可压性的结晶性药物，如氯化钠、溴化钠、氯化钾等无机盐及维生素C等有机物质，经过干燥并过筛后加入适当的辅料，混合后即可直接压片。

 **知识链接**

直接压片的局限性

直接压片虽有优点，在国外应用较多，但在国内难以推广，其原因主要有以下几点。①缺乏优质辅料，现有的几种辅料如微晶纤维素、可压性淀粉等均为细粉末，生产中粉尘多，急待研究和开发优质直接压片用辅料，如复合辅料。②现有辅料直接压成的片剂外观不光洁。③压片机的精度不理想，有漏粉现象等。

3. 空白颗粒直接压片法　若片剂中含有对湿热不稳定而剂量又较小的药物时，可将辅料以及其他对湿热稳定的药物先用湿法制粒，干燥并整粒后，再将不耐湿热的药物与颗粒混合均匀后压片。其制备工艺流程如图9-6所示。

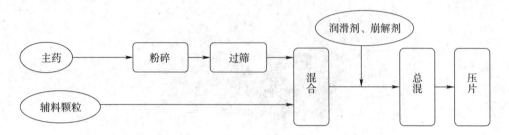

图9-6　空白颗粒压片生产工艺流程

如制备醋酸氢化可的松片，可先将处方中的乳糖48g、淀粉110g用7%的淀粉浆制成空白颗粒，将醋酸氢化可的松20g与硬脂酸镁16g混匀，将其混合物与空白颗粒混合均匀后再压片，每片含主药20mg。

 知识链接

压片岗位环境要求

压片操作岗位的洁净度按D级或以上级别要求；洁净区域温度：18~26℃；相对湿度：45%~65%；照度：300lx；噪声：动态测试时<75dB；压差：与室外大气压的静压差>10Pa，洁净级别相同的相邻房间之间的静压差>5Pa。

任务三　片剂制备中的质量问题及影响因素

片剂在生产过程中会出现各种问题，这些问题有的出现在压片过程中，有的出现在贮存过程中，有的会影响后续的包衣和内外包装，因此，这些问题必须在压片工序解决，否则会使片剂的外观、内在质量、释放指标、稳定性甚至疗效产生偏差。导致这些问题的原因需综合考虑，与药物性质、处方组成、生产工艺、机械设备、操作技术、环境控制等因素有关。以下列举出压片过程中可能出现的问题及解决办法。

1. 裂片　片剂发生裂开的现象叫裂片。如果裂开的位置发生在药片的顶部（或底部）习惯上称为顶裂，它是裂片中最常见的形式。压力分布的不均匀以及由此而带来的弹性复原率的不同，是造成裂片的主要原因。解决裂片问题的关键是换用弹性小（复原率小）、塑性大的辅料，从整体上降低物料的弹性复原率。另外，颗粒中细粉太多、颗粒过干、车速过快、压力太大、黏合剂的黏性弱或用量不足、片剂过厚以及冲的精准度低也可造成裂片。压片过程中出现裂片的原因及解决方法见表9-1。

表9-1 压片过程中出现裂片的原因及解决办法

裂片的原因	解决办法
纤维性药物或油类成分较多	调整处方，筛选辅料
颗粒中细粉太多	筛去细粉，重新制粒
润滑剂过量	减少润滑剂用量
黏合剂选择不当或用量不足	筛选黏合剂或增加用量
颗粒过干，含水量不足	喷入50%~60%浓度的适量乙醇，混匀
压片压力过大或车速过快	调小压力或降低车速
冲模不精准	检查、更换冲模
压片环境	调整压片环境温湿度

即学即练9-4

以下造成裂片原因错误的是（ ）。

A. 压力分布的不均匀　　　　　B. 颗粒中细粉太多

答案解析　C. 颗粒过干　　　　　　　　D. 硬度不够

2. **松片** 是指片剂的硬度不够，受震动后易松散成粉末的现象，或将片剂置中指与食指间，用拇指轻轻加压即碎裂。压片过程中出现松片的原因及解决方法见表9-2。

表9-2 压片过程中出现松片的原因及解决办法

松片的原因	解决办法
纤维性药物或油类成分较多	调整处方，筛选辅料
颗粒中细粉太多	筛去细粉，重新制粒
颗粒过干，含水量不足	喷入50%~60%浓度的适量乙醇，混匀
黏合剂选择不当或用量不足	筛选黏合剂或增加用量
压片机的压力不够	加大压片机压力
冲模不精准	检查、更换冲模

3. **粘冲** 是指片剂的表面被冲头粘去一薄层或一小部分，造成片面粗糙不平或有凹痕的现象。如果片剂的边缘粗糙或有缺痕，则可相应地称为粘模。造成粘冲的主要原因有颗粒不够干燥或物料易于吸湿、润滑剂选用不当或用量不足、冲头表面锈蚀或刻字粗糙不光等。压片过程中出现粘冲的原因及解决办法见表9-3。

表9-3 压片过程中出现粘冲的原因及解决办法

粘冲的原因	解决办法
颗粒含水量大，药物或辅料易吸湿	充分干燥，控制水分，控制环境湿度
润滑剂选用不当，用量不足或混合不匀	更换润滑剂，调节用量，混合均匀
冲头表面粗糙、锈蚀、不洁	清洁或更换冲头
冲头刻字太深或有棱角	更换冲头或用微量液体石蜡润滑刻字
压片机的压力调节不当	调节压片机压力
压片机车速太快	调节车速

4. 片重差异超限 是指片剂重量差异超过药典规定的限度。主要原因是加料器不平衡、颗粒粗细相差悬殊、加料斗内颗粒时多时少、塞冲或塞模。片剂出现重量差限超限的原因及解决办法见表9－4。

表9－4 片剂出现重量差异超限的原因及解决办法

片重差异超限的原因	解决办法
颗粒大小相差悬殊	将颗粒混匀或筛去细粉重新制粒
颗粒流动性较差	加适宜助流剂以改善流动性
加料斗内的颗粒时多时少	调节料斗并保证含1/3体积以上的颗粒
双轨压片机两个加料斗不平衡	平衡加料斗
冲头、冲模吻合度不好	检查、更换冲头、冲模
下冲升降不灵活	调节或更换下冲
加料斗堵塞	疏通料斗，保持压片环境干燥

5. 崩解超限 是指片剂崩解时限超过药典规定的要求。崩解迟缓原因主要是黏合剂黏性太强或用量太多、润滑剂的疏水性太强或用量太多、崩解剂选择不当或用量不足、压力太大等。片剂出现崩解超限的原因及解决办法见表9－5。

表9－5 片剂出现崩解超限的原因及解决办法

崩解超限的原因	解决办法
崩解剂的选择或用量不当	更换崩解剂或加大用量
黏合剂的黏性太强或用量太大	更换黏合剂或减少用量
颗粒过粗、过硬	粗粒过筛，喷入高浓度乙醇降低硬度
疏水性润滑剂用量过多	降低疏水性润滑剂用量或改用亲水性润滑剂
压片压力过大	调节压片压力，降低片剂硬度

6. 含量均匀度超限 是指片剂中活性成分的含量均匀度超出药典规定的限度。含量均匀度超限的原因有两个：①主药和辅料混合不均匀；②可溶性成分在颗粒内和颗粒间迁移。解决的办法：制软材和制粒过程中，制定合理的原辅料混合工艺，使混合均匀；通过完善和改进干燥工艺防止可溶性成分迁移。

7. 溶出超限 片剂在规定时间内未能溶解出规定限度的药物量，即为溶出超限或溶出度不合格。片剂崩解时限合格未必溶出度合格，溶出度不合格则不能保证药物的疗效，因此对于难溶性药物、治疗窗狭窄的药物或缓控释制剂要测定溶出度。导致溶出超限的原因：①导致崩解时限不合格的所有原因；②药物溶解度不够；③药物为疏水性药物。解决的办法：保证崩解时限合格、增加药物溶解度、应用固体分散体等新技术、加表面活性剂等。

 知识链接

可溶性成分的迁移

可溶性成分的迁移是指在湿颗粒干燥过程中，可溶性成分随水分移动至颗粒表面的现象。

干燥是水分气化的过程。湿颗粒干燥时，水分气化发生在颗粒表面而不是内部，待表面水分散失后，内部水分才慢慢渗透、扩散至颗粒表面，在此过程中，水分会"沿途"将可溶性成分带到并积留在颗粒表面，使得颗粒表面的可溶性成分含量高于颗粒内部，造成内外含量不均，这就是可溶性成分的迁移。随水分迁移的可以是药物或辅料，可发生在颗粒内部或颗粒之间。可能的后果是，由于干颗粒在整粒、压片过程中相互碰撞、摩擦或挤压，颗粒表面脱落细粉，造成细粉中可溶性成分含量较高，而造成片剂含量均匀度超限或花斑，所以颗粒的干燥要采取适宜的工艺。

8. 叠片　两个片剂叠压在一起的现象。其原因有出片调节器调节不当、上冲粘片、加料斗故障等，如不及时处理，会因压力过大而损坏机器，故应立即停机检修。可调换冲头、用砂纸擦光或检修调节器解决。

9. 变色或表面花斑　片剂表面的颜色变化或出现色泽不一的斑点，导致外观不符合要求。产生的原因是颜色差异大的物料混合不均匀、颗粒太硬、上冲油垢过多、易引湿的药品如阿司匹林片等在潮湿情况下与金属接触易变色。可根据实际情况加以解决。

10. 麻点　片剂表面产生许多小点，可能是润滑剂和黏合剂用量不当、颗粒受潮、颗粒大小不均匀、冲头表面粗糙或刻字太深、有棱角及机器异常发热等引起的，可针对原因处理解决。

11. 卷边　冲头与模圈碰撞，使冲头卷边，造成片剂表面出现半圆形的刻痕，需立即停车，更换冲头和重新调节机器。

12. 吸潮变色　吸潮变色多见于中药片剂，常在包衣之后或在贮存过程中出现色斑、暗纹、变色、软化、变形等现象。主要原因是片剂中有强烈吸湿性的成分，有时即使包衣、铝塑包装等手段也无法阻隔吸潮变色。主要的解决办法：环境湿度控制、筛选合适种类和用量的辅料稀释吸湿性物料、双铝包装、铝箔封口瓶装、高质量的包衣等。

PPT

任务四　片剂的包衣技术

一、概述

包衣是指在片剂（常称为片芯、素片）的外表面均匀地包裹上一定厚度的衣膜。它是制剂工艺中的一种单元操作，有时也对颗粒或微丸包衣。

1. 包衣的目的

（1）改善片剂的外观和便于识别　可在包衣层中可添加着色剂，最后抛光，可显著改善片剂的外观，使其美观、易于识别，并增加患者用药的依从性。

（2）矫味　掩盖片剂中药物的不良臭味。

（3）增强药物的稳定性　有的片剂易吸潮，有的药物易氧化变质，有的药物对光敏感，选用适宜的隔湿、遮光材料包衣后，可显著增强其稳定性。

（4）控制药物的释放部位和释放速度　在胃液中被胃酸或胃酶破坏的药物，对胃有刺激性并影响食欲，甚至引起呕吐的药物都可包肠溶衣，可使药物安全地通过胃，在肠中溶解释放药物。近几年还用包衣法实现定位给药，如结肠给药。

（5）避免配伍变化　可将有配伍禁忌的药物分别制粒包衣后再压片，也可将一种药物压制成片芯，片芯外包隔离层后再与另一种药物颗粒压制成包芯片，以减少接触机会。

2. 包衣的种类　一般分成糖衣和薄膜衣两大类。其中薄膜衣又分为胃溶性、肠溶性及水不溶性三种。糖包衣是沿用已久的传统包衣工艺，正逐步被薄膜包衣工艺所替代。无论包制何种衣膜，都要求片芯具有适宜的硬度，以免在包衣过程中破碎或缺损，同时也要求片芯具有适宜的厚度、弧度，以免片剂互相粘连或衣层在边缘部断裂。

包衣对片芯的要求

包衣所用的压制片，在硬度、弧度和崩解时限等方面与一般压制片有所不同。

1. 硬度 片芯的硬度应较一般压制片高，一般不低于50N；脆碎度也应较一般压制片低，不得超过0.5%。必须能承受包衣过程的滚动、碰撞和摩擦。

2. 弧度 在外形上必须具有适宜的弧度，一般选用深弧度，尽可能减小棱角，以利于减少片重增重幅度，防止衣层包裹后在边缘处断裂。

3. 崩解时限 为达到包衣片的崩解要求，压制片芯时一般宜选用崩解效果好而用量少的崩解剂，如羧甲基淀粉钠等。

二、包衣方法与设备

常用的包衣方法有滚转包衣法、高效包衣机包衣法、流化床包衣法、埋管式包衣法及压制包衣法等。

1. 滚转包衣法（锅包衣法） 包衣锅（图9-7）一般用导热性能良好、性质稳定的不锈钢或紫铜衬锡材料制成。包衣锅有莲蓬形和荸荠形等。包衣锅的轴与水平的夹角为30°~45°，以使片剂在包衣过程中既能随锅的转动方向滚动，又能沿轴向运动，使混合效果更好。包衣锅的转动速度应适宜，以使片剂在锅中能随着锅的转动而上升到一定高度，随后做弧线运动而落下为度，使包衣材料能在片剂表面均匀地分布，片与片之间又有适宜的摩擦力。包衣材料可采取手工加入的方式，在包衣锅滚转过程中，使包衣材料均匀地黏附在片芯上。但由于锅内空气交换效率低，干燥慢，粉尘及有机溶剂污染环境不易克服等原因，目前仅用于实验室操作。

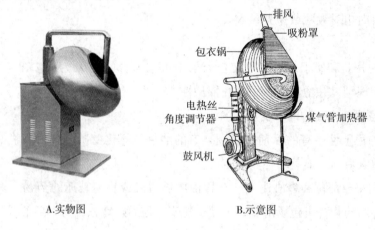

A.实物图　　　　　　　　　B.示意图

图9-7　包衣锅实物图及示意图

2. 埋管式包衣法 在普通包衣锅的底部装有可通入包衣溶液、压缩空气和热空气的埋管（图9-8）。包衣时，该管插入包衣锅中翻动着的片床内，包衣材料的浆液由泵打出，经气流式喷头连续地雾化，直接喷洒在片剂上，干热压缩空气也伴随雾化过程同时从埋管吹出，穿透整个片床进行干燥，湿空气从排出口引出，经集尘过滤器过滤后排出。此法既可包薄膜衣也可包糖衣，可用有机溶剂也可用水性混悬浆液溶解衣料。由于雾化过程是连续进行的，故包衣时间缩短，且可避免包衣时粉尘飞扬，适用于大规模生产。

3. 高效包衣机包衣法　高效包衣机（图 9-9）从热交换形式上可分为有孔包衣机和无孔包衣机。有孔包衣机热交换效率高，主要用于中西药片剂、较大丸剂等包制有机薄膜衣、水溶薄膜衣和缓、控释包衣。无孔包衣机热交换效率较低，常用于微丸、小丸、滴丸、颗粒制丸等包制糖衣、有机薄膜衣、水溶薄膜衣和缓、控释包衣。高效包衣机从生产规模上分为生产型高效包衣机和实验型高效包衣机。生产型高效包衣机是一种高效、节能、安全、洁净、符合 GMP 要求的机电一体化设备，为药品生产的包衣新工艺提供了可靠的设备保障，在提高药品质量和延长有效期方面发挥了重要作用。该方法适用于包制薄膜衣和肠溶衣，缺点是小粒子的包衣易粘连。

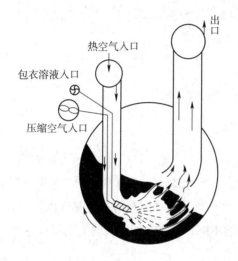

图 9-8　埋管包衣锅内空气走向示意图

图 9-9　高效包衣机示实物图

4. 流化床包衣法　与流化喷雾制粒相似，即将片芯置于流化床（图 9-10）中，通入气流，借急速上升的空气流使片剂悬浮于包衣室中上下翻动并处于流化（沸腾）状态，另将包衣材料的溶液或混悬液输入流化床并雾化，使片芯的表面黏附一层包衣材料并在热空气作用下迅速干燥，如法包若干层，直至达到规定要求。本法主要用于包薄膜衣。

流化床包衣法包衣速度快、时间短、工序少，当喷入包衣溶液的速度恒定时，则喷入时间与衣层增重呈线性关系，容易实现自动控制；整个生产过程在密闭的容器中进行，无粉尘，环境污染小。但采用流化床包衣法包衣时，要求片芯的硬度稍大一些，以免在沸腾状态时造成缺损。本方法特别适合小粒子的包衣。

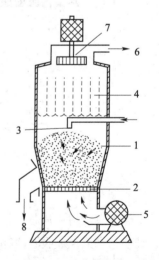

图 9-10　流化床包衣示意图

1. 容器；2. 筛板；3. 喷嘴；4. 袋滤器；5. 空气进口；6. 空气排除口；7. 排风机；8. 物料出口

5. 压制（干压）包衣法　常用的压制包衣机（图 9-11）的原理是将两台旋转式压片机用单传动轴配成一套。包衣时，先用压片机压成片芯后，由一专门设计的传递机构将片芯传递到另一台压片机的模孔中，在传递过程中需用吸气泵将片外的细粉除去，在片芯到达第二台压片机之前，模孔中已填入部分包衣物料作为底层，然后片芯置于其上，再加入包衣物料填满模孔并第二次压制成包衣片。该设备还采用了一种自动控制装置，可以检查出不含片芯的空白片并自动弃去，如果片芯在传递过程中被粘住不能置于模孔中时，装置也可将它剔除。另外，还附有一种分路装置，能将不符合要求的片子与大量合格的片子分开。本方法的优点：可以避免水分、高温对药物的不良影响，生产流程短、自动化程度高、劳动条件好，但对压片机械的精度要求较高，目前国内采用得较少。

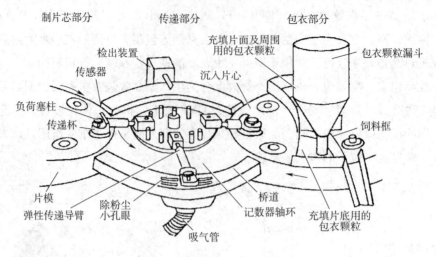

图 9 – 11　压制包衣机的主要结构

三、包衣工艺及材料

无论采用何种方法进行包衣，都需要包衣材料，包衣工序取决于包衣材料。如果包糖衣时，需要糖浆和滑石粉等包衣材料，但其工艺费时、复杂。如果包薄膜衣时，常采用羟丙基甲基纤维素（HPMC）等包衣材料，其工艺较为快速、简单。下面将根据包衣材料的不同，分别介绍包衣的工艺及其材料。

1. 包糖衣工艺及材料

（1）工艺　其工艺流程如图 9 – 12 所示。

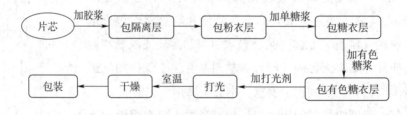

图 9 – 12　包糖衣的生产工艺流程图

（2）具体操作

①隔离层　指在片芯外包的一层起隔离作用的衣层。对于大多数片剂一般不需要包隔离层，但有些含有酸性、水溶性或吸潮性等成分的片剂必须包隔离层。隔离层的作用是防止包衣液中水分透入片芯或酸性药物对糖衣层的影响。常用的隔离层材料有 10% 玉米朊乙醇溶液、15% ~20% 虫胶乙醇液、10% 醋酸纤维素酞酸酯（CAP）的乙醇溶液、10% ~15% 明胶浆或 30% ~35% 阿拉伯胶浆，但后两者的防潮效果不够理想。选用 CAP 时应控制好此层的厚度，否则会影响在胃中的崩解（因为 CAP 是肠溶性的），因此最好采用玉米朊包制隔离层。因为包隔离层使用的是有机溶剂，所以应注意防爆防火，采用中等干燥温度（40 ~50℃）。每层的干燥时间约为 30 分钟，一般 3 ~5 层。

②粉衣层　包完隔离层后再包粉衣层，对不需包隔离层的片剂可直接包粉衣层。包粉衣层的目的是为了消除片剂原有的棱角。操作时一般采用高浓度的糖浆 [65% ~75%（g/g）] 和 100 目的滑石粉，洒一次浆、撒一次粉，然后热风干燥 20~30 分钟（40~50℃），重复以上操作 15~18 次，直到片剂的棱角消失。为了增加糖浆的黏度，也可在糖浆中加入 10% 的明胶或阿拉伯胶。

③糖衣层　包好粉衣层的片子表面比较粗糙、疏松，因此应该再包糖衣层使其表面光滑、细腻、坚实。具体操作与包粉衣层基本相同，包衣物料用稍稀的糖浆而不用滑石粉。糖浆在低温（40℃）下缓缓干燥，形成了细腻的蔗糖晶体衣层，增加了衣层的牢固性和甜味。一般包 10~15 层。

④有色糖衣层　包有色糖衣层与上述包糖衣层的工序基本相同，目的是使片剂有一定的颜色，增加美观，便于识别或起到遮光作用（在糖浆中加入食用色素和二氧化钛）。包有色糖衣层时，糖浆浓度应由浅到深，并注意层层干燥，以免产生花斑。一般包 10~15 层。

⑤打光　打光是包衣的最后工序，其目的是使糖衣片表面光亮美观，兼有防潮作用。操作时，将川蜡细粉加入包完色衣的片剂中，由于片剂间和片剂与锅壁间的摩擦作用，使糖衣表面产生光泽。如在川蜡中加入 2% 硅油（称保光剂）则可使片面更加光亮。

取出包衣片干燥 24 小时后即可包装。

（3）糖衣材料　糖衣是以蔗糖为主要材料的包衣。

（4）特点及不足　从上述包糖衣工艺可以看出，包糖衣过程是把以滑石粉、蔗糖、明胶为主的多种与药物治疗无关的辅料附加在药物片芯的表层，致使糖衣片有效药物片芯额外增重达到 50% ~ 100%，因此，长期服用会对人体造成危害，尤其是糖尿病患者。同时，糖浆包衣生产过程中也难以避免粉尘飞扬、污染环境，化糖、化胶、添加色素、晾片、物料存放均需占用车间较大空间，且生产工艺复杂，操作过程中大多依赖操作者的经验和手感控制包衣质量。由于糖浆包衣过程中的不可控因素较多，糖衣片在生产和存放过程中，会经常性地出现裂片、花斑、霉点、崩解超时、含量下降、吸湿性强、不易保存、生产时间和晾片时间长等诸多缺点。

2. 包薄膜衣工艺及材料

（1）工艺　包薄膜衣是指在片芯的外面包一层比较稳定的高分子聚合物衣膜的技术。常用薄膜包衣工艺有有机溶剂包衣法和水分散体乳胶包衣法。基本工艺流程如图 9 – 13 所示。

（2）具体操作

①将片芯放入锅内，喷入一定量的薄膜衣材料的溶液，使片芯表面均匀湿润。

②吹入缓和的热风使溶剂蒸发（需根据工艺调节温度，过高会干燥过快，出现"皱皮"或"起泡"现象；温度过低会干燥过慢，出现"粘连"或"剥落"现象）。如此重复上述操作若干次，直至达到工艺要求的厚度为止。

③大多数的薄膜衣需要一个固化期，一般是在室温或略高于室温下自然放置 6~8 小时使之固化完全。

④为使残余的溶剂完全除尽，一般还要在适当温度下干燥 12~24 小时。

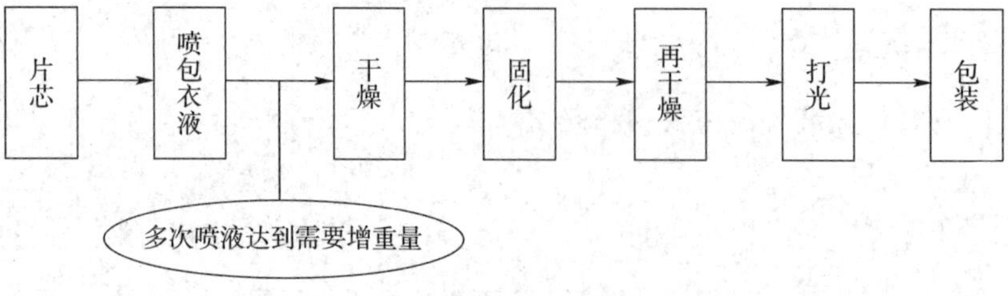

| 片芯 | → | 喷包衣液 | → | 干燥 | → | 固化 | → | 再干燥 | → | 打光 | → | 包装 |

多次喷液达到需要增重量

图 9 - 13 包薄膜衣的生产工艺流程

目前在发达国家采用不溶性聚合物的水分散体作为包衣材料，已经日趋普遍，几乎取代了有机溶剂包衣。

📱 **知识链接** ┄┄

水分散体包衣技术

薄膜包衣是药物制剂的重要工艺之一。目前国内大多采用聚合物有机溶液包衣，用有机溶剂作溶媒，虽然易于成膜，但安全性低、有毒，对环境和操作人员健康也存在危害，而且有机溶剂价格昂贵、回收困难，需控制包衣后产品的溶剂残留。

水分散体的工业应用最早始于20世纪30年代，1972年开始用于片剂包衣。目前，水分散体包衣在国外已得到广泛应用，成为现代制剂包衣工艺的主流。它是将不溶于水的聚合物，用水作分散剂，加入辅料制成胶乳或伪胶乳进行包衣的技术。水分散体还具有以下优点：①固体含量高、黏度低，有利于包衣操作和缩短包衣时间。②水仅为分散介质，而不是溶媒，因此与水溶液包衣相比，所需干燥热能相对较低。③与有机溶液包衣相比，包衣液的喷雾干燥损失少，包衣效率高。④包衣过程不易产生静电现象。

常用的水分散体有乙基纤维素水分散体、丙烯酸树脂类水分散体、醋酸纤维素水分散体。

┄┄

（3）包薄膜衣材料 薄膜衣的材料主要有胃溶型、肠溶型及水不溶型。

①胃溶型薄膜衣材料 胃溶型成膜材料是指在水或胃液中可以溶解的材料，适用于一般的片剂包衣。常用的胃溶型薄膜衣材料有以下几种。

羟丙基甲基纤维素（HPMC）：是目前应用最广泛的薄膜包衣材料。其优点是可溶于某些有机溶剂和水，易在胃液中溶解，对片剂崩解和药物溶出的不良影响小。其成膜性较好，形成的膜强度适宜，不易脆裂等。本品在国外有3种型号，并根据黏度不同而分为若干规格，其低黏度者可用于薄膜包衣。市场上既有HPMC原料出售，也有配成包衣材料的复合物（加入色素、遮光剂二氧化钛及增塑剂等），用前需加溶剂溶解（混悬）后包衣。

羟丙基纤维素（HPC）：常用本品的2%水溶液包制薄膜衣，操作简便，可避免使用有机溶剂。缺点是干燥过程中产生较大的黏性，影响片剂的外观，并且有一定的吸湿性。

丙烯酸树脂（Ⅳ）：本品是丙烯酸与甲基丙烯酸的共聚物，与国外著名产品 Eudragit 的性状相当（Eudragit L 型和 Eudragit S 型是肠溶性的），是目前国内较为常用的胃溶型薄膜衣材料。可溶于乙醇、丙酮、二氯甲烷等，不溶于水，形成的衣膜无色、透明、光滑、平整、防潮性能优良，在胃液中能迅速溶解。

┌───┐

即学即练 9 - 6

以下不属于胃溶型薄膜衣的材料是（ ）。

答案解析　A. HPMC　　　　B. HPC　　　　C. Eudragit E　　　　D. PVA

└───┘

聚乙烯吡咯烷酮（PVP）：本品性质稳定、无毒，能溶于水及多种溶剂，可形成坚固的膜。但本品有较强的吸湿性，常将5% PVP溶液、2% PEG 6000及5%甘油单醋酸酯混合使用。

②肠溶型薄膜衣材料　肠溶衣是指在胃中保持完整而在肠道溶解的衣料。包肠溶衣是由药物性质和使用目的来决定的，主要用于下述情况。A. 遇胃液能起化学反应、变质失效的药物。B. 对胃黏膜具有较强刺激性的药物。C. 有些药物如驱虫药、肠道消毒药等希望在肠内起作用，在进入肠道前不被胃液破坏或稀释。D. 有些药物需要在肠道保持较长的时间以延长其作用。常用的肠溶型成膜材料有以下几种。

虫胶：不溶于胃液，但在pH 6.4以上的溶液中能迅速溶解，可制成15%～30%的乙醇溶液包衣，并加入适宜的增塑剂如蓖麻油等。本品因来源不同，其性能有差异，近年应用已较少。

醋酸纤维素酞酸酯（CAP）：可溶于pH 6.0以上的缓冲液中，是目前国际上应用较广泛的肠溶型包衣材料。本品为酯类，应注意贮存以防止水解。

丙烯酸树脂Ⅱ号和Ⅲ号：肠溶型的丙烯酸树脂在国内已有生产，是甲基丙烯酸–甲基丙烯酸甲酯的共聚物，因两者比例不同而分为Ⅱ号（Eudragit L100型）和Ⅲ号（Eudragit S100型）。此类树脂在胃中均不溶解，但在pH 6或7以上缓冲液中可以溶解，安全无毒。

羟丙基甲基纤维素酞酸酯（HPMCP）：不溶于酸性溶液，但可溶于pH 5～5.8以上的缓冲液中。成膜性能好，膜的抗张强度大，安全无毒，其稳定性较CAP好，可在小肠上端溶解。

醋酸羟丙基甲基纤维素琥珀酸酯（HPMCAS）：为优良的肠溶型成膜材料，稳定性较CAP及HPMCP好。

即学即练9–7

以下为肠溶型薄膜衣材料的是（　）。
A. 醋酸纤维素　　　　　　　　　　B. 乙基纤维素
C. Eudragit E　　　　　　　　　　D. 邻苯二甲酸醋酸纤维素

答案解析

③水不溶型薄膜衣材料　是指在水中不溶解的高分子薄膜衣材料。常用的有以下几种。

乙基纤维素：不溶于水，易溶于乙醇、丙酮等有机溶剂，成膜性良好，主要是利用膜的半透性来控制药物的释放，因而广泛用于缓、控释制剂（既可用作控释性包衣材料，也可作为阻滞性骨架材料使用）。

醋酸纤维素：本品与乙基纤维素类似，不溶于水，易溶于三氯甲烷、丙酮等有机溶剂，成膜性良好。包衣后，衣膜具有半透性，是渗透泵控释制剂最常用的包衣材料。亦可以通过加致孔剂的方法来控制药物的释放达到缓、控释的效果。

除了以上各类薄膜衣材料以外，在包制薄膜衣的过程中，尚须加入其他一些辅助性的物料，如增塑剂、遮光剂、着色剂等。常用增塑剂有丙二醇、蓖麻油、聚乙二醇、硅油、甘油、邻苯二甲酸二乙酯或二丁酯等。常用的遮光剂主要是二氧化钛。常用的色素主要有苋菜红、胭脂红、柠檬黄及靛蓝等食用色素。

 知识链接

薄膜包衣预混剂

薄膜包衣剂一般由成膜剂、增塑剂、固体添加剂和助剂等四部分组成，生产时将这几种物料按照一定的配方和特定的生产工艺预先混合均匀，形成一个完整的生产物料，因此又称为薄膜包衣预混剂。在薄膜包衣预混剂中，多种辅料并不是简单的混合，由于成膜材料、增塑剂以及着色剂的组合类型和配比的不同，都会对包衣剂的力学性质包括薄膜的抗拉强度、杨氏模量和玻璃转化温度等指标产生明显影响，因此与单一的成膜高分子材料相比，薄膜包衣预混剂具有独特的优势。

 知识链接

包衣过程中的生产工艺管理

（1）包衣岗位操作室环境要求：室内压大于室外压力、温度18℃～26℃、相对湿度45%～65%、洁净度一般达D级。

（2）使用有机溶剂的包衣室和配制室应做到防火防爆。

（3）配制包衣用溶液时，选用容器的大小要适宜，并应注意包衣溶液的浓度、颜色应符合规定。

（4）生产过程中的物料应有标识。

四、包衣过程中出现的问题及解决办法

包衣片在片剂中比较普遍。包衣质量直接影响片剂的外观和内在质量，因此包衣是片剂生产过程中十分重要的工艺和技术。影响包衣质量的关键因素包括：包衣片芯的质量（如脆碎度、硬度、外观、形态、水分等）、包衣设备的参数（如转速、温度、角度等）、包衣工艺条件和操作方法。如果与包衣质量相关的关键因素控制不好，就会在包衣过程中和贮存时发生问题。表9-6、表9-7分别列举了包糖衣片和薄膜衣片过程中常见的问题和解决办法。

表9-6 包糖衣片过程中常见的问题和解决办法

常见问题	原因	解决办法
色泽不均	片面粗糙，有色糖浆用量过少且未搅匀；温度过高、干燥太快，糖浆在片面上析出快，衣层未干就加蜡打光	应注意糖衣层包衣质量、有色糖浆逐渐加深、低温干燥等
糖浆不粘锅	锅壁上蜡未除尽	洗净锅壁，或再涂一层热糖浆，撒一层滑石粉
片面不平	撒粉太多，温度过高，衣层未干就接着包下一层衣	改进操作方法，做到低温干燥，勤加料，多搅拌
龟裂或爆裂	糖浆与滑石粉用量不当，芯片太松，温度太高，干燥过快，析出粗糖晶使片面留有裂缝	控制糖浆和滑石粉用量，注意干燥时的温度与速度，更换片芯
麻面与露边	衣料用量不当，温度过高或吹风过早	注意糖浆和粉料的用量，糖浆以均匀润湿片芯为度，粉料以能在片面均匀黏附一层为宜，片面不见水分和产生光亮时，再吹风
粘锅	加糖浆过多，搅拌不匀	糖浆的含量应恒定，一次用量不宜过多，并及时搅拌，锅温不宜过低
膨胀磨片或剥落	片芯与糖衣层未充分干燥，崩解剂用量过多	应注意保证每次加料充分干燥

表9-7 包薄膜衣片过程中常见的问题和解决办法

常见问题	原因	解决办法
起泡	固化条件不当，干燥过快	掌握成膜条件，控制干燥温度和速度
花斑	增塑剂、色素等选择不当，溶剂将可溶性成分带到衣膜表面	改变包衣处方，调节空气温度与流量，减慢干燥速度
皱皮	选择衣料、干燥条件不当	更换衣料，改变成膜温度
剥落	衣料选择不当，两次包衣间隔时间太短	调节间隔时间，更换衣料，调整干燥温度，适当降低包衣液的浓度

续表

常见问题	原因	解决办法
肠溶衣片不能安全通过胃部	衣料不当、衣层太薄、衣层强度不够，或包衣中片剂硬度不够、边缘磨损严重	重新调整包衣处方，选择合适的衣料
肠溶衣片肠内不溶解（排片）	衣料不当、衣层太厚，贮存变质	选择合适衣料，减少衣层厚度，控制贮存条件防止变质

任务五　片剂的质量评价与包装贮存

PPT

一、片剂的质量评价

1. 外观　片剂外观应完整、色泽均匀、无色斑、无异物，有适宜的硬度和耐磨性。并在规定的有效期内保持不变。良好的外观可增强患者对药物的信任，故应严格控制。

2. 重量差异　片重差异过大，意味着每片中主药含量不一，对治疗可能产生不利影响，具体按照下述方法检查，应符合表9-8中的规定。

检查法：取供试品20片，精密称定总重量，求得平均片重后，再分别精密称定每片的重量，每片重量与平均片重比较（凡无含量测定的片剂或有标示片重的中药片剂，每片重量应与标示片重比较），按表9-8中的规定，超出重量差异限度的不得多于2片，并不得有1片超出限度1倍。

表9-8　《中国药典》对片剂重量差异的规定

平均片重或标示片重	重量差异限度
0.30g 以下	±7.5%
0.30g 及 0.30g 以上	±5%

糖衣片的片芯应检查重量差异并符合规定，包糖衣后不再检查重量差异。薄膜衣片应在包薄膜衣后检查重量差异并符合规定。

凡规定检查含量均匀度的片剂，一般不再进行重量差异检查。

3. 崩解时限　崩解是系指口服固体制剂在规定条件下全部崩解溶散或成碎粒，除不溶性包衣材料或破碎的胶囊壳外，应全部通过筛网。如有少量不能通过筛网，但已软化或轻质上漂且无硬心者，可作符合规定论。具体方法按照2020年版《中国药典》四部通则0921崩解时限检查法进行检查（表9-9）。

表9-9　《中国药典》对不同种类片剂崩解时限的规定

片剂种类	崩解时限/min
普通片	15
化药薄膜衣片	30
中药薄膜衣片	60
糖衣片	化药糖衣片和中药糖衣片（加挡板）均在60分钟内崩解
含片	在10分钟内不应崩解或溶化
舌下片	5
可溶片	水温20℃±5℃，3分钟内崩解
中药全粉片	30
中药浸膏（半浸膏）片	60

续表

片剂种类	崩解时限/min
肠溶衣片	人工胃液中 2 小时不得有裂缝、崩解或软化现象，洗涤后换人工肠液，加挡板 1 小时内全部崩解或溶散并通过筛网
结肠定位肠溶片	盐酸溶液（9→1000）及 pH 6.8 以下的磷酸盐缓冲液中均应不得有裂缝、崩解或软化现象，在 pH 7.5～8.0 的磷酸盐缓冲液中 1 小时内应完全崩解
泡腾片	置 250ml 烧杯（内有 200ml 温度为 20℃±5℃的水）中，即有许多气泡放出，当片剂或碎片周围的气体停止逸出时，片剂应溶解或分散在水中，无聚集的颗粒剩留。时限要求为 5 分钟
口崩片	按照药典规定装置、方法检查，60 秒内崩解并通过筛网

除另有规定外，取供试品 6 片，分别置上述吊篮的玻璃管中，启动崩解仪进行检查，各片均应在 15 分钟内全部崩解。如有 1 片不能完全崩解，应另取 6 片复试，均应符合规定。

中药浸膏、半浸膏、全粉、中药薄膜衣片，崩解时限检查时，每管加挡板一块，若供试品黏附挡板，应另取 6 片，不加挡板检查，应符合规定。若有 1 片不能完全崩解，应另取 6 片复试，均应符合规定。

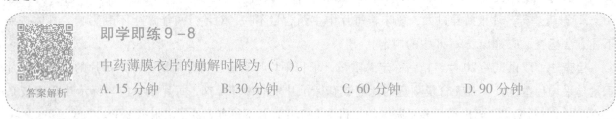

即学即练 9-8

中药薄膜衣片的崩解时限为（　　）。

答案解析　　A. 15 分钟　　　　　　B. 30 分钟　　　　　　C. 60 分钟　　　　　　D. 90 分钟

4. 硬度和脆碎度　片剂应有适宜的硬度和脆碎度，以免在包装、运输等过程中破碎或磨损。

（1）硬度　《中国药典》中虽然对片剂硬度没有做出统一的规定，但各生产企业一般都根据本厂的具体情况制订一套自己的内控标准。测定硬度的仪器有孟山都硬度计，系通过一个螺旋对一个弹簧加压，由弹簧推动压板并对片剂加压，由弹簧的长度变化来反映压力的大小。

（2）脆碎度　脆碎度在一定程度上能反映片剂的硬度，用于检查非包衣片的脆碎情况。片重 0.65g 或以下者取若干片，使其总重量约为 6.50g；片重大于 0.65g 者取 10 片；按 2020 年版《中国药典》片剂脆碎度检查法规定进行检查，减失重量不得超过 1%，并不得检出断裂、龟裂及粉碎片。本试验一般仅作 1 次，取 3 位有效数字进行结果判断。如减失重量超过 1% 时，应复测 2 次，3 次的平均减失重量不得过 1%，且不得检出断裂、龟裂及粉碎的片。如供试品的形状或大小使片剂在圆筒中形成不规则滚动时，可调节圆筒的底座，使其与桌面成约 10°的角，使试验时片剂不再聚集，能顺利下落。对于形状或大小在圆筒中形成严重不规则滚动或特殊工艺生产的片剂，不适于本法检查，可不进行脆碎度检查。对易吸水的制剂，操作时应注意防止吸湿（通常控制相对湿度小于 40%）。

5. 含量均匀度　含量均匀度系指小剂量或单剂量的固体制剂、半固体制剂和非均相液体制剂的每片（个）含量符合标示量的程度。除另有规定外，每片（个）标示量不大于 25mg 或主药含量不大于每片（个）重量的 25% 者，都应该进行含量均匀度检查。具体方法按 2020 年版《中国药典》四部通则 0941 进行检查。

6. 溶出度与释放度　是指活性物质从片剂、胶囊剂或颗粒剂等普通制剂中，在规定条件下溶出的速率和程度，在缓释制剂、控释制剂、肠溶制剂及透皮贴剂等制剂中也称释放度。

溶出和溶解是药物吸收和发挥疗效的先决条件，片剂崩解度合格未必溶出合格，因此对于某些制剂要测定溶出度。难溶性药物的溶出是其吸收的限制过程。实践证明，很多片剂药物的体外溶出与吸收有相关性，因此，溶出度测定法作为反应或模拟体内吸收情况的试验方法，在固体制剂的质量评定方面具有重要意义。凡规定检查溶出度或释放度的不再检查崩解时限。

片剂中除规定有崩解时限外，对以下情况还要进行溶出度的测定以控制或评定其质量：①含有在消化液中难溶的药物；②与其他成分容易发生相互作用的药物；③久贮后变为难溶性药物；④剂量小、药效强、副作用大的药物。

7. 微生物限度　以动物、植物、矿物来源的非单体成分制成的片剂、生物制品片剂以及黏膜或皮肤炎症、腔道等局部用片剂（如口腔贴片、外用可溶片、阴道片、阴道泡腾片等），照 2020 年版《中国药典》中非无菌产品微生物限度检查，应符合规定。规定检查杂菌的生物制品片剂，可不进行微生物限度检查。

8. 其他项目　对于不同种类的片剂，还有一些特殊的检查。

（1）发泡量　阴道泡腾片照 2020 年版《中国药典》四部通则规定检查，取 10 片，取 25ml 具塞刻度试管 10 支，按规定量加入水（片重 1.5g 及其以下，2.0ml；片重 1.5g 以上，4.0ml），置 37℃±1℃ 水浴中 5 分钟，各管投入一片，20 分钟内观察最大发泡量的体积，平均发泡体积应不少于 6ml，且少于 4ml 的不得超过 2 片。

（2）分散均匀性　分散片照 2020 年版《中国药典》四部通则规定，照崩解时限检查法检查，取 6 片，15～25℃，应在 3 分钟内，全部崩解并通过筛网。

二、片剂的包装贮存

良好的包装和适宜的贮存条件是保证片剂的质量不受外界环境等因素影响的重要措施。

1. 片剂的包装　片剂的多剂量包装是将几十片甚至几百片包装在一个容器中，容器多为玻璃瓶和塑料瓶，也有用软性薄膜、纸塑复合膜、金属箔复合膜等制成的药袋。片剂的单剂量包装包括泡罩式（亦称水泡眼）包装和窄条式包装两种形式，均将片剂单个包装，使每个药片均处于密封状态，提高了对产品的保护作用，也可杜绝交叉污染。

2. 片剂的贮存　片剂应密封贮存，防止受潮、发霉、变质。除另有规定外，一般应将包装好的片剂放在阴凉（20℃以下）、通风、干燥处贮存。对光敏感的片剂，应避光保存（宜采用棕色包装）。受潮后易分解变质的片剂，应在包装容器内放干燥剂（如干燥硅胶）。

例 9－2　复方阿司匹林片

【处方】

乙酰水杨酸（阿司匹林）	226.8g	对乙酰氨基酚（扑热息痛）	136.0g
咖啡因	35.0g	淀粉	66.3g
16% 淀粉浆	85.0g	酒石酸	2.3g
轻质液体石蜡	0.3g	滑石粉	15.0g
共制成	1000 片		

【制法】将对乙酰氨基酚、咖啡因分别粉碎后过 100 目筛，再与 1/3 处方量的淀粉混匀，然后加入 16% 的淀粉浆制成软材，过 14 目尼龙筛制粒，在 60～70℃ 温度下干燥，干颗粒过 12 目尼龙筛整粒，整粒后加入阿司匹林、酒石酸、剩余的淀粉（先在 100～105℃ 烘干）、吸附了轻质液体石蜡的滑石粉总混，再过 12 目尼龙筛，颗粒含量检测合格后，用 12mm 冲压片，即得。

【分析】处方中乙酰水杨酸、对乙酰氨基酚和咖啡因为主药，淀粉为填充剂/（干）崩解剂，16% 淀粉浆为黏合剂，酒石酸为稳定剂，轻质液体石蜡和滑石粉为润滑剂。

本品属于含有不稳定药物的片剂，在处方调整和工艺制备时应注意：①阿司匹林遇水易水解成损伤胃黏膜的水杨酸和乙酸，并在湿润状态下遇金属离子易发生催化反应，因此应避免在湿法制粒时加入阿司匹林，同时，在处方中加入1%阿司匹林量的酒石酸作稳定剂，过筛时使用尼龙筛网，并不得使用硬脂酸镁，而是采用滑石粉作润滑剂；②本品三主药混合制粒和干燥时易产生低共熔现象，所以应分开制粒，同时避免了阿司匹林直接与水接触，保证了制剂的稳定性；③阿司匹林可压性极差，采用较高浓度的淀粉浆为黏合剂；④处方中加入液体石蜡，可促使滑石粉更容易吸附在颗粒表面，压片震动时不易脱落；⑤阿司匹林有一定的疏水性，必要时可加入适宜的表面活性剂，如0.1%的聚山梨酯80等以加快片剂的润湿、崩解和溶出。

例9-3 盐酸环丙沙星片

【处方】

盐酸环丙沙星	291.0g	淀粉	100.0g
低取代羟丙纤维素（L-HPC）	40.0g	十二烷基硫酸钠	2.0g
羟丙甲纤维素（HPMC）	1.5%	适量硬脂酸镁	4.0g
共制成	1000片		

【制法】将盐酸环丙沙星、淀粉、L-HPC、十二烷基硫酸钠混合均匀，加入1.5% HPMC适量制成软材，用14目筛制粒，60℃通风干燥，14目筛整粒，加入硬脂酸镁混匀，压片，包薄膜衣，即得。

【分析】本品属于性质稳定、易成型的片剂。处方中盐酸环丙沙星为主药，淀粉为稀释剂，L-HPC为崩解剂并兼有黏合作用，十二烷基硫酸钠起促进崩解作用，羟丙甲纤维素为黏合剂，硬脂酸镁为润滑剂。

例9-4 醋酸氢化可的松片

【处方】

醋酸氢化可的松	20.0g	乳糖	48.0g
淀粉	110.0g	7%淀粉浆	30.0g
硬脂酸镁	1.6g	共制成	1000片

【制法】称量乳糖、淀粉混合均匀后，过20目筛3次，加入7%淀粉浆混匀后制软材，过16目筛制粒，湿颗粒在70~80℃干燥，干颗粒过16目筛整粒，即得空白颗粒。取乙酸氢化可的松与硬脂酸镁过60目筛混匀，加入空白颗粒中，充分混匀，称重，含量测定，计算片重，压片即得。

【分析】本品为小剂量药物制成的片剂。①醋酸氢化可的松为主药，乳糖和淀粉为稀释剂，淀粉浆为黏合剂，硬脂酸镁为润滑剂；②由于处方中主药含量少，为减少制粒时的损耗，可先将辅料制成空白颗粒；③也可以用微晶纤维素为辅料与主药混匀后直接压片。

例9-5 维生素C泡腾片

【处方】

维生素C	100.0g	酒石酸	450.0g
碳酸氢钠	650.0g	蔗糖粉	1600.0g
糖精钠	20.0g	氯化钠	适量
色素	适量	香精	适量
单糖浆	适量	聚乙二醇6000（PEG 6000）	适量
共制成	1000片		

【制法】取维生素C、酒石酸分别过100目筛，混匀，以95%乙醇和适量色素溶液制成软材，过14目筛制湿粒，于50~55℃干燥，备用；另取碳酸氢钠、蔗糖粉、氯化钠、糖精钠和有色糖浆适量制成软材，过12目筛，于50~55℃干燥，与上述干颗粒混合，16目筛整粒，加适量香精的醇溶液，密闭片刻，加适量聚乙二醇6000混匀，压片，片重0.3g。

【分析】本例为泡腾片剂的制备。处方中维生素C为主药；碳酸氢钠和酒石酸为泡腾崩解剂；蔗糖粉为黏合剂；氯化钠、糖精钠、香精为矫味剂；聚乙二醇6000为水溶性润滑剂。泡腾片处方设计中也可以用碳酸氢钾、碳酸钙等代替碳酸氢钠，以适应某些不宜多食钠的患者。

例9-6 抗酸咀嚼片

【处方】

氢氧化铝（干凝胶粉）	300.0g	氢氧化镁	85.0g
甘露醇	220.0g	糖粉	110.0g
5%PEG 6000（溶于50%乙醇）	适量	水杨酸甲酯	0.13g
留兰香油	0.01g	硬脂酸镁	0.4g
共制成	1000片		

【制法】 取氢氧化铝、氢氧化镁、甘露醇和糖粉充分混匀后，加PEG 6000醇溶液适量混合制软材，过14目筛，于55~60℃干燥，过14目筛整粒，用硬脂酸镁、水杨酸甲酯、留兰香油混合，过100目筛，然后加到干粒中，混合10分钟，用10mm平冲压片。

【分析】 本品组成中氢氧化铝和氢氧化镁为制酸剂。粒度宜细，片剂嚼服后分散表面积大，制酸效果好。甘露醇和糖粉为甜味剂，前者还有凉爽感。PEG 6000可增强氢氧化铝等的分散效果，水杨酸甲酯有止痛作用。留兰香油为芳香矫味剂。本品为嚼服片，不需加崩解剂。

拓展阅读

1. 片剂成型理论及影响成型和片剂质量的因素 片剂的成型是由于药物颗粒（或粉末）及辅料在压力作用下产生足够的内聚力和辅料的黏结作用而紧密结合的结果。为了改善药物的流动性和克服压片时成分的分离而常需将药物制成颗粒后压片。因此，颗粒（或结晶）的压制固结是片剂成型的主要过程。影响这一过程的因素很多，虽然对颗粒中粉末的结合机制已作了较深入的研究，但对压制成型过程中颗粒间的结合则因涉及的因素很多，其机制尚未完全清楚。

片剂的成型性直接影响片剂的质量，如硬度、崩解时限、溶出度等，甚至影响药效和安全性。影响片剂成型的因素同时也是影响片剂质量的因素，主要有以下几个方面：原辅料的理化性质、压力、水分、黏合剂、崩解剂和润滑剂。

2. 溶出度的检查方法 2020年版《中国药典》收载检测溶出度的方法有7种，包括第一法（篮法）、第二法（桨法）、第三法（小杯法）、第四法（桨碟法）、第五法（转筒法）、第六法（流池法）、第七法（往复筒法），具体产品按其质量标准进行。具体测定方法见2020年版《中国药典》四部通则0931项下。

实践实训

实践项目十一 复方乙酰水杨酸片的制备

【实践目的】

1. 能熟练操作粉碎、制粒、混合、干燥、压片、包衣等设备，并按处方生产出合格的片剂。

2. 熟知湿法制粒压片的工艺过程和操作要点。

3. 学会解决片剂制备过程中的常见问题

4. 会根据《中国药典》（2020年版）进行所制片剂的质量检查。

5. 严格按照现行版《药品生产质量管理规范》（GMP）的要求规范操作。

【实践场地】

实训车间。

【实施内容】

1. 处方

乙酰水杨酸	2200g	非那西丁	1500g
咖啡因	350g	淀粉	300g
15%淀粉浆	1000g	枸橼酸	11g
淀粉（外加）	100g	滑石粉	50g
共制成	10000片		

2. 需制成规格　0.22g/片（含乙酰水杨酸）。

3. 拟定计划　略。

【实践方案】

（一）生产准备阶段

1. 生产指令下达　如表9-10所示。

表9-10　生产指令单

指令编号		产品名称		产品代码		规格		计划产量	
批号		车间		生产日期	年 月 日	生产完成日期		年 月 日	
物料代码	物料名称		规格	进厂编号	检验报告书号	生产厂		单位	数量
备注：									
制单人： 日期：　年　月　日		生产技术部部长： 日期：　年　月　日		发料人： 日期：　年　月　日			收料人： 日期：　年　月　日		

2. 生产前准备

（1）人员按标准操作规程进行净化更衣后进入工作岗位。

（2）按操作规程对生产现场卫生、设备、计量器具、容器具、生产文件等进行检查，并符合要求。

（3）由质监员签字确认后方可领料准备开工生产。

（4）操作人员领取物料，认真核对其品名、批号、规格、数量、质量状态标识。

（二）生产操作阶段

1. 制颗粒　取阿司匹林与淀粉混匀加10%淀粉浆制成软材，过16目尼龙筛制粒，颗粒于40~60℃干燥30分钟后，再经16目筛整粒，将此颗粒与处方量滑石粉混匀以备压片。

2. 压片　主要有如下步骤。

（1）设备严格按压片机标准操作规程进行操作

①取下已清洁状态标志牌，换设备运行状态标志牌。

②按工艺规程规定的片芯规格领取冲头、冲模等模具，并检查冲头、冲模的光洁度、有无凹槽、卷皮、缺角、爆冲和磨损，发现问题及时更换。检查无误后，用绸布将模具擦拭干净，用75%乙醇擦拭消毒后，装入压片机。

③压片机润滑部位加好润滑油，检查压片机空转情况。

（2）开始压片

①将核对后的颗粒加入料斗，料斗中的颗粒不得多于料斗高度3/4。在压片机出片口放上洁净的药片接收容器。

②先用点动方式启动压片机以便调节片芯重量及硬度。片芯重量由设备的填充旋钮控制，逆时针旋转则片芯重量增大，顺时针旋转则片芯重量减轻。片芯硬度由设备的压力旋钮控制，逆时针旋转则片芯硬度增强，顺时针旋转则片芯硬度减弱。

③片芯重量及硬度达到要求后，按运行按钮启动压片机。顺时针旋转速度控制旋钮至最佳压制速度后开始压片。

④压片过程中，每隔15分钟抽样检查一次片芯重量、硬度。如超出合格范围，则此前15分钟内压制的基片应重新压制。

⑤压片过程中应不断观察压片机各冲头是否上下灵活运转，如有个别冲头运转不灵活，应及时停车检查直至能够灵活运转方能重新启动设备。如设备出现异常噪音，则应立即停车，由车间维修人员检查维修后方可使用。

⑥压片工作完成后，按压片机标准操作规程规定程序关闭压片机。

3. 质量控制点 片剂外观、硬度、片重差异、崩解时限及本工序的物料平衡等内容。

4. 生产记录 及时、准确填写好岗位生产记录（表9-11、表9-12）。

5. 生产结束 按规定做好清洁、清场、消毒等工作。

表9-11 压片岗位生产原始记录1

品名：			规格：			批号：	
指令	1	冲模规格：					
	2	设备完好清洁：					
	3	本批颗粒为：标准片重 g/片					
	4	按压片生产SOP操作：					
	5	指令签发人：					

压片机编号：				完好与清洁状态：完好□ 清洁□			
使用颗粒总重量：		kg		理论产量：			
日期	时间	10片平均重量	外观质量	日期	时间	10片平均重量	外观质量
检查人：				复核人：			

片重差异检查

日期	时间	每片重量/g									平均片重/g	片重差异

检查人：　　　　　　　　　　　　　　　　　　　复核人：

表 9-12　压片岗位生产原始记录 2

品名				规格			批号		
崩解时限及脆碎度检查记录		日期	时间	崩解时限/min	日期	时间	脆碎度/%		
桶号									
净重量/kg									
数量/万片									
总重量				kg	总数量				万片
回收粉头				kg	可见损耗量				kg
物料平衡	物料平衡 =（片总量 + 回收粉头 + 可见损耗量）/领用颗粒总量 ×100% 收得率 = 实际产量（万片）/理论产量（万片）×100%							操作人： 复核人：	
异常情况分析									

实践项目十二　复方乙酰水杨酸片的包衣

【实践目的】

1. 能按操作规程操作高效包衣机。

2. 能进行高效包衣机的清洁与维护。

3. 能对包衣过程中出现不合格片进行判断，并能找出原因及提出解决方法。

4. 能解决包衣过程设备出现的一般故障。

5. 能按清场规程进行清场工作。

【实训场地】

实训车间。

【实训内容】

1. 处方

（1）包衣液 邻苯二甲酸二乙酯 0.5kg　　　　　蓖麻油 0.75kg

聚山梨酯80 0.35kg

（2）复方乙酰水杨酸片 乙酰水杨酸 2200g　　　非那西丁 1500g

咖啡因 350g　　　淀粉 300g

15%淀粉浆 1000g　　　枸橼酸 11g

淀粉（外加） 100g　　　滑石粉 50g

共制成 10000 片

2. 需制成规格 0.1g/片。

3. 拟定计划 略。

【实训方案】

将复方乙酰水杨酸片芯置高效薄膜包衣机中滚转，预热直到片温达到40～60℃。调节气压，使喷枪喷出雾状液体，再调好输液速度即可开启包衣，间歇喷入包衣液，始终保持片温在33～37℃之间，如此反复操作至包衣完成。包衣过程中，包衣液始终保持搅拌状态，喷入包衣液直到片面色泽均匀一致，停止包衣。取出包衣片，检查包衣片的质量。具体操作过程如下。

1. 包衣液的配制

（1）在搅拌桶中加入计算好的溶剂，启动搅拌器，搅拌速度应使容器中的溶剂完全被搅动，液面刚好形成旋涡为宜。

（2）将称量好的包衣剂粉末匀速撒在旋涡液面上，加入速度应以粉末迅速被搅入旋涡为宜。加料过程应在数分钟内完成。

（3）加料完毕后，将搅拌速度放慢，持续搅拌45分钟至包衣剂完全溶解。

（4）包衣液配制完成，可根据需要直接从容器中泵出。

2. 包衣

（1）将称量好的素片投入包衣滚筒中。

（2）启动包衣筒，打开"热风"，设置加热温度75～80℃，调整滚筒转速为每分钟1～2转。

（3）打开"喷浆"键开始喷浆，喷浆时由慢至快调整滚筒转速，一般为每分钟2～6转。

（4）调整喷液量，每隔10分钟检查一次片面干湿情况，使片面保持微湿润。

（5）喷浆完毕后，若片面较湿可继续开热风数分钟使药片干燥。

（6）药片包制后，按包衣机标准操作规程关闭包衣机，将包制好的药片从包衣机中转入干净容器中。

3. 质量控制点 包衣液配制浓度、搅拌时间、均匀度；包衣时包衣机热风温度、转速、喷浆速度；包衣片外观均匀度、片重差异、崩解时限；本工序的物料平衡。

4. 生产记录 及时、准确填写好岗位生产记录（表9-13）。

5. 生产结束 按规定做好清洁、清场、消毒等工作。

表 9 – 13 包衣岗位生产原始记录

生产日期		班级		班组	
产品名称		规格		批号	
主要设备					
操作依据					

指令	工艺参数		操作参数	备注
生产前准备	1. 操作间清场合格，有《清场合格证》并在有效期内 2. 检查设备是否已清洁并在有效期内 3. 检查设备状态是否完好 4. 检查操作间温湿度是否在规定范围内 （温度：18～26℃；湿度：45～60%）		是□　否□ 是□　否□ 是□　否□ 是□　否□	检查人： QA：
生产操作过程	按薄膜包衣标准操作程序包衣 根据素片重量称取薄膜包衣预混辅料，加入至已有溶剂的搅拌罐中，搅拌 45 分钟后待用。 分批分锅将素片用加料斗转运入包衣机锅内 开启薄膜包衣料输送屏，设定热风温度控制在 65～75℃，滚筒转速控制在每分钟 6～15 转。启动包衣机，在包衣过程中随时检查片面质量、片重差异		已完成□ 未完成□	操作人： 复核人：

素片重/kg	包衣料品种	包衣料量/kg	喷雾开始时间	喷雾结束时间	薄膜片重/kg	薄膜片损耗/kg

生产结束	设备清洁及状态标志	已完成□　未完成□	检查人： QA：
	生产场地清洁	已完成□　未完成□	

异常情况记录	
指导老师	
小组成员	

头脑风暴

1. 影响片剂质量的因素有哪些？

2. 某一压片机在生产片的过程中出现冲头爆裂缺角，试分析原因。

3. 在片剂包薄膜衣时固化操作需要注意什么？

4. 处方分析

硝酸甘油片

【处方】乳糖　　　　888g

　　　　糖粉　　　　380g

　　　　17%淀粉浆　适量

　　　　硬脂酸镁　　10g

　　　　硝酸甘油　　6.0g

　　　　共制　　　　10000片

讨论：1. 处方中各成分的作用是什么？2. 硝酸甘油片的制备工艺流程有哪些？

答案解析

答案解析

目标检测

一、单选题

1. 下列片剂中以碳酸氢钠与枸橼酸为崩解剂的是（　　）。

    A. 分散片   B. 泡腾片   C. 缓释片   D. 舌下片

2. 湿法制粒工艺流程为（　　）。

    A. 原辅料→粉碎→混合→制软材→制粒→干燥→压片

    B. 原辅料→粉碎→混合→制软材→制粒→干燥→整粒→压片

    C. 原辅料→粉碎→混合→制软材→制粒→整粒→压片

    D. 原辅料→混合→粉碎→制软材→制粒→整粒→干燥→压片

3. 为增加片剂的体积和重量，应加入的附加剂是（　　）。

    A. 稀释剂   B. 崩解剂   C. 吸收剂   D. 润滑剂

4. 下列关于片剂特点的叙述，错误的是（　　）。

    A. 体积较小，运输、贮存及携带比较方便

    B. 片剂生产的机械化、自动化程度较高

    C. 产品的性状稳定，剂量准确，成本及售价较低

    D. 具有靶向作用

5. 可作片剂的水溶性润滑剂的是（　　）。

    A. 滑石粉   B. 聚乙二醇   C. 硬脂酸镁   D. 硫酸钙

6. 能够避免肝脏对药物的破坏作用（首过效应）的片剂是（　　）。

    A. 舌下片   B. 咀嚼片   C. 分散片   D. 肠溶片

7. 粉末直接压片时，既可作稀释剂，又可作黏合剂，还兼有崩解作用的辅料是（　　）。

    A. 甲基纤维素   B. 乙基纤维素   C. 微晶纤维素   D. 羟丙基纤维素

8. 冲头表面粗糙将主要造成片剂的（　　）。

    A. 粘冲   B. 硬度不够   C. 花斑   D. 崩解迟缓

9. 包衣片剂的崩解时限要求为（　　）。

    A. 15 分钟   B. 30 分钟   C. 45 分钟   D. 60 分钟

10. 以下为肠溶型薄膜衣材料的是（　　）。

    A. 醋酸纤维素   B. 乙基纤维素

    C. Eudragit E   D. 邻苯二甲酸醋酸纤维素

二、多选题

1. 对湿热不稳定的药物可采取的压片方法有（　　）。

    A. 挤压制粒压片   B. 空白颗粒压片   C. 滚压制粒压片

    D. 粉末直接压片   E. 高速制粒压片

2. 在某实验室中有以下药用辅料，可以用作片剂填充剂的有（　　）。

    A. 可压性淀粉   B. 微晶纤维素   C. 交联羧甲基纤维素钠

D. 硬脂酸镁　　　　　　E. 糊精

3. 主要用于片剂的崩解剂是（　　）。

A. CMC – Na　　　　　B. PVP　　　　　C. HPMC

D. L – HPC　　　　　E. CMS – Na

4. 引起片重差异超限的原因有（　　）。

A. 颗粒的流动性不好　　　　　　B. 加料斗内物料的重量波动太大

C. 颗粒中细粉过多　　　　　　　D. 冲头与模孔吻合性不好

E. 制粒时，所用黏合剂的黏性太大

5. 片剂包衣的目的有（　　）。

A. 控制药物在胃肠道中的释放部位　　　　B. 控制药物在胃肠道中的释放速度

C. 掩盖药物的苦味　　　　　　　　　　　D. 防潮、避光、增加药物的稳定性

E. 改善片剂的外观

三、简答题

1. 片剂崩解剂的加入方法有哪几种？

2. 简述片剂包糖衣和薄膜衣的工艺流程。

3. 片剂为什么要进行包衣？

4. 常见的压片方法有哪些？简述之。

书网融合……

知识回顾　　　微课1　　　微课2　　　微课3　　　视频1　　　视频2　　　习题

丸剂是中药传统剂型之一。我国最早的医方《五十二病方》中已有对丸剂的记述。随着科技的进步和制药机械工业的发展，丸剂已发展成工厂化、机械化生产。目前丸剂仍是中成药的主要品种，据统计其品种数约占临床所用中成药的1/5，尤其是浓缩丸、滴丸、微丸等新型丸剂，由于制法简便，服用剂量小，疗效好，越来越受到人们的重视。本项目主要介绍微丸、滴丸、中药丸剂的生产技术以及质量检查内容。

 学习目标

1. **掌握**　丸剂的概念、分类、质量检查；滴丸剂常用基质与冷凝液；滴丸剂的制备工艺流程与滴制方法。
2. **熟悉**　滴丸与微丸的特点；丸剂质量要求、质量检查项目与检查方法。
3. **了解**　中药丸剂的特点。

任务一　滴丸剂工艺与制备

PPT

>> **实例分析**

　　实例　元胡止痛滴丸制备：将醋延胡索、白芷二味药物粉碎成粗粉，用60%乙醇浸泡24小时，加热回流提取2次，第一次3小时，第二次2小时，煎液滤过，滤液合并，浓缩成相对密度为1.40～1.45（60℃）的稠膏备用。取聚乙二醇6000，加热使熔化，与上述稠膏混匀，滴入冷却的液体石蜡中，制成1000丸，除去表面油迹，即得。

答案解析

　　讨论　中药滴丸中药物除了以稠膏形式投料外，还可以哪种形式进行投料？

一、概述

　　1. 滴丸剂的定义　滴丸剂（pills）系指固体或液体药物与适宜的基质加热熔融后，再滴入不相混溶互不作用的冷凝液中，由于表面张力的作用使液滴收缩成球状而制成的制剂。这种滴法制丸的过程，实际上是将固体分散体制成滴丸的形式。目前滴制法不仅能制成球形丸剂，也可以制成椭圆形、橄榄形或圆片形等异形丸剂。滴丸主要供口服应用，亦可外用（如度米芬滴丸）和局部（如眼、耳、鼻、直肠、阴道等）使用。

2. 滴丸剂的优点　滴丸剂是一个发展较快的剂型，具有以下优点。

（1）设备简单，操作简便，生产工序少，自动化程度高。

（2）可增加药物稳定性。由于基质的使用，使易水解、易氧化分解及易挥发性的药物包埋后，稳定性增强。

（3）可发挥速效或缓释作用。用固体分散技术制备的滴丸由于药物呈高度分散状态，可起到速效作用；而选择脂溶性好的基质制备滴丸，由于药物在体内缓慢释放，则可起到缓释作用。

（4）滴丸可用于局部用药。滴丸剂可克服西药滴剂的易流失、易被稀释，以及中药散剂的妨碍引流、不易清洗、易被脓液冲出等缺点，可广泛用于耳、鼻、眼、牙科的局部用药。

3. 滴丸剂的缺点　但滴丸剂也有缺点，如滴丸载药量低、服用粒数多、可供选用的滴丸基质和冷凝液品种较少等。

二、滴丸剂基质和冷凝液

1. 基质　滴丸剂中除主药和附加剂以外的辅料称为基质。基质是滴丸的赋型剂，与滴丸的形成、溶散时限、溶出度、稳定性、药物含量等有密切关系。基质在室温为固体状态，60～100℃条件下能熔化成液体，遇冷能立即凝成固体。应尽可能选择与主药性质相似的物质作基质，但要求不与主药发生化学反应，不影响主药的疗效和检测，对人体无害。常用的基质分为水溶性和非水溶性两大类。

（1）水溶性基质　常用的有聚乙二醇类（如 PEG 6000、PEG 4000）、聚氧乙烯单硬脂酸酯（S－40）、硬脂酸钠、甘油明胶、尿素、泊洛沙姆（Poloxamer）等。其中 PEG 具有加热（60～100℃）熔化，遇冷迅速凝固，不与主药发生作用，对人体无害，无紫外吸收，不影响药物的测定等优点，应用广泛。

（2）非水溶性基质　常用硬脂酸、单硬脂酸甘油酯、氢化植物油、虫蜡、十六醇（鲸蜡醇）、十八醇（硬脂醇）等。在生产实践中可将水溶性基质与非水溶性基质混合使用，起到调节滴丸的溶散时限、溶出速度或容纳更多药物的作用。如国内常用 PEG 6000 与适量硬脂酸配合调整熔点，可制得较好的滴丸。

2. 冷凝液　用于冷却滴出的液滴，使之凝成固体丸剂的液体称为冷凝液。冷凝液与滴丸剂的形成有很大的关系，应根据主药和基质的性质选用冷凝液。冷凝液的选择有以下几点要求。①安全无害；②与主药和基质不相混溶，不起化学反应；③有适宜的相对密度和黏度（略高或略低于滴丸的相对密度），以使滴丸（液滴）能在冷凝液中缓缓上浮或下沉，有足够时间进行冷凝、收缩，从而保证成形完好；④有适宜的表面张力可形成滴丸。

冷凝液分为水溶性和非水溶性两大类。常用的水溶性冷凝液有水或不同浓度的乙醇等，适用于非水溶性基质的滴丸；非水溶性冷凝液有液体石蜡、植物油、二甲硅油和它们的混合物等，适用于水溶性基质的滴丸。

即学即练 10－1

关于滴丸剂冷凝液选择的叙述，正确的是（　　）。

答案解析

A. 不与主药相混溶　　　　B. 不与基质发生作用　　　　C. 不影响主药疗效

D. 有适当的密度　　　　　E. 有适当的黏度

三、滴丸剂的制备工艺

滴丸剂采用滴制法进行制备，其生产工艺流程如图10-1所示。

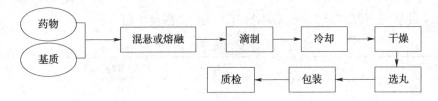

图10-1　滴丸制备工艺流程

以由下向上滴制设备（图10-2A）为例，其滴制方法如下。

1. 采用适当方法将主药溶解、混悬或乳化在适宜的基质内制成药液。

2. 将药液移入加料漏斗，保温（80~90℃）。

3. 选择合适的冷凝液，加入滴丸机的冷凝柱中。

4. 将保温箱调至适宜温度（80~90℃），依据药液性状和丸重大小而定；开启吹气管（即玻璃旋塞2）及吸气管（即玻璃旋塞1）；关闭出口（即玻璃旋塞3），药液滤入贮液瓶内；待药液滤完后，关闭吸气管，由吹气管吹气，使药液虹吸进入滴瓶中，至液面淹没到虹吸管的出口时即停止吹气，关闭吹气管，由吸气管吸气以提高虹吸管内药液的高度。当滴瓶内液面升至一定高度时，调节滴出口的玻璃旋塞4和7，使滴出速度为92~95滴/分，滴入已预先冷却的冷凝液中冷凝，收集，即得滴丸。

5. 取出丸粒，清除附着的冷凝液，别除废次品。

6. 干燥、包装即得。根据药物的性质与使用、贮藏的要求，在滴制成丸后亦可包糖衣或薄膜衣。

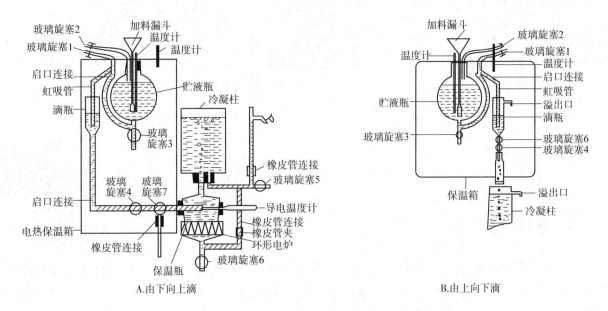

A.由下向上滴　　　　　　　　　　　　　　B.由上向下滴

图10-2　滴制法制备滴丸设备示意图

四、滴丸剂的质量评价

滴丸剂的质量检查应按《中国药典》（2020年版）四部通则0108丸剂项下的质量要求检查。除主药含量外，还应检查以下项目。

1. 外观　应大小均匀，色泽一致，无粘连现象，表面无残留冷凝液。

2. 重量差异　除另有规定外，取供试品 20 丸，精密称定总重量，求得平均丸重后，再分别精密称定每丸的重量。每丸重量与平均丸重相比较（无标示丸重的，与平均丸重比较），按表 10-1 中的规定，超出重量差异限度的滴丸不得多于 2 丸，并不得有 1 丸超出限度 1 倍。

表 10-1　滴丸剂重量差异限度要求

平均丸重	重量差异限度
0.03g 及 0.03g 以下	±15%
0.03g 以上至 0.1g	±12%
0.1g 以上至 0.3g	±10%
0.3g 以上	±7.5%

包糖衣滴丸应在包衣前检查丸芯的重量差异，符合规定后方可包衣。包糖衣后不再检查重量差异。薄膜衣滴丸应在包薄膜衣后检查重量差异并符合规定。

3. 溶散时限　按照《中国药典》（2020 年版）四部通则 0108 丸剂项下溶散时限检查法进行检查，普通滴丸应在 30 分钟内全部溶散，包衣滴丸应在 1 小时内全部溶散。如有 1 粒不能完全溶散，应取 6 粒复试，均应符合规定。以明胶为基质的滴丸，可改在人工胃液中进行检查。

4. 微生物限度　按照《中国药典》（2020 年版）四部通则 1105 微生物计数法、通则 1106 控制菌检查法及通则 1107 非无菌药品微生物限度标准检查，应符合规定。

 知识链接 ··

滴丸发展史

滴丸的发展史可以追溯到 1933 年丹麦首次制得维生素 AD 滴丸。1956 年有用聚乙二醇 4000 为基质，用植物油为冷却剂制备苯巴比妥钠滴丸的报道。1958 年我国有人用滴制法制备酒石酸锑钾滴丸。中药滴丸的研制始于 20 世纪 70 年代末，上海医药工业研究院等单位对苏合香丸进行研究，将原方的十余味中药精简为苏合香酯和冰片两味，采用固体分散技术，用滴制法制备苏冰滴丸。

··

任务二　微丸工艺与制备

PPT

一、概述

1. 微丸的定义及发展概况　微丸（pellets）系指药物与辅料构成的直径小于 2.5mm 的球状实体。微丸最早产生于中国，如六神丸，完全具备现代微丸的基本特征，已有数百年的生产历史，但中药微丸多年来没有发展，其独特优势也没有得到重视。

随着微丸成型技术的进步，微丸剂在近几十年取得了长足发展。国内外已有多个品种上市，其中有"双氯芬酸钠缓释胶囊""阿司匹林缓释胶囊""新康泰克缓释胶囊""茶碱缓释胶囊""盐酸苯海索缓释胶囊"等缓释微丸剂，也有"伤风感冒胶囊""葛根芩连微丸"等普通微丸剂。近年来，微丸在缓释、控释制剂方面备受瞩目，成为中西药物新制剂研究的一个热点。

2. 微丸的优点 微丸与通常所述的丸剂相比，具有以下优点。

（1）生物利用度高，局部刺激性小。微丸将一个剂量的药物分散在许多微型隔室内，用药后药物广泛分布在胃肠道黏膜表面，有利于吸收，其生物利用度较高。由于其分布面积大，使药物对胃肠道的刺激性相对减少。

（2）微丸剂由于粒径小，受消化道输送食物节律影响小，即使当幽门括约肌闭合时，仍能通过幽门，因此微丸在胃肠道的吸收一般不受胃排空的影响。若微丸用非生物降解材料包衣，则可获得重现性好、不依赖 pH 的零级释药速率。

（3）改善药物稳定性，掩盖不良味道。

（4）制备成复合微丸，可增加药物的稳定性，提高疗效，降低不良反应，而且生产时便于控制质量。如制成复合微丸和多层微丸还可以减少药物的配伍禁忌。

（5）在工艺学上也有一些优点，例如有较好的流动性质，不易破碎，易于包衣、分剂量等。

（6）可根据不同需要将其制成片剂和胶囊剂等剂型。微丸也可压制成片，如茶碱缓释片就是由含茶碱的微丸和药粉经压制而成的片剂，还可将速释微丸与缓释微丸装于胶囊中制成控释胶囊剂。缓释或控释微丸的释药行为是组成一个剂量的各个微丸释药行为的总和。有些微丸在安全性、重现性要好于同药物的其他缓释、控释剂型。

二、微丸的类型及释药机制

微丸种类按其释放特性可分为速释微丸、缓释微丸和控释微丸。其中缓释微丸和控释微丸按其结构和种类又可分为骨架型微丸、肠溶衣型微丸、可溶性薄膜衣型微丸、不溶性薄膜衣型微丸和树脂型微丸。

1. 速释微丸 速释微丸是药物与一般制剂辅料（如微晶纤维素、淀粉、蔗糖等）制成的具有较快释药速度的微丸。其释药机制与颗粒剂基本相同，一般情况下，要求 30 分钟溶出度不得少于 70%，处方中常加入一定量的崩解剂或表面活性剂，以保证微丸的快速崩解和药物溶出。

2. 骨架型缓释微丸 骨架型缓释微丸通常以蜡类、脂肪类及不溶性高分子材料为骨架，通常无孔隙或极少孔隙，水分不易渗入丸芯，药物的释放主要是外表面的磨蚀→分散→溶出过程。影响释药速度的因素主要有药物溶解度、微丸的孔隙率及孔径等，其释药方式通常符合 Higuchi 方程。因脂溶性药物在水中溶解度低，故只有水溶性药物适合于制成该类微丸。

3. 肠溶衣型微丸 肠溶衣型微丸是将速释微丸用丙烯酸树脂Ⅱ等肠溶性高分子材料包衣制成的在胃中不溶或不释药的微丸。衣膜在胃中不溶；而在肠中高 pH 的环境下，衣膜溶解而释药。微丸制剂较适合于对胃具有刺激性的药物（如阿司匹林）和在胃中不稳定药物（如红霉素等）微丸制剂的制备。

4. 可溶性薄膜衣微丸 可溶性薄膜衣微丸以亲水性聚合物制成包衣膜，药物可加在丸芯中，也可加在薄膜衣内，或者二者兼有。口服后薄膜衣遇消化液即溶胀，形成凝胶屏障层而控制药物的溶出，其释药很少受胃肠道生理因素和消化液 pH 变化影响。

5. 不溶性薄膜衣微丸 不溶性薄膜衣微丸通常将药物制成丸芯，以不溶性聚合物包衣，包衣处方中常含有适量的致孔剂和增塑剂。当衣膜与胃肠液接触时，致孔剂溶于水后形成许多微孔，水分渗入片芯，形成药物饱和溶液，通过微孔将药物扩散至体液中，从而达到近似零级释药过程。

6. 树脂型微丸 可电离的药物能将药物交换到树脂上，口服后胃肠道离子可将药物从树脂上置换下来而释药。经聚合物包衣也可制成缓释微丸。树脂粒径、衣膜厚度、聚合物黏度及介质离子强度、

pH 对微丸的溶出度有影响。

7. 脉冲控释微丸　脉冲释药微丸从内到外分为四层，即丸芯、药物层、膨胀层、水不溶性聚合物外层衣膜。水分通过外层衣膜向系统内渗透并与膨胀层接触，当水化膨胀层的膨胀力超过外层衣膜的抗张强度时，衣膜便开始破裂，从而触发药物释放。故可通过改变外层衣膜厚度来控制时滞。

三、微丸生产技术

微丸的制备方法较多，其实质都是将药物与适宜辅料混合均匀，制成完整、圆滑、大小均一的小丸。

1. 滚动成丸法　此法是较传统的制备微丸的方法，常用泛丸锅。将药材与辅料细粉混合均匀后，加入黏合剂制软材，制粒，放于泛丸锅中滚制成微丸。

2. 沸腾制粒包衣法　将药材与辅料细粉置于流化床中，鼓入气流，使二者混合均匀，再喷入黏合剂，使之成为颗粒，当颗粒大小满足要求时停止喷雾，所得颗粒可直接在沸腾床内干燥。对颗粒的包敷是制微丸的关键，包敷是指对经过筛选的颗粒进行包衣（包粉末）形成微丸产品的过程。在整个过程中，微丸始终处于流化状态，可有效防止微丸在制备过程中发生粘连。

3. 挤压-滚圆成丸法　将药物与辅料细粉加入黏合剂混合均匀，制成可塑性湿物料，放入挤压机械中挤压成高密度条状物，再在滚圆机中打碎成颗粒，并逐渐滚制成大小均匀的圆球形微丸。

4. 其他制备微丸方法　有喷雾干燥法制微丸、熔合法制微丸、微囊包裹技术制微丸等。

四、微丸的质量评价

微丸的质量评价有如下几个要点。

1. 微丸粒度　微丸的粒度要求在 2.5mm 以下，若高于这个粒度，则微丸剂与其他剂型相比的优势则会减小，因此微丸的粒度是微丸的一项重要质量评价指标。评价微丸的粒度可用粒度分布、平均直径、几何平均径、平均粒宽和平均粒长等参数来表示。比较简便而又有效的方法就是筛析法。即取一定量的微丸用筛筛分一定时间，收集通过不同筛目（如 10、16、20、40、60 和 80 目等）的微丸，测定各部分的数量即可绘制微丸的粒度分布图，从而了解此批微丸主要的粒度分布范围。

2. 微丸的圆整度　微丸的圆整度是微丸的重要特性之一，它反映了微丸成型的好坏。多数药物制成微丸后都要进行包衣，而制成缓释、控释制剂，微丸的圆整度会直接影响膜在丸面的沉积和形成，还可影响到膜控微丸的包衣质量，进而影响膜控微丸的释药特性。

3. 质量差异　该指标实际上与微丸的粒度范围相关，为保证微丸的性质均一，一般认为应控制在较小的（如 1%）范围内。

4. 硬度　微丸的硬度与释药速度有关，可采用作用原理类似于片剂硬度仪的仪器进行测定。

5. 脆碎度　测定微丸的脆碎度可评价微丸物料剥落的趋势。测定脆碎度的方法因使用仪器不同可能有不同的规定。比如取 10 粒微丸，加 25 粒直径为 7mm 的玻璃珠一起置脆碎仪内旋转 10 分钟，然后将物料置孔径为 250μm 的筛中，置振荡器中振摇 5 分钟，收集并称定通过筛的细粉量，计算细粉占微丸重的比例。

6. 含量均匀度　微丸由于制备工艺的特殊性，药物是与辅料逐次加入的，药物与辅料在制剂之前可以混合得很均匀。但在制剂过程中，由于药物与辅料的密度不同，有可能导致药物与辅料出现分层的现象，因此有必要控制微丸的含量均匀度，以保证制剂的质量。测定方法可参考其他剂型的测定方法进行。

7. 释放试验　药物的释放是微丸的重要特性，微丸的组成、载药量都与药物释放有关。

此外，微丸的水分、溶散时限、堆密度及微生物限度等因素也会影响微丸的质量，应根据具体的品种制定相应的标准。

任务三　中药丸剂工艺与制备

PPT

一、概述

1. 中药丸剂的定义　丸剂系指饮片细粉或提取物加适宜的黏合剂或其他辅料制成的球形或类球形制剂，分为蜜丸、水蜜丸、水丸、糊丸、蜡丸、浓缩丸等类型。

2. 中药丸剂的特点

（1）传统丸剂作用迟缓，适合慢性疾病的治疗。

（2）某些新型丸剂可用于急救，如速效滴丸。

（3）可缓和某些药物的毒副作用。

（4）可减缓某些药物成分的挥发。

（5）其缺点是服用剂量大，吞咽能力差的患者不宜服用；成品多以药粉入料，微生物限度易超标。

3. 中药丸剂的类型

（1）蜜丸　蜜丸指饮片细粉以蜂蜜为黏合剂制成的丸剂。其中丸重在 0.5g（含 0.5g）以上的称大蜜丸，丸重在 0.5g 以下的称小蜜丸。

（2）水蜜丸　水蜜丸指饮片细粉以蜂蜜和水为黏合剂制成的丸剂。

（3）水丸　水丸指饮片细粉以水（或根据制法用黄酒、醋、稀药汁、糖液等）为黏合剂制成的丸剂。

（4）糊丸　糊丸是药材细粉用米糊或面糊为赋形剂制成的小丸剂。

（5）蜡丸　蜡丸指饮片细粉以蜂蜡为黏合剂制成的丸剂。

（6）浓缩丸　浓缩丸指饮片或部分饮片提取浓缩后，与适宜的辅料或其余饮片细粉，以水、蜂蜜或蜂蜜和水为黏合剂制成的丸剂。根据所用黏合剂的不同，分为浓缩水丸、浓缩蜜丸、浓缩水蜜丸。

二、中药丸剂的制备工艺

中药丸剂常用的制备方法分为泛制法、塑制法、滴制法，其中滴制法在滴丸剂中已详述。

1. 泛制法　系指在转动的适宜容器或机械中，将药材细粉与赋型剂交替润湿、撒粉，不断翻滚，逐渐增大的一种制丸方法，主要用于水丸、水蜜丸、糊丸、浓缩丸、微丸的制备。具体制备工艺流程如图 10 - 3 所示。

（1）原料准备　处方中适合粉碎的饮片应经洗净、炮制合格后粉碎，通常过一号筛的药粉用于起模，黏性适中。供加大成型的药粉，除另有规定外，应过六号筛或七号筛。盖面时应使用最细粉。部分含纤维较多的饮片或黏性较强的药物（如红枣、桂圆、动物胶、树脂类等），不易粉碎或不适合泛丸的，可将其煎煮，用提取的药汁做润湿剂供泛丸。

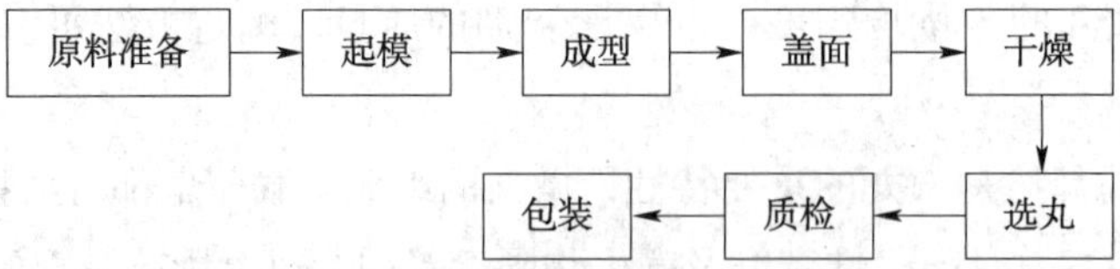

原料准备 → 起模 → 成型 → 盖面 → 干燥
干燥 → 选丸 → 质检 → 包装

图 10-3　泛制法制备丸剂工艺流程

（2）**起模**　系指制备丸粒基本母核的操作，模子是利用水的润湿作用诱导出药粉黏性，使药粉之间相互黏结成细小的颗粒，并在此基础上层层加大而成的丸模。起模是泛丸成型的基础，是制备水丸的关键。模子性状直接影响着成品的圆整度。模子的大小和数目，也影响加大过程中筛选的次数和丸粒规格以及药物含量的均匀性。起模应选用处方中黏性大小适宜的药粉，常见的起模方法有以下两种。

①粉末直接起模　使用泛丸锅，泛制成 1mm 左右的球形颗粒，筛取一号筛与二号筛之间的颗粒。

②湿颗粒起模　制颗粒，过二号筛，置于泛丸锅内，旋转，摩擦成球形，过筛即得。

（3）**成型**　系指将已经筛选好的均匀的丸模，逐渐加大至接近成品的操作。依次加水、撒粉、滚圆、筛选。每次加水、加粉量要适中。保持丸粒的硬度和圆整度。

（4）**盖面**　系指将加大、筛选好的均匀的丸粒用余粉或其他物料等加至丸粒表面，使其色泽一致、光亮的操作，常见的盖面方法有以下几种。

①干粉盖面　操作时仅使用干粉，在撒粉前，丸粒应充分润湿，然后滚动至丸面光滑，再均匀地将盖面用粉撒于丸面，快速转动至药粉全部黏附于丸面，迅速取出。

②清水盖面　加清水使丸粒充分润湿，滚动一定时间，迅速取出，干燥。

③清浆盖面　"清浆"是指药粉或废丸粒加水制成的药液，制法与清水盖面相同。

（5）**干燥**　泛制法制备的丸剂，含水量大应及时干燥。《中国药典》（2020 年版）四部规定水丸含水量不得超过 9.0%，干燥温度一般不超过 80℃。常见的干燥方法有烘箱干燥、烘房干燥、沸腾干燥、微波干燥等。

（6）**选丸**　为保证丸粒圆整、大小均匀、剂量准确，丸粒干燥后，可选用滚筒筛检、检丸器等选丸设备进行选丸。

2. 塑制法　系指药材细粉加适宜的黏合剂，混合均匀，制成软硬适宜、可塑性较大的丸块，再依次制丸条、分粒及搓圆而成丸粒的一种制丸方法，多用制丸机。用于蜜丸、糊丸、蜡丸、浓缩丸、水蜜丸的制备。丸剂制备中最常用的是塑制法，塑制法的工艺流程图如图 10-4 所示。

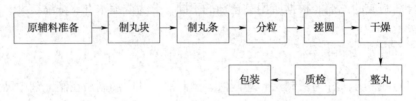

图 10-4　塑制法制备丸剂工艺流程

3. 蜜丸的制备

（1）**选蜜炼制**　首先需要进行蜂蜜的选择与炼制，以除去杂质、降低水分、破坏酶类、杀死微生物、增加黏性等。通常用于制备蜜丸的蜂蜜应选择半透明、带光泽、浓稠的液体，白色至淡黄色或橘黄色至黄褐色，25℃ 时相对密度应在 1.349 以上，还原糖不得少于 64.0%。有香气，味道甜而不涩，清洁无杂质。根据处方中饮片的性质及药粉含水量、制备季节，对蜂蜜进行炼制。

①嫩蜜 蜂蜜加热至105~115℃，含水量17%~20%，相对密度1.35左右，色泽无明显变化，稍有黏性。适合于含较多油脂、黏液质、胶质、糖、淀粉、动物组织等黏性较强的药材制丸。

②中蜜 嫩蜜继续加热至116~118℃，含水量14%~16%，相对密度为1.37左右，用手捻有黏性，当两手指分开时有白丝出现。适合于黏性中等的药材制丸。

③老蜜 中蜜继续加热至119~122℃，含水量10%以下，相对密度为1.40左右，出现较大的红棕色气泡，手捻之甚黏，当两手指分开时出现长白丝，滴入水中成珠状（滴水成珠）。老蜜黏合力强，适合于黏性差的矿物性和纤维性药材制丸。

（2）制备流程

①原料准备 将物料粉碎、炼蜜。

②制丸块 制丸块又称合药，是塑制法制备丸剂的关键工序。丸块的软硬程度直接影响丸粒成型和贮存时是否变形。影响丸块质量的因素主要有以下几点。

a. 炼蜜程度 根据处方中饮片的性质、粉末的粗细、含水量的高低、当地的气温及湿度，决定炼蜜程度。蜜过嫩则黏合力小，丸粒不光滑；蜜过老则丸块发硬，颜色变深，难以搓丸。

b. 合药蜜温 一般处方用热蜜合药，如处方中含有较多树脂、胶质、糖、油脂类等药材，黏性较强遇热容易熔化，则蜜温应保持60~80℃为宜。如处方中含有冰片、麝香等芳香易挥发药物，也应采用温蜜。如处方中含有大量的叶、茎、全草或矿物性药材，粉末黏性小，则需用老蜜，且趁热加入。

c. 用蜜量 药粉与炼蜜的比例也是影响丸块质量的重要因素。一般是1:1（1~1.5），但也有低于1:1或高于1:1.5，这主要取决于药材的性质。含糖类、胶质等黏性强的药粉用蜜量宜少；含纤维较多、质地疏松、黏性极差的药粉，用蜜量宜多，可达1:2以上。夏季用蜜量稍少，冬季用蜜量稍多。手工合药用蜜量稍多，机械合药用蜜量稍少。

③制丸条、分粒与搓圆 目前工业化生产多采用全自动中药制丸机，自动化程度高，制药器械不断改进，实现一机多用。

④干燥 蜜丸成丸后应立即分装，以保证丸药的滋润状态。为防止蜜丸霉变，成丸也常进行干燥，采用微波干燥、远红外辐射干燥，以达到干燥和灭菌的双重效果。

4. 水蜜丸的制备 水蜜丸可采用塑制法和泛制法制备。采用塑制法制备时，需要注意药粉性质和蜜水比例、用量。一般药材细粉黏性中等，每100g细粉用炼蜜40g左右，炼蜜与水的比例为1:（2.5~3.0），将炼蜜加水、搅匀、煮沸、过滤，即得。如含糖、淀粉、黏液质、胶质类较多的药材细粉，需用低浓度的蜜水为黏合剂，每100g药粉用炼蜜10~15g。如含纤维和矿物质较多的饮片细粉，则每100g药粉须用50g炼蜜左右。采用泛制法制备时，应注意起模时须用水，以免黏结。加大成型时为使水蜜丸的丸粒圆整光滑，蜜水加入方式应按照低浓度、高浓度、低浓度的顺序依次加入，否则会因蜜水浓度过高，造成黏结。由于水蜜丸中含水量高，成丸后应及时干燥，防止发霉变质。

5. 糊丸的制备 糊丸主要采用塑制法制备。其制法与小蜜丸相似，以糊代替炼蜜。制备时先制好需要用的糊，稍凉倾入药材细粉中，充分搅拌，揉搓成丸块状，再制成丸条，分粒，搓圆即成。糊丸也可用泛制法制备。糊丸制备时需要注意以下几点。

（1）保持丸块处于润湿状态，并尽量缩短制丸时间。

（2）糊丸的用量，塑制法一般以糊粉为药粉总量的30%~50%较适宜。

6. 蜡丸的制备 蜡丸常采用塑制法制备。将精制的蜂蜡，加热融化，凉至60℃左右，待蜡液开始凝固，表面有结膜时，加入药粉，迅速搅拌至混合均匀，趁热制成丸条，分粒，搓圆。蜡丸制备时，需注意以下问题。

（1）蜂蜡要精制。

（2）制备时应注意控制温度，整个制丸过程温度必须保持在60℃。

（3）控制蜂蜡用量，通常情况，药粉与蜂蜡比例为1∶（0.5~1）。

7. 浓缩丸的制备　目前大生产中浓缩丸多采用塑制法，较少采用泛制法。采用塑制法制备时，取处方中部分药材提取浓缩成膏（蜜丸型浓缩丸需加入适量炼蜜）做黏合剂，其余药材粉碎成细粉，混合均匀，再制成丸条，分粒，搓圆即得。

采用泛制法制备时，取处方中部分药材提取浓缩成浓缩液，做黏合剂，其余饮片粉碎成细粉用于泛丸。或用稠膏与细粉混合成块状物，干燥后粉碎成细粉，再以水或不同浓度的乙醇为润湿剂泛制成丸。

三、中药丸剂的质量评价

按照《中国药典》（2020年版）四部通则0108对丸剂质量检查的有关规定，丸剂需进行以下方面的质量检查。

1. 外观检查　丸剂外观应圆整均匀、色泽一致。大蜜丸和小蜜丸应细腻滋润，软硬适中。蜡丸表面应光滑无裂纹，丸内不得有蜡点和颗粒。

2. 水分　照《中国药典》（2020年版）四部通则0832水分测定法测定。除另有规定外，蜜丸、浓缩蜜丸所含水分不得超过15.0%；水蜜丸、浓缩水蜜丸不得超过12.0%；水丸、糊丸和浓缩水丸不得超过9.0%；蜡丸不检查水分。

3. 重量差异　除另有规定外，其他丸剂照下述方法检查，应符合规定。

检查法：以10丸为1份（丸重1.5g及1.5g以上的以1丸为1份），取供试品10份，分别称定重量，再与每份标示重量（每丸标示量×称取丸数）相比较（无标示重量的丸剂，与平均重量比较），按表10-2规定，超出重量差异限度的不得多于2份，并不得有1份超出限度1倍。

表 10 - 2　中药丸剂重量差异限度

平均丸重	重量差异限度
0.05g 及 0.05g 以下	±12%
0.05g 以上至 0.1g	±11%
0.1g 以上至 0.3g	±10%
0.3g 以上至 1.5g	±9%
1.5g 以上至 3g	±8%
3g 以上至 6g	±7%
6g 以上至 9g	±6%
9g 以上	±5%

4. 装量差异　单剂量包装的丸剂，照下述方法检查应符合规定。

检查法：取供试品10袋（瓶），分别称定每袋（瓶）内容物的重量，每袋（瓶）装量与标示装量相比较，按表10-3规定，超出装量差异限度的不得多于2袋（瓶），并不得有1袋（瓶）超出限度1倍。

表 10 - 3　中药丸剂装量差异限度

平均丸重	装量差异限度
0.5g 及 0.5g 以下	±12%
0.5g 以上至 1g	±11%
1g 以上至 2g	±10%
2g 以上至 3g	±8%
3g 以上至 6g	±6%
6g 以上至 9g	±5%
9g 以上	±4%

5. 溶散时限　除另有规定外，取供试品 6 丸，选择适当孔径筛网的吊篮（丸剂直径在 2.5mm 以下的用孔径约 0.42mm 的筛网；在 2.5～3.5mm 之间的用孔径约 1.0mm 的筛网；在 3.5mm 以上的用孔径约 2.0mm 的筛网），照《中国药典》（2020 年版）四部通则 0921 崩解时限检查法片剂项下的方法加挡板进行检查。小蜜丸、水蜜丸和水丸应在 1 小时内全部溶散；浓缩丸和糊丸应在 2 小时内全部溶散。操作过程中如供试品黏附挡板妨碍检查时，应另取供试品 6 丸，以不加挡板进行检查。上述检查，应在规定时间内全部通过筛网。如有细小颗粒状物未通过筛网，但已软化且无硬心者可按符合规定论。

蜡丸照《中国药典》（2020 年版）四部通则 0921 崩解时限检查法片剂项下的肠溶衣片检查法检查，应符合规定。除另有规定外，大蜜丸及研碎、嚼碎后或用开水、黄酒等分散后服用的丸剂不检查溶散时限。

6. 微生物限度　以动物、植物、矿物质来源的非单体成分制成的丸剂、生物制品丸剂，照《中国药典》（2020 年版）四部通则 1105 微生物计数法、通则 1106 控制菌检查法及通则 1107 非无菌药品微生物限度标准检查，应符合规定。生物制品规定检查杂菌的，可不进行微生物限度检查。

✍ 实践实训

实践项目十三　苏冰滴丸

【实践目的】

1. 能熟练操作 DWJ - 2000S 型滴丸试验机，并按处方生产出合格的滴丸剂产品。

2. 识记滴丸剂的工艺流程。

3. 识记《中国药典》（2020 年版）四部中滴丸剂的质量检查项目并会在实际操作中应用。

4. 学会解决滴丸剂制备过程中的常见问题。

5. 严格按照现行版《药品生产质量管理规范》（GMP）的要求规范操作。

【实践场地】

实训车间。

【实践内容】

1. 处方　苏合香酯　　　　100g　　　　冰片　　　　200g

聚乙二醇6000　　700g　　　　共制成滴丸　　200000 丸

2. 需制成规格 每丸50mg。

3. 拟定计划 如图10-5所示。

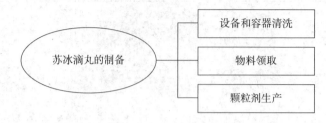

图10-5 生产计划

【实践方案】

（一）生产准备阶段

1. 生产指令下达 如表10-4所示。

2. 领料 凭生产指令领取经检验合格、符合使用要求的苏合香酯、冰片、聚乙二醇等原料及辅料。

3. 存放 确认合格的原辅料按物料清洁程序从物料通道进入生产区配料室。

表10-4 生产指令

下发日期：2020-10-11

生产车间	滴丸车间		包装规格	200丸/瓶		
品　名	苏冰滴丸		生产批量	20000丸		
规　格	50mg		生产日期	2020-10-12		
批　号	20201012		完成时限	2020-10-13		
生产依据	苏冰滴丸工艺规程					
物料编号	物料名称	规格	用量	单位	检验单号	备注
YL2020101	苏合香酯	药用	1	kg	YLJY2020101	
YL2020102	冰片	药用	2	kg	YLJY2020102	
FL2020101	聚乙二醇	药用	7	kg	FLJY2020101	
BC202080	聚乙烯塑料瓶拷贝纸铝箔垫	200丸/瓶	1000	个	BCJY202080	
备注：						
编制 　生产部：王军			审核 　质量部：陈东			
批准 　生产部：沈林			执行 　生产车间：袁尚			
分发部门：总工办、质量部、物料部、工程部						

（二）生产操作阶段

1. 关闭滴头开关

2. 打开电源开关，接通电源。

3. 设置生产所需的制冷温度10～15℃、油浴温度80～90℃、药液温度80～90℃和底盘温度30～40℃，按下制冷开关，启动制冷系统，按下油泵开关，启动磁力泵，手动调节柜体左侧下部的液位调节旋钮，使其冷却剂液位平衡，冷却介质输入冷却室内，冷却介质液面控制在冷却室上口之下，达到稳定状态。

4. 按下油浴开关，启动加热器为滴灌内的导热油进行加热。按下滴盘开关，启动加热盘为滴盘进行加热保温。应注意第一次加热时，应将两者温度显示仪先设置到40℃，待两者温度升高到设置温度后，关闭油浴开关或滴盘开关，停留10分钟，使导热油或滴盘温度适当传导后，再将两者温度显示仪调到所需温度，直到温度达到要求。

5. 启动空气压缩机，使其达到0.7MPa的压力。

6. 当药液温度达到所设温度时，将滴头用开水加热浸泡5分钟后，装入滴罐下方。

7. 将加热熔融的滴液从滴罐上部加料口处加入，在加料时，可调节面板上的真空旋钮，使滴罐内形成真空，滴液能迅速进入滴罐。

8. 加料完毕后，盖好上料口盖。启动搅拌开关，调节调速按钮，控制在前2~4格内。

9. 缓慢打开滴罐上的滴头开关，需要时可调节面板上的气压或真空旋钮，使下滴的滴液符合滴制工艺要求，药液稠时调气压旋钮，药液稀时调真空旋钮。

10. 药液滴制完毕时，关闭滴头开关。关闭面板上的制冷、油泵开关。

11. 按设备清洁操作规程进行清洗工作。

（三）质量检查

按《中国药典》（2020年版）四部通则0108丸剂项下的质量要求检查滴丸外观、重量差异、溶散时限。

【实践结果】

苏冰滴丸的质量检查结果记录于表10-5

表10-5 苏冰滴丸的质量检查结果

品　　名		包装规格		
规　　格		取样日期		
批　　号		取样量		
取样人		检测人		
取样依据	苏冰滴丸工艺规程			
检测项目	丸剂外观	溶散时限	滴丸重量差异	
			超出重量差异限度/丸	超出限度的1倍/丸
结　　果				
结论：				
备注：				

实践项目十四 六味地黄丸

【实践目的】

1. 通过中药丸剂的制备，掌握中药丸剂的制备工艺过程。

2. 熟悉常用制丸机的使用方法。

3. 会分析中药丸剂处方的组成和各种辅料在制丸过程中的作用。

【实践场地】

实训车间。

【实践内容】

1. 处方

熟地黄	160g	酒萸肉	80g
牡丹皮	60g	山药	80g
茯苓	60g	泽泻	60g
共制成水蜜丸	200 瓶		

2. 需制成规格 60g/瓶。

3. 设备 高效粉碎机（GF - 8 型），振动筛（XS - 600 型），电子秤（MD340 型），三维混合机（SH - 50 型），全自动制丸机（ZW15A 型）等。

【实践方案】

（一）生产准备阶段

1. 生产指令下达 如表 10 - 6 所示。

表 10 - 6 生产指令

下发日期：2020 - 10 - 11

生产车间	滴丸车间		包装规格		60g	
品　名	六味地黄丸（浓缩丸）		生产批量		400000 丸	
规　格	60g		生产日期		2020 - 10 - 12	
批　号	20201012		完成时限		2020 - 10 - 13	
生产依据	六味地黄丸工艺规程					
物料编号	物料名称	规格	用量	单位	检验单号	备注
YL2020103	熟地黄	药用	2.84kg	kg	YLJY2020103	
YL2020104	酒萸肉	药用	1.42kg	kg	YLJY2020104	
YL2020105	牡丹皮	药用	1.08kg	kg	YLJY2020105	
YL2020106	山药	药用	1.42kg	kg	YLJY2020106	
YL2020107	茯苓	药用	1.08kg	kg	YLJY2020107	
YL2020108	泽泻	药用	1.08kg	kg	YLJY2020108	
FL2020101	蜂蜜	药用	3.5kg	kg	FCJY202081	
BC202081	聚乙烯塑料瓶拷贝纸铝箔垫	60g/瓶	200	个	BCJY202081	

备注：

编制 生产部：王军	审核 质量部：陈东
批准 生产部：沈林	执行 生产车间：袁尚

分发部门：总工办、质量部、物料部、工程部

2. 领料 凭生产指令领取经检验合格的熟地黄等原辅料。

3. 存放 确认合格的原辅料按物料清洁程序从物料通道进入生产区原辅料暂存间。

（二）生产操作阶段

1. 核对物料 操作人员按生产指令领取制丸用物料，核对名称、批号、规格、数量等。

2. 悬挂标识 填写"生态状态标识""设备状态标识"，挂于指定位置，取下原标志牌，并放于指定位置。

3. 称量 按处方量逐一称取各种物料，用洁净容器盛装并贴标签。

4. 总混 将过筛后的六味地黄丸生药粉准确称量，投入三维混合机中混合40分钟。

5. 制丸 主要分为以下几步。

（1）炼蜜 将3.5kg蜂蜜置于夹层锅中，加热熔化后，过筛除去杂质，加热至116~118℃，满锅出现黄色细泡即可出锅。

（2）制黏合剂 将1kg纯化水加热至沸，加入2.5kg炼蜜，同时搅拌至全部溶化，煮沸，过滤，即可。

（3）制软材 将混合均匀的药粉倒入卧式混合机中，加入适量黏合剂，搅拌20分钟即可。

（4）制丸 将软材制成湿丸粒。

6. 包衣 主要有以下几步。

（1）配蜜水 将1 kg炼蜜加入煮沸的纯化水中，搅匀即得。

（2）包衣 将湿丸粒置包衣机中，启动机器，加蜜水，使丸粒润湿，撒少许干药粉于湿丸粒上，搅拌均匀，使药粉黏附在丸粒上，包衣机转动15分钟。反复操作，直至丸粒表面光滑平整，直径4.5~5.0mm为止。

（3）烘丸 湿丸转入热风循环烘箱中，在60℃下干燥8~10小时，至水分合格。

（4）选丸 将烘后的水丸投入选丸机，选取4.5~5.0mm的丸粒。

（5）打光 将选取的丸粒投入包衣锅中喷入蜜水使丸粒湿润均匀，调节转速使丸粒相互摩擦10分钟，反复操作3次至丸粒表面乌黑光滑。

（6）干燥 打光后的水丸转入热风循环烘箱中，在60℃下干燥180~240分钟，至水分小于12%。干燥后的丸粒装入塑料袋中，再用不锈钢桶装好，附上桶筏，转入待包装间待验。

7. 内包装 内包装操作需注意以下内容。

（1）内包装材料 内包装材料必须检验合格。

（2）内包装规格及方法 内包装规格及方法详见表10-7。

表10-7 内包装规格及方法

包装方式	包装材料	规格	包装方法	控制条件
瓶装	聚乙烯塑料瓶拷贝纸铝箔垫	60g/瓶	手工包装	每瓶60g准确量

（3）内包完成 内包装完成后转入外包装区域。

（三）生产结束

1. 关闭设备开关。

2. 对所使用的设备按其清洁标准操作规程进行清洁、维护和保养。

3. 对操作间进行清场，并填写清场记录。请 QA 检查，QA 检查合格后发放清场合格证。

4. 设备和容器上分别挂上"已清洁"标志牌，在操作间指定位置挂上"清场合格证"标志牌。

（四）质量检查

按《中国药典》（2020 年版）四部通则 0108 丸剂项下的质量要求检查丸剂外观、重量差异、溶散时限。

【实践结果】

六味地黄丸的质量检查结果记录于表 10 - 8。

表 10 - 8 六味地黄丸的质量检查结果

品　　名			包装规格		
规　　格			取样日期		
批　　号			取样量		
取样人			检测人		
取样依据	六味地黄丸工艺规程				
检测项目	丸剂外观	溶散时限	装量差异		
			超出重量差异限度/丸		超出限度的 1 倍/丸
结果					

结论：

备注：

答案解析

目标检测

一、单选题

1. 微丸的制备方法不包括（　　）。

    A. 滚动成丸法　　　　　　B. 沸腾制粒包衣法　　　C. 挤压 – 滚圆成丸法　　　D. 压制法

2. 关于滴丸特点的叙述错误的是（　　）。

    A. 载药量小　　　　　　　　　　　　　　　B. 可使液体药物固体化

    C. 可供选择的基质与冷凝液种类多　　　　　D. 生物利用度高

3. 塑制法制备蜜丸的关键工序是（　　）。

    A. 制丸块　　　　　　　　B. 制丸条　　　　　　　C. 搓圆　　　　　　　D. 干燥

4. 以水溶性基质制备滴丸时应选用的冷凝液是（　　）。

    A. 水 + 乙醇　　　　　　　B. 甘油 + 乙醇　　　　　C. 液体石蜡 + 乙醇　　　D. 液体石蜡

二、多选题

1. 关于微丸特点的叙述正确的是（　　）。

    A. 生物利用度高，局部刺激性小　　　　　　B. 在胃肠道的吸收一般不受胃排空的影响

C. 改善药物稳定性，掩盖不良味道　　　　　　　D. 减少药物的配伍禁忌

2. 微丸按结构和种类可分为（　　）。

A. 骨架型微丸　　　　　　　　　　　　　　　B. 肠溶衣型微丸

D. 可溶性薄膜衣型微丸　　　　　　　　　　　D. 不溶性薄膜衣型微丸和树脂型微丸

3. 滴丸基质应具备的条件是（　　）。

A. 熔点较低或加热（60～100℃）下能熔成液体，而遇骤冷又能凝固

B. 在室温下保持固态

C. 要有适当的黏度

D. 对人体无毒副作用

4. 以甘油明胶为基质时，宜选用（　　）为冷凝剂。

A. 纯化水　　　　　　B. 乙醇　　　　　　C. 液体石蜡　　　　　　D. 二甲硅油

书网融合……

知识回顾　　　　　　　　微课　　　　　　　　习题

学习引导

半固体制剂相比于液体制剂和固体制剂，在外用上有比较大的优势，因好涂抹、易分散、附着性好，常用于皮肤、体腔及黏膜等处，包括软膏剂、乳膏剂、糊剂、凝胶剂、眼用半固体制剂、鼻用半固体制剂等。这些产品是如何生产出来的？有哪些质量要求呢？

半固体制剂的外观形态及制备工艺有相似之处，辅料种类及质量要求略有差别。本项目主要介绍几种半固体制剂的基本要求、常用基质、制备工艺以及质量检查的项目。

学习目标

1. **掌握**　软膏剂、乳膏剂、凝胶剂、眼膏剂的概念、分类及质量要求；制备工艺及生产技术；典型处方分析。
2. **熟悉**　软膏剂、乳膏剂、凝胶剂、眼膏剂的常用基质、附加剂种类及选择。
3. **了解**　软膏剂、乳膏剂、凝胶剂、眼膏剂的特点及使用注意事项；软膏剂、乳膏剂的配膏和灌封设备。

任务一　软膏剂、乳膏剂工艺与制备 微课 视频

PPT

实例分析

实例　红霉素软膏和红霉素眼膏是常见的外用抗菌药。

讨论　1. 为什么有的叫软膏，有的叫眼膏？

　　　　2. 你还见过或用过哪些半固体形态的制剂，什么情况下需要用半固体制剂？

答案解析

一、概述

1. 定义、分类及特点　广义上的软膏剂是指半固体形态的药剂，《中国药典》2020 年版把软膏剂、乳膏剂、糊剂、眼膏剂、凝胶剂等分开介绍。

软膏剂系指原料药物与油脂性或水溶性基质混合制成的均匀的半固体外用制剂。因原料药物在基质中分散状态不同，分为溶液型软膏剂和混悬型软膏剂。溶液型软膏剂为原料药物溶解（或共熔）于基

质或基质组分中制成的软膏剂；混悬型软膏剂为原料药物细粉均匀分散于基质中制成的软膏剂。

糊剂是大量的原料药物固体粉末（一般25%以上）均匀地分散在适宜的基质中而制成的半固体外用制剂。糊剂根据基质不同可分为含水凝胶性糊剂和脂肪糊剂。其中的不溶性原料药物，应预先用适宜的方法制成细粉，确保粒度符合规定。

乳膏剂系指原料药物溶解或分散于乳状液型基质中形成的均匀半固体制剂。乳膏剂由于基质不同，可分为水包油型乳膏剂和油包水型乳膏剂。

半固体形态的软膏剂或乳膏剂可以长时间紧贴、黏附、铺展于皮肤表面，对皮肤、黏膜及创面起局部治疗作用，如保护、润滑、防腐、杀菌、收敛、消炎、麻醉等，软膏剂中的某些药物透皮吸收后能产生全身治疗作用。

临床应用时，应清洗皮肤，擦干，按说明涂药，并轻轻按摩给药部位，使药物进入皮肤，直到药膏消失。如出现灼痛、瘙痒、红肿等，应立即停药，并将局部药物洗净。非无菌的药品，皮肤破损处不宜使用。

2. 一般要求　软膏剂、乳膏剂、糊剂在生产与贮藏期间应符合下列有关规定。

（1）软膏剂、乳膏剂选用的基质应考虑各剂型特点、原料药物的性质，以及产品的疗效、稳定性及安全性，基质应均匀、细腻，涂于皮肤或黏膜上应无刺激性，根据需要可加入保湿剂、抑菌剂、增稠剂、抗氧剂及透皮促进剂等。

（2）除另有规定外，加入抑菌剂的软膏剂、乳膏剂、糊剂，在制剂确定处方时，该处方的抑菌效力应符合抑菌效力检查的规定。

（3）软膏剂、乳膏剂、糊剂应具有适当的黏稠度，应易涂布于皮肤或黏膜上，不融化，黏稠度随季节变化应很小。应无酸败、异臭、变色、变硬等变质现象。乳膏剂不得有油水分离及胀气现象。

（4）除另有规定外，应避光密封贮存。乳膏剂应避光密封置25℃以下贮存，不得冷冻。

（5）所用内包装材料，不应与原料药物或基质发生物理化学反应，无菌产品的内包装材料应无菌。

（6）软膏剂、乳膏剂用于烧伤治疗如为非无菌制剂的，应在标签上标明"非无菌制剂"；产品说明书中应注明"本品为非无菌制剂"，同时在适应证下应明确"用于程度较轻的烧伤（Ⅰ°或浅Ⅱ°）"；注意事项下规定"应遵医嘱使用"。

二、基质

软膏剂、乳膏剂由药物和基质两部分组成，基质起着重要作用，不仅是药物的赋形剂，还是药物的载体，直接影响半固体的形态以及药物的释放与吸收，是制备优良半固体制剂的关键。

1. 基质的要求　理想的软膏剂、乳膏剂基质应符合以下要求。

（1）无生理活性、刺激性、过敏性，不妨碍皮肤的正常功能和伤口的愈合。

（2）应均匀、细腻、性质稳定，不与主药或附加剂发生配伍变化。

（3）具有一定的稠度、黏稠度，随季节的变化小，易涂布于皮肤或黏膜上且易于洗除。

（4）能作为药物的良好载体，有利于药物的释放和吸收。

2. 常用的基质　很少有哪种单一基质能满足以上要求。实际使用中，根据药物与基质的性质及用药目的进行具体分析，合理选择几种基质进行调配，确保软膏剂、乳膏剂的质量和治疗要求。

常用的软膏剂、乳膏剂的基质有油脂性基质、水溶性基质和乳剂型基质。

（1）油脂性基质　主要包括烃类、类脂类和动植物油脂类等强疏水性物质，此类基质的特点是润滑，涂于皮肤表面能形成封闭性油膜，减少皮肤水分蒸发和促进皮肤水合作用，对皮肤有保护和软化的作用，不易长菌，较稳定；但油腻性大，吸水性和释药性差，不易洗除。主要用于遇水不稳定的药物制备软膏剂。一般不单独应用，为改善其疏水性常加入表面活性剂或制成乳剂型基质来使用。

①烃类　主要有凡士林与石蜡。

A. 凡士林　又称软石蜡，是从石油中得到的多种烃的半固体混合物，有黄、白两种，黄凡士林为淡黄色或黄色均匀的软膏状半固体，经脱色处理可制得白凡士林，是最常用的软膏剂基质。本品无臭味，熔点 38～60℃，性质稳定，无刺激性。能与多数药物配伍，特别适用于遇水不稳定的药物（如抗生素）等。因凡士林油腻性大且吸水性差，形成封闭性油膜妨碍皮肤水性分泌物的排出，故不适用于有大量渗出液的患处。为改善凡士林吸水性较差的性质，常采用加入适量的羊毛脂的方法，如凡士林中加入 15% 的羊毛脂可吸收水分达其重量的 50%。

B. 石蜡　包括石蜡（固体形态）、液体石蜡及轻质液体石蜡。固体石蜡是从石油或页岩油中得到的各种固态烃的混合物，为无色或白色半透明的块状物，常显结晶状的构造；液体石蜡及轻质液体石蜡均为从石油中制得的多种液体饱和烃的混合物，为无色透明的油状液体，轻质液体石蜡的密度略小一些。石蜡与液体石蜡常用于调节软膏剂的稠度，利于药物与基质均匀混合及软膏的涂布。液体石蜡又称石蜡油或白油，还可用作药物粉末加液研磨的液体。

②类脂类　主要有羊毛脂、蜂蜡等。

A. 羊毛脂　为羊毛上的脂肪性物质的混合物，用羊毛经加工精制而得，为淡黄色至棕黄色的蜡状物，有黏性而滑腻，臭微弱而特异。主要成分为胆固醇类的棕榈酸酯及游离的胆固醇类，熔点为 36～42℃。羊毛脂因黏性较大，不适宜单独用作软膏剂基质，但因其吸水性强，能吸收其自身重量 2 倍的水分，常与凡士林合用以改善凡士林的吸水性和通透性。

B. 蜂蜡、白蜂蜡　蜂蜡为中华蜜蜂或意大利蜂分泌的蜡。因蜜蜂种类不同，有中蜂蜡（由中华蜜蜂分泌，酸值为 5.0～8.0）和西蜂蜡（由西方蜂种，主要为意蜂分泌，酸值为 16.0～23.0），将蜂巢置水中加热、滤过、冷凝取蜡或再精制而成。蜂蜡呈黄色、淡黄棕色或黄白色。中药记载有解毒、敛疮、生肌、止痛的作用。蜂蜡经漂白精制得到白蜂蜡，白蜂蜡为白色或淡黄色固体，无光泽，无结晶，有特异性气味，熔点为 62～67℃。可用于增加软膏剂基质的稠度，亦可为弱的 W/O 型乳化剂。

另有记载可用鲸蜡调节软膏基质的稠度，鲸蜡熔点为 42～50℃，主要成分为棕榈酸鲸蜡醇酯，但药典没有收载。

③油脂类　是来源于动物或植物中的高级脂肪酸甘油酯及其混合物。油脂类基质结构不稳定，易受温度、光线、氧气等影响而氧化酸败，需酌情加入抗氧剂、防腐剂，包括花生油、麻油、大豆油等。呈液态，常与熔点较高的蜡类基质融合制成稠度适宜的基质。

植物油经精制、脱色、氢化、除臭等得氢化植物油。氢化程度不同，形态不同，完全氢化的植物油呈蜡状固体，较原植物油性质更加稳定，不易酸败，可与其他基质混合作为软膏剂基质。如氢化大豆油，为白色至淡黄色的块状物或粉末，熔点为 66～72℃。

动、植物油脂水解得到硬脂酸。硬脂酸的主要成分为硬脂酸（$C_{18}H_{36}O_2$）与棕榈酸（$C_{16}H_{32}O_2$），为白色或类白色粉末、颗粒、片状固体或结晶性硬块，有类似油脂的微臭。

④二甲硅油、环甲基硅酮　二甲硅油为二甲基硅氧烷的线性聚合物，又称硅酮、硅油。为无色澄清的油状液体，无毒性、无刺激性、润滑且易于涂布，不影响皮肤的正常功能，为较理想的油脂性基质。常将其与油脂性基质合用制成防护性软膏。但其价格贵且对眼睛有刺激性，不宜作为眼膏剂基质。二甲

基硅油也可以用作消泡剂、润滑剂等。

环甲基硅酮为全甲基化的、含有重复单元的环硅氧烷。为无色透明的油状液体，可用于调节基质的稠度，也可以用作防水剂。

（2）水溶性基质　水溶性基质由天然的或合成的水溶性高分子物质组成，也称为水凝胶。由于基质能与水溶液混合吸收组织渗出液，且释药快，无油腻感，具有易于涂布和清除等特点，多用于湿润、糜烂创面，以利于分泌物的排除。本品缺点是容易霉变。基质中所含水分蒸发会导致软膏剂变硬，对皮肤的润滑和保护作用较差，故常加入保湿剂（如甘油）和防腐剂（如三氯叔丁醇、尼泊金乙酯等）。主要有甘油明胶、淀粉甘油、纤维素衍生物、聚乙烯醇和聚乙二醇类等。

①甘油明胶　由 1%～3% 的甘油、10%～30% 明胶和水加热制成。因本身有弹性能形成保护膜，且使用舒适，故适宜制备含维生素类药物的营养性软膏。

②淀粉甘油　是由 7%～10% 的淀粉与 70% 甘油和水加热制成。

③纤维素衍生物类水溶性基质　常用的有甲基纤维素（MC）和羧甲基纤维素钠（CMC－Na），常为合成的半成品，其较高浓度时呈凝胶状。

④聚乙二醇（PEG）类高分子物质　是最常用的水溶性基质。本品能溶于水，性质稳定。PEG 类为高分子聚合物，其分子量为 300～6000，低分子量的为液体，高分子量的为半固体至蜡状固体。实际使用中，常用适当比例不同分子量的聚乙二醇融合得到适宜稠度的基质。

（3）乳剂型基质　乳剂型基质与液体制剂中乳剂液类似，由水相、油相和乳化剂三部分组成，油、水两相借助乳化剂的作用在一定温度时乳化分散，冷却至室温时形成的半固体基质。一般乳剂型基质适用于亚急性、慢性、无渗出液的皮损和皮肤瘙痒症，忌用于糜烂、溃疡、水疱及脓肿症。

①分类　乳剂型基质可以分为油包水（W/O）型和水包油（O/W）型两类。乳剂基质的类型主要由乳化剂的性质决定。W/O 型基质含有小水滴，因水分在皮肤表面缓慢蒸发带走热量，从而感到凉爽，故有"冷霜"之称；O/W 型基质含水量较高，无油腻感，色白如雪，故有"雪花膏"之称。

乳剂型基质对皮肤表面的分泌物和水分的蒸发影响小。对皮肤的正常功能影响较小，一般乳剂型基质特别是 O/W 型基质乳膏中药物的释放和透皮吸收较快，润滑性好，易于涂布，适合作为身体各部位使用；缺点是含水量高，易发霉，需要加入防腐剂，加入甘油、丙二醇、山梨醇等作保湿剂，一般用量为 5%～20%。

乳剂型基质常用的油相多数为半固体或固体，如硬脂酸、白蜂蜡、石蜡、高级脂肪醇（如十八醇）等，可加入液体石蜡、凡士林或植物油等油脂性基质来调节稠度，常用的水相一般为纯化水。

②常用品种　常用的乳化剂主要有以下几种。

A. 阴离子型表面活性剂　主要指肥皂类，包括一价皂类和多价皂类。一价皂类一般为氢氧化钠、氢氧化钾、氢氧化铵与硬脂酸或油酸等脂肪酸作用生成的皂类，或硼酸盐、碳酸盐或三乙醇胺、三异丙醇胺等有机碱与硬脂酸或油酸等脂肪酸作用生成的皂类，为 O/W 型乳剂的乳化剂。多价皂一般为多价金属钙、镁、锌、铝的氧化物与脂肪酸发生皂化反应制得，为 W/O 型乳剂的乳化剂，如硬脂酸钙、硬脂酸镁。

作为阴离子型表面活性剂与阳离子型药物（如硫酸新霉素、硫酸庆大霉素、盐酸丁卡因、醋酸洗必泰等）配伍禁忌。

B. 高级脂肪醇、脂肪醇硫酸酯类　高级脂肪醇有十六醇（鲸蜡醇）、十八醇（硬脂酸醇）等，吸水后为弱的 W/O 型乳化剂，用于 O/W 型乳膏基质，可增加其稳定性和稠度；脂肪醇硫酸酯（十二烷基硫酸钠 SDS）为阴离子型乳化剂，用于配制 O/W 型乳膏剂。

C. 多元醇酯类 包括山嵛酸甘油酯、单双硬脂酸甘油酯、单亚油酸甘油酯、单油酸甘油酯等。单双硬脂酸甘油酯为白色或类白色蜡状颗粒或薄片，乳化能力较弱，为 W/O 型辅助乳化剂。

D. 聚山梨酯类（吐温类）和脂肪酸山梨坦类（司盘类） 为非离子型表面活性剂。聚山梨酯类为 O/W 型乳剂的乳化剂，司盘类为 W/O 型乳剂的乳化剂，其他还有聚氧乙烯醇醚类、乳化剂 OP 等。

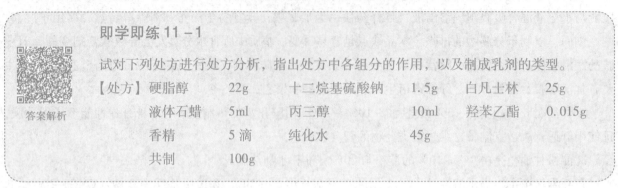

即学即练 11 - 1

试对下列处方进行处方分析，指出处方中各组分的作用，以及制成乳剂的类型。

【处方】硬脂醇	22g	十二烷基硫酸钠	1.5g	白凡士林	25g
液体石蜡	5ml	丙三醇	10ml	羟苯乙酯	0.015g
香精	5 滴	纯化水	45g		
共制	100g				

答案解析

三、软膏剂、乳膏剂的制备工艺

软膏剂的制备方法，应根据制备的软膏剂类型、药物性质、制备量等，采用不同的制备方法和生产设备，制备过程遵循相应的工艺流程，生产全过程应符合 GMP 要求。

1. 软膏剂、乳膏剂的制备工艺流程 软膏剂、乳膏剂的制备工艺流程如图 11 - 1 所示。

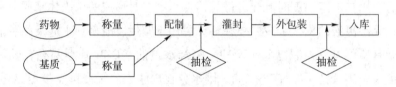

图 11 - 1 软膏剂、乳膏剂的制备工艺流程

2. 基质的处理和药物的加入方法

（1）**基质的处理** 质量符合要求的可以直接使用，如纯度较差或有无菌要求的基质，应加热熔融后用 120 目筛过滤以除去杂质，150℃干热灭菌 1 小时，灭菌的同时可以除去基质中的水分。

（2）**药物的加入方法**

①**药物溶于基质** 油溶性药物溶于液体油脂性基质中，再与余下的油脂性基质混匀；水溶性药物先用少量水溶解，然后与水溶性基质混匀，也可以溶解于少量水后，用吸水性较强的油脂性基质羊毛脂吸收，再加入油脂性基质混匀。

②**药物不溶于基质** 先将药物粉碎后过七号（120 目）筛［眼膏中药粉细度为 75μm 以下，应过九号（200 目）筛］，再与少量基质研匀或与少量液体石蜡、植物油、甘油等液体组分研成糊状，最后与余下基质混合均匀。

③**处方中含有薄荷脑、樟脑、冰片等共熔成分** 先将其共熔后再与基质混匀。单独使用时，可用少量溶剂溶解后加入基质中混匀。

④**药物在处方中含量小** 为避免药物损失，先与少量基质混匀，可采取等量递加法，以达到均匀混合的目的。

⑤**加入对热敏感、挥发性药物或容易氧化、水解的药物** 基质的温度不宜过高，以减少对药物的破坏和损失。

⑥中药水煎液、流浸膏　应适当浓缩后再与其他基质混匀,固体浸膏可加少量水或稀醇软化,研成糊状后与基质混匀。

3. 软膏剂、乳膏剂的制备方法　软膏剂、乳膏剂的制备主要有研和法、熔和法和乳化法,应根据基质的类型、药物的性质、制备量和设备条件等选择适宜的方法。

(1) 研和法　研和法是指在常温下通过研磨和搅拌使药物和基质均匀混合的方法。此法适用于对热不稳定、不溶于基质的药物。制备时,在常温下将药物与适量基质研磨混匀,然后按等量递加法加入余下基质混匀,至涂于手背无颗粒感为止。

小量制备可以用软膏刀在软膏板上调制或在研钵中研制,大量制备可采用软膏研磨机。

(2) 熔和法　熔和法是指基质在加热熔化的状态下将药物加入混合均匀的方法。此法适用于常温下不能与药物混匀的基质和熔点较高的基质。制备时,先将熔点较高的基质熔化,然后按熔点高低依次加入其余基质熔化,最后加入液体成分和药物以免低熔点物质受热分解。制备过程中应不断搅拌,使制得的软膏均匀光滑。若通过上述操作仍不够均匀细腻,可以通过软膏研磨机进一步研磨。

大量制备油脂性基质软膏时,常用熔和法,制备中的熔融操作常在蒸汽夹层锅或电加热锅中进行。

(3) 乳化法　乳化法是专门用于制备乳膏剂的方法。将处方中油溶性组分一并加热熔化,作为油相,保持油相温度在80℃左右,另将水溶性组分溶于水,并加热至与油相相同温度,或略高于油相温度,油、水两相混合,不断搅拌,直至乳化完成,冷凝即得。乳化法中油、水两相的混合方法有三种。

①两相同时掺和　适用于连续的或大批量的操作。

②分散相加到连续相中　适用于含小体积分散相的乳剂产品。

③连续相加到分散相中　适用于多数乳膏剂产品。在混合过程中可利用乳剂的转型,制备更为细小的分散相粒子。如制备 O/W 型乳膏剂产品时,水相在搅拌下缓缓加到油相中,形成 W/O 型乳膏,当更多的水相加入时,发生转型生成 O/W 型乳膏,使油相得以更细的分散。

4. 软膏剂、乳膏剂生产的主要设备

(1) 配膏设备　配膏是软膏剂、乳膏剂制备的关键操作,对成品的质量有很大的影响。简单的配膏设备采用装有锚式或框式搅拌器的不锈钢罐,并采用可移动的不锈钢盖以便于清洁。但制备的软膏不够细腻,需加以研磨。现常采用胶体磨、三滚筒软膏机、真空乳化搅拌机等。

三滚筒软膏机,其旋转方向示意图,见图 11-2,可用于软膏、乳膏的进一步研磨,使其更加均匀、细腻。真空匀质乳化机组,见图 11-3,由预处理锅、主锅、真空泵、液压、电器控制系统等组成,可完成基质的加热、熔化和均质乳化等操作。整个工序在超低真空环境中进行,应防止物料在高速搅拌后产生气泡。

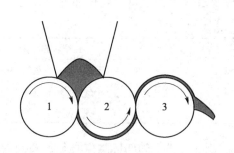

图 11-2　三滚筒软膏机滚筒旋转方向示意图　　　　图 11-3　TZGZ 系列真空均质乳化机组

(2) 灌封设备　灌封工序是将配制合格的软膏等半固体制剂使用软膏灌封机灌装于不同规格的金属或塑料管中,经密封制得合格产品的操作。现常用的软膏剂等半固体制剂的灌封设备为软膏自动灌封机，见图 11 - 4。

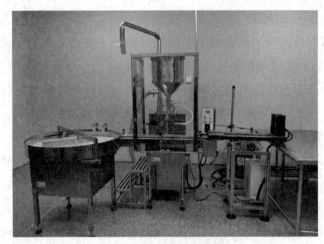

图 11 - 4　软膏自动灌封机

软膏自动灌封机的工作过程包括自动上管、识标定位、软膏灌装、压合封尾、批号日期打印、切尾和成品排出。整个生产工序全部自动完成。

5. 软膏剂的包装与贮存　软膏剂等半固体制剂多采用锡管、铝管、塑料管等多种材料的软膏管作为内包装，也可用塑料盒、金属盒或广口玻璃瓶等作内包装。除另有规定外，一般软膏剂应避光密封贮存；乳膏剂、糊剂应避光密封置 25℃ 以下贮存，不得冷冻。

四、软膏剂、乳膏剂的质量评价

根据《中国药典》（2020 年版）规定，软膏剂、乳膏剂产品除另有规定外，软膏剂、乳膏剂应进行以下相应检查。

1. 粒度　除另有规定外，混悬型软膏剂、含饮片细粉的软膏剂照下述方法检查，应符合规定。

检查法：取供试品适量，置于载玻片上涂成薄层，薄层面积相当于盖玻片面积，共涂 3 片，照粒度和粒度分布测定法（通则 0982 第一法：显微镜法）测定，均不得检出大于 180μm 的粒子。

2. 装量　照最低装量检查法（通则 0942）检查，应符合规定。

检查法：装量以重量计者，除另有规定外，取供试品 5 个（50g 以上者 3 个），除去外盖和标签，容器外壁用适宜的方法清洁并干燥，分别精密称定重量，除去内容物，容器用适宜的溶剂洗净并干燥，再分别精密称定空容器的重量，求出每个容器内容物的装量与平均装量，均应符合表 11 - 1 的有关规定。如有 1 个容器装量不符合规定，则另取 5 个（50g 以上者 3 个）复试，应全部符合规定。

表 11 - 1　最低装量标准

标示装量	平均装量	每个容器装量
20g（ml）以下	不少于标示装量	不少于标示装量的 93%
20g（ml）至 50g（ml）	不少于标示装量	不少于标示装量的 95%
50g（ml）以上	不少于标示装量	不少于标示装量的 97%

3. 无菌　用于烧伤（除程度较轻的烧伤：Ⅰ°或浅Ⅱ°外）、严重创伤或临床必须无菌的软膏剂与乳膏剂，照无菌检查法（通则 1101）检查，应符合规定。

4. 微生物限度　除另有规定外，照非无菌产品微生物限度检查：微生物计数法（通则 1105）和控制菌检查法（通则 1106）及非无菌药品微生物限度标准（通则 1107）检查，应符合规定。

此外，软膏剂、乳膏剂的质量评价一般还包括软膏剂的主药含量测定、鉴别、性状等，以及物理性质、刺激性、稳定性等方面。

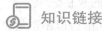 **知识链接**

半固体中常用的其他附加剂

包括抗氧剂、防腐剂、保湿剂和渗透促进剂等。常用的渗透促进剂有：①表面活性剂，如聚山梨酯80；②二甲基亚砜；③月桂氮䓬酮；④其他，如醇类、尿素等。

任务二　凝胶剂工艺与制备

PPT

一、概述

凝胶剂系指原料药物与能形成凝胶的辅料制成的具凝胶特性的稠厚液体或半固体制剂。除另有规定外，凝胶剂限局部用于皮肤及体腔，如鼻腔、阴道和直肠等。适于制备成凝胶剂的药物主要有抗菌药、非甾体抗炎药、抗过敏药、抗病毒药、抗真菌药、局部用药及皮肤科常用药等。

乳状液型凝胶剂又称为乳胶剂。由高分子物质如西黄蓍胶制成的凝胶剂也可称为胶浆剂。小分子无机原料药物如氢氧化铝凝胶剂是由分散的药物小粒子以网状结构存在于液体中，属两相分散系统，也称混悬型凝胶剂。混悬型凝胶剂可有触变性，静止时形成半固体而搅拌或振摇时成为液体。

凝胶剂基质属单相分散系统，有水性与油性之分。水性凝胶基质一般由水、甘油或丙二醇与纤维素衍生物、卡波姆和海藻酸盐、西黄蓍胶、明胶、淀粉等构成；油性凝胶基质由液体石蜡与聚乙烯或脂肪油与胶体硅或铝皂、锌皂等构成。临床上多用以水性凝胶为基质的凝胶剂。

凝胶剂在生产与贮藏期间应符合下列有关规定。

1. 混悬型凝胶剂中胶粒应分散均匀，不应下沉、结块。

2. 凝胶剂应均匀、细腻，在常温时保持胶状，不干涸或液化。

3. 凝胶剂根据需要可加入保湿剂、抑菌剂、抗氧剂、乳化剂、增稠剂和透皮促进剂等。除另有规定外，在制剂确定处方时，该处方的抑菌效力应符合抑菌效力检查法的规定。

4. 凝胶剂一般应检查 pH。

5. 除另有规定外，凝胶剂应避光、密闭贮存，并应防冻。

6. 凝胶剂用于烧伤治疗如为非无菌制剂的，应在标签上标明"非无菌制剂"；产品说明书中应注明"本品为非无菌制剂"，同时在适应证下应明确"用于程度较轻的烧伤（Ⅰ°或浅Ⅱ°）"，注意事项下规定"应遵医嘱使用"。

二、水性凝胶基质

常用的水性凝胶基质可分为天然高分子材料、半合成高分子材料和合成高分子材料。天然高分子材料常用淀粉、海藻酸钠、阿拉伯胶、西黄蓍胶、明胶等；半合成高分子材料常用纤维素衍生物，如甲基纤维素（MC）和羧甲纤维素钠（CMC－Na）、壳聚糖等；合成高分子材料常用卡波姆、聚丙烯酸钠、聚乙烯醇等。水性凝胶基质的优点是易涂布、易洗除、不油腻、能吸收组织渗出液、不妨碍皮肤正常功能，因黏滞度小而使药物（特别是水溶性药物）释放快；缺点是润滑作用较差，易失水，易霉变，故常需加入保湿剂和防腐剂。

1. 卡波姆　商品名为卡波普，为白色引湿性强的疏松粉末，按黏度不同分为不同的规格。卡波姆分子中存在大量的羧酸基团，因而与聚丙烯酸有非常相似的理化性质，能迅速溶胀于水中，但不溶解，是一种应用广泛的药用辅料，可用于半固体制剂的基质和释放阻滞剂等。

本品具有良好的生物相容性和流变学特性，具有增稠效率高，受温度影响小，能耐受低温贮存和高压湿热灭菌等优点。其在制剂中具有多种用途，可作为凝胶基质、增稠剂、助悬剂、生物黏附材料、缓控释制剂的骨架材料等，特别适用于作为脂溢性皮肤病药品的辅料。与聚丙烯酸相似，卡波姆须避免与盐类电解质、碱土金属离子、阳离子聚合物、强酸等配伍，否则会使其黏度下降或消失。

知识链接

卡波姆的规格

卡波姆按黏度不同分为 934、940、941 型等多种规格。其中 Carbopol 934：在高黏度时稳定，用于凝胶剂、乳剂、混悬剂。Carbopol 940：短流变性，高黏度，高清澈度，低耐离子性及耐剪切性，适用于凝胶及膏霜中。Carbopol 941：长流变性，低黏度，高清澈度，中等耐离子性及耐剪切性，适用于凝胶及乳液。1g 卡波姆需用 1.35g 三乙醇胺或 400mg 氢氧化钠来中和，使所制的基质无油腻感，涂用时润滑、舒适。

2. 纤维素衍生物　一些纤维素衍生物在水中溶胀或溶解为胶状溶液，调节至适宜的稠度可形成水性凝胶基质。此类基质随着分子量、取代度和介质不同而具有不同的黏稠度。常用品种是甲基纤维素（MC）和羧甲纤维素钠（CMC-Na），常用浓度为 2%~6%。MC 能溶于冷水，不溶于热水；CMC-Na 在水中溶胀为胶状溶液。pH 可影响此类基质的黏度，MC 在 pH 为 2~12 时稳定；CMC-Na 在 pH 7 时较稳定，当低于 pH 5 或高于 pH 10 时黏度则显著降低。本类基质涂布于皮肤时有较强黏附性，易使皮肤失水干燥而有不适感，需加入 10%~15% 的甘油作为保湿剂；易霉败，需加防腐剂，常用 0.2%~0.5% 的羟苯乙酯。需注意，制备 CMC-Na 基质不宜使用硝（醋）酸苯汞、阳离子型聚合物、其他重金属盐类防腐剂，以免影响黏稠度，降低防腐效果和药效。

3. 甘油明胶　由明胶、甘油、水加热制得，比例为明胶 1%~3%，甘油 10%~30%。

4. 海藻酸钠　为黄白色粉末，缓慢溶于水形成黏稠凝胶，常用浓度 1%~10%。

三、凝胶剂的制备工艺

水性凝胶剂的一般制法是先将基质材料溶胀制成凝胶基质，再加入药物溶液及其他附加剂，加水至全量即得。制备工艺流程如图 11-5 所示。

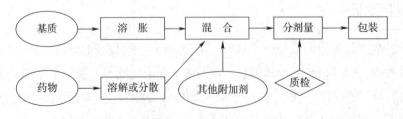

图 11-5　凝胶剂的制备工艺流程

水溶性药物可先溶于部分水或甘油中，必要时加热助溶；水不溶性药物可先用少量水或甘油研细分散，再混匀于基质即可。对有无菌度要求的凝胶剂，应注意采取适宜方法灭菌处理。制备凝胶剂时应注意基质溶胀的条件、加入的药物和附加剂对基质的影响、pH 对稠度的影响（如卡波姆）、各组分间的配伍等问题。

四、凝胶剂的质量评价

除另有规定外，凝胶剂应进行以下相应检查。

1. 粒度 除另有规定外，混悬型凝胶剂照下述方法检查，应符合规定。

检查法：取供试品适量，置于载玻片上，涂成薄层，薄层面积相当于盖玻片面积，共涂 3 片，照粒度和粒度分布测定法（通则 0982 第一法）测定，均不得检出大于 180μm 的粒子。

2. 装量 照最低装量检查法（通则 0942）检查，应符合规定。

3. 无菌 除另有规定外，用于烧伤［除程度较轻的烧伤（Ⅰ°或浅Ⅱ°外）］、严重创伤或临床必须无菌的照无菌检查法（通则 1101）检查，应符合规定。

4. 微生物限度 除另有规定外，照非无菌产品微生物限度检查：微生物计数法（通则 1105）和控制菌检查法（通则 1106）及非无菌药品微生物限度标准（通则 1107）检查，应符合规定。

任务三 眼膏剂工艺与制备

PPT

一、概述

眼用半固体制剂习惯上称为眼膏剂。《中国药典》（2020 年版）明确规定，眼用半固体制剂包括眼膏剂、眼用乳膏剂、眼用凝胶剂等，为无菌制剂。

眼膏剂系指由原料药物与适宜基质均匀混合，制成溶液型或混悬型膏状的无菌眼用半固体制剂。眼用乳膏剂系指由原料药物与适宜基质均匀混合，制成乳膏状的无菌眼用半固体制剂。眼用凝胶剂系指原料药物与适宜辅料制成的凝胶状无菌眼用半固体制剂。

眼膏剂应均匀、细腻，无刺激性，稠度适当，易涂布于眼部，以便于原料药物分散和吸收。与滴眼剂相比，眼膏剂在用药部位保留时间长、疗效持久，能减轻眼睑对眼球的摩擦，有助于角膜损伤的愈合。

多剂量眼用制剂一般应加适当抑菌剂，尽量选用安全风险小的抑菌剂，并按规定进行产品处方抑菌效力的检查，产品标签应标明抑菌剂种类和标示量。但是，应注意：眼内注射溶液、眼内插入剂、供外科手术用和急救用的眼用制剂，均不得加抑菌剂、抗氧剂或不适当的附加剂，且应采用一次性使用包装。眼用半固体制剂的基质应过滤并灭菌，不溶性原料药物应预先制成极细粉。包装容器应无菌、不易破裂，其透明度应不影响可见异物检查；主药含量及含量均匀度应符合要求；除另有规定外，眼用半固体制剂应遮光密封贮存，每个容器的装量应不超过 5g，在启用后最多可使用 4 周；另外眼用半固体制剂还应符合《中国药典》四部通则下软膏剂、乳剂、凝胶剂等的相应要求。

二、眼膏剂的基质

眼膏剂常用的基质一般是用凡士林 8 份，液体石蜡、羊毛脂各 1 份混合而成。基质中羊毛脂有表面活性作用，具有较强的吸水性和黏附性，使眼膏与泪液容易混合并易附着于眼黏膜上，使基质中药物容易穿透眼膜；液体石蜡可调节眼膏剂的软硬度。二甲硅油因刺激性大，不建议用作眼膏剂基质。

眼膏剂基质加热熔融后用绢布等适当滤材保温滤过，通过150℃、1~2小时干热灭菌，冷却备用。

三、眼膏剂的制备工艺

眼膏剂的制备方法与软膏剂的制备方法基本相同，工艺流程如图11-6所示。

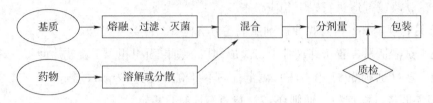

图11-6　眼膏剂的工艺流程

1. 无菌要求　一般可在净化操作室或净化操作台中配制，按无菌操作法要求进行生产，所用基质、药物、器械与包装容器等均应严格灭菌，以避免染菌而致眼睛感染。用具一般先用70%乙醇擦洗，用纯化水、注射用水洗净后，再于150℃干热灭菌1~2小时；包装软膏管用70%乙醇或2%苯酚溶液浸泡，临用时用纯化水、注射用水冲洗干净，烘干。

2. 药物加入方法　主药易溶于水而且性质稳定时，先配成少量水溶液，用适量基质研至吸尽水溶液后，再逐渐递加其余基质制成眼膏剂，灌装于灭菌容器中，密封；主药不溶于基质时，应将药物粉碎成能通过九号筛（200目）的极细粉，再与基质研磨成混悬型眼膏，以减轻对眼睛的刺激性；含挥发性成分的应注意避免受热损失，在40℃以下加入。

四、眼膏剂的质量评价

《中国药典》（2020年版）规定，眼膏剂等眼用半固体制剂，应检查的项目有装量或装量差异、粒度、金属性异物、无菌等。

1. 装量或装量差异　除另有规定外，单剂量包装的眼用固体制剂或半固体制剂应检查装量差异。照下述方法检查，应符合规定。

检查法：取供试品20个，分别称定内容物重量，计算平均装量，每个装量与平均装量相比较（有标示装量的应与标示装量相比较）超过平均装量±10%者，不得过2个，并不得有超过平均装量±20%者。

凡规定检查含量均匀度的眼用制剂，一般不再进行装量差异的检查。

多剂量包装的眼用半固体制剂应检查装量，照最低装量检查法（通则0942）检查，应符合规定。

2. 粒度　除另有规定外，含饮片原粉的眼用制剂和混悬型眼用制剂照下述方法检查，粒度应符合规定。

检查法：取液体型供试品强烈振摇，立即量取适量（或相当于主药10μg）置于载玻片上，共涂3片；或取3个容器的半固体型供试品，将内容物全部挤于适宜的容器中，搅拌均匀，取适量（或相当于主药10μg）置于载玻片上，涂成薄层，薄层面积相当于盖玻片面积，共涂3片；照粒度和粒度分布测定法（通则0982第一法）测定，每个涂片中大于50μm的粒子不得过2个（含饮片原粉的除外），且不得检出大于 90μm 的粒子。

3. 金属性异物　除另有规定外，眼用半固体制剂照下述方法检查，应符合规定。

检查法：取供试品 10 个，分别将全部内容物置于底部平整光滑、无可见异物和气泡、直径为 6cm 的平底培养皿中，加盖，除另有规定外，在 85℃保温 2 小时，使供试品摊布均匀，室温放冷至凝固后，倒置于适宜的显微镜台上，用聚光灯从上方以 45°角的入射光照射皿底，放大 30 倍，检视不小于 50μm 且具有光泽的金属性异物数。10 个容器中每个含金属性异物超过 8 粒者，不得过 1 个，且其总数不得过 50 粒；如不符合上述规定，应另取 20 个复试；初、复试结果合并计算，30 个中每个容器中含金属性异物超过 8 粒者，不得过 3 个，且其总数不得过 150 粒。

4. 无菌　除另有规定外，照无菌检查法（通则 1101）检查，应符合规定。

即学即练 11 - 2

1. 眼膏剂常用的基质一般是（　）。

A. 凡士林：液体石蜡：羊毛脂 = 8：1：1

B. 凡士林：液体石蜡：羊毛脂 = 8：2：2

C. 凡士林：液体石蜡：羊毛脂 = 6：1：1

D. 凡士林：液体石蜡：羊毛脂 = 6：2：1

2. 眼用半固体制剂中的不溶性原料药物制备眼膏时，应预先制成（　）粉，过（　）号（　）目筛。

答案解析

实践实训

实践项目十五　尿素乳膏

【实践目的】

1. 能熟练操作 ZJR - 5 型等真空均质乳化机，能说出设备主要结构及工作原理、部件的名称及作用。

2. 能按尿素乳膏的处方生产出合格的尿素乳膏。

3. 学会解决软膏剂生产过程中出现的问题。

4. 识记乳膏剂生产的工艺流程。

5. 识记《中国药典》（2020 年版）中软膏剂的质量检查项目并会在实际操作中应用。

6. 制备过程中，严格遵守现行版《药品生产质量管理规范》（GMP）的要求。

【实践场地】

实训车间。

【实践内容】

1. 处方

尿素	1000g	三乙醇胺	20g
液体石蜡	570ml	白凡士林	190g

单硬脂酸甘油酯	190g	尼泊金乙酯	25g
甘油	380g	香精	适量
硬脂酸	380g	纯化水	5000g

2. 需制成规格 每支30g。

3. 设备 真空均质乳化机（ZJR-5型），软膏自动灌装封尾机，电子秤（MD340型）。

4. 拟定计划 如图11-7所示。

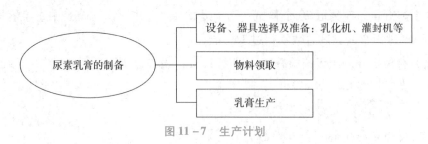

图11-7 生产计划

【实践方案】

（一）生产准备阶段

1. 生产指令下达 如表11-2所示。

表11-2 生产指令

下发日期：_____年___月__日

生产车间	软膏剂车间		包装规格		30g	
品名	尿素乳膏		生产批量		250支	
规格	30g		生产日期		2020年9月10日	
批号	202009010		完成时限		2020年9月11日	
生产依据	尿素乳膏工艺规程					
物料编号	物料名称	规格	用量	单位	检验单号	备注
YL20200906	尿素	药用	1000	g	YLJY20200906	
FL20200910	液体石蜡	药用	570	ml	YLJY20200910	
FL20200611	单硬脂酸甘油酯	药用	190	g	YLJY20200911	
FL20200912	甘油	药用	380	g	YLJY20200912	
FL20200913	硬脂酸	药用	380	g	YLJY20200913	
FL20200914	三乙醇胺	药用	20	g	YLJY20200914	
FL20200915	白凡士林	药用	190	g	YLJY20200915	
FL20200916	尼泊金乙酯	药用	25	g	YLJY20200916	
FL20200917	香精	药用	2	ml	YLJY20200917	
FL20200918	纯化水	药用	5000	g	YLJY20200918	

编制	审核
生产部：刘雪方	质量部：孙海梅
批准	执行
生产部：许汉中	生产车间：王成民
分发部门：总工办、质量部、物料部、工程部	

2. 生产前准备 主要检查以下内容。

（1）检查是否有清场合格证，并确定是否在有效期内，检查设备、容器、场地清洁是否符合要求（若有不符合要求的，需重新清场或清洁，并请 QA 填写清场合格证或检查合格后，才能进入下一步生产）。

（2）检查电、水、气是否正常。

（3）检查设备是否有"完好"标牌、"已清洁"标牌。

（4）检查包装用玻璃瓶质量是否清洁、干燥。

（5）检查电子秤灵敏度是否符合生产指令要求。

（6）按生产指令领取物料并确保物料的品名、批号、规格、数量、质量符合要求。

（7）按设备与用具的消毒规程对设备、用具进行消毒。

（8）挂本次"运行"状态标志，进入生产操作。

（二）生产操作阶段

1. 物料的领用　按以下步骤进行操作。

（1）领用前，按《物料称量管理规定》检查所用的台秤、天平是否进行校正。

（2）凭领料单，按《物料发放和剩余物料退库管理规定》及《包装材料领用和发放标准操作程序》领用所需物料。

（3）按《物料去皮标准操作程序》对物料进行去皮，然后按《车间中间站管理规程》，存放至车间中间站，并填写好物料状态标志。

2. 配料　按以下步骤进行操作。

（1）按《清场管理规程》进行生产前确认，确保工序清场合格，设备运转正常，水、电、气供应正常，容器及工具齐备。

（2）根据批生产指令单，操作人员称取批投料量药物和基质，按《ZJR - 5 型真空均质乳化机操作规程》进行操作。

①开机前准备　检查真空均质乳化机进料口上的过滤器的过滤网是否完好，检查所有电机是否运转正常，并关闭所有阀门。

②开机操作

第一步　经称量的水相原料必须分别用适量热水完全溶解后才能投入水相锅中，油相物料投入油相锅，开始加热，待加热快完成时，开动搅拌器，使物料混合均匀。

第二步　开动真空泵，待乳化罐内真空度达到 - 0.05MPa 时，开启水相阀门，待水相吸进一半时关闭水相阀门；开启油相阀门，待油相吸进后关闭油相阀门；开启水相阀门直至水相吸完，关闭水相阀门，停止真空系统。

第三步　开动乳化头，10 分钟后停止，开启刮板搅拌器及真空系统，当锅内真空度达 - 0.05MPa 时，关闭真空系统。

第四步　开启夹套阀门，在夹套内通冷却水冷却。

第五步　待乳剂制备完毕后，停止刮板搅拌，开启阀门，使锅内压力恢复正常，开启压缩空气排出物料。

③关机　将乳化罐夹套内的冷却水换掉，乳化罐内没有物料时严禁开动乳化头，以免空转损坏。

④经常检查液体过滤器网是否完好，并经常清洗，以免杂质进入乳化锅内，确保乳化头正常运行。

3. 灌装　按《软膏自动灌装封机标准操作规程》进行灌装，每隔 20 分钟对灌装装量检查一次，并随时观察质量情况，作好相应记录。

4. 请验 制备完毕后，应填写请验单给 QA 人员，请其取样给 QC 人员检验。

（三）清场

按本岗位清场标准操作规程对设备、场地、用具、容器等清洁消毒，清场后经 QA 人员检查合格，发《清场合格证》，《清场合格证》正本归入本批批生产记录，副本留在操作间。

（四）记录

生产过程中，操作人员应在每次操作后及时填写生产记录，生产结束，及时填写设备运行记录等。

（五）质量控制要点

1. 性状 应定期检查，并符合要求。

2. 装量 应定期检查，并符合要求。

头脑风暴

1. 眼膏剂的制备与一般软膏相比，要特别注意些什么？

2. 处方分析

水杨酸乳膏

【处方】

水杨酸	50g	甘油	120g
硬脂酸甘油酯	70g	十二烷基硫酸钠	10g
硬脂酸	100g	羟苯乙酯	1g
白凡士林	120g	纯化水	480ml
液体石蜡	100g		

讨论：(1) 处方中各成分的作用是什么？(2) 水杨酸乳膏的制备工艺流程有哪些？

答案解析

目标检测

答案解析

一、单选题

1. 下述哪一种基质不是水溶性软膏基质（　　）。

   A. 聚乙二醇   B. 甘油明胶   C. 羊毛脂   D. CMC‑Na

2. 下列关于基质的叙述中错误的是（　　）。

   A. 液体石蜡主要用于调节软膏稠度

   B. 凡士林中加入羊毛脂可增加吸水性

   C. 水溶性基质释药快，刺激性小

   D. 水溶性基质，一般需防腐剂，不需保湿剂

3. 下列对凡士林的叙述错误的是（　　）。

   A. 又称软石蜡，有黄、白二种

   B. 有适宜的黏稠性与涂展性，可单独作基质

   C. 在乳剂基质中可作为油相

D. 对皮肤有保护作用，适合用于有多量渗出液的患处

4. 不属于软膏质量检查项目的是（　　）。

A. 粒度　　　　　　　B. 硬度　　　　　　　C. 装量　　　　　　　D. 微生物限度

5. 凡士林基质中加入羊毛脂是为了（　　）。

A. 增加药物的溶解度　　　　　　　　　　B. 增加基质的吸水性

C. 增加药物的稳定性　　　　　　　　　　D. 减少基质的吸水性

6. 研和法制备油脂性软膏剂时，如药物是水溶性的，宜先用少量水溶解，再用（　　）吸收后与其他基质混合。

A. 羊毛脂　　　　　　B. 液体石蜡　　　　　C. 单甘油酯　　　　　D. 白凡士林

7. 对软膏剂的质量要求，叙述错误的是（　　）。

A. 均匀细腻，无粗糙感

B. 软膏剂是半固体制剂，药物与基质必须是互溶性的

C. 应符合卫生学要求

D. 软膏剂稠度应适宜，易于涂布，无不良刺激性

8. 下列关于软膏剂的概念，叙述正确是（　　）。

A. 软膏剂系指药物与适宜基质混合制成的固体外用制剂

B. 软膏剂系指药物与适宜基质混合制成的半固体外用制剂

C. 软膏剂系指药物与适宜基质混合制成的半固体内服和外用制剂

D. 软膏剂系指药物制成的半固体外用制剂

9. 下列是软膏油脂类基质的是（　　）。

A. 甲基纤维素　　　　B. 卡波姆　　　　　　C. 植物油　　　　　　D. 海藻酸钠

10. 常用于 O/W 型乳剂基质乳化剂的是（　　）。

A. 硬脂酸钙　　　　　B. 十二烷基硫酸钠　　C. 羊毛脂　　　　　　D. 十八醇

11. 乳膏剂的制法是（　　）。

A. 研合法　　　　　　B. 熔合法　　　　　　C. 乳化法　　　　　　D. 分散法

12. 不溶性药物应通过几号筛，才能用其制备混悬型眼膏剂（　　）。

A. 一号筛　　　　　　B. 三号筛　　　　　　C. 五号筛　　　　　　D. 九号筛

13. 大面积烧伤用软膏剂的特殊要求是（　　）。

A. 无菌　　　　　　　　　　　　　　　　B. 均匀细腻

C. 无刺激　　　　　　　　　　　　　　　D. 不得加防腐剂、抗氧剂

14. 以下基质不可用于眼膏剂的是（　　）。

A. 凡士林　　　　　　B. 羊毛脂　　　　　　C. 石蜡　　　　　　　D. 硅油

15. 下列关于水性凝胶剂基质叙述错误的是（　　）。

A. 水性凝胶剂基质易于涂展、易清除、无油腻感

B. 水性凝胶剂基质能吸收组织液，不妨碍皮肤正常生理功能

C. 水性凝胶基质释药速度快

D. 水性凝胶剂基质润滑性好

二、多选题

1. 有关软膏剂基质的正确叙述是（　　）。

　　A. 软膏剂的基质应无菌

　　B. O/W 型乳剂基质应加入适当的防腐剂和保湿剂

　　C. 凡士林是吸水性基质

　　D. 乳剂型基质可分为 O/W 型和 W/O 型两种

2. 需加入保湿剂的基质是（　　）。

　　A. 甘油明胶　　　　　　B. 甲基纤维素　　　　　C. 凡士林　　　　　　D. 雪花膏

3. 适宜有较多渗出液皮肤使用的基质是（　　）。

　　A. 油脂性基质　　　　　B. O/W 型乳剂基质　　　C. 卡波姆　　　　　D. 羧甲基纤维素钠

4. 关于眼膏剂的表述，正确的是（　　）。

　　A. 眼用半固体制剂应遮光密封贮存　　　　　　B. 每个容器的装量应不超过 5g

　　C. 在启用后最多可使用 4 周　　　　　　　　　D. 眼膏剂应作无菌检查

书网融合……

　知识回顾　　　　　　微课　　　　　　视频　　　　　习题

项目十二　其他制剂工艺与制备

学习引导

　　药物制剂除了我们前面学习的固体、半固体、液体剂型外，还有气体剂型。除了口服、注射及外用剂型外，还有腔道和黏膜给药。

　　本项目将简单介绍腔道和黏膜给药剂型的栓剂、膜剂及气雾剂的特点、制备及质量检查。

📖 学习目标

1. **掌握**　栓剂、膜剂和气雾剂的概念、特点、制备工艺、质量检查要求。
2. **熟悉**　栓剂、膜剂和气雾剂的种类、处方组成。
3. **了解**　栓剂、膜剂和气雾剂的体内吸收途径。

PPT

任务一　栓剂制剂技术 🄴 微课

 实例分析

　　实例　某幼儿外感风寒，发热38.5℃，口服给药比较困难，注射给药家长又怕孩子疼痛。

　　讨论　我们应该给幼儿什么剂型的药物以进行治疗呢？

答案解析

一、概述

　　1. 栓剂的定义　栓剂（suppository）系指药物与适宜基质制成的有一定形状供人体腔道给药的固体制剂。栓剂在常温下为固体，放入腔道后，在体温下能融化、软化或溶化，并与分泌液混合，逐渐释放出药物，产生局部或全身作用。

　　2. 栓剂的分类　栓剂根据施用腔道的不同，分为直肠栓、阴道栓和尿道栓。适用于人体不同部位的栓剂，形状和重量各不相同。如图12-1所示，直肠栓为鱼雷形、圆锥形或圆柱形等，以鱼雷形较为常用，塞入肛门后，由于括约肌的收缩易于压入直肠内，直肠栓重量约2g；阴道栓为鸭嘴形、球形或卵形等，重约2～5g，鸭嘴形栓在相同重量的栓剂中表面积较大而利于使用；尿道栓一般为棒状。

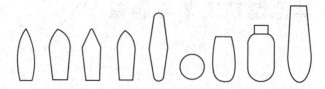

图12－1　各种栓剂的外形图

栓剂按作用范围分为局部作用栓和全身作用栓。局部作用的栓剂可使其中的药物分散于黏膜表面，在组织或器官局部发挥润滑、收敛、抗菌、杀虫、局麻等治疗作用，因此可以减少口服或注射用药产生的全身不良反应。全身作用的栓剂，药物经由腔道黏膜吸收至血液或淋巴系统发挥全身治疗作用。全身作用栓剂给药后的吸收途径主要有三条：①距肛门6cm处塞入，药物通过直肠上静脉进入肝脏，进行代谢后再由肝脏进入大循环；②距肛门2cm处塞入，药物通过直肠中、下静脉和肛门静脉，经髂内静脉绕过肝脏进入下腔大静脉，再进入大循环；③经直肠淋巴系统吸收，特别是对大分子药物可能是重要的吸收途径。因此栓剂在应用时塞入距肛门口约2cm处为宜，使给药总量50%～75%的药物不会经过肝脏。

 知识链接 ··

新型栓剂

中空栓剂：栓中有一空心部分，可供填充不同类型的药物，包括固体和液体。其中添加适当赋形剂或制成固体分散体可使药物快速或缓慢释放，从而具有速释或缓释作用。

双层栓剂：内外两层栓，内外两层含有不同药物，可先后释药而达到特定的治疗目的；上下两层栓，下半部的水溶性基质使用时可迅速释药，上半部用脂溶性基质能起到缓释作用；第二种上下两层栓，上半部为空白基质，下半部是含药栓层，空白基质可阻止药物向上扩散，减少药物经上静脉吸收进入肝脏而发生首过效应，可提高药物的生物利用度。

渗透泵栓剂：最外层为一不溶解的微孔膜，药物分子可由微孔中慢慢渗出，因而可较长时间维持疗效。

缓释栓剂：该栓在直肠内不溶解，不崩解，通过吸收水分而逐渐膨胀，缓慢释药而发挥其疗效。

··

3. 栓剂的优点　栓剂用于全身治疗用时与口服制剂相比，有如下优点。

（1）药物不受胃肠道pH或酶的破坏而失去活性。

（2）对胃黏膜有刺激性的药物可直肠给药，避免对胃肠道的刺激。

（3）药物经直肠吸收，可避免肝脏首过作用，并减少药物的肝毒性。

（4）直肠吸收比口服干扰因素少，药物吸收更迅速。

（5）对不能口服（如伴有呕吐的患者）或者不愿吞服片、丸及胶囊的患者（如小儿患者）给药更方便。

4. 栓剂的缺点

（1）栓剂使用不如口服给药方便。

（2）栓剂生产成本比片剂、胶囊剂高，生产效率较低。

二、栓剂的处方组成

栓剂主要由药物和基质组成，此外还需添加适当的添加剂。

（一）基质

1. 栓剂的要求　栓剂基质对剂型特性和药物释放均具有重要影响。选择基质时，应根据用药目的和药物性质等来决定。优良的基质应具备下列要求：①对黏膜无刺激性、无毒性、无过敏性等；②性质稳定，不与药物相互作用，亦不妨碍主药的作用与含量测定；③室温时应具有适宜的硬度与韧性，塞入腔道时不变形、不碎裂，在体温下应能融化、软化或溶化，释药速度应符合医疗要求；④具有润湿或乳化的能力，能混入较多的水，实现与分泌液混合；⑤制备过程中，不因晶型的转化而影响栓剂的成型，应能用冷压法及热熔法制备栓剂，且易于脱模；⑥基质的熔点与凝固点的间距不宜过大，油脂性基质的酸价应在 0.2 以下，皂化价应在 200～245 之间，碘价低于 7。

2. 栓剂的分类　栓剂基质分油脂性基质、水溶性及亲水性基质两大类。

（1）油脂性基质　油脂性基质的栓剂中，水溶性药物在体液中释放快，发挥作用较快。而脂溶性药物必须先由油相转入水相体液中，才能发挥作用。因此宜采用油/水分配系数较小的药物，即易转移入分泌液中又易透过脂性膜。

①可可豆脂（cocoa butter）　可可豆脂是从梧桐科植物可可树的种仁中提炼出的一种固体脂肪，主要含硬脂酸、棕榈酸、油酸、亚油酸和月桂酸的甘油酯。常温下为白色或淡黄色的脆性蜡状固体，其略带可可豆的香味，可塑性好，无刺激性，25℃时开始软化，在体温下能迅速融化，有 α、β、β'、γ 四种晶型，其中以 β 型最稳定，熔点为 34℃。可可豆脂是较适宜的栓剂基质，但由于其同质多晶性及含油酸具有不稳定性，已渐渐被半合成或全合成油脂性基质取代。

②半合成或全合成脂肪酸甘油酯　是由椰子或者棕榈种子油等天然植物油水解、分馏所得 C_{12}～C_{18} 游离脂肪酸，经部分氢化再与甘油酯化而得的一酯、二酯、三酯的混合物，称半合成脂肪酸酯。这类基质不易酸败，化学性质稳定，成形性能良好，具有保湿性和适宜的熔点，目前认为是取代天然油脂的较理想的栓剂基质。除半合成脂肪酸酯外，也有直接合成的符合栓剂基质要求的全合成栓剂基质。

A. 半合成椰油酯：系椰子油加硬脂酸与甘油经酯化而成。本品为乳白色块状物，有油脂臭，熔点为 35.7～37.9℃，抗热能力较强，刺激性小。

B. 半合成棕榈油酯：系由棕榈仁油加硬脂酸与甘油经酯化而成。本品为乳白色固体，抗热能力强，酸价和碘价低，对直肠和阴道黏膜均无不良影响。

C. 混合脂肪酸甘油酯：系由月桂酸及硬脂酸与甘油经酯化而成的脂肪酸甘油酯混合物。本品为白色或类白色蜡状固体，规格有 34 型（33～35℃）、36 型（35～37℃）、38 型（37～39℃）、40 型（39～41℃）。

D. 硬脂酸丙二醇酯：系由硬脂酸和丙二醇酯化而成的单酯与双酯的混合物。本品为乳白色或微黄色蜡状固体，具有油脂臭，水中不溶，遇热水可膨胀，熔点 36～38℃，无明显的刺激性，安全、无毒。

（2）水溶性及亲水性基质

①甘油明胶（gelatin glycerin）　系由明胶、甘油、水三者按一定比例在水浴上加热融和，蒸去大部分水，放冷后凝固而制得。本品具有很好的弹性，不易折断，且在体温下不融化，但塞入腔道后能软化并缓缓地溶于分泌液中，药物持久、缓慢地释放。药物溶出速率与明胶、甘油及水三者用量有关，甘油与水的含量越高越易溶解，且甘油能防止栓剂干燥变硬。该基质多用于阴道栓剂。明胶是胶原的水解产物，凡与蛋白质能产生配伍变化的药物，如鞣酸、重金属盐等均不能用甘油明胶作基质。

②聚乙二醇（PEG）　系由环氧乙烷聚合成的聚合物，体温下不融化，易溶于水，能溶于体液中而释放药物，多用熔融法制备成型。通常将两种或两种以上的不同分子量的聚乙二醇加热熔融，混匀，制

得符合要求的栓剂基质。本品吸湿性较强，对黏膜有一定刺激性，加入约20%的水，则可减轻刺激性，为避免刺激还可在纳入腔道前先用水湿润，亦可在栓剂表面涂一层鲸蜡醇或硬脂醇薄膜。PEG 基质不宜与银盐、鞣酸、乙酰水杨酸、苯佐卡因、磺胺类等药物配伍。

③非离子型表面活性剂类 包括聚山梨酯61（可与多数药物配伍，且无毒性、无刺激性，贮藏时亦不易变质）、聚氧乙烯（40）单硬脂酸酯（商品名 Myri 52，商品代号为 S - 40，与 PEG 混合使用，可制得崩解、释放性能较好的稳定的栓剂）、泊洛沙姆（是聚氧乙烯、聚氧丙烯的聚合物，随聚合度增大，物态从液体、半固体至蜡状固体，易溶于水，较常用的型号为188型，能促进药物的吸收）等均可作为水溶性基质使用。

 知识链接

基质的优选

局部作用的栓剂只在腔道局部起润滑、收敛、抗菌、杀虫、局麻等作用，应尽量减少药物的吸收，故选择融化或溶解、释药速度慢的栓剂基质。水溶性基质制成的栓剂因腔道中的液体量有限，使其溶解速度受限，释放药物缓慢，较脂肪性基质更有利于发挥局部药效。如甘油明胶基质常用于起局部杀虫、抗菌作用的阴道栓基质。局部作用通常在半小时内开始，要持续约4小时。但液化时间不宜过长，否则使患者感到不适，而且可能不会将药物全部释出，甚至大部分排出体外。

全身作用的栓剂一般要求迅速释放药物，特别是解热镇痛类药物宜迅速释放、吸收。一般而言，油脂性基质起效较快。为加速药物的释放与吸收，全身作用的栓剂一般选择与药物溶解性相反的基质。如脂溶性药物应选择水溶性基质；水溶性药物则选择脂溶性基质，这样可减少药物与基质的亲和力，使药物溶出速度快，达峰时间短，体内峰值高。为了提高药物在基质中的均匀性，可用适当的溶剂将药物溶解或者将药物粉碎成细粉后再与基质混合。

答案解析

即学即练 12 - 1

下列属于栓剂水溶性基质的是（　　）。

A. 可可豆脂　　　　　　　　　　　　　B. 甘油明胶

C. 硬脂酸丙二醇酯　　　　　　　　　　D. 棕榈酸酯

（二）附加剂

栓剂处方中，往往需要添加适宜的附加剂。

1. 硬度调节剂 若制得的栓剂在贮藏或使用时过软，可加入适量的高熔点硬化剂，如白蜡、鲸蜡醇、硬脂酸、巴西棕榈蜡等调节。

2. 吸收促进剂 吸收促进剂能增加药物的亲水性，对覆盖于直肠壁上的连续水性黏液层有胶溶、洗涤作用，黏膜表面出现孔隙，可直接作用于直肠黏膜，改变生物膜的通透性，增加药物的吸收，提高生物利用度。

常用吸收促进剂主要有：①表面活性剂。在基质中可加入适量表面活性剂。其作用与加入量有关，油脂性基质中少量加入可起到促进作用，过量时表面活性剂形成胶团包裹药物，使吸收下降。②Azone，即月桂氮䓬酮。能加速药物向分泌物中转移，有助于药物的释放、吸收。此外，还有氨基酸乙胺衍生物、乙酰醋酸酯、β-二羧酸酯、螯合剂（EDTA、柠檬酸三钠等）、非甾类抗炎药、芳香族酸性化合物、脂肪族酸性化合物等也可作为吸收促进剂。

3. 抗氧剂　含有易氧化药物时可加入抗氧剂，如叔丁基羟基茴香醚（BHA）、叔丁基对甲酚（BHT）、没食子酸酯等，延缓主药的氧化速度。

4. 防腐剂　当栓剂中含有植物浸膏或水溶液时，可加入防腐剂，如尼泊金酯类等。使用防腐剂时应验证其溶解度、有效剂量、配伍禁忌以及直肠对它的耐受性。

5. 乳化剂　当栓剂处方中含有与基质不能相混合的液相，特别是在此相含量较高时（>5%）可加适量乳化剂。

6. 着色剂　有脂溶性及水溶性两种，但加入水溶性着色剂时，必须注意加水后对 pH 和乳化剂乳化效率的影响，还应注意控制脂肪的水解和栓剂中的色移现象。

7. 增稠剂　当药物与基质混合时，因机械搅拌情况不良或因生理需要时，可酌情加入增稠剂。常用的增稠剂有氢化蓖麻油、单硬脂酸甘油酯、硬脂酸铝等，可调节药物释放。

三、栓剂的制备工艺

栓剂的制法有三种，即热熔法（即模制成形法）、冷压法（即挤压成形法）和搓捏法。脂肪性基质可采用三种方法中的任何一种，而水溶性基质多采用热熔法。

1. 冷压法（cold compression method）　冷压法主要用于脂肪性基质制备栓剂。冷压法工艺流程如图 12-2 所示。

图 12-2　冷压工艺流程

先将基质磨碎或锉末，再与主药混合均匀装入压栓机中，如图 12-3 所示，在配有栓剂模型的圆筒内，通过水压机或手动螺旋活塞挤压成一定形状的栓剂。冷压法避免了加热对主药或基质稳定性的影响，不溶性药物也不会在基质中沉降，但生产效率不高，成品往往夹带空气，这对基质或主药起氧化作用。

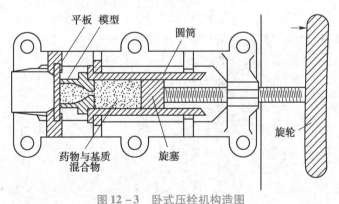

图 12-3　卧式压栓机构造图

2. 搓捏法　是指将药物与基质的锉末置于冷却的容器内混合均匀，然后搓捏成形或装入制栓机模内压成一定形状的栓剂。

3. 热熔法（fusion method）　此法应用广泛，将计算量的基质经水浴或蒸汽浴加热熔化，温度不能过高，然后按药物性质以不同方法加入，混合均匀，倾入涂有润滑剂的栓模中至稍有溢出模口为度，冷却，待完全凝固后，削去溢出部分，开启模具，将栓剂脱模，包装即得。热熔法工艺流程如图 12 –4 所示。

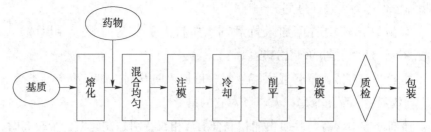

图 12 –4　热熔法工艺流程

栓剂中药物和基质的混合方法：①油溶性药物可直接混入基质使之溶解；②水溶性药物可加入少量的水制成浓溶液，用适量羊毛脂吸收后再与基质混合均匀；③不溶于油脂、水或甘油的药物可先制成细粉，再与基质混合均匀。

制备栓剂时，其栓孔内所用的润滑剂通常有：①脂肪性基质的栓剂，常采用软肥皂、甘油各一份与95% 乙醇五份混合所得；②水溶性或亲水性基质的栓剂，采用油性液体润滑剂，如液体石蜡、植物油等。有的基质如可可豆脂或聚乙二醇类不沾模，可不用润滑剂。

栓剂模具一般由不锈钢、铝、铜或塑料制成，可拆开清洗。如图 12 –5 所示为实验室或小剂量制备栓剂时的栓剂模具。目前生产上常以塑料或复合材料制成一定形状空囊，即栓壳，如图 12 –6 所示，既作为栓剂成型的模具，密封后又可作为包装栓剂的容器，即使存放时遇升温而融化，也会在冷藏后恢复应有形状与硬度。栓剂大量生产采用自动化、机械化设备，从灌注、冷却、取出均由机器连续自动化操作来完成。

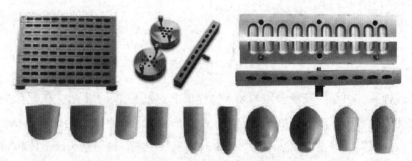

图 12 –5　实验室热熔法制备栓剂的模具和栓剂

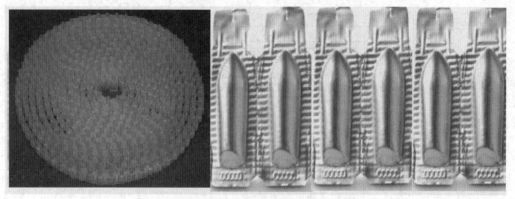

图 12 –6　全自动栓剂灌封机制备用栓壳和栓剂

四、栓剂制备中基质用量的确定

通常情况下栓剂模实际容纳重量（如 1g 或 2g）是指以可可豆脂为代表的基质重量。当加入不溶于基质的药物而占有一定体积时，为了保持栓剂原有体积，需要引入置换价（displacement value，DV）的概念。药物的重量与同体积基质重量的比值称为该药物对基质的置换价。常用药物的可可豆脂置换价可见表 12 – 1。可以用如下方法和公式求得某药物对某基质的置换价。

$$DV = \frac{w}{G - (M - w)}$$
$$(12-1)$$

式中，G 为纯基质平均栓重；M 为含药栓的平均重量；w 为每个栓剂的平均含药重量。

表 12 – 1 常用药物的可可豆脂置换价

药物	置换价	药物	置换价
硼酸	1.5	蓖麻油	1
没食子酸	2	盐酸可卡因	1.3
鞣酸	1.6	次碳酸铋	4.5
氨茶碱	1.1	盐酸吗啡	1.6
次没食子酸铋	2.7	薄荷油	0.7
樟脑	2	苯巴比妥	1.2

测定方法：取基质作空白栓，称得平均重量为 G，另取基质与药物定量混合做成含药栓，称得平均重量为 M，每粒栓剂中药物的平均重量 w，将这些数据代入式（12 – 1），即可求得某药物对某一新基质的置换价。

用测定的置换价可以方便地计算出制备这种含药栓需要基质的重量 x：

$$x = \left(G - \frac{y}{DV}\right) \cdot n$$
$$(12-2)$$

式中，y 表示处方中药物的含量；n 表示拟制备的栓剂枚数。

例 12 – 1 某含药量为 20% 的栓剂 10 枚，重 20g，空白栓 5 枚重 9g，计算该药物对此基质的置换价。

答：$DV = (20\% \times 20/10)/[9/5 - (2 - 0.4)] = 0.4/(1.8 - 1.6) = 2$，该药物对此基质的置换价为 2。

例 12 – 2 欲制备鞣酸栓 100 粒，每粒含鞣酸 0.2g，空白栓重量为 2.0g，鞣酸对可可豆脂的置换价为 1.5，所需可可豆脂基质的量为多少？

答：含药栓的平均栓重：

依据置换价计算公式（12 – 1）可知

$$1.5 = \frac{0.2}{2 - (M - 0.2)}$$

计算可得 $M = 2.067$

所需可可豆脂基质的重量为：$(2.067 - 0.2) \times 100 = 186.7$（g）

五、栓剂的包装与贮存

1. 栓剂的包装 栓剂通常是内外两层包装。原则上要求每个栓剂都要包裹，不外露，栓剂之间有间隔，不接触，防止在运输和贮存过程中因撞击而碎破，或因受热而黏着、熔化造成变形等。使用较多的包装材料是无毒的塑料壳（类似胶囊上下两节），可用其将栓剂装好并封入小塑料袋中。自动制栓包装的生产线使制栓与包装联动在一起。

2. 栓剂的贮存 一般栓剂应于 30℃ 以下密闭贮存和运输，防止因受热、受潮而变形、发霉、变质。

脂肪性基质的栓剂最好在冰箱中（－2～＋2℃）保存。甘油明胶类水溶性基质的栓剂，既要防止受潮软化、变形或发霉、变质，又要避免干燥失水、变硬或收缩，所以应密闭，室温阴凉处贮存。

六、栓剂的质量评价

栓剂中的药物与基质应混合均匀，其外形应完整光滑，放入腔道后应无刺激性，应能融化、软化或溶化，并与分泌液混合，逐渐释放出药物，产生局部或全身作用；并应有适宜的硬度，以免在包装或贮存时变形。

根据 2020 年版《中国药典》，除另有规定外，栓剂应进行以下相应检查。

1. 重量差异　取供试品 10 粒，精密称定总重量，求得平均粒重后，再分别精密称定每粒的重量。每粒重量与平均粒重相比较（有标示粒重的中药栓剂，每粒重量应与标示粒重比较），按表 12－2 中的规定，超出重量差异限度的不得多于 1 粒，并不得超出限度 1 倍。凡规定检查含量均匀度的栓剂，一般不再进行重量差异检查。

表 12－2　栓剂的重量差异限度

平均重量	重量差异限度
1.0g 及 1.0g 以下	±10%
1.0g 以上至 3.0g	±7.5%
3.0 g 以上	±5%

2. 融变时限　融变时限是检查栓剂在规定条件下的融化、软化或溶散情况。

仪器装置是由透明的套筒与有金属圆板的金属架组成，如图 12－7。测定时，取供试品 3 粒，在室温放置 1 小时后，分别放在 3 个金属架的下层圆板上，装入各自的套筒内，并用挂钩固定。除另有规定外，将上述装置分别垂直浸入盛有不少于 4L 的 37.0℃±0.5℃水的容器中，其上端位置应在水面下 90mm 处，容器中装一转动器，每隔 10 分钟在溶液中翻转该装置一次。

图 12－7　融变时限检查仪

除另有规定外，脂肪性基质的栓剂 3 粒均应在 30 分钟内全部融化、软化或触压时无硬心；水溶性基质的栓剂 3 粒均应在 60 分钟内全部溶解。如有 1 粒不符合规定，应另取 3 粒复试，均应符合规定。

3. 微生物限度　除另有规定外，照非无菌产品微生物限度检查，微生物计数法（通则 1105）和控制菌检查法（通则 1106）及非无菌药品微生物限度标准（通则 1107）检查，应符合规定。

任务二　膜剂制剂技术

PPT

一、概述

1. 膜剂的定义　膜剂（films）是指药物与适宜的成膜材料经加工制成的膜状制剂，主要供口服或黏膜用。

膜剂按给药途径可分为口服、口腔用（包括口含、舌下给药及口腔内局部贴敷）、眼用、鼻用、阴道用、皮肤及创伤面用及植入膜剂等。

2. 膜剂的分类　按结构特点分为以下几种。

（1）单层膜剂　药物直接溶解或分散在成膜材料中所制成的膜剂，有可溶性膜剂和不溶性膜剂两类。通常厚度为 0.1~0.2mm，口服面积为 $1cm^2$，眼用为 $0.5cm^2$，阴道用为 $5cm^2$。

（2）多层复方膜剂　系将有配伍禁忌或互相有干扰的药物分别制成薄膜，然后再将各层叠合黏结在一起制得的膜剂，另外也可制备成缓释和控释膜剂。

（3）夹心膜剂　即在两层不溶性的高分子膜中间，夹着含有药物的药膜，属于缓控释制剂。

3. 膜剂的优点　膜剂是近年来国内外研究和应用进展很快的剂型，在生产、使用、贮藏等方面与其他剂型相比较，具有以下一些优点。

（1）药物含量准确，稳定性好，吸收快，疗效迅速。

（2）体积小，重量轻，携带、运输及贮存方便，可密封在塑料薄膜或涂塑铝箔包装中，再用纸盒作外包装，质量稳定，不易发霉变质，不怕碰撞。

（3）使用方便，适用于多种给药途径。

（4）制备工艺简单，生产过程中无粉尘飞扬，适宜于有毒药物的生产。

（5）成膜材料较其他剂型用量少，可节约辅料和包装材料。

（6）采用不同的成膜材料及辅料可制成不同释药速度的膜剂，因此可制成缓释、控释剂型。

4. 膜剂的缺点　载药量少，只适合于小剂量的药物，重量差异不易控制，收率不高。

二、膜剂的处方组成

膜剂一般由主药、成膜材料和附加剂三部分组成。成膜材料及附加剂应无毒、无刺激性、性质稳定、与原料药物兼容性良好。原料药物如为可溶性的，应与成膜材料制成具有一定黏度的溶液；如为不溶性原料药物，应粉碎成极细粉，并与成膜材料等混合均匀。

1. 常用附加剂　附加剂主要有增塑剂、遮光剂和着色剂，必要时还可加入填充剂、脱膜剂及表面活性剂等；口含膜剂还可加适量矫味剂如蔗糖、甜叶菊等。膜剂处方各项及所占比例（W/W）如表12-3所示。

表12-3　膜剂处方各项及所占比例（W/W）

处方	比例
主药	0~70%
成膜材料（PVA、PVP、EVA 等）	30%~100%
增塑剂（甘油、山梨醇等）	0~20%
表面活性剂（聚山梨酯80、十二烷基硫酸钠、豆磷脂等）	1%~2%
填充剂（$CaCO_3$、SiO_2、淀粉、糊精等）	0~20%
遮光剂（TiO_2）和着色剂（色素）	0~2%
脱膜剂（液体石蜡、甘油、硬脂酸、聚山梨酯80 等）	适量

2. 成膜材料　成膜材料是膜剂的重要组成部分，其性能和质量对膜剂的成型工艺、成品的质量及药效的发挥有重要影响。常用的成膜材料有聚乙烯醇、丙烯酸树脂类、纤维素类高分子材料。

（1）成膜材料的要求　理想的成膜材料应具有如下条件：①生理惰性，无毒、无刺激性、不干扰免疫机能，外用不妨碍组织愈合，能被机体代谢或排泄，不致敏，长期使用无致畸、致癌作用。②性质稳定，不降低主药药效，不干扰药物的含量测定。③成膜、脱膜性能好，制成的膜具有一定的抗拉强度和柔韧性。④用于口服、腔道、眼用膜剂的成膜材料应具有良好的水溶性，能逐渐降解、吸收或排泄；用于皮肤、黏膜等的外用膜剂应能迅速、完全地释放药物。⑤来源广、价格低廉。

（2）常用的成膜材料　常用的成膜材料是一些高分子物质，按来源不同可分为两类。①一类是天然高分子物质，如明胶、阿拉伯胶、淀粉等，其中多数可降解或溶解，但成膜、脱膜性能较差，故常与其他成膜材料合用。②另一类是合成高分子物质，如聚乙烯醇类化合物、丙烯酸类共聚物、纤维素衍生物等。常用的有聚乙烯醇（PVA）、乙烯－醋酸乙烯共聚物（EVA）、羟丙基纤维素、羟丙基甲基纤维素等。在成膜性能及膜的抗拉强度、柔韧性、吸湿性和等方面，以 PVA、EVA 较好。水溶性的 PVA 常用于制备溶蚀型膜剂，水不溶性的 EVA 常用于制备非溶蚀型膜剂。

①聚乙烯醇　聚乙烯醇系由醋酸乙烯在甲醇溶剂中进行聚合反应生成聚醋酸乙烯，再与甲醇发生醇解反应而得。为白色或淡黄色粉末或颗粒，对眼黏膜及皮肤无毒性、无刺激性；口服后在消化道吸收很少，80% 的 PVA 在 48 小时内由直肠排出体外。它是目前国内最为常用的成膜材料，适用于制成各种途径应用的膜剂。PVA 的性质主要取决于其分子量和醇解度，分子量越大，水溶性越小，水溶液的黏度大，成膜性能好。一般认为醇解度为 88% 时，水溶性最好，在冷水中能很快溶解；当醇解度为 99% 以上时，在温水中只能溶胀，在沸水中才能溶解。目前常用的规格有 PVA 05－88 和 PVA 17－88，其平均聚合度分别为 500～600 和 1700～1800（用前两位数字 05 和 17 表示），醇解度均为 88%（用后两位数字 88 表示），分子量分别为 22000～26200 和 74800～79200。这两种 PVA 均能溶于水，PVA 05－88 聚合度小、水溶性大、柔韧性差；PVA 17－88 聚合度大、水溶性小、柔韧性好。将二者以适当比例（如 1∶3）混合使用，能制成很好的膜剂。

②乙烯－醋酸乙烯共聚物　本品为无色粉末或颗粒，是乙烯和醋酸乙烯在过氧化物或偶氮异丁腈引发下共聚而成的水不溶性高分子聚合物，可用于制备非溶蚀型膜剂的外膜。其性能与分子量及醋酸乙烯含量关系很大，当分子量相同时，醋酸乙烯含量越高，溶解性、柔韧性、弹性和透明性也越大。按醋酸乙烯的含量可将 EVA 分成多种规格，其释药性能各不相同。EVA 无毒性、无刺激性，对人体组织有良好的适应性；不溶于水，溶于有机溶剂，熔点较低，成膜性能良好，成膜后较 PVA 有更好的柔韧性。

③聚乙烯吡咯烷酮（PVP）　本品为白色或淡黄色粉末，微有特臭，无味；在水、乙醇、丙二醇、甘油中均易溶解；常温下稳定，加热至 150℃ 时变色；无毒性和刺激性；水溶液黏度随分子量增加而增大，可与其他成膜材料配合使用；易长霉，应用时需加入防腐剂。

④羟丙基甲基纤维素（HPMC）　本品为白色粉末，在 60℃ 以下的水中膨胀溶解，超过 60℃ 时则不溶于水，在乙醇、三氯甲烷中几乎不溶，能溶于乙醇－二氯甲烷（1∶1）或乙醇－三氯甲烷（1∶1）的混合液中。成膜性能良好，坚韧而透明，不易吸湿，高温下不黏着，是抗热抗湿的优良材料。

三、膜剂的制备工艺

1. 匀浆制膜法　匀浆制膜法又称涂膜法、流涎法，为目前国内制备膜剂最常用的方法。此法系将成膜材料溶于适当溶剂中形成浆液，再将药物及附加剂溶解或分散在上述成膜材料溶液中制成均匀的药浆，静置除去气泡，经涂膜、干燥、脱模后，依主药含量计算单剂量膜面积，剪切成单剂量小格，包装，最后制得所需膜剂。匀浆制膜法工艺流程见图 12－8。

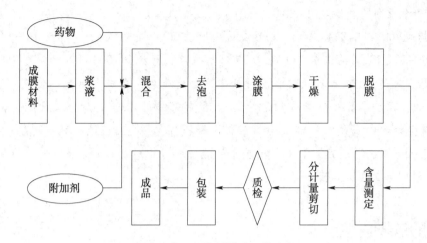

图 12 - 8　匀浆制膜法工艺流程

大量生产时用涂膜机涂膜，如图 12 - 9 所示。将已配好的含药成膜材料浆液置于涂膜机的料斗中，匀浆经流液嘴流出，涂布在预先抹有液体石蜡或聚山梨酯 80 的不锈钢循环带上，涂成宽度和厚度一定的涂层，经热风（80 ~ 100℃）干燥成药膜带，外面用聚乙烯膜或涂塑纸、涂塑铝箔、金属箔等包装材料烫封，按剂量热压或冷压划痕成单剂量的分格，再行外包装即得。小量制备时，可将配制好的药浆倾倒于平板玻璃或不锈钢薄板上，然后用推杆推涂成厚度均匀的薄层，烘干后，根据剂量切割，包装即得。

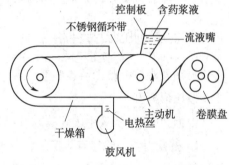

图 12 - 9　匀浆涂膜机示意图

2. 热塑制模法　是将药物细粉和成膜材料如 EVA 颗粒相混合，用橡皮滚筒混碾，热压成膜，随即冷却，脱膜即得；或将热融的成膜材料如聚乳酸等，在热融状态下加入药物细粉，使其溶解或均匀混合，在冷却过程中成膜。本法的特点是可以不用或少用溶剂，机械生产效率高。

3. 复合制模法　此法是以不溶性的热塑性成膜材料（如 EVA）为外膜，分别制成具有凹穴的下外膜带和上外膜带，另用水溶性成膜材料（如 PVA 或海藻酸钠）用匀浆制膜法制成含药的内膜带，剪切后置于下外膜带凹穴中，热封即得；也可用易挥发性溶剂制成含药匀浆，以间隙定量注入的方法注入下外膜带凹穴中，经吹风干燥后，盖上上外膜带，热封即得。此法适用于缓释膜剂的制备，一般采用机械设备生产。

 知识链接

涂膜剂

涂膜剂系指药物溶解或分散于含成膜材料的溶剂中，涂搽患处后形成薄膜的外用液体制剂。涂膜剂形成的薄膜对患处有保护作用，同时能缓慢释放药物起治疗作用，一般用于无渗出液的损害性皮肤病等。除另有规定外，启用后最多可使用 4 周，应避光、密闭贮存。

涂膜剂通常由药物、成膜材料和挥发性有机溶剂三部分组成。常用的成膜材料有聚乙烯醇、聚乙烯吡咯烷酮、乙基纤维素和聚乙烯醇缩甲乙醛等；增塑剂有甘油、丙二醇、三乙酸甘油酯等；溶剂为乙醇等。必要时可加其他附加剂，所加附加剂对皮肤或黏膜应无刺激性。涂膜剂制备工艺简单，一般用溶解法制备。涂膜剂如以聚乙烯醇等水溶性高分子材料为成膜材料，也可用纯化水为溶剂。

下面介绍癣净涂膜剂的制备方法

【处方】水杨酸 400g，苯甲酸 400g，硼酸 40g，鞣酸 300g，苯酚 20g，薄荷脑 10g，氮酮 10ml，甘油 100ml，聚乙烯醇 –124 40g，纯化水 400ml，95%（V/V）乙醇加至 1000ml。

【制法】取聚乙烯醇 –124 加入纯化水和甘油中充分膨胀后，在水浴上加热使完全溶解；另取水杨酸、苯甲酸、硼酸、鞣酸、苯酚及薄荷脑依次溶于适量 95% 的乙醇中，加入氮酮，再添加乙醇使成 500ml，搅匀后缓缓加至聚乙烯醇 –124 溶液中，随加随搅拌，搅匀后迅速分装，密闭，即得。

【分析】本品用于治疗手、足、股癣。金属离子能使处方中所含鞣酸、水杨酸、苯酚等变色，故制备及使用时应避免与金属器具接触。

四、膜剂的包装与贮存

膜剂所用的包装材料应无毒性、能够防止污染、方便使用，并不能与原料药物或成膜材料发生理化作用。除另有规定外，膜剂应密封贮存，防止受潮、发霉和变质。

五、膜剂的质量评价

膜剂外观应完整光洁、厚度一致、色泽均匀、无明显气泡。多剂量的膜剂，分格压痕应均匀清晰，并能按压痕撕开。

根据 2020 年版《中国药典》，除另有规定外，膜剂应进行以下相应检查。

1. **重量差异**　除另有规定外，取供试品 20 片，精密称定总重量，求得平均重量，再分别精密称定各片的重量。每片重量与平均重量相比较，按表 12 – 4 中的规定，超出重量差异限度的膜片不得多于 2 片，并不得有 1 片超出限度 1 倍。

表 12 – 4　膜剂的重量差异限度

标示装量	装量差异限度
0.02g 及 0.02g 以下	±15%
0.02g 以上至 0.20g	±10%
0.20g 以上	±7.5%

凡进行含量均匀度检查的膜剂，一般不再进行重量差异检查。

2. **微生物限度**　除另有规定外，照非无菌产品微生物限度检查，微生物计数法（通则 1105）和控制菌检查法（通则 1106）及非无菌药品微生物限度标准（通则 1107）检查，应符合规定。

任务三　气雾剂制剂技术

PPT

一、概述

1. **气雾剂的定义**　气雾剂（aerosol）系指药物或药物和附加剂与适宜的抛射剂共同装封于具有特制阀门系统的耐压容器中，使用时借助抛射剂的压力将内容物呈雾状物喷出，用于肺部吸入或直接喷至腔道黏膜、皮肤的制剂。

2. **气雾剂的分类**　内容物喷出后呈泡沫状或半固体状，则称之为泡沫剂或凝胶剂/乳膏剂。气雾剂按分散系统分为溶液型、混悬型（粉末气雾剂）、乳剂型（泡沫气雾剂）。按用药途径可分为吸入气雾剂、非吸入气雾剂。按处方组成可分为二相气雾剂（气相与液相）和三相气雾剂（气相、液相、固相或液相）。按给药定量与否，可分为定量气雾剂和非定量气雾剂。按用药部位分为吸入雾剂、鼻用气雾剂和皮肤用气雾剂。

吸入气雾剂系指经口吸入沉积于肺部的制剂，通常也被称为压力定量吸入剂。揿压阀门可定量释放活性物质。吸入气雾剂的雾滴（粒）大小应控制在 $10\,\mu m$ 以下，其中大多数应为 $5\,\mu m$ 以下，一般不使用饮片细粉。

鼻用气雾剂系指经鼻吸入沉积于鼻腔的制剂。揿压阀门可定量释放活性物质。

3. 气雾剂的优点

（1）气雾剂可使药物直接到达作用部位或吸收部位，具有速效与定位作用。

（2）药物封装于密闭容器内，提高了药物的稳定性。

（3）减少药物对胃肠道的刺激性，避免了肝脏首过效应，提高了生物利用度。

（4）可以用定量阀门准确控制剂量，剂量准确。

（5）气雾剂使用时药物以雾状喷出，对皮肤、呼吸道与腔道黏膜和纤毛的刺激性小。

4. 气雾剂的缺点

（1）气雾剂需要耐压容器、阀门系统和特殊的生产设备，生产成本高。

（2）抛射剂有高度挥发性，因而具有制冷效果，多次使用于受伤皮肤，可引起不适与刺激。

（3）气雾剂遇热或受撞击后易发生爆炸。

（4）抛射剂的渗漏可导致失效。

（5）氟氯烷烃在动物或人体内到达一定程度可致敏心脏，造成心律失常，故对心脏病患者不适宜。

（6）吸入气雾剂给药时存在手揿与吸气的协调问题，直接影响到达有效部位的药量，老人与儿童患者使用往往需要协助。

二、气雾剂的处方组成

气雾剂由抛射剂、药物与附加剂、耐压容器和阀门系统组成。

1. 抛射剂　抛射剂是喷射药物的动力，有时兼有药物的溶剂作用。气雾剂常用的抛射剂为适宜的低沸点液体，抛射剂在容器内气化产生压力，因此需装入耐压容器内，由阀门系统控制。在阀门开启时，借抛射剂的压力将容器内的药液以雾状喷出达到用药部位。气雾剂的喷射能力取决于抛射剂的用量及其蒸气压，一般用量大，蒸气压高，喷射能力强。吸入气雾剂要求喷出物干、雾滴细，则喷射能力要强。皮肤用气雾剂、乳剂型气雾剂喷射能力要求稍低。一般根据气雾剂所需压力，可将两种或几种抛射剂以适宜比例混合使用，通过调整用量和蒸气压来达到所需的喷射能力。

（1）氟氯烷烃类（chlorofluorocarbons，CFCs）　以前气雾剂的抛射剂以氟氯烷烃类最为常用。氟氯烷烃类又称氟利昂（freon），其优点是沸点低，常温下蒸气压略高于大气压，对容器耐压性要求低，易控制；性质稳定，不易燃烧；无味，基本无臭；毒性较小，不溶于水，可作脂溶性药物的溶剂等。常用氟利昂包括 F_{11}（CCl_3F）、F_{12}（CCl_2F_2）和 F_{114}（$CClF_2 - CClF_2$）三种。将这些不同性质的氟利昂，按不同比例混合可得到不同性质的抛射剂，以满足制备气雾剂的需要。

氟利昂虽然是较理想的抛射剂，但由于该类抛射剂可破坏大气臭氧层，而产生温室效应，国际有关组织已经要求停用。按照国家药品监督管理局的规定，目前国内也已全面停止生产和使用含有氟利昂的气雾剂。

（2）氢氟烷烃类（hydrofluoroalkane，HFA）　目前氢氟烷烃被认为是最合适的氟利昂替代品。它不含氯，不破坏大气臭氧层，对全球气候变暖的影响明显低于氟氯烷烃，并且其在人体内残留少，毒性小，化学性质稳定，也不具可燃性，代替 CFCs 作为抛射剂的应用前景广阔。目前，FDA 注册的氢氟烷烃类抛射剂有四氟乙烷（HFA－134a）和七氟丙烷（HFA－227）。

HFA 替代 CFCs，并不是简单的抛射剂的置换，而需要重新进行广泛的研究，如开展气雾剂的处方、工艺和质量控制等方面的研究，研究开发适合于 HFA 的新型定量阀门、耐压容器等，还需对新制剂在体内的分布、代谢、安全性和有效性等进行重新评估。

（3）二甲醚（dimethyl ether，DME）　二甲醚在常温常压下为无色气体或压缩液体，具有轻微醚香味。因其易燃性问题，FDA 目前尚未批准其用于定量吸入气雾剂。二甲醚作为一类替代氟利昂的新型抛射剂，具有以下优点：①常温下稳定，不易自动氧化；②无腐蚀性，无致癌性，低毒性；③压力适宜，易液化；④对极性和非极性物质的高度溶解性，使其兼具抛射剂和溶剂的双重功能；⑤水溶性好，尤其适用于水溶性气雾剂；⑥与不燃性物质混合能够获得不燃性物质。

（4）碳氢化合物　主要有丙烷、正丁烷、异丁烷。此类抛射剂密度低，沸点较低，毒性不大，但易燃、易爆，不宜单独使用，常与本类或其他类型抛射剂合用。

（5）压缩气体类　主要有二氧化碳、氮气和一氧化氮等。化学性质稳定，不与药物发生反应，不燃烧。但液化后的沸点较低，对容器耐压性能的要求高（需小钢球包装）。使用时压力容易迅速降低，达不到持久喷射的效果，因而在吸入气雾剂中不常用，主要用于喷雾剂。

2. 药物与附加剂

（1）药物　制备气雾剂用的药物可以是液体、半固体或固体粉末，目前应用较多的药物有呼吸道系统用药、心血管系统用药、解痉药及烧伤用药等。

（2）附加剂　根据药物的理化性质和临床治疗要求配制适宜类型的气雾剂时，根据需要可加入溶剂、助溶剂、抗氧剂、抑菌剂、表面活性剂等附加剂。

①吸入气雾剂中，所有附加剂均应对呼吸道黏膜和纤毛无刺激性、无毒性，非吸入气雾剂中所有附加剂均应对皮肤或黏膜无刺激性。

②溶液型气雾剂中，抛射剂可作溶剂，必要时可加适量乙醇、丙二醇或聚乙二醇等作潜溶剂（用于增加药物溶解度的混合溶剂）。

③混悬型气雾剂中，常需加入固体润湿剂如滑石粉、胶体二氧化硅等，使药物微粉（一般粒径在 $5\mu m$ 以下，不超过 $10\mu m$）易分散混悬于抛射剂中，或加入适量的 HLB 值低的表面活性剂及高级醇类作润湿剂、分散剂和助悬剂，如三油酸山梨坦、司盘 85、月桂醇类等，使药物不聚集和重结晶，在喷雾时不会阻塞阀门。

④乳剂型气雾剂中，如药物不溶于水或在水中不稳定时，可用甘油、丙二醇类代替水，除附加剂外，还应加适当的乳化剂如聚山梨酯、三乙醇胺硬脂酸酯或司盘类。这类气雾剂在容器内呈乳剂，抛射剂是内相，药液为外相，中间相为乳化剂。经阀门喷出后，分散相中的抛射剂立即膨胀气化，使乳剂呈泡沫状态喷出，又称泡沫型气雾剂。

3. 耐压容器　气雾剂的容器，应能耐受气雾剂所需的压力，各组成部件均不得与原料药物或附加剂发生理化作用，其尺寸精度与溶胀性必须符合要求。耐压容器有玻璃容器、金属容器和塑料容器。

（1）玻璃容器　其化学性质稳定，耐腐蚀及抗渗漏性强，易于加工成形，价廉易得。但耐压和耐撞击性差，因此需外搪塑料防护层。

（2）金属容器　包括铝、不锈钢等容器，其耐压性强，易于机械化生产，但成本较高，且容易与药液发生反应，需要内涂聚乙烯或环氧树脂等。

（3）塑料容器 一般由热塑性好的聚丁烯对苯二甲酸树脂和乙缩醛共聚树脂等制成。质地轻、牢固耐压，具有良好的抗撞击性和抗腐蚀性。但塑料本身通透性较高，其添加剂可能会影响药物的稳定性。

4. 阀门系统 气雾剂阀门系统是控制药物和抛射剂从密闭容器中喷出的主要部件，包括一般阀门系统、供腔道或皮肤等外用的泡沫阀门系统、定量阀门系统等，其中定量阀门可精确控制给药剂量。下面主要介绍使用最多的定量型吸入气雾剂阀门系统的结构与组成部件，如图12-10所示。

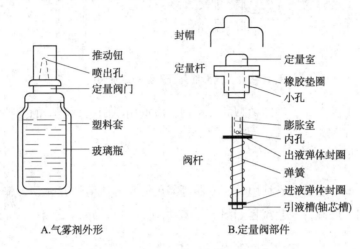

A.气雾剂外形　　　　　　　　B.定量阀部件

图 12 - 10　气雾剂的定量阀门系统装置外形及部件示意图

（1）封帽 通常为铝制品，将阀门固封在容器上，必要时涂环氧树脂等。

（2）阀门杆（轴芯） 阀门杆常由尼龙或不锈钢制成。顶端与推动钮相接，上端有内孔（出药孔）和膨胀室，下端还有一段细槽或缺口以供药液进入定量室。

内孔：是阀门沟通容器内外的小孔，大小关系到气雾剂喷射雾滴的粗细。内孔位于阀门杆之旁，平常被弹性封圈封在定量室之外，使容器内外不沟通。当揿下推动钮时，内孔进入定量室与药液相通，药液即进入膨胀室，然后从喷嘴喷出。

膨胀室：在阀门杆内，位于内孔之上，药液进入此室时，部分抛射剂因气化而骤然膨胀，使药液雾化、喷出，进一步形成细雾滴。

（3）橡胶封圈 橡胶封圈通常由丁腈橡胶制成，分进液和出液两种。进液弹性封圈紧套于阀门杆下端，在弹簧之下，它的作用是托住弹簧，同时随着阀门杆的上下移动而使进液槽打开或关闭，且封闭定量室下端，使杯室药液不致倒流。出液弹性封圈（定量室封圈）紧套于阀门杆上端，位于内孔之下，弹簧之上，它的作用是随着阀杆的上下移动而使内孔打开或关闭，同时封闭定量室的上端，使杯内药液不致逸出。

（4）弹簧 弹簧套于阀杆，位于定量杯内，提供推动钮上升的弹力。

（5）定量杯（室） 定量杯（室）为塑料或金属制成，其容量一般为0.05~0.2ml，它决定剂量的大小。由上下封圈控制药液不外逸，使喷出准确的剂量。

（6）浸入管 浸入管为塑料制成，如图12-11，是容器内药液向上输送到阀门系统的通道。喷射时，按下揿钮，阀门杆在揿钮的压力下顶入，弹簧受压，内孔进入出液橡胶封圈以内，定量室内的药液由内孔进入膨胀室，部分气化后自喷嘴喷出。同时引流槽全部进入瓶内，封圈封闭药液进入定量室的通道。揿钮压力除去后，在弹簧的作用下，又使阀门杆恢复原位，药液再进入定量室。

（7）推动钮 推动钮常用塑料制成，装在阀门杆的顶端，推动阀门杆以开启和关闭气雾剂阀门，

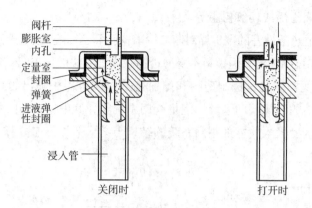

阀杆
膨胀室
内孔
定量室
封圈
弹簧
进液弹
性封圈

浸入管

关闭时　　　　　　打开时

图 12－11　气雾剂有浸入管的定量阀门

上有喷嘴，控制药液喷出的方向。不同类型的气雾剂，应选用不同类型喷嘴的推动钮。

三、气雾剂的制备工艺

气雾剂应在避菌环境下配制，各种用具、容器等需用适宜方法清洁并灭菌，整个操作过程应注意防止微生物污染。气雾剂一般制备工艺流程如图 12－12 所示。

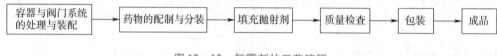

容器与阀门系统的处理与装配 → 药物的配制与分装 → 填充抛射剂 → 质量检查 → 包装 → 成品

图 12－12　气雾剂的工艺流程

1. 玻璃容器与阀门系统的处理与装配

（1）玻瓶搪塑　先将玻璃瓶洗净烘干，预热至 120～130℃，趁热浸入塑料黏浆中，使瓶颈以下黏附一层塑料浆液，倒置，在 150～170℃烘干 15 分钟，备用。对塑料涂层的要求是：能均匀地紧密包裹玻璃瓶，避免爆瓶时玻片飞溅，外表平整、美观。

（2）阀门系统的处理与装配　将阀门的各种零件分别处理：橡胶制品可在 75% 乙醇中浸泡 24 小时，以除去色泽并消毒，干燥备用；塑料、尼龙零件洗净再浸泡在 95% 乙醇中备用；不锈钢弹簧在 1%～3% 氢氧化钠碱液中煮沸 10～30 分钟，用水洗涤数次，然后用纯化水洗 2～3 次，直到无油腻为止，浸泡在 95% 乙醇中备用。最后将上述已处理好的零件，按照阀门结构装配，定量室与橡胶垫圈套合，阀门杆装上弹簧与橡胶垫圈与封帽等。

2. 药物的配制与分装　按处方组成及所要求的气雾剂类型进行配制。二相气雾剂应按处方制得澄清的溶液后，按规定量分装。三相气雾剂应将微粉化（或乳化）原料药物和附加剂充分混合制得混悬液或乳状液，如有必要，抽样检查符合要求后分装。在制备过程中，必要时应严格控制水分，防止水分混入。

3. 抛射剂的填充　抛射剂的填充有压灌法和冷灌法两种。

（1）压灌法　先将配好的药液在室温下灌入容器内，再将阀门装上并轧紧封帽，抽去容器内空气，然后通过压装机压入定量的抛射剂。液化抛射剂经砂棒过滤后进入压装机。压灌法的关键是要控制操作压力，通常为 68.65～105.98kPa。压力过高不安全，但压力若低于 41.19kPa 时，必须用热水或红外线等加热抛射剂钢瓶，使达到工作压力。当容器上顶时，灌装针头伸入阀杆内，压装机与容器的阀门同时打开，液化的抛射剂即以自身膨胀压入容器内。

压灌法设备简单，无需低温操作，抛射剂损耗较少，但生产速度较慢，且使用过程中压力变化幅度较大。目前，国内外气雾剂工业生产多采用高速旋转压装抛射剂的工艺，产品质量稳定，生产效率大为提高。

（2）冷灌法　药液借助冷却装置冷却至 −20℃左右，抛射剂冷却至沸点以下至少5℃。先将冷却的药液灌入容器中，再加入冷却的抛射剂（也可两者同时加入），立即装上阀门并轧紧封帽。操作必须迅速，以减少抛射剂损失。

冷灌法速度快，对阀门无影响，成品压力较稳定。但需制冷设备和低温操作，且操作过程中抛射剂损失较多。因在抛射剂沸点以下进行，含水处方不宜用此法。

四、气雾剂的贮存

气雾剂应置凉暗处贮存，并避免曝晒、受热、敲打、撞击。

五、气雾剂的质量评价

根据 2020 年版《中国药典》，定量气雾剂释出的主药含量应准确、均一，喷出的雾滴（粒）应均匀，应标明：①每瓶总揿次；②每揿从阀门释出的主药含量和/或每揿从口接器释出的主药含量。非定量气雾剂应作喷射速率和喷出总量检查。

吸入气雾剂除符合气雾剂项下要求外，还应符合吸入制剂相关项下要求；鼻用气雾剂除符合气雾剂项下要求外，还应符合鼻用制剂相关项下要求。

1. 安全、漏气检查　制成的气雾剂应进行泄漏检查，确保使用安全。

2. 每瓶总揿次、每揿喷量和每揿主药含量　定量气雾剂依法操作，每罐（瓶）总揿次应不少于标示总揿次；每揿喷量应为标示喷量的 80% ~120%，凡进行每揿递送剂量均一性检查的气雾剂，不再进行该项检查；每揿主药含量应为每揿主药含量标示量的 80% ~120%。

3. 递送剂量均一性　定量气雾剂依法检查，分别测定标示揿次前（初始 3 个剂量）、中（$n/2$ 吸起 4 个剂量，n 为标示总揿次）、后（最后 3 个剂量），共 10 个递送剂量，递送剂量均一性应符合规定。

结果判定符合下述条件之一者，可判为符合规定。

（1）10 个测定结果中，若至少 9 个测定值在平均值的 75% ~125% 之间，且全部在平均值的 65% ~135% 之间。

（2）10 个测定结果中，若 2 ~3 个测定值超出 75% ~125%，另取 20 罐（瓶）供试品测定。若 30 个测定结果中，超出 75% ~125% 的测定值不多于 3 个，且全部在平均值的 65% ~135% 之间。

4. 喷射速率和喷出总量检查（非定量气雾剂）

（1）喷射速率　取供试品 4 瓶，依法操作，重复操作 3 次，计算每瓶的平均喷射速率（g/s），均应符合各品种项下的规定。

（2）喷出总量　取供试品 4 瓶，依法操作，每瓶喷出量均不得少于标示装量的 85%。

5. 粒度　除另有规定外，中药吸入用混悬型气雾剂若不进行微细粒子剂量测定，应作粒度检查。

检查法：取供试品 1 瓶，依法操作，检查 25 个视野，平均原料药物粒径应在 5μm 以下，粒径大于 10μm 的粒子不得过 10 粒。

6. 装量　非定量气雾剂照最低装量检查法检查，应符合规定。

7. 无菌　除另有规定外，用于烧伤［除程度较轻的烧伤（Ⅰ°或浅Ⅱ°外）］、严重创伤或临床必须无菌的气雾剂，照无菌检查法检查，应符合规定。

8. 微生物限度 除另有规定外，照非无菌产品微生物限度检查，微生物计数法（通则1105）和控制菌检查法（通则1106）及非无菌药品微生物限度标准（通则1107）检查，应符合规定。

六、喷雾剂简介

喷雾剂（sprays）系指原料药物或与适宜辅料填充于特制的装置中，使用时借助手动泵的压力、高压气体、超声振动或其他方法将内容物呈雾状物释出，用于肺部吸入或直接喷至腔道黏膜及皮肤等的制剂。由于喷雾剂喷射的雾滴粒径较大，一般以局部应用为主，其中以舌下、鼻腔黏膜和体表的喷雾给药比较多；喷雾剂也可通过肺部、鼻黏膜等给药方式起到全身治疗作用。

喷雾剂按内容物组成分为溶液型、乳状液型或混悬型。按用药途径可分为吸入喷雾剂、鼻用喷雾剂及用于皮肤、黏膜的非吸入喷雾剂。按给药定量与否，喷雾剂还可分为定量喷雾剂和非定量喷雾剂。定量吸入喷雾剂系指通过定量雾化器产生供吸入用气溶胶的溶液、混悬液或乳液。

喷雾剂常用未液化的压缩气体 CO_2、N_2O、N_2、空气等作为抛射药液的动力，当阀门打开时，压缩气体膨胀将药液压出，挤出的药液呈细滴或较大液滴。若内容物为半固体药剂则被条状挤出。喷雾剂采用惰性气体为动力，这类气体无污染、不燃烧、理化性质稳定、毒性低微，减少了副作用与刺激性。但使用后容器内的压力随之下降，不能保持恒定的压力。

喷雾剂的生产和质量要求与气雾剂相近：①应在相关品种要求的环境配制，如一定的洁净度、灭菌条件和低温环境等，喷雾剂制备施加压力较液化气体高，容器牢固性的要求较高。②根据需要可加入溶剂、助溶剂、抗氧剂、抑菌剂、表面活性剂等附加剂，所加附加剂对皮肤或黏膜应无刺激性。③溶液型喷雾剂的药液应澄清；乳状液型喷雾剂的液滴在液体介质中应分散均匀；混悬型喷雾剂应将药物细粉和附加剂充分混匀、研细，制成稳定的混悬液；吸入喷雾剂的雾滴（粒）大小应控制在 $10\mu m$ 以下，其中大多数应为 $5\mu m$ 以下。④喷雾剂应避光密封贮存。

七、粉雾剂简介

粉雾剂（powder aerosols）是指一种或一种以上的药物粉末，装填于特殊的给药装置，以干粉形式将药物喷雾于给药部位，发挥全身或局部作用的一种给药系统。粉雾剂是在传承气雾剂优点，综合粉体学知识的基础上发展起来的新型剂型，具有使用方便、不含抛射剂、药物呈粉状、稳定性好、干扰因素少等特点。

粉雾剂按用途可分为吸入粉雾剂、非吸入粉雾剂和外用粉雾剂。吸入粉雾剂（powder aerosol for inhalation）系指微粉化药物或与载体以胶囊、泡囊或多剂量储库形式，采用特制的干粉吸入装置，由患者主动吸入雾化药物至肺部的制剂。非吸入粉雾剂指药物或与载体以胶囊或以泡囊形式，采用特制的干粉给药装置，将雾化药物喷至腔道黏膜的制剂。外用粉雾剂指药物或与适宜的附加剂灌装于特制的干粉给药器具中，使用时借助外力将药物喷至皮肤或黏膜的制剂。吸入粉雾剂主要用于治疗哮喘和慢性气管炎；非吸入粉雾剂常见用于咽炎和喉炎的治疗等。

吸入粉雾剂的主要特点为：①药物到达肺部后直接进入体循环，发挥全身作用，无胃肠道刺激或降解作用；②药物吸收迅速，起效快，无肝脏首过效应；③起局部作用的药物，给药剂量明显降低，毒副作用小；④可用于胃肠道难以吸收的水溶性大的药物；⑤其动力系统为患者的吸气气流，无需抛射剂，可避免抛射剂造成的人体副作用和环境污染；⑥不受定量阀门的限制，最大剂量一般高于气雾剂。

![实践实训图标] **实践实训**

实践项目十六　吲哚美辛栓

【实践目的】

1. 能熟练操作配料罐、栓剂灌封机等设备，并按处方生产出合格的栓剂产品。
2. 识记栓剂的工艺流程。
3. 学会解决栓剂制备过程中的常见问题。
4. 掌握《中国药典》（2020年版）中栓剂的质量检查项目并会在实际操作中应用。
5. 严格按照现行版《药品生产质量管理规范》（GMP）的要求规范操作。

【实践场地】

实训车间。室内温度为18~26℃，相对湿度45%~65%，洁净级别为D级。

【实践内容】

1. **处方**　吲哚美辛　　　25g　　　　　　　半合成脂肪酸甘油酯　　　适量
　　　　共制　　　　1000枚
2. **需制成规格**　每粒25mg。
3. **设备**　高效均质机（SJZ-Ⅰ型），全自动栓剂灌封机组（ZS-Ⅰ型），电子秤（MD340型）。

【实践方案】

（一）生产准备阶段

1. **生产指令下达**　如表12-5所示。

表12-5　生产指令

下发日期：2020-11-11

生产车间		栓剂车间	包装规格		5粒/板
品名		吲哚美辛栓	生产批量		400000粒
规格		25mg/粒	生产日期		2020-11-12
批号		20201112	完成时限		2020-11-13
生产依据	吲哚美辛栓工艺规程				
物料编号	物料名称	规格	用量	单位	检验单号	备注
YL20201101	吲哚美辛	药用	10kg	kg	YLJY20201101	
FL20201102	半合成脂肪酸甘油酯	药用	适量	kg	FLJY20201102	
BC201680	药用PVC				BCJY202080	

备注：

编制 　生产部：李磊	审核 　质量部：王芳
批准 　生产部：张军	执行 　生产车间：徐兵
分发部门：总工办、质量部、物料部、工程部	

2. 生产前准备

（1）检查是否有清场合格证，并确定是否在有效期内；检查设备、容器、场地清洁是否符合要求（若有不符合要求的，需重新清场或清洁，并请 QA 填写清场合格证或检查合格后，才能进入下一步生产）。

（2）检查电、水、气是否正常。

（3）检查设备，是否有"完好"标牌、"已清洁"标牌。

（4）检查模具质量，是否有缺边、裂缝、变形等情况，是否清洁干燥。

（5）检查电子秤灵敏度是否符合生产指令要求。

（6）按生产指令领取物料，并确保物料的品名、批号、规格、数量、质量符合要求。

（7）按设备与用具的消毒规程对设备、用具进行消毒。

（8）挂本次"运行"状态标志，进入生产操作。

（二）生产操作阶段

1. 物料的领用

（1）领用前按《物料称量管理规定》检查所用的台秤、天平是否进行校正。

（2）凭领料单，按《物料发放和剩余物料退库管理规定》及《包装材料领用和发放标准操作程序》领用所需物料。

（3）按《物料去皮标准操作程序》对物料进行去皮，然后按《车间中间站管理规程》存放至车间中间站，并填写好物料状态标志。

2. 配料

（1）按《清场管理规程》进行生产前确认，确保工序清场合格，设备运转正常，水、电、气供应正常，容器及用具齐备。

（2）根据批生产指令单，操作人员称取批投料量药物和基质。

（3）按《栓剂配料罐标准操作规程》开启栓剂配料罐加热和搅拌，对照批生产指令单，核对无误后将基质缓慢加入至栓剂配料罐内（块状物料要另行加热熔融），控制一定温度；熔融后开启搅拌器，控制转速为每分钟 15～30 转；完全熔融后，继续搅拌 40 分钟以上，调整栓液至一定温度，恒温搅拌备用。

（4）将栓剂配料罐的搅拌器转速降低至每分钟 10～15 转；对照批生产指令单，核对无误后将药物依次缓缓加入基质液中；加完后再将转速提高持续搅拌，至目测色泽均匀一致后，混匀后控制栓液温度，恒温搅拌备用。

（5）以上各操作步骤的实际最高转速以不将药液溅出为宜。

（6）对栓剂配料罐按《生产区清洁消毒管理规程》选择一般清洗或彻底清洗，并根据各自的清洁规程进行清洁；容器及工用具按《生产用工具、器具清洁消毒程序》进行清洁消毒；对生产现场按《清场管理规程》清场至合格。

3. 制栓

（1）按《清场管理规程》进行生产前确认，确保工序清场合格，设备运转正常，水、电、气供应正常，容器及工用具齐备。

（2）操作人员根据批生产指令单从配料间领取配制好的栓液，并对栓液的品名、批号及质量情况进行核实；按《车间中间站管理规程》从内包材暂存间领取药用包装材料。

（3）先按《栓剂灌封机标准操作规程》对灌封机进行设置：要求设置好制带预热温度、制带焊接温度、制带吹泡温度、制带刻线温度、恒温罐温度、灌注温度、封口预热温度、封口温度、冷却温度。

（4）根据生产指令单并按《栓剂灌封机标准操作规程》设置好模具上的品名及批号。

（5）灌注前先按《栓剂灌封机标准操作规程》进行空运行，检查药用包装材料的热封情况，热封合格后方可进行下一步操作。

（6）根据设备能力，将栓液分次移入栓剂灌封机的恒温罐内，然后按《栓剂灌封机标准操作规程》进行制栓，在制栓起始，及时检查，控制栓重，待栓重达到要求后，每隔 20 分钟对栓重检查一次，并随时观察栓板质量情况，作好相应记录。

（7）生产过程中，操作人员应在每次操作后及时填写生产记录，制完栓后应通知车间填写请验单。

4. 清场 按本岗位清场标准操作规程对设备、场地、用具、容器等清洁消毒。清场后，经 QA 人员检查合格，发清场合格证。清场合格证正本归入本批批生产记录，副本留在操作间。

5. 结束并记录 及时填写批生产记录、设备运行记录、交接班记录等。关好水、电及门。

（三）质量控制要点

①性状；②栓重，每隔 20 分钟检查一次栓重；③重量差异检查。

重量差异检查：取供试品 10 粒，精密称定总重量，求得平均粒重后，再分别精密称定每粒的重量。每粒重量与平均粒重相比较（有标示粒重的中药栓剂，每粒重量应与标示粒重比较），按规定，超出重量差异限度的不得多于 1 粒，并不得超出限度 1 倍。凡规定检查含量均匀度的栓剂，一般不再进行重量差异检查。

【实践结果】

吲哚美辛栓的质量检查结果记录于表 12 - 6。

表 12 - 6 吲哚美辛栓的质量检查

品名		包装规格		
规格		取样日期		
批号		取样量		
取样人		检测人		
取样依据	吲哚美辛栓工艺规程			
检测项目	栓剂封口质量	栓剂外观质量	栓剂装量差异	
			超出装量差异限度/粒	超出限度的 1 倍/粒
结果				

结论：

备注：

实践项目十七　壬苯醇醚膜

【实践目的】

1. 能熟练操作配料罐、膜剂灌封机等设备，并按处方生产出合格的膜剂产品。

2. 识记膜剂的工艺流程。

3. 学会解决膜剂制备过程中的常见问题。

4. 掌握《中国药典》（2020 年版）中膜剂的质量检查项目并会在实际操作中应用。

5. 严格按照现行版《药品生产质量管理规范》（GMP）的要求规范操作。

【实践场地】

实训车间。室内温度为 18～26℃，相对湿度 45%～65%，洁净级别为 D 级。

【实践内容】

1. 处方

壬苯醇醚	5g	PVA05－88	14g
尼泊金乙酯	适量	甘油	1g
纯化水	50ml		

2. 需制成规格　每张膜含壬苯醇醚 50mg。

【实践方案】

（一）生产准备阶段

1. 生产指令下达　略。

2. 生产前准备

（1）操作人员按 D 级洁净区要求进行更衣、消毒，进入膜剂制备操作间。

（2）检查操作间、器具及设备等是否有清场合格标志，并确定在有效期内。否则按《岗位清洁 SOP》进行清场，经 QA 人员检查发放清场合格证后，方可进行生产。

（3）设备要有"完好""已清洁"状态标志。并对设备状况进行检查，确认设备运行正常后方可使用。

（二）生产操作阶段

1. 物料的领用

（1）领用前按《物料称量管理规定》检查所用的台秤、天平是否进行校正。

（2）凭领料单，按《物料发放和剩余物料退库管理规定》及《包装材料领用和发放标准操作程序》领用所需物料。

（3）按《物料去皮标准操作程序》对物料进行去皮，然后按《车间中间站管理规程》存放至车间中间站，并填写好物料状态标志。

2. 配料

（1）按《清场管理规程》进行生产前确认，确保工序清场合格，设备运转正常，水、电、气供应正常，容器及用具齐备。

（2）根据批生产指令单，操作人员称取批投料量药物和辅料。

（3）成膜材料加甘油等辅料和适量纯化水浸泡，等充分膨胀后，按《膜剂配料罐标准操作规程》开启膜剂配料罐加热，加入壬苯醇醚，搅拌均匀，静置，消去气泡。

（4）对膜剂配料罐按《生产区清洁消毒管理规程》选择一般清洗或彻底清洗，并根据各自的清洁规程进行清洁；容器及用具按《生产用工具、器具清洁消毒程序》进行清洁消毒；对生产现场按《清场管理规程》清场至合格。

3. 制膜

（1）换上"运行"设备标识，挂于指定位置。取下原标志牌，并放于指定位置。

（2）操作人员根据批生产指令单从配料间领取配制好的膜液，并对膜液的品名、批号及质量情况进行核实；按《车间中间站管理规程》从内包材暂存间领取药用包装材料。

（3）按《涂膜机标准操作规程》要求，设置好涂膜机预热温度。

（4）根据设备能力，将膜液分次移入涂膜机的恒温罐内，然后按《涂膜机标准操作规程》进行制膜，在涂膜机上制成面积为 50mm×50mm 的薄膜，每张药膜含主药 50mg。将药膜夹在装订成册的纸片中包装，即得。

4. 清场 按《岗位清洁 SOP》进行清场。清场完毕后，填写清场记录并上报 QA，经 QA 检查发放清场合格证后本岗位挂"已清洁"状态标志。清场合格证正本归入本批批生产记录，副本留在操作间。在设备上挂"已清洁"标识。

5. 结束并记录 及时填写批生产记录、设备运行记录、交接班记录等。关好水、电及门。

（三）质量控制要点

①性状；②重量差异检查。

重量差异检查：除另有规定外，取供试品 20 片，精密称定总重量，求得平均重量，再分别精密称定各片的重量。每片重量与平均重量相比较，按表 12 – 4 中的规定，超出重量差异限度的膜片不得多于 2 片，并不得有 1 片超出限度 1 倍。

【实践结果】

壬苯醇醚膜的质量检查结果记录于表 12 – 7。

表 12 – 7 壬苯醇醚膜的质量检查结果

品名		包装规格		
规格		取样日期		
批号		取样量		
取样人		检测人		
取样依据	壬苯醇醚膜工艺规程			
检测项目	膜剂外观	膜剂装量差异		
		超出装量差异限度/粒		超出限度的 1 倍/粒
结果				
结论：				
备注：				

目标检测

答案解析

一、单选题

1. 下列关于全身作用栓剂的特点叙述错误的是（　　）。

　　A. 可部分避免药物的首过效应，降低副作用

　　B. 一般要求缓慢释放药物

　　C. 可避免药物对胃肠黏膜的刺激

　　D. 对不能吞服药物的患者可使用此类栓剂

2. 水溶性基质和油脂性基质栓剂均适用的制备方法是（　　）。

　　A. 搓捏法　　　　　　　B. 冷压法　　　　　　　C. 热熔法　　　　　　　D. 乳化法

3. 以聚乙二醇为基质的栓剂选用的润滑剂是（　　）。

　　A. 液体石蜡　　　　　　B. 甘油　　　　　　　　C. 水　　　　　　　　　D. 肥皂

4. 油脂性基质栓全部融化、软化，或无硬心的时间应在（　　）分钟。

　　A. 20　　　　　　　　　B. 30　　　　　　　　　C. 40　　　　　　　　　D. 50

5. 甘油在膜剂中起的主要作用是（　　）。

　　A. 黏合剂　　　　　　　B. 增加胶液的凝结力　　C. 增塑剂　　　　　　　D. 脱膜剂

6. 二氧化钛在膜剂中起的作用为（　　）。

　　A. 增塑剂　　　　　　　B. 着色剂　　　　　　　C. 遮光剂　　　　　　　D. 填充剂

7. 下列有关成膜材料 PVA 的叙述中，错误的是（　　）。

　　A. 具有良好的成膜性及脱膜性

　　B. 其性质主要取决于分子量和醇解度

　　C. 醇解度 88% 的水溶性较醇解度 99% 的好

　　D. PVA 来源于天然高分子化合物

8. 下列哪项不是气雾剂的优点（　　）。

　　A. 减少药物对胃肠道的刺激性　　　　　　B. 起效迅速

　　C. 剂量准确　　　　　　　　　　　　　　D. 成本较低

9. 吸入气雾剂雾滴（粒）大小应控制在多少以下（　　）。

　　A. 1μm　　　　　　　　B. 5μm　　　　　　　　C. 10μm　　　　　　　　D. 20μm

10. 为制得二相型气雾剂，常加入的潜溶剂为（　　）。

　　A. 滑石粉　　　　　　　B. 油酸　　　　　　　　C. 丙二醇　　　　　　　D. 胶体二氧化硅

二、多选题

1. 关于直肠栓作用特点表述中正确的是（　　）。

　　A. 可在局部直接发挥作用

　　B. 可通过吸收发挥全身作用

　　C. 吸收主要靠直肠中、下静脉

D. 通过直肠上静脉吸收可避免首过作用

E. 使用较方便

2. 栓剂的一般质量要求是（　　）。

A. 药物与基质应混合均匀，栓剂外形应完整光滑

B. 栓剂应无菌

C. 脂溶性栓剂的熔点最好是70℃

D. 应有适宜硬度，以免在包装、贮藏时变形

E. 因使用腔道的不同而制成不同的形状

3. 对栓剂基质要求有（　　）。

A. 在室温下易软化、熔化或溶解　　　　B. 与主药无配伍禁忌

C. 对黏膜无刺激　　　　　　　　　　　D. 在体温下易软化、熔化或溶解

E. 应有适宜的硬度

4. 下列有关膜剂的特点叙述，正确的为（　　）。

A. 体积小、重量轻　　　　　　　　　　B. 可节省大量辅料

C. 制备工艺简单　　　　　　　　　　　D. 使用方便，适用于多种给药途径

E. 载药量大

5. 气雾剂中抛射剂所具备的条件是（　　）。

A. 惰性，不与药物等发生反应　　　　　B. 常温下蒸气压大于大气压

C. 无毒、无致敏性和刺激性　　　　　　D. 对药物具有可溶性

E. 不易燃、不易爆炸

6. 气雾剂的组成是（　　）。

A. 耐压容器　　　　　　　　　　　　　B. 阀门系统

C. 抛射剂　　　　　　　　　　　　　　D. 附加剂

E. 药物

三、综合题

1. 栓剂制备过程中，药物如何与基质混合？什么是栓剂的置换价？

2. 甘油栓的制备原理是什么？操作时有哪些注意点？

3. 气雾剂目前可供选用的抛射剂有哪些？

4. 试述膜剂的特点和常用成膜材料。

5. 实例分析题

　　【处方】甘油16.0g，碳酸钠0.4g，硬脂酸1.6g，蒸馏水2.0g。

　　【制法】取干燥碳酸钠与蒸馏水置蒸发皿内，搅拌溶解，加甘油混合后置水浴上加热，加热同时缓缓加入硬脂酸细粉并随加随搅拌，待泡沫停止、溶液澄明后，注入已涂有润滑剂的栓模中，冷却，削去溢出部分，脱模。

（1）根据处方和制法判断该制剂的类型。

（2）该制剂的制备方法是什么？写出工艺流程图。

（3）对处方进行组分分析。

书网融合……

知识回顾

微课

习题

项目十三　制剂新技术的介绍

学习引导

　　随着药品研究开发的品种越来越多，研究开发人员一方面希望能带给患者更好的用药体验，另一方面希望能通过多种新型制剂技术提高药品的生物利用度。因此需要通过创新工艺来推进药物制剂的发展。目前，在世界制药行业使用的制剂新技术有哪些呢？这些新技术有什么优势呢？

　　本项目主要介绍固体分散体、包合物和微囊等常见的制剂新技术的特点、制备方法，并通过介绍其他制剂新技术的优化理念及研究进展，为同学们提供更多专业知识的拓展应用方案。

学习目标

1. **掌握**　固体分散体、包合物和微囊的特点与制备方法。
2. **熟悉**　固体分散体、包合物和微囊的制备原理。
3. **了解**　固体分散体、包合物和微囊的制备方法及其他制剂新技术的研究进展。

PPT

任务一　固体分散技术 ⓔ微课 1

▶▶ 实例分析

　　实例　难溶性药物在水中溶解度小，难以被机体吸收。Alpha 是一家美国生物技术公司，其研发的新药 XY－123 是一个中枢神经系统药物，溶解度低至 30μg/ml，最初的临床结果显示需要服用高达 18 粒胶囊或 36 颗片剂的剂量才能达到有效血药浓度，难以满足临床要求，后来以聚维酮、共聚维酮或羟丙甲纤维素琥珀酸酯为载体，将 XY－123 制成固体分散体，极大提高了药物的溶解度，结果只需要 1 粒胶囊或片剂即可达到临床给药的要求。

　　讨论　1. 我们之前学到过的药物增溶方式有哪些？

　　　　　2. 为什么制成固体分散体能够提高药物的溶解度或溶出度？

　　提示　学过的增溶方式包括提高温度，降低粒径，使用增溶剂、助溶剂和潜溶剂等，制成固体分散体之后大幅度提高了药物的分散程度（与降低粒径相似），而且有的载体（如 PEG 和 PVP 等）对提高药物的溶出与溶解度亦有帮助。

答案解析

一、概述

固体分散技术（solid dispersion）是指将药物制成固体制剂或混悬剂等剂型时，药物（特别是难溶性药物）高度分散在另一种固体载体中的一种技术。固体分散体目前也作为增加难溶性药物溶解度及溶出速率的经典策略。该技术具有以下特点。

1. 固体分散体中，药物通常以分子、微晶或无定型状态分散在载体中，药物粒径通常为纳米级。

2. 将药物制成固体分散体除了能增加难溶性药物的溶解度和溶出速率，还能提高药物的生物利用度。

3. 固体分散技术亦可用于延缓或控制药物释放，利用载体严实的包蔽作用来延缓药物的水解和氧化或掩盖药物的不良气味。

制成固体分散体的例子非常多，比如，①将难溶性药物灰黄霉素用 PEG 6000 为载体制成滴丸，大大提高了药物的溶出速率和生物利用度，比普通制剂提高了 1 倍多。②将磺胺嘧啶用乙基纤维素为载体制成固体分散体，体外溶出可达到零级释放。③将硝苯地平以肠溶材料邻苯二甲酸羟丙基甲基纤维素（HPMCP）制成固体分散体，可防止药物在胃液中释放并促进其在肠液中释放。表 13 - 1 列出了 5 种应用固体分散体技术的药品。

表 13 - 1　5 种应用固体分散体技术的药品

商品名	活性成分	主要载体	制备方法	上市时间/年
Zotress	依维莫司	羟丙基甲基纤维素	喷雾干燥	2010
Astagraf	他克莫司	羟丙基甲基纤维素/共聚乙烯吡咯烷酮	湿法制粒	2013
Cesamet	纳比隆	聚乙烯吡咯烷酮	溶剂挥发	1995
Zelboraf	维罗非尼	醋酸羟丙基甲基纤维素琥珀酸酯	共沉淀	2011
Norvir	利托那韦	共聚乙烯吡咯烷酮/醋酸乙烯酯	熔融挤出	2010

二、固体分散体常用载体

固体分散体一般采用制剂学可接受的药用辅料将药物高度分散在载体基质中，药物在固体分散体中以微晶、无定型物或分子形式存在。载体在分散体中的作用包括促进药物的溶出、抑制药物的结晶等。载体的性质直接影响着固体分散体中药物的溶出速率和体内的生物利用度。根据不同目的，将药物制成不同类型的固体分散体，比如上述的速释型固体分散体、缓释型固体分散体和肠溶型固体分散体，这些不同类型的固体分散体，实际上取决于载体的类型和性质，亦即水溶性载体、水不溶性载体和肠溶性载体。

1. 水溶性载体材料　多为水溶性的高分子辅料、有机酸类和糖类等，采用水溶性载体制备的固体分散物，可提高药物润湿性，能有效提高药物溶解度，加快药物溶出速度。

（1）聚乙二醇（PEG）类　水溶性较好且能溶于多种极性和半极性有机溶剂。最常用的是 PEG 4000 和 PEG 6000，熔点较低（55 ~ 60℃），毒性小，化学性质稳定，能显著增加药物的溶出速率。药物为油类时，宜选用分子量更高的 PEG 作为载体，如 PEG 12000、PEG 20000 等。

（2）聚乙烯吡咯烷酮（PVP）类　能溶于水和多种有机溶剂，熔点较高。药物与 PVP 制成固体分散体时，由于氢键作用或络合作用而抑制药物晶核的形成及长大，但贮存过程中易吸潮而析出药物，导致固体分散体老化。PVP 常用的规格有 PVP k30（分子量约 50000）、PVP k15（分子量约 10000）、PVP k90（分子量约 360000）。

（3）泊洛沙姆（poloxamer）188　为乙烯氧化物和丙烯氧化物的嵌段聚合物，易溶于水，为一种表面活性剂。增加药物溶出的效果比 PEG 明显。是较好的速效固体分散体载体。

（4）有机酸类　呈酸性，易溶于水，不溶于有机溶剂，常用的有枸橼酸、琥珀酸、酒石酸、胆酸和去氧胆酸等，不适于作为对酸敏感的药物的载体。

（5）尿素　极易溶于水，稳定性好，具有利尿作用。主要用于利尿药或增加排尿量的难溶性药物的载体。

（6）糖类　常用的有右旋糖酐、半乳糖及蔗糖等，亦包括甘露醇、木糖醇和山梨醇等的糖醇类。特点是分子量小，溶解迅速。

2. 水不溶性载体材料　包括乙基纤维素、聚丙烯酸树脂和脂质类，主要用于延缓药物的释放速度。

（1）乙基纤维素（EC）　性质稳定，无毒，软化点为 152～162℃，溶于乙醇、苯、丙酮和四氯化碳等有机溶剂，广泛用于缓释固体分散体。

（2）含季铵基团的聚丙烯酸树脂（Eudragit）　包括 Eudragit E、Eudragit RL 和 Eudragit RS 等，此类聚丙烯酸树脂在胃液中溶胀，肠液中不溶。

（3）脂质类　包括胆固醇、棕榈酸甘油酯、巴西棕榈蜡和蓖麻油蜡等。

3. 肠溶性载体　主要包括肠溶性纤维素类和丙烯酸树脂类等。

（1）肠溶性纤维素类　常用的包括邻苯二甲酸羟丙基甲基纤维素（HPMCP，有 HP-55 和 HP-50 两种型号）、邻苯二甲酸醋酸纤维素（CAP）类。

（2）丙烯酸树脂类　常用的有 Eudragit L 和 Eudragit S，前者相当于国内的 II 号丙烯酸树脂，在 pH 6 以上的介质中溶解；后者相当于国内的 III 号丙烯酸树脂，在 pH 7 以上的介质中溶解。

 拓展阅读 ------

固体分散体的速释与缓释原理

速释原理　①增加药物的分散度。根据 Noyes-Whitney 方程，溶出速率与药物的表面积成正比。固体分散体中药物以超细微粒状态存在，如胶体状态、微晶状态甚至分子状态，药物的比表面积可增加成千上万倍。②形成高能状态。在固体分散体中，特别是熔融法制备的固体分散体中，药物分子有时会以高能状态的无定型或亚稳态晶型存在。药物分子能量越高，扩散能量高，溶出也越快。

缓释原理　采用疏水性载体制成的固体分散体一般具有缓释作用，这是由于药物被包埋于疏水性载体中，溶出介质难以渗透进入骨架，溶解的药物也难以扩散出来。比如乙基纤维素固体分散体、肠溶材料固体分散体和脂质材料固体分散体等。经常用于制备缓释制剂。

三、固体分散体的制备方法

固体分散体常用的制备方法包括熔融法、溶剂法、溶剂-熔融法、喷雾干燥法、研磨法和挤出法等。采用何种制备方法，取决于药物的性质、载体的性质和可用的仪器设备条件。

1. 熔融法　将药物与载体混匀，用水浴或油浴加热至熔融，在剧烈搅拌下迅速冷却至固态，放置一定时间使之变碎而易于粉碎。熔融法制备固体分散体的制剂，最适宜的剂型是直接制成滴丸，市售品如复方丹参滴丸。

2. 溶剂法（共沉淀法或共蒸发法）　将药物和载体溶解于有机溶剂中，混匀后采用蒸发、喷雾干燥等方式除去溶剂而得到固体分散体。常用的溶剂有乙醇、丙酮和三氯甲烷。该法的主要缺点是有机溶剂不易除尽，有可能导致药物重结晶，且对人体也有危害。

3. 溶剂－熔融法　将药物以少量的有机溶剂溶解后，再与熔融的载体混匀，除去有机溶剂，冷却固化而得。本法适用于热敏性药物，也适于鱼肝油、维生素 E 等液体药物。

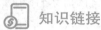 **知识链接**

其他固体分散技术

固体分散技术除了以上介绍的常用制法外，近年来也有利用静电旋压法和超临界流体技术制备固体分散体等新技术的相关报道。

静电旋压法是在共沉淀法的基础上延伸得到的。它是利用静电压来除去生产过程中加入的有机溶剂。由于该方法廉价且环保，近年来得到广泛应用。静电旋压法最常用于制备控释制剂与大规模的制备固体分散体。

超临界流体（SCF）兼有液体和气体的优异性质，超临界流体技术作为一种新型的微粒制备方法，近年来得到迅速应用。其与传统技术相比，具有以下突出的优点：①易于控制其操作条件，制得的微粒重现性好；②超临界处理条件温和，适用于热敏性和易氧化物质；③可节约时间并降低药物的生产成本。CO_2 由于价廉易得且无毒、超临界条件容易达到，所以将其常作为超临界流体技术中的流体。

四、固体分散体的评定

固体分散体中药物分散状态到底如何，是关系到固体分散体制备成功与否的最重要的评定项目。药物可能以分子状态、无定型状态、亚稳定状态、胶体状态、微晶状态或微粉状态存在。目前只有粗略地鉴别这些状态的方法，如差示扫描量热法、X 射线粉末衍射法和红外光谱法等。这些方法都是通过对比药物在形成固体分散体前后谱图的变化来进行评定的，比如在差示扫描量热法中药物制成固体分散体后吸热峰可能消失，也可能变小或位移，比较简单的评定方法是溶出速率测定法。难溶性药物制成固体分散体后其溶出速率一般会增加，比如有人研究发现，双炔失碳酯（AD）－PVP 共沉淀物可提高 AD 的溶出速率，当 PVP 用量为 AD 的 8 倍时，溶出可提高近 40 倍。

 拓展阅读

固体分散体的老化现象

实验表明，吲哚美辛固体分散体在存放 1 年之后，溶出明显降低。固体分散体存放过程中，出现硬度变大、析出结晶和药物溶出度降低等现象称为老化现象。老化现象是由于载体选用不适宜、贮存条件不当和药物浓度过高等原因所致。除了老化现象外，固体分散体还可能出现药物含量下降等化学不稳定现象。比如氨苄西林－PEG 固体分散体、可的松－PEG 固体分散体在存放过程中会出现降解产物，可能是由于固体分散体中载体与药物紧密接触、载体的不利影响被凸显的缘故。

知识链接

防止老化的方法

1. 控制药物与载体及其相关因素 ①根据药物的具体性质，选择适宜的载体。②控制药物的某些物化性质。

2. 控制其他外在条件 ①选择适宜的制备方法与工艺。根据药物的性质，进行合理的处方设计是提高固体分散体稳定性的有效途径。②严格控制固体分散体的贮存条件。如水分等贮存条件会影响固体分散体的稳定性。选择干燥的环境及不易吸湿的载体，低温密封贮存，避免强光照射等都是保持固体分散体物理稳定性的有效措施。③结合其他有效手段增加药物的稳定性。

即学即练 13－1

应用固体分散技术制备的剂型是（　）。

答案解析

A. 散剂　　　　　　　　　　　　B. 胶囊剂

C. 微丸　　　　　　　　　　　　D. 滴丸

任务二　包合技术 微课 2

PPT

一、概述

分子包合技术是指一种分子被全部或部分包入另一种分子内，形成分子胶囊状的包合物的技术。具有包合作用的外层分子称为主分子，被包合到主分子空穴中的小分子称为客分子。主分子需具有一定的形状和大小的空洞、笼格或洞穴，以容纳客分子。常用的包合材料有环糊精、纤维素和蛋白质等，最常用的是环糊精及其衍生物。

二、包合物在制剂中的应用

1. 增加药物的溶解度和溶出度 如难溶性药物吲哚美辛、洋地黄毒苷和氯霉素等制成包合物之后，溶解度、溶出度和生物利用度均可显著增加。

2. 掩盖药物的不良臭味、降低刺激性 有的药物具有苦味、涩味等不良臭味，甚至还具有较强的刺激性。药物包合后可掩盖不良臭味，降低刺激性。比如大蒜精油具有臭味，对胃肠道的刺激性也比较大，有研究者用环糊精将其制成包合物后显著降低了臭味和刺激性。

3. 提高药物的稳定性 环糊精可以包合许多容易氧化或光解的药物，提高药物的稳定性。如前列腺素 E_2 在 40℃紫外光照射 3 小时其活性就降低一半，而包合物在相同条件下 24 小时其活性未见降低。当然，也有制成包合物稳定性降低的情况，比如阿司匹林制成包合物后反而更容易水解。

4. 液体药物粉末化 中药中的许多挥发油，如薄荷油、生姜挥发油和紫苏油等，容易挥发，一般也不溶于水。传统的做法是用吸收剂将挥发油吸附后再压片或装胶囊等，生产过程容易挥发损失。比如羌活油在制成感冒冲剂时，不易混匀，且制成颗粒剂后极易挥发影响疗效，制成包合物后羌活油液态变固态,容易混匀并降低挥发。

包合物在制剂中应用较为广泛,表 13 - 2 中列出了上市药品中含有包合物的一些品种。

表 13 - 2　采用包合技术的一些市售药品

商品名	包合物:环糊精	剂型	生产国家
Stada reisepastille	苯海拉明:β - CYD	片剂	德国
Glymeason©	地塞米松 β - CYD	软膏剂	日本
Ulgut©, Lonmiel©	吡罗昔康:β - CYD	片剂、栓剂	巴西、法国
Brexin Cieladol©, Cieladol©	贝奈克酯:β - CYD	胶囊	日本
Prostandin 500©, Prostavasin©	贝奈克酯:β - CYD	粉针	意大利、日本、德国
Prostarmon E©	前列腺素 E_2:α - CYD	舌下片	日本
Sporanox©	伊曲康唑:HP - β - CYD	注射剂	美国

三、环糊精的结构与性质

环糊精(cyclodextrin,CYD)是将淀粉用嗜碱性芽孢杆菌酶解后得到的,由 6 ~ 12 个葡萄糖分子连接而成环状化合物。该环状化合物内腔疏水,外围亲水,因此能够将难溶性药物的疏水基团包合而增溶。常见的有 α、β、γ 三种环糊精,分别由 6、7、8 个葡萄糖分子连接而成,其基本性质见表 13 - 3。环糊精对酸较不稳定,对碱、热和机械作用都相当稳定。

表 13 - 3　三种环糊精的基本性质

项目	α - CYD	β - CYD	γ - CYD
葡萄糖单体个数	6	7	8
分子量	973	1135	1297
分子空洞内径/nm	0.45 ~ 0.6	0.7 ~ 0.8	0.85 ~ 1.0
空洞深度/nm	0.7 ~ 0.8	0.7 ~ 0.8	0.7 ~ 0.8
比旋度	+150.5	+162.5	+177.4
25℃溶解度/(g/L)	145	18.5	232
结晶形状	针状	棱柱状	棱柱状
碘络合物颜色	蓝色	黄色	紫褐色

三种环糊精的空洞内径及物理性质差别很大,其中以 β - CYD 空洞大小适中,水中溶解度最小,制备包合物后易于从水中分离出来,而且其溶解度随着温度的升高而增大,当温度由 20℃升高至 80℃,溶解度由 18g/L 增加至 183g/L;这些性质对 β - CYD 包合物的制备提供了有利条件。目前国内外供应最充分的就是 β - CYD,其价格低廉,应用研究较多,因此它是首选的包合材料。β - CYD 的空间结构见图 13 - 1。铂类金刚烷的疏水基团被包合于 β - CYD 的空洞而被增溶。近年来对 β - CYD 的分子结构进行修饰,将甲基、乙基、羟乙基、羟丙基等基团引入 β - CYD 中,制备成羟乙基 - β - CYD、羟丙基 - β - CYD 和磺丁基 - β - CYD 等环糊精衍生物,对其理化性质进行改善,比如提高环糊精的水溶性和包合能力。

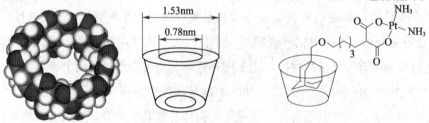

图 13 - 1　β - CYD 的空间结构模型及包合物示意图

四、环糊精包合物的制备方法

1. 饱和水溶液法（重结晶或共沉淀法） 将环糊精制成饱和水溶液，加入客分子药物（难溶性药物可先用适量有机溶剂溶解）搅拌混合 30 分钟以上，形成的包合物自水中析出。水中溶解度大的药物，其包合物不易析出，此时可加入有机溶剂使析出沉淀，将析出的包合物过滤、洗涤、干燥即得。

2. 研磨法 取环糊精加入 2~5 倍水，研匀，加入药物（难溶性药物可先用适量有机溶剂溶解），充分研磨成糊状，除去水分和其他溶剂，即得包合物。

3. 喷雾干燥法 如果所得包合物易溶于水，难以析出沉淀，可用喷雾干燥法制备包合物。如果包合物在加热干燥时容易分解、变色，可用冷冻干燥法干燥。

4. 超声波法 向环糊精饱和溶液中加入客分子药物，混合溶解后用超声波处理，析出的沉淀进行过滤、洗涤、干燥即得。

 拓展阅读

包合物的验证

环糊精与药物是否形成包合物，可根据药物的性质选用适当的方法进行验证。①电镜扫描法，利用包合物形成前后形状的变化进行判断。②薄层色谱法，利用药物在形成包合物前后展开行为的差异进行判断。③光谱法，包括紫外–可见分光光度法和荧光光谱法等，利用药物在形成包合物前后吸收曲线与吸收峰的位置及高度进行判断。④热分析法，利用包合物形成前后热分析曲线的变化进行判断。⑤分配系数法，利用药物在形成包合物前后分配系数的变化进行判断。

即学即练 13 –2

β – 环糊精连接的葡萄糖分子数是（　　）。

答案解析　A. 5 个　　　　B. 6 个　　　　C. 7 个　　　　D. 8 个

任务三　微型包囊技术 微课 3

PPT

一、概述

微囊是利用天然的或合成的高分子材料（囊材）将固体或液体药物（囊心物）包封而成的粒径为 1~250μm 的微型胶囊；或使药物溶解或分散在成球材料中，形成基质型微小球状实体的固体骨架物称微球。微囊的粒子直径属微米级，粒径在纳米级的为纳米囊。药物微囊化后可进一步制成散剂、颗粒剂、片剂、胶囊剂、注射剂等不同剂型。制备微囊的过程称为微型包囊技术，简称微囊化（microencapsulation），被包裹的药物称囊心物，包裹药物用的高分子材料称为囊材。药物制成微囊后（表 13 –4）具备了以下特点。

1. 掩盖药物的不良臭味 如大蒜素、鱼肝油、氯贝丁酯、生物碱类及磺胺类等药物制成微囊后，可有效掩盖药物的不良臭味，进而提高患者用药顺应性。

2. 增加药物的稳定性　一些不稳定的药物如易水解药物阿司匹林、易氧化的药物如维生素 C 和 β - 胡萝卜素等药物制成微囊后，能够在一定程度上避免 pH、光线、湿度和氧的影响，提高药物的化学稳定性。易挥发的挥发油类药物微囊化后能防止其挥发，提高制剂的物理稳定性。

3. 阻止药物在胃内失活或降低对胃的刺激性　尿激酶、红霉素、胰岛素等药物易在胃内失活，氯化钾、吲哚美辛等对胃有刺激性，易引起胃溃疡，以邻苯二甲酸羟丙基甲基纤维素等肠溶材料制成微囊，可克服上述缺点。

4. 使液体药物固体化，便于制剂的生产、应用与贮存　脂溶性维生素、油类、香料等油状成分制成微囊后，可完全改变其外观形状，从油状变成粉末状，有利于制剂的工艺生产。

5. 可降低复方制剂中药物之间的配伍禁忌等问题　阿司匹林与氯苯那敏配伍后，易加速阿司匹林的水解；将二者分别制成微囊后，再制成复方制剂，可大大防止阿司匹林的水解。

6. 可延缓药物释放，降低毒副作用　应用成膜材料、可生物降解材料、亲水凝胶材料等作为微囊囊材，从而使药物具有控释或缓释性。已有的微囊制剂如吲哚美辛缓释微囊、左炔诺孕酮控释微囊及促肝细胞生长素速释微囊等。有人研制了硫酸庆大霉素可生物降解乳酸微囊，可产生长达 2~3 周的局部抗菌效果。

表 13 - 4　一些药物微囊化的实例

原料药名称	微囊化目的	主要适应证
布洛芬	掩味	消炎、镇痛
右美沙芬	掩味	镇痛、镇咳
甲喹酮	掩味	催眠
土霉素碱	掩味	抗生素
三硝酸甘油酯	缓控释	扩张血管
阿米替星	缓控释、掩味	抗抑郁
扑尔敏	缓控释、掩味	抗组胺
维生素 C	隔离周围环境，提高稳定性	维生素
盐酸甲氯芬酯	隔离周围环境，提高稳定性	精神振奋
左旋多巴	隔离周围环境，提高稳定性	抗震颤麻痹
蓖麻油	掩味，液体药物固体化，使用更方便	轻泻药
依普拉酮	液体药物固体化，使用更方便	镇咳
鱼肝油	液体药物固体化，使用更方便	维生素
富马酸亚铁	与其他组分隔离，防止药物相互作用	补铁剂
非那西丁	与其他组分隔离，防止药物相互作用	解热镇痛
吲哚美辛	减少对胃黏膜的刺激	消炎镇痛
呋喃妥因	减少对胃黏膜的刺激	抗菌药

二、囊心物与囊材

1. 囊心物　除主药外，也可包含附加剂，如稳定剂、稀释剂、控制释放速率的阻滞剂或促进剂以及改善囊膜可塑性的增塑剂等。囊心物可以是固体，也可以是液体。通常将主药与附加剂混匀后再微囊化，也可先将主药单独微囊化，再加入附加剂。

2. 囊材　常用的囊材可分为下述三大类。

（1）天然高分子囊材　天然高分子材料是最常用的囊材，包括明胶、阿拉伯胶、海藻酸盐、蛋白类、壳聚糖和淀粉等，因其稳定、无毒、成膜性好而得到广泛应用。

①明胶　明胶是氨基酸与肽交联形成的直链聚合物，其平均分子量在 15000~25000 之间，因制备时

水解方法的不同，明胶分酸法明胶（A 型）和碱法明胶（B 型）。A 型明胶的等电点为 7 ~ 9，B 型明胶的等电点为 4.7 ~ 5.0。两者的成囊性无明显差别，均可生物降解，几乎无抗原性。通常可根据药物对酸碱性的要求选用 A 型或 B 型。用作囊材的用量为 20 ~ 100g/L。

②阿拉伯胶　一般常与明胶等量配合使用，用作囊材的用量为 20 ~ 100g/L，亦可与白蛋白配合作复合材料。

③海藻酸盐　系多糖类化合物，常用稀碱从褐藻中提取而得。海藻酸钠可溶于不同温度的水中，不溶于有机溶剂，但海藻酸钙不溶于水，故海藻酸钠可用氯化钙固化成囊。

④壳聚糖　常用的是脱乙酰壳聚糖，为壳聚糖在碱性条件下脱乙酰化而得，可溶于酸或酸性水溶液，无毒、无抗原性，在体内能被溶菌酶等酶解，具有优良的生物降解性、低毒性和生物相容性。

（2）半合成高分子囊材　作囊材的半合成高分子材料多为纤维素衍生物，其特点是毒性小、黏度大、成盐后溶解度增大。由于其易于水解，不宜高温处理。

①羧甲基纤维素盐　羧甲基纤维素盐属阴离子型的高分子电解质，如羧甲基纤维素钠（CMC – Na）常与明胶配合作复合囊材。CMC – Na 在酸性液中不溶，水溶液不会发酵。

②醋酸纤维素酞酸酯（CAP）　在强酸中不溶解，分子中的游离羧基多少决定其水溶液的 pH 及能溶解 CAP 的溶液最低 pH。用作囊材时可单独使用，也可与明胶配合使用。

③乙基纤维素　乙基纤维素（EC）化学稳定性高，适用于多种药物的微囊化，不溶于水、甘油和丙二醇，可溶于乙醇，遇强酸易水解，故对强酸性药物不适宜。

④甲基纤维素　甲基纤维素（MC）用作微囊囊材，可与明胶、CMC – Na、聚维酮（PVP）等配合作复合囊材。

⑤羟丙甲纤维素　羟丙甲纤维素（HPMC）能溶于冷水成为黏性溶液，有一定的表面活性，不溶于热水，长期贮存稳定性较好。

（3）合成高分子囊材　作囊材用的合成高分子材料有生物可降解型和不可生物降解型两类。近年来可生物降解型材料受到普遍重视，如聚碳酯、聚氨基酸、聚乳酸（PLA）、聚乳酸 – 羟基乙酸共聚物（PLGA）、聚乳酸 – 聚乙二醇嵌段共聚物（PLA – PEG）等，其特点是无毒、成膜性好、化学稳定性高，可用于注射。其中尤以 PLA 和 PLGA 应用最为广泛，PLGA 为无毒的可生物降解的聚合物，由乳酸和羟基乙酸聚合而成。

三、微型包囊的常用技术

目前微囊化方法可归纳为物理化学法、物理机械法和化学法三大类。

1. 物理化学法　成囊过程在液相中进行，通过改变条件使溶解的囊材的溶解度降低，从溶液中析出，产生一个新相（凝聚相）并将囊心物包裹形成微囊，故又称相分离法。相分离法微囊化步骤大体可分为囊心物的分散、囊材的加入、囊材的沉积和囊材的固化四步（图 13 – 2）。

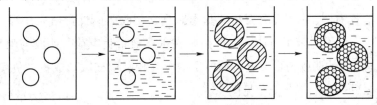

图 13 – 2　相分离法微囊化四步骤图示

相分离法分为单凝聚法、复凝聚法、溶剂－非溶剂法、改变温度法和液中干燥法。该法所用设备简单，高分子材料来源广泛，可将多种类别的药物微囊化，现已成为药物微囊化的主要工艺之一。

（1）单凝聚法　单凝聚法是相分离法中较常用的一种，制备微囊时是以一种高分子材料为囊材，将囊心物分散到囊材的水溶液中，然后加入凝聚剂（如乙醇、丙酮、无机盐等强亲水性物质）以降低高分子材料的溶解度而凝聚成囊的方法。这种凝聚是可逆的，一旦解除促进凝聚的条件（如加水稀释），就可发生解凝聚，使微囊很快消失。在制备过程中可以反复利用这种可逆性，调节凝聚微囊形状。最后再采取适当的方法将囊膜交联固化，使之成为不粘连、不可逆的球形微囊。以明胶为囊材的单凝聚法工艺流程见图13－3。

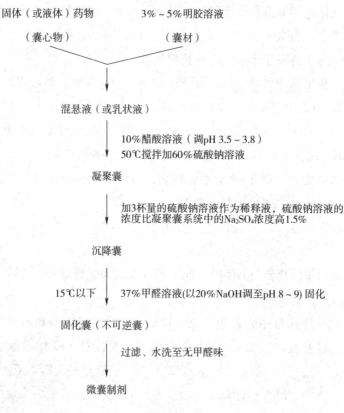

图13－3　明胶为囊材的单凝聚法工艺流程

（2）复凝聚法　复凝聚法是指利用两种聚合物在不同 pH 时，相反电荷的高分子材料互相吸引后，溶解度降低，从而产生了相分离，这种凝聚方法称为复凝聚法。该法是经典的微囊化方法，适用于难溶性药物的微囊化。

常在一起作复合囊材的带相反电荷的高分子材料组合有明胶－阿拉伯胶（或 CMC 或 CAP 等多糖）、海藻酸盐－聚赖氨酸、海藻酸盐－壳聚糖、海藻酸－白蛋白、白蛋白－阿拉伯胶等，其中明胶－阿拉伯胶组合最常用。

现以明胶与阿拉伯胶为例，说明复凝聚法的基本原理，明胶为两性蛋白质，当 pH 在等电点以上时明胶带负电荷，在等电点以下时带正电荷。阿拉伯胶在水溶液带负电荷，明胶与阿拉伯胶溶液混合后，调 pH 4.0～4.5，带正电荷的明胶与带负电荷的阿拉伯胶互相吸引交联形成正、负离子的络合物，溶解度降低而凝聚成囊。复凝聚法的工艺流程见图13－4。

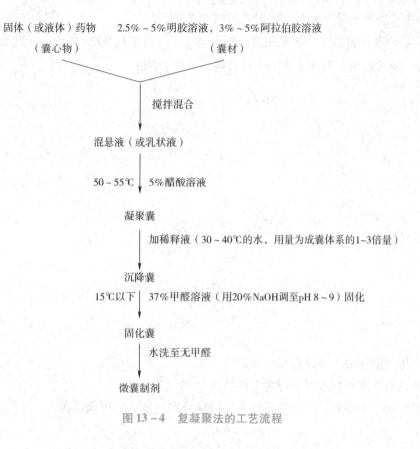

图 13 - 4　复凝聚法的工艺流程

2. 物理机械法　本法是将固态或液态药物在气相中进行微囊化，需要一定设备条件。常用的方法是喷雾干燥法和空气悬浮包衣法。随着近年来制药技术及设备不断发展，物理机械法制备微囊的应用越来越广。

（1）喷雾干燥法　喷雾干燥法是将囊心物分散在囊材的溶液中，再用喷雾法将此混合物喷入热气流中，溶剂迅速蒸发，囊膜凝固将药物包裹而成微囊。

（2）喷雾冻凝法　又称为喷雾凝结法，是将囊心物分散于熔融的蜡质囊材中，然后将此混合物喷雾于冷气流中，囊材凝固而成微囊。如蜡类、脂肪酸和脂肪醇等囊材均可采用此法。

（3）空气悬浮法　又称流化床包衣法，使囊心物悬浮在包衣室中，囊材溶液通过喷嘴喷撒于囊心物表面而得到的微囊。

3. 化学法　化学法是利用在溶液中单体或高分子通过聚合反应或缩合反应生成高分子囊膜，从而将囊心物包裹成微囊，主要分为界面缩聚法和辐射化学法两种。本法的特点是不加凝聚剂。

四、微囊制剂的质量评价

药物微囊化以后，可根据临床需要制成散剂、胶囊剂、片剂及注射剂等剂型。由于微囊本身的质量可直接影响制剂的质量，因此微囊的质量评价不仅要求其相应制剂符合药典规定，还需要评价微囊本身的质量，包括囊形与大小、微囊中药物的含量、微囊中药物的释放度等。

1. 微囊的形状与大小　微囊的外形一般为圆球形或近圆球形，有时候也可以是不规则形，可采用光学显微镜、电子显微镜等观察形态，用自动粒度测定仪、库尔特计数仪测定粒径大小和粒度分布。

2. 微囊中药物的含量测定　微囊中药物进行含量测定时，应注意囊材对药物包封率的影响，如果囊膜破坏不完全，主药提取可能不完全，测得的药物含量就偏低。

3. 微囊中药物的释放度测定　根据微囊的特点与用途，可采用 2020 年版《中国药典》四部中释放度测定方法进行，也可将微囊置于半透膜透析管内，再进行测定。

即学即练 13 - 3

属于常用囊材的有（　　）。

答案解析

A. 明胶　　　　　　　　　　　　　　　　　　B. 甲基纤维素

C. 聚乳酸（PLA）　　　　　　　　　　　　　D. 以上均是

实践实训

实践项目十八　布洛芬固体分散体的制备

【实践目的】

1. 能进行固体分散体的处方分析和小试制备。

2. 会对固体分散体的溶出速率进行简单的测定。

3. 能正确使用真空干燥箱、溶出仪和紫外 - 可见分光光度计等仪器设备。

【实践场地】

药剂实验室。

【实践内容】

1. 处方　布洛芬 0.2g，PVP k30 2.0g，无水乙醇 15ml。

2. 器材与药品　蒸发皿，水浴锅，100 目筛，真空干燥箱，溶出仪，紫外 - 可见分光光度计，电子天平，磷酸盐缓冲液，pH 计，布洛芬，聚乙烯吡咯烷酮（PVP k30）等。

3. 背景知识

（1）PVP 是一种无定型物，在蒸去无水乙醇后仍然以无定型状态存在，PVP 与布洛芬之间形成共沉淀物时，药物与 PVP 之间的相互作用（如微弱的氢键）抑制了药物的结晶过程。

PVP 分子量越小，形成氢键的能力越强，越容易形成固体分散体，药物的溶出速率越高，次序为 PVP k15（平均分子量约 10000）＞ PVP k30（平均分子量 50000）＞ PVP k90（平均分子量 360000）。

固体分散体蒸去无水乙醇后，取出迅速降温（如迅速放入冰箱冷冻 10 分钟），有利于提高固体分散体的溶出速度。

（2）布洛芬具有抗炎、镇痛、解热作用，是 WHO 和 FDA 唯一共同推荐的儿童退烧药，亦用于治疗风湿性关节炎、类风湿性关节炎、骨关节炎和神经炎等。市售制剂主要包括布洛芬普通片、布洛芬缓释片、布洛芬泡腾片、布洛芬缓释胶囊、布洛芬搽剂等。布洛芬虽然在乙醇、丙酮、三氯甲烷或乙醚中易溶，但在水中几乎不溶，这影响了布洛芬从制剂中的释放和在体内的吸收。采用固体分散体技术可以增加布洛芬在水中的溶解度和溶出速度，进而提高其生物利用度。

【实践方案】

1. 制备布洛芬固体分散体　取 PVP k30 2.0g 置蒸发皿中，加入无水乙醇 15ml，60 ~ 80℃ 水浴加热使溶解。加入布洛芬0.2g，搅匀使溶解，在搅拌下蒸去乙醇，取下蒸发皿在60℃ 真空干燥箱里继续干燥除尽乙醇，取出，研磨，过100目筛，即得。

2. 布洛芬固体分散体的溶出试验 精密称取布洛芬固体分散体m_1g（约1.1g），照溶出度测定法第一法，以磷酸盐缓冲液（pH 7.2）900ml 为溶出介质，转速为120r/min，依法操作，经5、10、15、20、30 分钟取样，取溶液5ml，滤过，精密量取续滤液2ml，加溶出介质稀释至25ml，摇匀，照紫外 – 可见分光光度法，在222nm 波长处测定吸光度A，按$C_{13}H_{18}O_2$的吸收系数$E = 449$计算溶出率，将数据填入表13 – 5，并根据溶出百分率绘制溶出曲线。将布洛芬原料过100目筛，与PVP k30 以1：10 的比例混合PVP k30 称取混合物m_2g（约1.1g），同法操作，计算溶出率并绘制溶出曲线。

提示：溶出百分率$\approx 2.27 \times A \times m \times 100\%$；式中，$A$ 为吸光度，m 为称样量。

表13 – 5 布洛芬固体分散体的溶出试验

样品	吸收度/分钟						溶出百分率/分钟					
	5	10	15	20	25	30	5	10	15	20	25	30
固体分散体												
布洛芬原粉末												

【思考题】

1. 提高药物的溶解度在制剂上有什么意义？

2. 本案例中，在制备固体分散体过程中为什么要迅速降温？

实践项目十九 大蒜油微囊的制备

【实践目的】

1. 能进行复凝聚法制备微囊的处方分析和小试制备。

2. 掌握复凝聚法制备微囊过程中影响微囊形成的因素。

3. 能正确使用光学显微镜测定微囊粒径。

4. 通过实验进一步理解复凝聚法制备微型胶囊的原理。

【实践场地】

药剂实验室。

【实践内容】

1. 处方 大蒜油5ml，阿拉伯胶5g，明胶5g，37%甲醛溶液25ml，10%醋酸溶液适量，20%NaOH溶液适量，蒸馏水适量。

2. 器材与药品 大蒜油，阿拉伯胶，明胶，甲醛，醋酸，氢氧化钠，冰块，电子天平，组织捣碎机，水浴锅，温度计，pH试纸，显微镜等。

3. 背景知识 大蒜油是大蒜中提取而得最重要的活性硫化物质，具有降低胆固醇及血脂、增强血管弹性、减低血小板凝集等作用，能预防血栓、高血压等心血管疾病。将大蒜油制成微囊，有利于防止其挥发、降低刺激性和液体药物固体化。在实验室中制备微囊常选用物理化学法中的凝聚法，包括单凝聚法和复凝聚法。

【实践方案】

1. 明胶溶液的配制 称取明胶 5g 用蒸馏水适量浸泡溶胀后，加热溶解，加蒸馏水至 100ml，搅匀，50℃保温备用。

2. 阿拉伯胶溶液的配制 取蒸馏水 80ml 置小烧杯中，加阿拉伯胶粉末 5g，加热至 80℃ 左右，轻轻搅拌使溶解，加蒸馏水至 100ml。

3. 大蒜油乳剂的制备 取大蒜油 5ml 与 5% 阿拉伯胶溶液 100ml 置组织捣碎机中，乳化 30 秒，即得乳剂。

4. 混合 将乳剂转入 1000ml 烧杯中，置 50~55℃ 水浴上加 5% 明胶溶液 100ml，轻轻搅拌使混合均匀。

5. 微囊的形成 在轻轻搅拌下，滴加 10% 醋酸溶液于混合液中，调节 pH 至 3.8~4.0，使形成复合囊。

6. 微囊的固化 取下烧杯，在轻轻搅拌下，加入 30℃ 蒸馏水 400ml，不停搅拌，待温度为 32~35℃ 时，加入冰块，继续搅拌至温度为 10℃ 以下，加入 37% 甲醛溶液 25ml（用蒸馏水稀释一倍），搅拌 10 分钟，再用 20% NaOH 溶液调至 pH 8~9，继续搅拌 20 分钟，静置待微囊沉降。

7. 抽滤 待微囊沉降完全，倾去上清液，抽滤，用蒸馏水洗至无甲醛味，即得。

8. 镜检 显微镜下观察微囊的形态并绘制微囊形态图，记录微囊的粒径。

【注意事项】

1. 复凝聚法制备微囊，pH 调节是关键，用 10% 醋酸溶液调节 pH 时一定要把溶液搅拌均匀，使整个溶液的 pH 为 3.8~4.0，以使明胶所带正电荷最大化，利于两种囊材的结合。

2. 制备微囊的过程中，始终伴随轻微搅拌，特别是固化前勿停止搅拌，以免微囊粘连。

【思考题】

1. 复凝聚法制备微囊过程中，关键的处方因素和工艺因素有哪些？

2. 在操作时应如何控制以使微囊形状好，收率高？

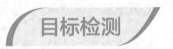 目标检测

答案解析

一、单项选择题

1. 关于药物在固体分散体的存在状态，错误的是（ ）。

    A. 分子   B. 离子   C. 无定形   D. 胶态

2. 关于 β – 环糊精包合的作用，错误的是（ ）。

    A. 液体药物粉末化   B. 减少药物的刺激性

    C. 降低药物的溶解度   D. 调节药物的释放速度

3. 聚乙二醇在固体分散体中的主要作用是（ ）。

    A. 增塑剂   B. 促进其溶化   C. 载体   D. 黏合剂

4. 可用作肠溶性固体分散体的基质是（ ）。

    A. 聚乙二醇类   B. 泊洛沙姆 188

C. 羟丙甲纤维素酞酸酯　　　　　　　　　D. 乙基纤维素

5. 固体分散体中药物溶出速度的比较是（　　）。

　　A. 无定型 > 微晶 > 分子态　　　　　　　B. 微晶 > 分子态 > 无定型

　　C. 分子态 > 无定型 > 微晶　　　　　　　D. 微晶 > 无定型 > 分子态

二、配伍选择题

1. 起缓释作用的是（　　）。

2. 能作静脉注射的是（　　）。

3. 能掩盖药物的不良臭味的是（　　）。

4. 可用重结晶法制备的是（　　）。

5. 能提高稳定性的是（　　）。

A. 微囊　　　　　　B. 环糊精包合物　　　　　C. 二者均可　　　　　　D. 二者均不可

三、多项选择题

1. 下列（　　）可增加药物的溶出速率。

　　A. 固体分散体　　　　　　　B. β - 环糊精包合物　　　　　C. 脂质体

　　D. 胃内漂浮制剂　　　　　　E. 缓释制剂

2. 环糊精包合物在制剂中常用于（　　）。

　　A. 液体药物粉末化　　　　　B. 提高药物稳定性　　　　　C. 制备靶向制剂

　　D. 避免药物的首过效应　　　E. 提高药物溶解度

3. 下列一些剂型中，哪些为固体分散体（　　）。

　　A. 低共熔混合物　　　　　　B. 气雾剂　　　　　　　　　C. 固体溶液

　　D. 复方片剂　　　　　　　　E. 共沉淀物

4. 属于天然高分子微囊囊材的有（　　）。

　　A. 壳聚糖　　　　　　　　　B. 明胶　　　　　　　　　　C. 聚乳酸

　　D. 阿拉伯胶　　　　　　　　E. 乙基纤维素

四、名词解释

1. 固体分散体

2. 包合物

五、简答题

1. 简述固体分散体的应用与制备方法。

2. 简述包合物的应用与制备方法。

3. 简述微囊的应用与制备方法。

书网融合……

　　知识回顾　　　　微课1　　　　微课2　　　　微课3　　　　习题

学习引导

随着社会的发展和科学技术的不断进步，药物新剂型的应用越来越普遍。相比于传统剂型，药物新剂型可实现定时、定位、定速释放药物，具有使用方便、疗效好、毒副作用小等诸多优势。那么，我们生活中用到的药物新剂型有哪些呢？这些新剂型中加入了哪些辅料，又是如何生产制备出来的呢？

本项目主要介绍缓控释制剂、经皮给药制剂、靶向制剂这三种药物新剂型的概念、特点、主要类型、常用辅料以及制备工艺等。

学习目标

1. **掌握**　缓释、控释制剂，经皮给药制剂，靶向制剂的概念、特点。

2. **熟悉**　缓释、控释制剂的主要类型；缓释、控释制剂的常用辅料及作用；经皮给药制剂的基本结构、类型及常用的处方材料；靶向制剂的分类及常用载体。

3. **了解**　缓释、控释制剂的制备工艺与体内外评价方法；口服缓释、控释制剂的临床应用与注意事项；经皮给药制剂的制备工艺与质量评价；靶向制剂的制备材料及方法。

任务一　缓释和控释制剂

PPT

实例分析 14-1

实例　患者，女，78 岁，因患有高血压需要长期口服硝苯地平控释片（规格为 30mg），每日 1 次，每次 1 片，服药后血压能够得到很好的控制。然而，近几日由于气温骤降，患者感觉血压明显升高，通过血压计自查血压为 168/110mmHg，于是决定加服 1 片药片，但又担心控释片起效缓慢，于是自行将其碾碎后吞服，结果服药 1 小时后自查血压为 108/70mmHg，后续又出现恶心、头晕、心悸、胸闷等症状，随后去医院就诊。

讨论　1. 导致患者出现血压明显降低以及头晕、心悸等症状的原因是什么？

2. 如何正确使用口服缓释、控释制剂？

答案解析

一、概述

1. 缓释、控释制剂的定义 缓释制剂系指在规定的释放介质中,按要求缓慢非恒速地释放药物,与相应的普通制剂比较,给药频率减少一半或有所减少,且能显著增加患者用药依从性的制剂。缓释制剂可通过口服、注射及黏膜等多种途径给药,如硝苯地平缓释片、罗红霉素缓释胶囊、注射用长效胰岛素、醋酸地塞米松眼部植入剂等。

控释制剂系指在规定的释放介质中,按要求缓慢地恒速释放药物,与相应的普通制剂比较,给药频率减少一半或有所减少,血药浓度比缓释制剂更平稳,且能显著增加患者用药依从性的制剂。从广义上讲,控释制剂包括控制释药的速度、时间和方向,故靶向制剂、透皮吸收制剂等都应属于广义的控释制剂范畴。而狭义的控释制剂则通常是指在设定时间内以零级或接近零级速度释药的制剂,如吲哚美辛控释胶囊、格列吡嗪控释片、硝苯地平控释片等。

2. 缓释、控释制剂的特点 普通制剂,不论采取口服或注射给药的方式,常需一日用药几次。多剂量给药常会给患者带来很多的不便,尤其是对于需长期用药的患者(如心血管疾病及糖尿病患者等)来说,不仅不方便使用,而且会使血药浓度波动很大,有"峰谷"现象,如图 14-1 所示。当血药浓度高(处于"波峰")时,可能会高于药物的"最小中毒浓度"(MTC)而造成副作用甚至中毒;当血药浓度低(处于"波谷")时,可能在"最小有效浓度"(MEC)以下而不能发挥疗效。

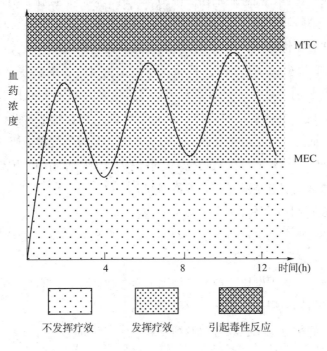

图 14-1 血药浓度峰谷示意图

(1)**优点** 缓释、控释制剂是在普通制剂的基础上开发的一类药物新剂型,与普通制剂相比,具有以下优点。

①**减少给药次数** 对半衰期短的或需要频繁使用的药物,可以减少用药次数,降低给药频率,如普通制剂每天用药 3~4 次,制成缓释或控释制剂可改为每天 1~2 次,从而显著提高患者用药的依从性,方便用药,尤其适用于需要长期用药的慢性疾病患者。

②**血药浓度平稳** 如图 14-2 所示,药物可缓慢释放进入体内,可避免或减少"峰谷"现象,既有

效避免超过治疗血药浓度范围的毒副作用,又能维持在有效浓度范围(治疗窗)之内以发挥疗效,尤其对于治疗指数较窄的药物,提高了用药的安全性。

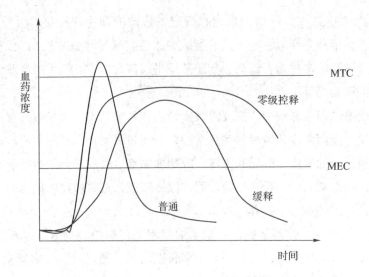

图 14－2　缓释、控释制剂与普通制剂血药浓度随时间变化曲线

③可减少用药的总剂量　因此可用最小剂量发挥最佳的治疗效果。

④避免肝脏首过效应　缓释、控释制剂用于眼用、耳道、鼻腔、直肠、阴道、口腔或牙用、透皮或皮下、皮下植入及肌内注射等制剂时,可使药物缓慢释放并吸收,能有效避免肝脏首过效应。

尽管缓释、控释制剂有其优越性,但并不是所有药物都适合制成缓释、控释制剂,如单次给药剂量很大(>1g)、生物半衰期很短(<1 小时)或很长(>24 小时)、不能在小肠下部有效吸收的药物,一般不适合制成口服缓释制剂。对于口服缓释制剂,通常要求其在整个消化道内均有药物的吸收,因此,在肠中具有"特定部位"主动吸收的药物,如维生素 B_2,其有效吸收部位在小肠的上段,制成口服缓释制剂的效果不佳。此外,对于溶解度很小、吸收很差、吸收不规律或吸收易受生理因素影响的药物以及药效较为剧烈、剂量需精密调控的药物也不宜制成缓释、控释制剂。抗生素类药物由于其抗菌作用依赖于峰浓度,因此通常也不宜制成缓释、控释制剂。

(2)缺点　缓释、控释制剂的不足之处有以下几点。

①在临床使用中对剂量调节的灵活性降低,如果遇到某些特殊情况(如出现较大副作用),往往不能立即停止治疗。

②缓释、控释制剂通常是根据健康人群的平均动力学参数而设计,当药物在疾病状态的体内动力学特性发生改变时,不能灵活调节用药方案。

③价格昂贵,所涉及的设备及工艺较普通制剂复杂,成本较高。

即学即练 14－1

答案解析

有关缓释、控释制剂的特点不正确的是(　　)。

A. 减少给药次数　　　　　　　　　B. 避免峰谷现象

C. 降低药物的毒副作用　　　　　　D. 适用于半衰期很长的药物($t_{1/2}$ >24 小时)

3. 缓释、控释制剂的分类

（1）按给药途径与给药方式的不同，缓释、控释制剂主要分为口服、透皮、腔道黏膜、植入、注射等类型。

（2）按释药原理不同，缓释、控释制剂主要分为溶出型、溶蚀型、扩散型、渗透泵型及离子交换型等。

（3）按释药类型不同，口服缓释、控释制剂可分为定速、定位及定时给药系统。

（4）根据药物的存在状态不同，缓释、控释制剂主要分为骨架型、膜控型以及渗透泵型缓释、控释制剂等。

①骨架型缓释、控释制剂系指通过压制或融合技术将药物镶嵌在骨架材料中制成的制剂，包括骨架片（如亲水凝胶骨架片、溶蚀性骨架片、不溶性骨架片）、骨架型小丸、胃内滞留片、生物黏附片等。

②膜控型缓释、控释制剂系指药物被包裹在一种或多种高分子聚合物的包衣材料膜内形成的制剂，如微孔膜包衣片、膜控释小片、肠溶膜控释片及膜控释小丸等。

 知识链接

迟释制剂的含义与分类

迟释制剂与缓释、控释制剂等都属于调释制剂的范畴。与缓释、控释制剂不同的是，迟释制剂可延迟释放药物，从而发挥肠溶、结肠定位或脉冲释放等功能。迟释制剂系指在给药后不立即释放药物的制剂，包括肠溶制剂、结肠定位制剂和脉冲制剂等。其中，肠溶制剂系指在规定的酸性介质（pH 1.0 ~ 3.0）中不释放或几乎不释放药物，而在要求的时间内，于 pH 6.8 磷酸盐缓冲液中大部分或全部释放药物的制剂。结肠定位制剂系指在胃肠道上部基本不释放、在结肠内大部分或全部释放的制剂，即一定时间内在规定的酸性介质与 pH 6.8 磷酸盐缓冲液中不释放或几乎不释放，而在要求的时间内，于 pH 7.5 ~ 8.0 磷酸盐缓冲液中大部分或全部释放的制剂。脉冲制剂系指不立即释放药物，而在某种条件下（如在体液中经过一定时间或一定 pH 或某些酶作用下）一次或多次突然释放药物的制剂。

二、缓释、控释制剂的常用辅料

辅料在调节缓释、控释制剂的释药速率方面起到非常重要的作用，其中，主要起阻滞作用的辅料多为高分子化合物，可分为骨架型、包衣膜型缓释材料和增稠剂等。

1. 骨架型材料

（1）亲水凝胶骨架材料　系指遇水或消化液后骨架材料水化膨胀形成凝胶层以控制药物释放的物质。可分为以下四类：①天然凝胶，如海藻酸钠、西黄蓍胶、明胶、琼脂等；②纤维素衍生物，如甲基纤维素（MC）、羟丙甲纤维素（HPMC）、羧甲基纤维素钠（CMC－Na）等；③乙烯聚合物和丙烯酸树脂，如聚乙烯醇（PVA）、卡波姆、聚维酮（PVP）、聚甲基丙烯酸酯等；④非纤维素多糖，如壳聚糖等。其中，最常用的亲水凝胶骨架材料是 HPMC。HPMC 有不同的型号，常用的型号为 K4M 和 K15M（黏度分别为 4000mPa·s 和 15000mPa·s）。

（2）不溶性骨架材料　多为不溶于水或水溶性极小的高分子聚合物或无毒塑料等。常用的材料包括无毒聚氯乙烯、聚乙烯、乙基纤维素（EC）、硅橡胶、乙烯－醋酸乙烯共聚物（EVA）和聚甲基丙烯酸酯类（如 Eudragit RS、Eudragit RL）等。

（3）生物溶蚀性骨架材料　主要为脂肪酸、蜡质或酯类。药物随着骨架材料的逐渐溶蚀而从骨架中释放，可阻滞水溶性药物的溶解与释放。常用的材料包括硬脂酸、硬脂醇、蜂蜡、巴西棕榈蜡、氢化植物油和单硬脂酸甘油酯等。

2. 包衣膜型缓释材料　膜控型缓释、控释制剂是通过包衣材料所形成的包衣膜来控制和调节剂型中药物在体内释放速率、释放时间以及释放部位的制剂。常用的包衣材料主要包括不溶性和肠溶性材料两类。

（1）不溶性高分子材料　通常是一些胃肠液中不溶解的高分子聚合物，不受胃肠道内液体的干扰，具有良好的成膜性能及机械性能，常用的材料有 EC、醋酸纤维素等。为调节控释膜的通透性，可在包衣液中加入少量水溶性分子聚合物作为致孔剂，常用的有聚乙二醇（PEG）、聚维酮（PVP）、聚乙烯醇（PVA）、羟丙甲纤维素（HPMC）、十二烷基硫酸钠等。

（2）肠溶性高分子材料　系指在胃液中不溶，而在肠液偏碱性条件下溶解的高分子薄膜包衣材料，可利用其溶解特性控制药物在特定部位释放。常用的材料包括丙烯酸树脂 L 型（Eudragit L100）和 S 型（Eudragit S100）、醋酸纤维素酞酸酯（CAP）、羟丙甲纤维素酞酸酯（HPMCP）、醋酸羟丙甲纤维素琥珀酸酯（HPMCAS）等。

3. 增稠剂　增稠剂是一类亲水性的高分子材料，主要用于液体制剂中，遇水后通过增加液体制剂的黏度来延缓药物的扩散和吸收。常用的材料包括明胶、PVP、CMC-Na、PVA、右旋糖酐等。

三、缓释、控释制剂的处方与制备工艺

1. 骨架型缓释、控释制剂　骨架型制剂是通过压制或融合技术将药物均匀分散在一种或多种适宜的惰性固体骨架材料中制成片状、小粒状或其他形式的制剂，遇水或生理体液后能保持或形成整体式骨架结构，起到贮库和控制释药的作用。由于制备工艺相对较为简便，多数的骨架型制剂可用常规的生产设备、工艺制备，也有用特殊的设备和工艺（如微囊法、熔融法等），骨架型制剂应用较为广泛。

根据骨架材料性质不同分类，包括亲水凝胶骨架制剂、生物溶蚀性骨架制剂、不溶性骨架制剂以及离子交换树脂骨架制剂；根据制剂类型不同，可分为骨架片、胃内滞留片、生物黏附片、骨架型小丸（胶囊）、颗粒（微囊）压制片等。

（1）骨架片　根据药物的性质及临床需要，选用不同性质的骨架材料通过处方筛选以及工艺优化，可制成亲水性凝胶骨架片、不溶性骨架片和生物溶蚀性骨架片等。

①亲水性凝胶骨架片　此类骨架片主要用 HPMC 作为骨架材料，其遇水后可水化形成凝胶层，凝胶层的性质对药物的释放行为影响显著，凝胶骨架逐渐水化并溶蚀，最后完全溶解，药物全部释放。影响药物释放速率的因素很多，如骨架材料的性质及用量、药物的理化性质及在处方中的含量、制备工艺等。骨架材料的用量必须达到一定程度时才能发挥控制药物释放的作用。如果片剂表面不能形成稳定且连续的凝胶层，则药物释放加快，甚至达不到控制药物释放的目的。亲水性凝胶骨架片的制备方法较为简单，制备工艺主要有粉末直接压片与湿法制粒压片。

例14-1　卡托普利亲水凝胶骨架片（每片25mg）的处方组成包括卡托普利25mg，HPMC 60mg，乳糖15mg，硬脂酸镁适量。处方中卡托普利作为主药，HPMC 作为亲水性凝胶骨架缓释材料，乳糖作为稀释剂，硬脂酸镁作为润滑剂。其具体制备工艺是将处方量的卡托普利、HPMC、乳糖及适量硬脂酸镁（均过80目筛）按照等量递加混合法初混，再将混合物过80目筛3次充分混匀后，采用粉末直接压片法用9mm浅凹冲头压片即得。

即学即练 14 -2

亲水凝胶骨架片的材料为（　　）。

A. 蜡类　　　　　　B. EC　　　　　　C. HPMC　　　　　　D. 脂肪

②生物溶蚀性骨架片（亦称蜡质类骨架片）　将药物与溶蚀性骨架材料如巴西棕榈蜡、蜂蜡、硬脂醇、硬脂酸、单硬脂酸甘油酯等均匀混合制成的缓释片。此类骨架片是通过孔道扩散与骨架溶蚀作用控制药物释放，部分药物被不透水的蜡质膜包裹，可加入适宜的表面活性剂或润湿剂以改善药物的释放。一般将巴西棕榈蜡与硬脂醇或硬脂酸联合使用。熔点过低或太软的骨架材料不易制成物理性能优良的骨架片。胃肠道的 pH、消化酶能明显影响脂肪酸酯类骨架材料的水解。

生物溶蚀性骨架片的制备方法具有独特性，主要包括以下三种。第一种是溶剂蒸发技术，即将药物与辅料的溶液或分散体加入熔化的蜡质材料中混匀，蒸发除去溶剂，混合制成团块，再制成颗粒，最后压成片剂。第二种是熔融技术，即将药物与辅料直接加入熔化的蜡质骨架材料中，温度控制在略高于蜡质熔点，熔化的物料摊开冷凝、固化、粉碎，或倒入一旋转的盘中形成薄片，再破碎过筛使成颗粒后压片。第三种是热混合技术，即将药物与十六醇在高温条件下混合，团块冷却、粉碎，用玉米朊乙醇溶液制粒，最后压片。

例 14 -2　硝酸甘油缓释片（每片 2.6mg）的处方组成包括硝酸甘油 0.26g，硬脂酸 6.0g，棕榈醇（十六醇）6.6g，聚维酮（PVP）3.1g，微晶纤维素（MCC）5.88g，乳糖 4.98g，微粉硅胶 0.54g，滑石粉 2.49g，硬脂酸镁 0.15g，共制 100 片。其中，硬脂酸、棕榈醇作为生物溶蚀性骨架材料。硝酸甘油缓释片采用熔融技术制备，具体制备工艺如下：①将处方量的 PVP 溶解于硝酸甘油乙醇溶液（10% 乙醇溶液 2.95ml）中，加处方量的微粉硅胶混合均匀，加棕榈醇与硬脂酸，水浴加热至 60℃，使熔融；②将处方量的 MCC、乳糖、滑石粉混合均匀后加入到上述熔融的体系中搅拌 1 小时；③将混合物铺于盘中，室温放置 20 分钟，使成团块后，过 16 目筛制粒；④30℃ 干燥，过筛整粒，加硬脂酸镁混匀，压片。

即学即练 14 -3

可用于制备溶蚀性骨架片的材料是（　　）。

A. EC　　　　　　　　　　　　　　　B. 无毒聚氯乙烯

C. HPMC　　　　　　　　　　　　　　D. 单硬脂酸甘油酯

③不溶性骨架片　是指用一些不溶性骨架材料（如 EC、EVA 等）与药物混合均匀制成的骨架型片剂。其药物的释放主要经历以下步骤。A. 口服后胃肠液首先渗入骨架孔隙中。B. 药物溶解于胃肠液中。C. 药物溶液通过骨架中细小而弯曲的孔道，缓缓向外扩散释放，孔道扩散为限速步骤。在药物释放的整个过程中，骨架几乎没有变化，药物释放后骨架完整地随粪便排出体外。由于脂溶性药物从骨架中释放速度过慢，因此，此类骨架片更适合于水溶性药物，如氯化钾、氯苯那敏、茶碱等。此类骨架片有时存在释药不完全的现象，大剂量的药物也不宜制成此类骨架片。

不溶性骨架片的制备方法包括以下几种。第一种是粉末直接压片，即将药物与一定量的不溶性骨架材料粉末混合均匀后，直接压片。第二种是湿法制粒压片，即将药物粉末与骨架材料混匀，加入适宜的溶剂作润湿剂或将部分骨架材料先用乙醇溶解后作为黏合剂，制成软材，再制粒压片。第三种是将药物溶于含骨架材料聚合物的溶剂中，待溶剂蒸发后转变为药物在聚合物中的固体分散体或药物颗粒外层留一层聚合物骨架层，再制粒，压片。例如，呋喃妥因赖氨酸片采用粉末直接压片法制备，选择聚甲基丙烯酸甲酯作为不溶性骨架材料，延缓药物的释放，能显著提高药物生物利用度，并可减轻胃肠道反应。

（2）缓释、控释颗粒（微囊）压制片　将骨架材料与药物制成缓释、控释颗粒，或以骨架材料为载体对药物进行微囊化处理，然后再压片。此类压制片同时具有胶囊剂与片剂的特点，在胃中崩解后释放缓释、控释颗粒或微囊，发挥缓释作用。以下介绍三种缓释、控释颗粒（微囊）压制片的制备方法。

①制备具有不同释药速度的颗粒并按照一定比例混匀后压片。如分别以明胶、乙酸乙烯、虫胶为黏合剂，制备 3 种不同释药速度的颗粒，其中，明胶颗粒释药速度最快，虫胶颗粒最慢，调节 3 种颗粒的比例混合后压片，可获取理想的释药速度。

②利用骨架材料将药物制成微球或微囊后压片，如阿司匹林结晶采用缓释材料 EC 作为载体进行微囊化，制得微囊后压片。此方法尤其适于处方中含量较高的药物。

③先将药物制成含药小丸后压片，最后包薄膜衣。如先将药物与乳糖、淀粉或 MCC 等辅料混匀，用乙基纤维素水分散体包制成含药小丸，必要时还可通过熔化的十六醇与十八醇等蜡质骨架材料混合物加以处理，再压片。最后，通过 HPMC 与 PEG 400 等的混合物水溶液包制薄膜衣。

（3）胃内滞留片　又称胃内漂浮片，系指一类由药物和一种或多种亲水性聚合物及其他辅料制成，通过漂浮等作用使片剂滞留（定位）于胃液中，从而可以延长药物在胃肠道内释放时间的给药系统。胃内滞留片可通过延长制剂在胃肠道内的滞留时间以达到增加药物吸收、提高药物生物利用度的目的。此类缓释片实际上是一种不崩解的亲水凝胶骨架片。为提高滞留能力，常加入疏水性而密度相对较小的材料，主要包括酯类（如单硬脂酸甘油酯）、脂肪醇类（如硬脂醇）、脂肪酸类（如硬脂酸）或蜡类（如蜂蜡）等。还可加入一些调节释药速度的材料，如乳糖等（可加快释放）、丙烯酸树脂等（可延缓释药），有时还加入十二烷基硫酸钠等表面活性剂以增加片剂的润湿性。

例 14 - 3　呋喃唑酮胃漂浮片（每片 100mg）处方中含有呋喃唑酮 100g，十六醇 70g，丙烯酸树脂 40g 及适量十二烷基硫酸钠。采用湿法制粒压片法以 2% HPMC 水溶液作为黏合剂制软材，经制粒、干燥、整粒后，加入硬脂酸镁混匀后压片。片剂大小、处方组成、制备工艺及压缩力、生理因素等对片剂的漂浮性能有影响，在研制时要针对具体情况进行调整。

（4）生物黏附片　生物黏附片系指利用生物黏附性聚合物作为辅料，借助其对生物黏膜产生的特殊黏力，通过口腔、鼻腔、眼眶、阴道及胃肠道的特定区段的上皮细胞黏膜输送药物，发挥局部或全身治疗作用的片状制剂。该剂型的特点是加强了药物与黏膜上皮部位接触的紧密性及持续性，延长药物在靶部位的滞留及释放时间，促进药物吸收，而且容易控制药物吸收的速率及吸收量。口腔、鼻腔等局部给药方式可使药物直接通过黏膜吸收进入体循环而避免肝脏首过效应。

制备生物黏附片所用的生物黏附性高分子材料通常包括天然黏附材料类（如明胶）、半合成黏附材料类（如羟丙基纤维素、羧甲基纤维素钠等）、合成生物黏附材料类（如卡波普）等。制备工艺通常是先将生物黏附性聚合物材料与药物混匀制成片芯，然后再用此黏附性聚合物围成外周，再加覆盖层而成。

例 14 - 4　普萘洛尔生物黏附片采用羟丙基纤维素（HPC）与卡波普 940 作为生物黏附性材料制成含主药 10、15、20mg 3 种规格的黏附片。

（5）骨架型小丸 骨架型小丸系指采用适宜的骨架材料与药物混匀，或再加入一些其他赋形剂（如乳糖等）、调节释药速度的辅料（如 PEG 类、表面活性剂等），通过适当方法制成圆整光滑、硬度适当、大小均一的小丸。骨架型小丸与骨架片所使用的骨架材料相同，根据所使用骨架材料的差异可将骨架型小丸分为亲水凝胶、蜡质类及不溶性骨架小丸。以亲水凝胶骨架材料制成的骨架型小丸，常可通过包衣的方式从更多角度控制药物的释放。

骨架型小丸与包衣小丸相比，制备工艺较为简单。根据处方性质，可采用挤出 – 滚圆制丸法、旋转滚动制丸法（泛丸法）和离心 – 流化制丸法，此外还有喷雾冻凝法、喷雾干燥法、热熔挤压法、液中制丸法等。

例 14 – 5 茶碱骨架小丸处方中含有茶碱 50g，单硬脂酸甘油酯 10g，MCC 40g。其中，单硬脂酸甘油酯和 MCC 作为骨架材料。其制备过程为先将单硬脂酸甘油酯分散于热蒸馏水中，在搅拌下加入茶碱形成热浆料，然后与 MCC 混匀制软材，用柱塞挤压机挤压成条状物，并于滚圆机内滚动成丸，经干燥、筛分即得。

2. 膜控型缓释、控释制剂 膜控型缓释、控释制剂是指采用适宜的包衣材料通过一定的工艺对颗粒、小丸、片剂等进行包衣处理以获得缓释、控释效果的制剂，主要适用于水溶性药物。包衣液由包衣成膜材料、增塑剂和溶剂（或分散介质）组成，根据衣膜的性质和需要可加入适宜的致孔剂、着色剂、抗黏剂和遮光剂等。

（1）微孔膜包衣片 微孔膜控释制剂通常采用胃肠道中不溶的聚合物，如醋酸纤维素、EC、聚丙烯酸树脂、EVA 等作为包衣成膜材料，为使衣膜具有一定的通透性，包衣液中常加入少量致孔剂，如PEG 类、PVP、PVA、HPMC、十二烷基硫酸钠、糖和盐类等水溶性的物质，亦有加入一些水不溶性的固体粉末如滑石粉、二氧化硅等，甚至将部分药物加在包衣液中既作致孔剂，同时又起速释作用。用这样的包衣液对普通片剂进行包衣即可制成微孔膜包衣片。此类包衣片遇水或消化液时，衣膜上的致孔剂部分溶解或脱落，导致衣膜上形成无数微孔或弯曲孔道，以提高药物的通透性。水溶性药物的片芯需要具有一定硬度和较快的溶出速率，以使包衣片的释药速率完全由微孔包衣膜控制，此微孔膜在胃肠道内不被破坏，最后排出体外。

例 14 – 6 磷酸丙吡胺缓释片的制备过程是先按常规方法制成含药片芯，然后采用低黏度 EC、醋酸纤维素及聚甲基丙烯酸酯作为包衣材料，PEG 类作为致孔剂，邻苯二甲酸二乙酯、蓖麻油作为增塑剂，采用丙酮作为分散溶媒配制包衣液进行包衣，通过控制衣膜的厚度（膜增重）调节药物的释放速率。

即学即练 14 – 4

微孔膜包衣片的包衣液中加入 PEG 的目的是（　）。
A. 助悬剂　　　　　　　　　　　　B. 乳化剂
C. 成膜剂　　　　　　　　　　　　D. 致孔剂

答案解析

（2）膜控释小片 将药物与辅料按常规工艺制粒，再压成直径约为 3mm 小片，最后用缓释包衣材料包衣后装入硬胶囊。每粒硬胶囊可装数片或十几片不等，同一胶囊内的小片可通过采用具有不同缓释作用的包衣材料或不同厚度的包衣膜来控制药物的释放速度。此类制剂释药恒定可控，克服了颗粒剂由于包衣不均匀而影响药物释放的缺点，是一种较理想的口服控释剂型。其生产工艺也较控释小丸简便，质量更易于控制。

例 14 - 7 茶碱微孔膜缓释小片（每片 15mg）的处方组成如下。①片芯：茶碱 15g，5% CMC 浆液适量，硬脂酸镁 0.1g，共制 1000 片。②包衣液 1：乙基纤维素（EC）0.6g，聚山梨酯 20 0.3g。③包衣液 2：Eudragit RS100 0.6g，Eudragit RL100 0.3g。处方中茶碱为主药，5% CMC 浆液为黏合剂，硬脂酸镁为润滑剂，EC、Eudragit RL100 和 Eudragit RS100 为包衣材料，聚山梨酯 20 为致孔剂。其制备工艺如下。①制备片芯：取处方量无水茶碱粉末用适量 5% CMC 胶浆制粒，干燥，加硬脂酸镁，压成小片（直径为 3mm）。②流化床包衣：配制两种不同处方的包衣液并分别包衣，一种是以 EC 为包衣材料、聚山梨酯 20 为致孔剂，两者比例为 2∶1，用丙酮和异丙醇的混合溶剂溶解；另一种是以 Eudragit RL100 和 Eudragit RS100 为包衣材料。③将 20 片包衣小片装入同一硬胶囊内即得。

（3）肠溶膜控释片　肠溶膜控释片系指将药物压成片芯，外包肠溶衣膜制得的包衣片，还可根据需要再包上含药的糖衣层。此糖衣层中的药物在胃液中释放，起速效作用，当肠溶衣片芯进入肠道后，肠溶衣膜溶解，片芯中的药物释放，因而延长了释药时间。

例 14 - 8 普萘洛尔控释片处方中 60% 的药物与 HPMC 混合压成骨架型片芯，外包肠溶衣膜，其余 40% 的药物均匀分散在外层糖衣层中，包在肠溶衣膜的外面。此控释片在肠道内基本以零级速率缓慢释药，可维持药效 12 小时以上。

（4）膜控释小丸　主要由含药丸芯与控释薄膜衣两部分组成。丸芯含有药物以及稀释剂、黏合剂等辅料，包衣膜与片剂大致相同，也有亲水包衣膜、不溶性包衣膜、微孔包衣膜和肠溶衣等。

例 14 - 9 酮洛芬控释小丸的含药丸芯由药物细粉与 MCC 组成，以 1.5% CMC - Na 胶浆为黏合剂，通过挤出 - 滚圆法制成。包衣材料为等量的 Eudragit RL 和 RS，以异丙醇与丙酮的混合溶剂为分散溶媒，增塑剂用量为包衣材料的 10%，制得的包衣液浓度为 11%，采用流化床包衣技术对丸芯进行包衣，得平均膜厚度 50μm 的控释小丸。

3. 渗透泵型控释制剂　渗透泵片主要是由药物、半透膜材料、渗透压活性物质以及推动剂等构成。常用的半透膜材料包括水不溶性的纤维素类（如醋酸纤维素、EC）、聚丙烯酸树脂类等。渗透压活性物质（亦称渗透压促进剂）主要起调控室内渗透压的作用，常用的包括乳糖、果糖、葡萄糖、甘露醇的不同混合物以及氯化钠等。推动剂亦称助渗剂或促渗透聚合物，具有吸水膨胀性，膨胀后产生推动力，将药物层的药物从释药小孔推出，常用的包括聚羟甲基丙烯酸烷基酯、PVP 等。渗透泵片中除上述组成外，还可加入助悬剂、黏合剂、润湿剂、润滑剂等。

渗透泵片的制备过程是先在含药片芯外包一层半透性的聚合物衣膜，然后通过激光打孔等方式在半透膜上开一个或一个以上适宜孔径的释药小孔，胃肠液中的水分可通过半透膜进入片芯并溶解药物和渗透压活性物质，使半透膜内形成很高渗透压的饱和溶液，膜内外的渗透压差维持水分继续进入膜内，引起药物溶液从释药小孔中以恒定速率释出，其流出量与渗透进入膜内的水量相等，直至片芯药物溶尽为止。

口服渗透泵控释片在渗透泵控释制剂中应用最广，根据结构特点可分为单室、多室渗透泵片，此外，还包括一种拟渗透泵的液体口服渗透泵系统。其中，单室渗透泵片适于大多数水溶性药物，而双室渗透泵片适于水溶性过大或难溶性的药物。

知识链接

硝苯地平渗透泵控释片的处方与制备工艺

硝苯地平渗透泵控释片（每片30mg）

【处方】

药物层：	硝苯地平（40目）	100g
	氯化钾（40目）	10g
	聚环氧乙烷（40目，Mr 20万）	355g
	HPMC（40目）	25g
	硬脂酸镁	10g
	乙醇	250ml
	异丙醇	250ml
助推层：	聚环氧乙烷（40目，Mr 500万）	170g
	氯化钠（40目）	72.5g
	硬脂酸镁	适量
	甲醇	250ml
	异丙醇	150ml
包衣液：	醋酸纤维素（乙酰基值39.8%）	95g
	聚乙二醇4000	5g
	甲醇	820ml
	三氯甲烷	1960ml

【制法】①片芯药物层的制备：处方中前4个组分，混匀，加混合溶剂制软材，过16目筛制粒、干燥，加硬脂酸镁，压片。②片芯助推层的制备：同药物层，于药物层上压上助推层。③包衣。④打孔：孔径为260μm。

【分析】本品为硝苯地平双层渗透泵片，处方中硝苯地平为主药，氯化钾、氯化钠为渗透压活性物质，聚环氧乙烷为助推层，HPMC为黏合剂，硬脂酸镁为润滑剂，醋酸纤维素为包衣材料，聚乙二醇4000为致孔剂。

4. 植入剂　植入剂系指将原料药与适宜辅料制成的供植入人体内的无菌固体制剂。通常将水不溶性药物熔融后倒入模型中成形，或将药物密封于生物相容的硅橡胶等高分子材料制成的小管中，采用特制的注射器植入或通过外科手术埋植于皮下，在体内持续缓慢释药，药效可长达数月甚至数年，如孕激素的避孕植入剂。植入剂所使用的辅料必须是生物相容的，可以使用生物不降解材料如硅橡胶、聚酰胺等，也可用生物降解材料如聚乳酸等。前者在达到预定时间后，应用手术将材料取出。

此类制剂具有以下优点。①皮下植入方式给药，生物利用度高。②血药浓度较平稳且持续时间长。③皮下组织比较疏松且富含脂肪，对外来异物的反应性较小，药物植入后的刺激性、疼痛感较小。④一旦将植入剂取出，机体可以恢复，非常适于计划生育用药。

其缺点是植入时需在局部开一小的切口，或用特制的注射器将植入剂植入；若用生物不降解的材料，还需适时手术取出植入物，降低了患者的顺应性。采用新型给药系统如微球或纳米粒并选择生物降解型载体材料制备的植入剂，使用时可用普通注射器注入体内而无需手术，使用后也无需再手术取出，提高了患者的顺应性。

植入剂主要用于避孕、治疗关节炎、抗肿瘤或作为麻醉药拮抗剂等。例如，左炔诺孕酮硅橡胶管植入剂采用医用硅橡胶管作为载体，将左炔诺孕酮微晶密封于其中并在外面包上硅橡胶薄膜，通过环氧乙烷灭菌制得。该植入剂每组6根，呈扇形埋入皮下，总药量216mg，有效期为5年。

四、缓释、控释制剂的质量评价

缓释、控释制剂的质量评价主要涉及药物的体外释放、体内动力学及临床试验等内容。与常规剂型的质量研究相比，缓释、控释制剂的体外释放速率与体内吸收速率的测定显得尤为重要。

1. 体外释放度试验　《中国药典》（2020年版）四部通则9013"缓释、控释和迟释制剂指导原则"规定，缓释、控释、迟释制剂的体外药物释放度试验可使用溶出度测定仪进行。通则0931"溶出度与释放度测定法"中共收载了七种溶出度与释放度的测定方法，其中，缓释、控释制剂的体外药物释放度照第一法（篮法）、第二法（桨法）、第三法（小杯法）、第六法（流池法）或第七法（往复筒法）进行测定。

2. 体内试验　通则9013规定，对缓释、控释和迟释制剂的安全性和有效性进行评价，应通过体内的药效学和药物动力学试验。关于药物的药物动力学性质，应进行单剂量和多剂量人体药代动力学试验，以证实制剂的缓控释特征符合设计要求。药物的药效学性质应反映出在足够广泛的剂量范围内药物浓度与临床响应值（治疗效果或副作用）之间的关系。此外，应对血药浓度和临床响应值之间的平衡时间特性进行研究。

生物利用度是指活性物质从药物制剂中释放并被吸收进入人体血液循环后，在作用部位可利用的速度和程度，通常采用血浆浓度–时间曲线加以评估。生物等效性是指同一种药物的不同制剂在相同实验条件下，给以相同剂量，其生物利用度（吸收速度和程度）没有明显差异，即不同制剂药物的体内行为相当，具有相似的安全性与有效性。缓释、控释和迟释制剂进行的生物利用度与生物等效性试验，具体试验方法详见通则9011"药物制剂人体生物利用度和生物等效性试验指导原则"。

3. 体内外相关性　缓释、控释和迟释制剂要求进行体内外相关性的试验，它应能反映整个体外释放曲线与血药浓度–时间曲线之间的关系。只有在体内外具有相关性的条件下，才能通过体外释放曲线来预测体内情况。

通则9013规定缓释、控释和迟释制剂的体内外相关性，系指体内吸收相的吸收曲线与体外释放曲线之间对应的各个时间点进行回归，得到直线回归方程的相关系数符合要求，即可认为具有相关性。

🔊 **知识链接**

口服缓释、控释制剂的临床应用及注意事项

口服缓释、控释制剂具有血药浓度平稳持久、减少给药次数等特点，对于需长期服药的慢性病患者等具有显著的临床意义。在临床使用时，需注意以下事项。

1. 用药次数　由于缓释、控释制剂每片（粒）的剂量远高于普通制剂，用药次数不可过多，以免带来不安全因素。此外，用药次数也不可过少，以免影响疗效。

2. 服药方法　需要根据制剂具体的制备技术以及缓控释机制来确定。所有的口服缓释、控释制剂通常都要求患者不要咀嚼或压碎，保持剂型的完整性，以防止失去缓释、控释作用。可分剂量服用的缓释、控释制剂一般外观上有一分割痕，但服用时也要保证半片的完整性。

此外，还要注意用药剂量以及用药时间间隔（一般为 12 小时或 24 小时），注意不要漏服或随意增加剂量，服药时间必须一致。

任务二　经皮给药系统

PPT

一、概述

1. 经皮给药制剂的定义　经皮给药制剂（经皮吸收制剂）亦称经皮给药系统（transdermal drug delivery system，简称 TDDS）或经皮治疗系统（transdermal therapeutic system，简称 TTS），系指通过皮肤敷贴等方式用药，药物以一定的速率经由皮肤吸收进入全身血液循环并达到有效血药浓度，从而实现治疗或预防疾病作用的一类制剂，常用的剂型为贴剂。此外，广义的 TDDS 还包括软膏剂、硬膏剂、巴布剂、涂剂等。

知识链接

经皮给药系统的发展

经皮给药源远流长，祖国医药学蕴藏着丰富的经皮给药治疗内、外科疾病的宝贵遗产，如《灵枢·经脉篇》《伤寒论》等典籍中都曾有相关记载。经皮给药与中国传统治疗技术如针灸、穴位贴敷等的有效结合，极大地丰富了经皮给药的内容。

随着药物贮库缓释理论的提出以及压敏胶材料学、生物药剂学等相关学科的发展，现代经皮给药技术迅速发展。自美国第一个 TDDS 即东莨菪碱贴剂上市以来，目前，已有许多经皮给药制剂获准上市并受到普遍欢迎，如硝酸甘油、芬太尼、烟碱、可乐定、硝酸异山梨酯等。《中国药典》（2020 年版）收载了雌二醇缓释贴片、吲哚美辛贴片等经皮给药制剂。

应用现代压敏胶技术制备的经皮给药系统，具有轻、薄、柔软、黏性好且易剥离、降低刺激性和致敏性等特点。各种新技术（如微针、离子导入等）的引入以及对皮肤超微结构的深入研究，将为经皮给药系统的设计与开发注入巨大的活力。

2. 经皮给药制剂的优点　经皮给药制剂作为一种简单、方便和有效的给药方式，可以实现无创伤性给药。与常规剂型如口服片剂、胶囊剂或注射剂等相比具有以下独特的优点。

（1）可避免口服给药可能产生的肝脏首过效应以及胃肠灭活效应，药物的吸收不受胃肠道因素如酶、消化液、pH 等的干扰，减少了用药个体间的差异，提高了治疗效果。

（2）减少用药次数，延长给药时间间隔，提高患者用药的顺应性。如硝酸甘油舌下片给药 2~3 分钟显效，5 分钟达到最大治疗效应，每次作用仅持续 10~30 分钟，需要反复多次用药，并伴有不良反应发生；改用贴剂后，每日仅需贴用一张，且能减少不良反应的发生，更适于夜间性心绞痛发作的预防。

（3）在给药期间维持恒定的最佳血药浓度或生理效应，避免了胃肠给药等引起的血药浓度峰谷现象，从而降低了副作用。

（4）给药方便，患者可以自主用药，并可通过调整给药面积调节给药剂量，减少个体间差异和个体内差异。一旦发现副作用，患者可以随时中断给药，特别适于婴儿、老人、不宜口服给药的患者以及需要长期用药的慢性疾病患者。

2. 经皮给药制剂的缺点 虽然 TDDS 具有超越一般给药方式的独特优点，但经皮给药也存在一定的局限性。

（1）由于皮肤强大的生理屏障作用，药物经皮给药的透过率低，故供选择的药物限于药理作用强的药物。

（2）通常药物透过皮肤的速率很小，起效较慢，不适合要求快速起效的药物，且多数药物达不到有效治疗浓度。

（3）尽管可通过扩大给药面积等方式来改善药物的透过程度，但大面积给药可能对皮肤产生刺激性和过敏性。

（4）TDDS 存在皮肤的代谢和储库作用，药物吸收的个体差异以及用药部位的差异较大。

（5）给药剂量较小，一般认为每日超过 5mg 的药物已不易于制成理想的 TDDS。

（6）生产工艺及条件比较复杂。

即学即练 14 − 5

答案解析

有关经皮给药制剂优点的错误表述是（ ）。

A. 可避免肝脏的首过效应

B. 适用于给药剂量较大、药理作用较弱的药物

C. 可延长药物作用时间、减少给药次数

D. 使用方便，可随时中断给药

二、经皮给药制剂的基本结构及分类

1. 经皮给药制剂的基本结构 经皮给药制剂基本上是由不同性质和功能的几层高分子薄膜层合成的。大致包括以下 5 层。①背衬层：具有屏障的作用，可阻止药物的挥发及流失，同时对药库或压敏胶起支撑作用。②药物贮库层：主要发挥贮存药物的作用，其组成成分主要包括药物、一种或多种高分子基质材料（如醋酸纤维素、聚乙烯醇等）、渗透促进剂等。③控释膜：主要起到控制释药速度的作用，也可兼作药库。④胶黏膜（黏附层）：通常起粘贴作用，有时也可兼作药库或起到控释作用等，常用的胶黏膜材料为压敏胶（PSA）。⑤保护膜（防黏层）：主要起保护胶黏膜的作用，是一种可剥离的衬垫膜，用时拆去。

2. 经皮给药制剂的分类 根据目前生产及临床应用情况，经皮给药系统大致可分为以下 4 类。

（1）膜控释型 膜控释型 TDDS 系指药物或与适宜的渗透促进剂等被控释膜材或其他控释材料包裹制成药物贮库，释药速率由控释膜或高分子包裹材料的性质来控制，其基本构造如图 14 − 3 所示，主要包括无渗透性的背衬层、药物贮库、控释膜层、黏胶层和防黏层五部分。如硝酸甘油、可乐定、东莨菪碱、雌二醇的透皮给药系统均属于膜控释型的 TDDS。

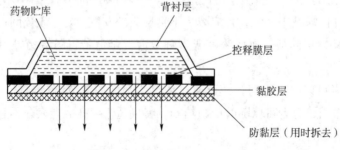

图 14 − 3 膜控释型 TDDS 示意图

背衬层所用的背衬材料多为不渗透的多层复合铝箔。此外，还包括不透性塑料薄膜材料如聚对苯二甲酸乙二醇酯（PET）、聚苯乙烯、高密度聚乙烯等。

药物贮库层可供选择的药库材料很多，常用的材料有卡波姆、HPMC、PVA 等，可以采用单一材料或多种材料配制的软膏、水凝胶、溶液等制备，如将药物均匀分散在对膜不渗透的半固体软膏基质中等。此外，各种压敏胶和骨架膜材也可同时是药库材料。

控释膜层是由高分子材料加工而成的均质膜或微孔膜。常用于均质膜的膜材有 EVA、聚硅氧烷等。而微孔膜常需经过聚丙烯拉伸或经高能重粒子照射而成。

黏胶层所用黏胶剂可将同种或异种物质粘贴起来，常用的材料为各种压敏胶。压敏胶系指那些在轻微压力下即可发挥与皮肤表面粘贴作用同时又易于剥离的一类压敏性的胶黏材料，如硅橡胶类压敏胶、丙烯酸类压敏胶、聚异丁烯（PIB）类压敏胶等。

防黏层常用的防黏材料主要有聚乙烯、聚苯乙烯、聚丙烯等高聚物的膜材，有时也可采用表面经石蜡或甲基硅油处理过的光滑厚纸。

（2）黏胶分散型　黏胶分散型 TDDS 的基本结构与膜控释型相同。如图 14－4 所示，其药库层及控释层均由压敏胶构成。药物溶解或分散于压敏胶中构成药物贮库，均匀涂布于不渗透的背衬层上，加防黏层即得，如黏胶分散型奥昔布宁贴剂。为了提高压敏胶与背衬层之间的黏结强度，可在背衬层上先涂布空白压敏胶，再铺上含药胶，再涂上具有控释作用的胶层。

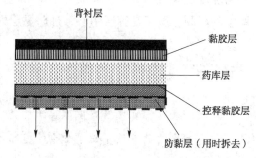

图 14－4　黏胶分散型 TDDS 示意图

这种给药系统生产方便、成本低，但由于药物扩散通过含药胶层的厚度随药物释放时间的延长而逐渐增加，药物的释放速度则相应减慢，为了保证恒定的释药速度，可以采用多层含药膜结构，根据与皮肤接触距离的远近不同将系统的药库按照适宜浓度梯度制成含药量及致孔剂不同的多层压敏胶层，与皮肤距离最近的药库层含药量低，最远的药库层含药量高，同时调整孔隙率，从而实现恒速释药的目标。

（3）骨架扩散型　药物溶解或均匀分散在亲水性骨架材料（如 PVA、PVP 等）或疏水性的骨架材料（如聚硅氧烷等）中制成含药骨架，骨架中也可加入适宜的润湿剂如水、丙二醇或者聚乙二醇等，然后将此含药骨架分剂量成具有适宜面积及厚度的药膜并黏贴在背衬层上，在骨架层上涂布压敏胶，再加上防黏层即得。也可先将含药骨架与压敏胶层、背衬层及防黏层经层合后再进行分剂量。其基本构造如图 14－5 所示。NITRO－DUR 硝酸甘油 TDDS 就属于此类给药系统，其骨架材料为 PVA、PVP 和羟丙基纤维素等，制成圆形含药膜片，并与涂布压敏胶的圆形背衬层、防黏层复合即得。

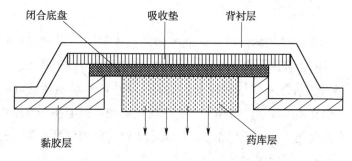

图 14－5　骨架扩散型 TDDS 示意图

（4）微贮库型　微贮库型 TDDS 兼具膜控释型和骨架型的特点。其基本构造如图 14-6 所示。

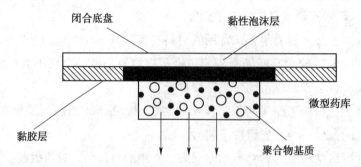

图 14-6　微贮库型 TDDS 示意图

其一般制备方法是先将药物均匀分散在水溶性高分子聚合物（如聚乙二醇）的水溶液中，再将该混悬液均匀分散在疏水性高分子聚合物中，在高切变机械力的作用下，使成为微小的球状液滴，然后迅速与疏水性聚合物分子交联成为稳定的包含有球状液滴药物贮库的分散系统，将此系统制成适宜面积及厚度的药膜，置于黏胶层中心，加防黏层即得。

 知识链接 --

药物在皮肤的转运

皮肤由表皮、真皮以及皮下组织构成，汗腺、毛囊、皮脂腺等皮肤附属器从表皮一直到达真皮。角质层位于表皮的最外层，由于结构的特殊性，角质层非常坚韧，可阻挡微生物或其他有害物质的侵入，也是影响药物吸收的主要渗透屏障。

药物透皮吸收进入体循环主要通过两种途径。

1. 表皮途径　药物透过表皮角质层到达活性表皮，再扩散至真皮，真皮中分布有丰富的毛细血管、毛细淋巴管等，从表皮转运至真皮的药物可通过毛细血管吸收迅速转移到体循环。此途径是药物透皮吸收的主要途径。药物主要经历释放、穿透、吸收进入血液循环三个阶段。

2. 皮肤附属器途径　药物经过毛囊、汗腺和皮脂腺等吸收，对于一些极性较强的大分子药物、离子型药物而言，这是其透皮吸收的主要途径。

三、常用的经皮吸收促进剂

对于多数药物而言，皮肤是人体一道很难透过的天然屏障，许多药物的经皮透过速率无法满足临床治疗的需要，这已成为 TDDS 产品研发的巨大障碍。因此，寻找促进药物透皮吸收的方法已成为目前 TDDS 研究的重点。

经皮吸收促进剂（亦称渗透促进剂）可以降低药物的透皮阻力，提高药物的透皮速率，是改善药物透皮吸收的首选方法。目前，临床上常用的经皮吸收促进剂可分为以下几类。

1. 表面活性剂　可透过皮肤并可能与皮肤成分发生相互作用，从而改善皮肤的透过性。其中，离子型表面活性剂与皮肤的相互作用较强，常用的如十二烷基硫酸钠，但在连续使用后，可产生皮肤的刺激性，引起干燥、红肿或粗糙化。非离子型表面活性剂主要提高角质层类脂流动性，对皮肤刺激性较离子型小，但促渗透作用也较弱，常用的如吐温类。

2. 氮酮类化合物　月桂氮䓬酮（亦称氮酮），国外商品名为 Azone，是一种新型、高效、安全、优良的经皮吸收促进剂。本品用量较少，对皮肤毒性及刺激性较低，对亲水性药物和亲脂性药物均具有明显的渗透促进作用，且对亲水性药物的促透作用更强。氮酮可通过与皮肤角质层间质的脂质发生作用，使细胞间脂质的排列有序性降低，提高脂质流动性，降低了药物的扩散阻力。氮酮的促渗透作用起效较为缓慢，滞后时间可长达 2～10 小时不等，但作用时间可持续数日。氮酮与其他促渗剂（如丙二醇、油酸等）合用，可产生协同作用，促渗透效果更好。

3. 醇类化合物 包括低级醇类（如乙醇、丁醇及其他直链醇等）、多元醇类（如丙二醇等），也常作为促渗剂使用，但单独使用时促透效果不佳，如与其他促进剂合用，可以提高很多渗透促进剂（如Azone、油酸等）的溶解度，并发挥协同促渗作用。

除以上渗透促进剂外，某些脂肪醇或脂肪酸类（如油酸）、角质保湿剂（如尿素等）、萜烯类化合物等都具有促进药物经皮吸收的作用。实践中可以选用两种及以上的化学促进剂组成混合促进剂，在改善促透效果的同时，降低对皮肤的刺激性。

此外，还可采用物理方法（如离子导入法、电致孔法、超声导入法、无针喷射给药系统等）以及药剂学方法（如借助具有透皮促渗作用的新型纳米载体包括脂质体、醇质体、传递体等）来促进药物的经皮吸收。

四、经皮给药制剂的制备工艺流程

1. 膜控释型 TDDS 的制备工艺流程见图 14-7。

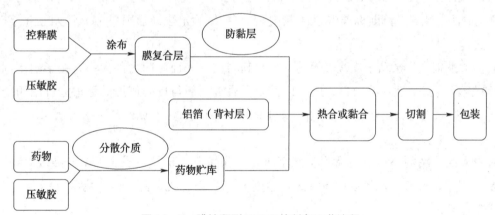

图 14-7　膜控释型 TDDS 的制备工艺流程

2. 黏胶分散型 TDDS 的制备工艺流程见图 14-8。

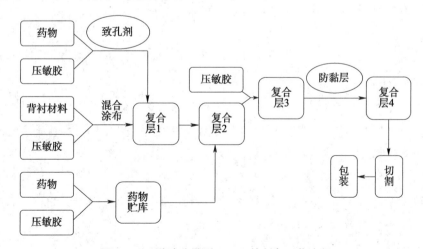

图 14-8　黏胶分散型 TDDS 的制备工艺流程

3. 骨架扩散型 TDDS 的制备工艺流程见图 14 - 9。

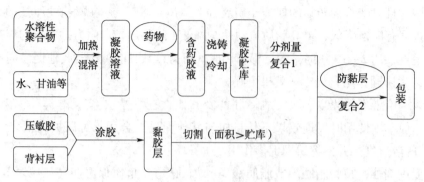

图 14 - 9　骨架扩散型 TDDS 的制备工艺流程

五、经皮给药制剂的质量评价

1. 含量均匀度　《中国药典》（2020 年版）四部通则 0121 规定，除另有规定或来源于动、植物多组分且难以建立测定方法的贴剂外，透皮贴剂应进行含量均匀度检查，具体测定方法见含量均匀度检查法（通则 0941），结果应符合规定。

2. 释放度　TDDS 的释放度系指在规定条件下药物从给药系统中释放的速度和程度，常用于控制生产的重现性和制剂质量。除另有规定或来源于动、植物多组分且难以建立测定方法的贴剂外，透皮贴剂的释放度测定方法、装置及判断标准应参照溶出度与释放度测定法（通则 0931）第四法（桨碟法）、第五法（转筒法）。

3. 黏附力　贴剂作为敷贴于皮肤表面的制剂，其与皮肤表面黏附力的大小直接影响制剂的释药情况，从而影响药品的安全性和有效性，应加以控制。通常贴剂与皮肤作用的黏附力可用四个指标来测定，即初黏力、持黏力、剥离强度及黏着力。这四种力的测定方法参见贴剂黏附力测定法（通则 0952）第一、二、三、四法。

4. 微生物限度　贴剂还应进行微生物限度检查，除另有规定外，照非无菌产品微生物限度检查：微生物计数法（通则 1105）和控制菌检查法（通则 1106）及非无菌药品微生物限度标准（通则 1107）检查，应符合规定。

PPT

任务三　靶向制剂

实例分析 14 -2

实例　紫杉醇是近年国际市场上非常热门的一种抗癌药物，能够选择性地抑制微管解聚，阻碍细胞分裂，抑制肿瘤生长，在临床上广泛用于乳腺癌、卵巢癌、部分头颈癌和肺癌的治疗。目前已上市的制剂包括紫杉醇注射液、注射用紫杉醇脂质体等。其中，注射用紫杉醇脂质体的主要成分为紫杉醇，辅料为卵磷脂、胆固醇、苏氨酸、葡萄糖。

答案解析

讨论　1. 在注射用紫杉醇脂质体的辅料中，卵磷脂、胆固醇所发挥的作用是什么？

　　2. 注射用紫杉醇脂质体与紫杉醇注射液相比，具有哪些特点？

一、概述

1. 靶向制剂的定义　靶向制剂亦称靶向给药系统（targeting drug delivery system，TDDS），系指药物通过载体或进一步用配体、抗体修饰，经局部给药或全身血液循环后选择性浓集于或接近靶组织、靶器官、靶细胞或细胞内结构的给药系统。靶向制剂不仅要求药物选择性地到达病灶部位，还要求药物在病灶部位滞留一段时间，在发挥疗效的同时，避免药物分布到正常组织或器官产生不良反应或失去活性。理想的靶向制剂应具备定位浓集、控制释药、载体无毒且可生物降解三个要素。

2. 靶向制剂的特点　与注射剂、片剂等常规制剂相比，靶向制剂具有以下特点：靶向制剂可以增加药物对靶部位的指向性及滞留性，使药物具有专一的药理活性，减少剂量的同时，提高药效及制剂的生物利用度，降低毒副作用，增强患者用药的安全性、有效性、可靠性以及顺应性等。靶向制剂还可弥补其他传统药物制剂存在的不足，如提高药物稳定性及增溶作用、改善药物的吸收、防止药物受体内酶或 pH 等的干扰、延长药物半衰期、增强药物特异性和组织选择性、提高药物的治疗指数等。

3. 靶向制剂的分类　根据药物到达的靶部位不同可以分为：一级靶向制剂（药物可到达特定靶组织或靶器官）；二级靶向制剂（药物可到达组织或器官内的特定细胞）；三级靶向制剂（药物可到达靶细胞内某些特定部位或细胞器）。

按靶向原动力不同可分为以下三种。

（1）被动靶向制剂　亦称自然靶向制剂，指靶向载药微粒在体内被单核 – 巨噬细胞系统的巨噬细胞（常见的如肝的 Kupffer 细胞）作为外界异物自然吞噬，并通过正常生理过程运送至肝、脾等巨噬细胞丰富的器官而实现靶向作用的制剂。

（2）主动靶向制剂　系指以经过修饰的药物载体作为"导弹"，将药物定向输送到特异性识别靶区浓集并发挥药效的制剂。可以通过对载药微粒表面进行结构修饰、连接与靶细胞受体特异性结合的配体或连接单克隆抗体等方式制成主动靶向制剂。例如，紫杉醇长循环脂质体通过采用聚乙二醇对载药微粒表面进行修饰的方式，提高了载体的亲水性，使其具有了一定的隐形特征，有效地降低或避免了被单核 – 巨噬细胞的识别和摄取，实现了长效作用。又如，可以利用多种肿瘤细胞表面叶酸受体的数量及活性明显高于正常细胞的特点，将载体表面连接叶酸，经叶酸修饰的载药微粒具有了一定的主动靶向肿瘤细胞的作用。

（3）物理化学靶向制剂　采用适宜的物理化学方法将靶向制剂输送到特定部位发挥药效。如使用磁性材料与药物通过适宜的载体制成磁性靶向制剂，在足够强的体外磁场作用下，通过血管定向移动、定位浓集于特定靶区并释放药物；应用对温度敏感的载体制成热敏靶向制剂，在局部热疗的作用下，使其在靶区释放；也可使用对 pH 敏感的载体制成 pH 敏感靶向制剂或制备栓塞性靶向制剂阻断靶区的供血与营养。

即学即练 14 – 6

通过生理过程的自然吞噬使药物选择性地浓集于病变部位的靶向制剂称为（　　）。

答案解析

A. 被动靶向制剂　　　　　　　　　　B. 主动靶向制剂

C. 化学靶向制剂　　　　　　　　　　D. 物理化学靶向制剂

二、靶向制剂的设计和常用载体

1. 被动靶向制剂　被动靶向制剂通过利用可将药物导向特定部位的生理惰性药物载体，使药物被生理过程自然吞噬而发挥靶向作用。常见的药物载体包括乳剂、脂质体、微球、微囊和纳米粒等。

（1）脂质体　脂质体（liposomes）系指将药物包封于类脂质双分子层结构内所形成的微型泡囊。脂质体为类细胞膜结构，具有细胞亲和性和组织相容性，可延长药物吸附于靶细胞的时间，提高药物的透膜能力。用于形成脂质体膜的材料主要包括磷脂和胆固醇两类。脂质体作为多功能药物载体可包裹多种药物，可作为抗肿瘤药物、抗寄生虫药物、抗生素类药物、抗结核药物、激素类药物、酶类药物、解毒剂等的载体，也可作为基因治疗载体。载药脂质体具有被动靶向性和淋巴定向性，经静脉注射后在体内可被网状内皮系统视为外界异物而识别、吞噬并摄取，主要分布在肝、脾、肺、骨髓、淋巴结等组织器官中，从而显著提高药物的治疗指数及稳定性、降低毒性、提高疗效并实现药物长效化。

目前脂质体常用的制备方法有薄膜分散法、逆相蒸发法、溶剂注入法、冷冻干燥法、二次乳化法等。制备脂质体的方法，通常都包括以下几个基本步骤。①磷脂、胆固醇等脂质及脂溶性药物溶于三氯甲烷或其他有机溶剂中形成脂质溶液，过滤后在一定条件下除去有机溶剂形成脂质薄膜。②使脂质薄膜均匀分散在待包裹的水溶性药物溶液中形成脂质体并纯化。③对脂质体进行质量评价，主要涉及形态与粒径、包封率与载药量、渗漏率等方面。

（2）乳剂　乳剂的靶向性的特点在于它具有淋巴系统靶向性。油状药物或亲脂性药物制成的 O/W 型乳剂及 O/W/O 型复乳经静脉注射，乳滴被巨噬细胞吞噬后可在肝、脾、肾等单核-巨噬细胞丰富的组织器官中高度浓集，乳滴中溶解的药物也可在这些组织器官中高度蓄积。水溶性药物制成的 W/O 型乳剂及 W/O/W 型复乳经肌内注射或皮下注射后易高度浓集于淋巴系统。

（3）纳米粒　纳米粒（nanoparticles）根据结构特征可分为纳米囊和纳米球，两者均是由高分子材料制成的固态胶体粒子，药物可溶解或包裹于其中。纳米粒可分散于水中形成近似胶体的溶液，可作为静脉注射给药理想的药物载体。药物制成纳米粒后，通常具有缓释、靶向、提高某些药物（如疫苗、多肽类等）的体内稳定性、提高疗效和降低毒副作用等特点。静脉注射纳米粒后，不易引起血管栓塞，可靶向肝、脾和骨髓。某些纳米粒具有在肿瘤中聚集的趋势，可作为抗癌药物的优良载体，这也是其最有价值的应用之一。

（4）微球　微球（microsphere）系指药物溶解或分散在高分子骨架材料中形成的基质骨架型微小球状实体，通常其粒径范围在 $1 \sim 250 \mu m$ 之间。药物制成微球后具有缓释长效、靶向性及降低毒副作用等特点，其中，微球经静脉注射给药可发挥被动靶向作用。靶向微球多数采用生物可降解载体材料，如蛋白类（如明胶）、多糖类（如淀粉、壳聚糖）、聚酯类（如聚乳酸）等。根据载体材料不同，微球可分为天然高分子微球（如明胶微球、白蛋白微球）及合成聚合物微球（如聚乳酸微球）等。

2. 主动靶向制剂　主动靶向制剂包括经过修饰的药物微粒载体系统及前体药物两大类。目前研究较多的为经修饰的药物载体，如长循环脂质体、免疫脂质体、修饰的微球以及免疫纳米球等。

（1）修饰的药物载体　药物载体经适当修饰（如采用 PEG 修饰）后可使疏水表面被亲水表面代替，从而减少或避免单核-巨噬细胞系统的吞噬作用，延长了作用时间，有利于将药物导向肝脾以外的缺少单核-巨噬细胞系统的组织，亦称反向靶向。利用抗体-抗原反应，通过抗体修饰，可制成定位于细胞表面特异性抗原的免疫靶向制剂。

（2）前体药物和药物大分子复合物　前体药物系指活性药物经化学结构改造后衍生而成的药理惰

性物质，其在体内能通过化学反应或酶降解，再生为活性的母体药物而发挥其治疗作用。目前研究的前体药物的类型主要包括抗癌药前体药物以及脑部靶向、结肠靶向、肝靶向、肾靶向等前体药物。

药物大分子复合物系指药物与适宜的聚合物、配体、抗体以共价键形成的分子共价结合物系统，常用的大分子包括右旋糖酐、PEG 等，主要用于肿瘤靶向研究。

3. 物理化学靶向制剂

（1）磁性靶向制剂　磁性靶向制剂系指将药物与磁性材料共同包裹于高分子聚合物微粒载体系统中制成磁性载药微粒，通过体外磁场将其导向靶部位的给药系统，具有高效、低毒等特点，如磁性微球、磁性纳米囊等。磁性靶向制剂通常由磁性材料、载体、药物及其他辅料等组成，可供口服、注射等途径给药。注射用的磁性材料一般为超细磁流体，如 $FeO \cdot Fe_2O_3$ 或 Fe_2O_3 等，以免阻塞血管。

（2）栓塞靶向制剂　动脉栓塞给药系指通过向病灶部位的动脉中插入导管，将含药的栓塞物注入靶组织或靶器官，并在靶区形成栓塞的一种医疗技术。栓塞靶向制剂可以阻断对靶区的供血和营养，使靶区的肿瘤细胞缺血坏死，如栓塞制剂中加入抗肿瘤药物，则其在栓塞靶区的同时逐渐释放药物，具有栓塞和靶向性化疗的双重作用。这类靶向制剂主要有栓塞性微球及栓塞性复乳等。

（3）热敏感靶向制剂　热敏感靶向制剂系指采用对温度敏感的载体携载药物制成的，可在高温条件下有效释放药物至靶区的靶向制剂，如热敏脂质体、热敏免疫脂质体等。由某些脂质构成的脂质体具有特定的相变温度，低于相变温度时，脂质体稳定；达到相变温度时，脂质体膜的流动性增加，包封的药物释放速度增大，可通过病变部位升温的方式实现靶向输送药物的目的。

（4）pH 敏感靶向制剂　pH 敏感靶向制剂是基于肿瘤附近及炎症部位的 pH 比周围正常组织低的特点而设计的，采用 pH 敏感微粒载体（如 pH 敏感脂质体）将药物靶向释放到特定 pH 靶区的一种制剂。通常采用对 pH 敏感的类脂材料（如二棕榈酸磷脂等），制备载药的 pH 敏感脂质体，提高药物的靶向性。

知识链接

靶向制剂的体内靶向性评价

靶向制剂的体内靶向性通常可通过相对摄取率 r_e、靶向效率 t_e、峰浓度比 C_e 等参数来衡量（表 14-1）。

表 14-1　靶向性评价表

评价指标	公式	公式中各项的含义	评价方法
相对摄取率 r_e	$r_e = (AUC_i)_p / (AUC_i)_s$	AUC_i：由浓度-时间曲线求得的第 i 个器官或组织的药时曲线下面积；脚注 p 和 s：靶向药物制剂和普通药物溶液	$r_e > 1$，表示药物制剂在该器官或组织有靶向性，r_e 越大，靶向效果越好；$r_e \leq 1$，无靶向性
靶向效率 t_e	$t_e = (AUC)_靶 / (AUC)_{非靶}$	t_e：表示药物制剂和药物溶液对靶器官的选择性	$t_e > 1$，表示对靶器官比某非靶器官有选择性；t_e 值越大，选择性越强
峰浓度比 C_e	$C_e = (C_{max})_p / (C_{max})_s$	C_{max}：峰浓度；脚注 p 和 s：靶向药物制剂和普通药物溶液	C_e 表示药物制剂改变药物分布的效果，C_e 越大，表明改变药物分布的效果越明显

以上 3 个参数常用于评价靶向制剂对器官或组织的靶向性。体内对细胞和细胞器的靶向性评价一般需要结合组织切片、免疫荧光染色、流式细胞技术等进行综合评价。

实践实训

实践项目二十 茶碱缓释片的制备

【实践目的】

1. 学会分析缓释制剂的处方。

2. 掌握缓释制剂的制备方法；茶碱缓释片生产工艺过程中的操作要点。

3. 熟悉缓释制剂体外释放度的测定方法。

【实践场地】

实训车间。室内温度为 18~26℃，相对湿度 45%~65%，洁净级别为 D 级。

【实践内容】

1. 处方

茶碱	2000g
丙烯酸树脂Ⅲ号	200g
羟丙基甲基纤维素	10g
70% 乙醇	适量
硬脂酸镁	28g
制成	20000 片

2. 需制成规格 每片 0.1g。

3. 设备 粉碎机（WN - 200 型），振动筛（S49 - 400 型），电子秤（LNWH6KG 型），电子天平（YP1002N 型），电子天平（XB220A 型），三维运动混合机（SYH - 5 型），槽形混合机（WCH - 10 型），摇摆式颗粒机（WK - 60 型），热风循环烘箱（GJ881 - 1 型），旋转式压片机（ZP - 17D 型），快速水分测定仪（DHS16 - A 型），硬度测定仪（YD - 1 型），智能药物溶出仪（RCY - 8A 型），紫外 - 可见分光光度计（TU - 1900 型）。

4. 拟定计划 如图 14 - 10 所示。

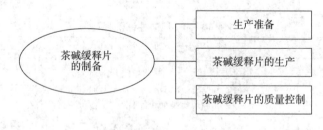

图 14 - 10 生产计划

【实践方案】

（一）生产准备阶段

1. 生产指令下达 如表 14 - 2 所示。

表 14 - 2　茶碱缓释片生产指令单

下发日期：2020 - 11 - 11

生产车间		片剂车间	包装规格	10 片/板
品　　名		茶碱缓释片	生产批量	20000 片
规　　格		0.1g	生产日期	2020 - 11 - 12
批　　号		20201112	完成时限	2020 - 11 - 13
生产依据		茶碱缓释片工艺规程		

物料编号	物料名称	规　格	用量	单位	检验单号	备注
YL20201101	茶碱	药用	2	kg	YLJY20201101	
FL20201102	丙烯酸树脂Ⅲ号	药用	0.2	kg	FLJY20201102	
FL20201103	羟丙基甲基纤维素	药用	0.01	kg	FLJY20201103	
FL20201104	硬脂酸镁	药用	0.028	kg	FLJY20201104	
FL20201105	70% 乙醇	药用	适量	ml	FLJY20201105	

备注：

编制　　生产部：王军	审核　　质量部：陈东
批准　　生产部：沈林	执行　　生产车间：袁尚
分发部门：总工办、质量部、物料部、工程部	

2. 领料　凭生产指令领取经检验合格的茶碱、丙烯酸树脂Ⅲ号、硬脂酸镁、羟丙基甲基纤维素、70% 乙醇等原辅料。（表 14 - 3）

表 14 - 3　领料单

日期：

原辅料名称	代码	规格	批号	需要量	领取量	备注

领料人：	审核人：	发放人：

3. 存放　确认合格的原辅料按物料清洁程序从物料通道进入生产区原辅料暂存间。

（二）生产操作阶段

1. 准备　操作人员按照企业人员进入 D 级洁净区净化流程着装进入操作间，做好操作前的一切准备工作。生产操作前，操作人员应对操作间进行以下方面相应的检查，以避免产生污染或交叉污染。

（1）温湿度、静压差的检查　应当根据所生产药品的特性及原辅料的特性设定相应的控制范围，确认操作间符合工艺要求。

（2）生产环境卫生检查　操作室地面、工具是否干净、齐全；确保生产区域没有上批遗留的产品、文件或与本批产品生产无关的物料。

（3）容器状态检查　检查容器等应处于"已清洁、消毒"状态，且在清洁、消毒有效期限内，否则按容器清洁消毒标准程序进行清洁消毒，经检查合格后方可进行下一步操作。

（4）各设备应处于"设备完好""已清洁"状态，重点检查旋转式压片机下列部件：旋转盘、上压轮、下压轮、上冲上行轨道、下冲上行轨道、饲粉器、刮板、料斗、上冲、中模、下冲、片重调节器、压力调节器等。

2. 生产操作　按茶碱缓释片的生产工艺流程来进行操作：物料→粉碎→筛分→混合→制软材→制湿颗粒→干燥→整粒→总混→压片→质检→包装。

（1）物料的前处理　将物料通过万能粉碎机进行粉碎后过100目筛，按处方量准确称量各成分。将茶碱与丙烯酸树脂Ⅲ号混合均匀。

（2）制软材　①黏合剂的配制：将羟丙基甲基纤维素溶于400ml 70%乙醇中制成2.5% HPMC胶浆。②将混合粉加入槽形混合机中，加入适量2.5% HPMC胶浆制软材，软材以"手握成团，轻压即散"为标准。

（3）制颗粒　将制好的软材经摇摆式颗粒机过18目筛制粒。

（4）干燥　将制好的湿颗粒转移至热风循环烘箱中，采用60℃进行干燥。在干燥过程中取样测定水分含量，当颗粒含水量<3%时结束干燥。

（5）整粒、总混　将干燥好的颗粒以18目筛整粒，整粒后加入硬脂酸镁进行总混。

（6）称重、计算　测定总混后颗粒中主药的百分含量，计算片重。

（7）压片　安装好上冲、下冲、中模、饲粉器、刮板、料斗；转动手轮，检查设备运转有无异常；空机运转，再次确认设备运转正常；加料，进行试压片，调节片重调节器及压力调节器至片重及硬度符合要求；调试完毕后，进行正式压片；压片期间，每隔15分钟取20片检查一次重量差异是否在合格范围内。压好的缓释片装入洁净容器内，称量，备用。

（三）质量检查

①外观检查；②重量差异检查；③释放度检查。

重量差异检查：根据《中国药典》（2020年版）四部（通则0101），取缓释片20片，精密称定总重量，计算平均片重后，再分别精密称定每片的重量，将每片重量与平均片重进行比较，超出重量差异限度的不得多于2片，并不得有1片超出限度1倍。

释放度检查：取茶碱缓释片，参照溶出度与释放度测定法（通则0931第二法），以水900ml为溶出介质，转速为每分钟50转，依法操作，分别于2、6、12小时取溶出液5ml滤过，并即时在操作容器中补充5ml水；分别精密量取续滤液适量，各加水定量稀释制成每1ml中约含茶碱（按$C_7H_8N_4O_2$计）7μg的溶液，参照紫外-可见分光光度法（通则0401），在272nm的波长处分别测定吸光度；另精密称取茶碱对照品适量，加水溶解并定量稀释制成每1ml中约含茶碱（按$C_7H_8N_4O_2$计）7μg的溶液，同法测定吸光度，分别计算每片在不同时间点的溶出量。该缓释片的释放度标准：每片在2、6、12小时的溶出量应分别为标示量的20%～40%、40%～65%和70%以上。

【实践结果】

茶碱缓释片的质量检查结果记录于表14-4。

表 14 - 4　茶碱缓释片的质量检查结果

品　　名			包装规格			
规　　格			取样日期			
批　　号			取样量			
取样人			检测人			
取样依据	茶碱缓释片工艺规程					
检测项目	外观检查	重量差异检查		释放度检查		
		超出重量差异限度/片	超出限度的 1 倍/片	取样时间/小时		
				2	6	12
结果						

结论：

备注：

实践项目二十一　盐酸小檗碱脂质体的制备

【实践目的】

1. 掌握薄膜分散法制备脂质体的工艺流程。

2. 熟悉脂质体的组成、形成原理及作用特点。

3. 能够正确使用旋转蒸发仪、光学显微镜等仪器设备。

【实践场所】

实训车间。室内温度为 18～26℃，相对湿度 45%～65%，洁净级别为 C 级。

【实践内容】

1. 处方　注射用大豆卵磷脂　　　　　6g

胆固醇　　　　　　　　　　　2g

维生素 E　　　　　　　　　　0.02g

无水乙醇　　　　　　　　　　20～30ml

盐酸小檗碱溶液（1mg/ml）　　300ml

磷酸盐缓冲液　　　　　　　　适量

制成　　　　　　　　　　　　300ml 脂质体

2. 需制成规格　10ml∶10mg。

3. 设备　电子天平（YP1002N 型），电子天平（XB220A 型），旋转蒸发仪（RE - 201 型），集热式恒温加热磁力搅拌器（DF - 101S 型），光学显微镜（OLYMPUS 型），精密数显 pH 计（PHS - 3C 型），实验室用安瓿熔封机（RFJ - 0 型）。

4. 拟定计划　如图 14 - 11 所示。

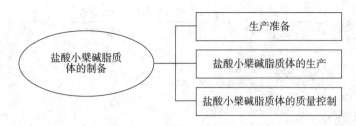

图 14-11　生产计划

【实践方案】

(一) 生产准备阶段

1. 生产指令下达　如表 14-5 所示。

表 14-5　生产指令

下发日期：2020 - 12 - 24

生产车间	脂质体车间		包装规格		5 支/盒
品　名	盐酸小檗碱脂质体		生产批量		30 支
规　格	10ml : 10mg		生产日期		2020 - 12 - 25
批　号	20201225		完成时限		2020 - 12 - 26
生产依据	盐酸小檗碱脂质体工艺规程				
物料编号	物料名称	规　格	用量	单位	检验单号	备注
YL20201201	盐酸小檗碱	药用	0.3	g	YLJY20201201	
FL20201202	注射用大豆卵磷脂	药用	6	g	FLJY20201202	
FL20201203	胆固醇	药用	2	g	FLJY20201203	
FL20201204	维生素 E	药用	0.02	g	FLJY20201204	
FL20201205	无水乙醇	药用	20 ~ 30	ml	FLJY20201205	
FL20201206	磷酸二氢钠	药用	2.0	g	FLJY20201206	
FL20201207	磷酸氢二钠	药用	0.37	g	FLJY20201207	
BC202080	安瓿	10ml	30	支	FLJY202080	

备注：

编制 　　生产部：王军	审核 　　质量部：陈东
批准 　　生产部：沈林	执行 　　生产车间：袁尚

分发部门：总工办、质量部、物料部、工程部

2. 领料　凭生产指令领取经检验合格的盐酸小檗碱、注射用大豆卵磷脂、胆固醇、维生素 E、无水乙醇、磷酸二氢钠、磷酸氢二钠等。(表 14-6)

3. 存放　确认合格的原辅料按物料清洁程序从物料通道进入生产区原辅料暂存间。

表14-6 领料单

日期：

原辅料名称	代码	规格	批号	需要量	领取量	备注

领料人：	审核人：	发放人：

（二）生产操作阶段

1. 准备 操作人员按照企业人员进入 C 级洁净区净化流程着装进入操作间，做好操作前的一切准备工作。生产操作前，操作人员应对操作间进行以下方面相应的检查，以避免产生污染或交叉污染。

（1）温湿度、静压差的检查 应当根据所生产药品的特性及原辅料的特性设定相应的控制范围，确认操作间符合工艺要求。

（2）生产环境卫生检查 操作室地面、工具是否干净、齐全；确保生产区域没有上批遗留的产品、文件或与本批产品生产无关的物料。

（3）容器状态检查 检查容器等应处于"已清洁、消毒"状态，且在清洁、消毒有效期限内，否则按容器清洁消毒标准程序进行清洁消毒，经检查合格后方可进行下一步操作。

（4）各设备应处于"设备完好""已清洁"状态，重点检查旋转蒸发仪的下列部件：旋蒸主机、加热水浴锅、操作面板、升降手柄、角度调整手柄、加料阀、冷凝器、旋转瓶、收集瓶等。

2. 生产操作 盐酸小檗碱脂质体的生产工艺流程主要包括以下几个步骤。完成操作后填写生产记录（表14-7）。

（1）磷酸盐缓冲液（PBS）的配制 称取磷酸氢二钠 0.37g 与磷酸二氢钠 2.0g，加水溶解并稀释至 1000ml，pH 约为 5.7。

（2）盐酸小檗碱的 PBS 溶液的配制 称取处方量的盐酸小檗碱，用 PBS 溶解并稀释成浓度为 1mg/ml 的溶液。

（3）盐酸小檗碱脂质体的制备 称取处方量的豆磷脂、胆固醇、维生素 E 置于 1000ml 烧瓶中，加无水乙醇 20 ~ 30ml，置于 65 ~ 70℃水浴中，溶解形成脂质溶液，于旋蒸仪上旋转，使脂质溶液在烧瓶壁上成膜，减压蒸发除去乙醇，制得干燥的脂质膜，备用。

（4）另取盐酸小檗碱的 PBS 溶液（1mg/ml）300ml 置于烧杯中，并同置于 65 ~ 70℃水浴中，保温，备用。

（5）取已预热的盐酸小檗碱溶液的 PBS 溶液（1mg/ml）300ml，加至含脂质膜的烧瓶中，转动下，65 ~ 70℃水浴中水化 10 ~ 20 分钟。将得到的脂质体溶液转移至烧杯内，于磁力搅拌器上，室温搅拌 30 ~ 60 分钟，如果液体体积较少，可补加水至 300ml，混匀，即得。

（6）质量检查 取样，于油镜下观察脂质体的形态，绘出所见脂质体结构，记录最多和最大的脂质体的粒径；随后将所得脂质体溶液经 0.8μm 微孔滤膜过滤两遍，进行整粒，再于油镜下观察整粒后脂质体的形态，绘出其结构，记录最多和最大的脂质体的粒径。

（7）灌封　取经洗涤、干燥、灭菌后的安瓿经检查合格后，开启安瓿熔封机进行灌封。

表 14 – 7　盐酸小檗碱脂质体配制岗位生产记录

生产车间	脂质体车间	包装规格	5 支/盒
品　名	盐酸小檗碱脂质体	生产批量	30 支
规　格	10ml：10mg	生产日期	
批　号	20201225	主要设备	
生产依据	盐酸小檗碱脂质体工艺规程		

指令	工艺参数	操作参数	备注
生产前准备	1. 操作间清场合格，有《清场合格证》并在有效期内 2. 所用设备是否处于"设备完好""已清洁"状态 3. 所用器具是否已清洁 4. 物料是否有物料卡 5. 是否挂上"正在生产"状态牌 6. 检查衡器是否正常且在校验有效期内 7. 室内温湿度是否符合要求	是□　　否□ 是□　　否□ 是□　　否□ 是□　　否□ 是□　　否□ 是□　　否□ 温度＿＿＿　RH＿＿＿	操作人： 复核人：
	物料核对 1. 领取及核对原辅料名称、规格、批号、数量 2. 检查化验合格单	是□　　否□ 是□　　否□	操作人： 复核人：
生产操作过程	磷酸盐缓冲液（PBS）的配制	称取磷酸氢二钠＿＿＿g 与磷酸二氢钠＿＿＿g，加水溶解并稀释至 1000ml，pH 为＿＿＿	操作人： 复核人：
	盐酸小檗碱的 PBS 溶液的配制	称取＿＿＿g 的盐酸小檗碱	
	制备干燥的脂质膜	水浴：＿＿＿℃ 水化：＿＿＿分钟	
	盐酸小檗碱的 PBS 溶液的预热	水浴：＿＿＿℃	
	取已预热的盐酸小檗碱溶液的 PBS 溶液（1mg/ml）300ml，加至含脂质膜的烧瓶中，制备盐酸小檗碱脂质体	取已预热的盐酸小檗碱溶液的 PBS 溶液＿＿＿ml	
	质量检查：脂质体的形态是否合格	是□　　　否□	
	灌封	数量：＿＿＿支	
生产结束	设备清洗	是□　　否□	操作人： 复核人：
	场地清洁	是□　　否□	
	清场合格记录	是□　　否□	
异常情况记录			
操作人		复核人	QA

【实践结果】

盐酸小檗碱脂质体的质量检查结果记录于表14-8。

表14-8　盐酸小檗碱脂质体的质量检查结果

品　名		包装规格		
规　格		取样日期		
批　号		取样量		
取样人		检测人		
取样依据	盐酸小檗碱脂质体工艺规程			
检测项目	整粒前粒径分布		整粒后粒径分布	
	最多的脂质体的粒径/μm	最大的脂质体的粒径/μm	最多的脂质体的粒径/μm	最大的脂质体的粒径/μm
结　果				
结论：				
备注：				

头脑风暴

1. 控释制剂中的渗透泵片为什么能够恒速释放药物？

2. 如何设计口服缓控释制剂的给药频率？

3. 处方分析

对乙酰氨基酚缓释片（100mg/片）

【处方】　对乙酰氨基酚　　100g

　　　　　　HPMC　　　　　40g

　　　　　　乳糖　　　　　　50g

　　　　　　80%乙醇溶液　　适量

　　　　　　硬脂酸镁　　　　2.3g

　　　　　　共制　　　　　　1000片

讨论：（1）处方中各成分的作用是什么？

　　　　（2）对乙酰氨基酚缓释片的制备工艺流程有哪些？

答案解析

目标检测

答案解析

一、单选题

1. 缓释、控释制剂不包括（　　）。

A. 分散片　　　　　B. 植入剂　　　　　C. 渗透泵片　　　　　D. 骨架片

2. 亲水凝胶骨架片的材料是（　　）。

　　A. 硅橡胶　　　　　　　　　B. 蜡类　　　　　　　　　C. 羟丙甲纤维素　　　　　D. 聚乙烯

3. 下列药物不适合制成缓释、控释制剂的是（　　）。

　　A. 降压药　　　　　　　　　B. 抗哮喘药　　　　　　　C. 抗溃疡药　　　　　　　D. 抗生素

4. 有关经皮给药制剂的表述，不正确的是（　　）。

　　A. 可避免肝脏的首过效应

　　B. 可以维持恒定的血药浓度

　　C. 使用方便，可随时中断给药

　　D. 不存在皮肤的代谢与储库作用

5. 不属于物理化学靶向制剂的是（　　）。

　　A. 磁性靶向制剂　　　　　　　　　　　　　B. 免疫靶向制剂

　　C. 热敏靶向制剂　　　　　　　　　　　　　D. pH 敏感靶向制剂

二、配伍选择题

　　A. HPMC　　　　　　　　　　　　　　　　B. 单硬脂酸甘油酯

　　C. 乙基纤维素　　　　　　　　　　　　　　D. 大豆磷脂

　　E. 硬脂酸钠

1. （　　）可用于制备溶蚀性骨架片。

2. （　　）可用于制备亲水凝胶骨架片。

3. （　　）可用于制备不溶性骨架片。

三、多选题

1. 与普通口服制剂相比，口服缓释、控释制剂的优点有（　　）。

　　A. 可以提高患者的顺应性

　　B. 根据临床需要，可灵活调整给药方案

　　C. 避免或减少峰谷现象，有利于降低药物的不良反应

　　D. 可以减少给药次数

　　E. 制备工艺成熟，产业化成本较低

2. 靶向制剂的优点包括（　　）。

　　A. 提高药物的安全性　　　　　　　　　　　B. 改善患者的用药顺应性

　　C. 提高药物释放速度　　　　　　　　　　　D. 降低毒性

　　E. 提高药效

3. 药物被脂质体包封后的主要特点包括（　　）。

　　A. 具有靶向性　　　　　　　　　　　　　　B. 具有细胞亲和性与组织相容性

　　C. 具有缓释性　　　　　　　　　　　　　　D. 降低药物毒性

　　E. 提高药物稳定性

四、问答题

1. 常见的被动靶向制剂的载体有哪些？

2. 简述经皮吸收制剂的特点、组成及分类。

3. 简述缓释、控释制剂的概念、特点。

4. 缓释、控释制剂的主要类型有哪些?

五、实例分析

分析阿米替林缓释片处方中各成分的作用，并简述其制备过程。

阿米替林缓释片（每片50mg）

【处方】阿米替林　　　　　　50g

HPMC（K4M）　　　　160g

乳糖　　　　　　　　　180g

柠檬酸　　　　　　　　10g

硬脂酸镁　　　　　　　2g

共制　　　　　　　　　1000 片

书网融合……

知识回顾　　　　微课1　　　　微课2　　　　微课3　　　　习题

学习引导

生物药物制剂在处方组成和生产工艺等方面与化学药有哪些不同？制剂的质量要求上有何不同？

因生物药物本身理化等性质上的特殊性，要达到制剂固有的安全、稳定、有效等要求，必然在处方组成、生产工艺、质量标准等方面有所不同。本项目主要介绍生物技术药物特点与分类、生物技术药物注射给药系统处方组成和生产工艺、质量要求等内容。

📖 **学习目标**

1. **掌握**　生物技术药物注射给药系统处方组成及设计特点。
2. **熟悉**　生物技术药物特点与分类。
3. **了解**　生物技术药物非注射给药系统的主要给药途径和主要解决的问题。

任务一　生物药物概述 e 微课

PPT

▶▶ **实例分析 15-1**

实例　在肿瘤细胞内存在的受损 DNA 是重要的 p53 基因表达的激活因素。高表达的 p53 蛋白质能有效刺激机体的特异性抗肿瘤免疫反应，局部注射可吸引 T 淋巴细胞等肿瘤杀伤性细胞聚集在肿瘤组织。p53 肿瘤抑制基因可调节细胞 S 期—G1 期生长，防止细胞癌变。重组人 p53 腺病毒注射液是由 5 型腺病毒载体 DNA 和人 p53 肿瘤抑制基因重组，并形成有活性的基因工程重组腺病毒颗粒。可特异地引起肿瘤细胞程序性死亡，或者使肿瘤细胞处于严重冬眠状态，而对正常细胞无损伤。

讨论　1. 为何重组人 p53 腺病毒注射液可以治疗相关肿瘤疾病？

2. 相对于一般化疗药，其优势在哪？

答案解析

　　1. 生物药物的定义　生物技术药物（简称为生物药物）是来自细菌、酵母、昆虫、植物或哺乳动物的细胞等各种表达系统，通过细胞培养、重组 DNA 技术、转基因技术制备（即通过生物技术手段所得到的），用于预防、诊断或治疗疾病的物质。

2. 生物药物的特点 生物技术药物大多数为蛋白质类、肽类、核酸类及多糖类等等，目前上市品种绝大多数为蛋白质与多肽类。与小分子化学药物相比，生物技术药物具有以下几个特点：①药理活性高，一般使用剂量低；②结构复杂，且理化性质不稳定；③口服给药易受胃肠道环境 pH、菌群及酶系统破坏；④生物半衰期短，体内清除率高；⑤具有功能多样性，作用比较广泛；⑥检测过程中存在诸多困难和不便。

生物技术药物因为来源的原因有可能存在潜在免疫原性的问题。虽然大多数蛋白、多肽类药物为内源性物质，药理活性高，临床使用剂量小，不良反应少，很少出现过敏反应，但是由于其大多数是从生物产物中分离、纯化得到的，其所含杂质也常为同类（如蛋白质），这些杂质的存在就可能引起过敏反应或出现与预期治疗作用不同的反应。而重组生物制剂与内源性物质略有差别，就会激发免疫不良反应。且从菌群中制备得到的重组生物制剂若被一定量的细菌污染也会激发免疫不良反应。

生物技术药物多数为大分子物质，其结构特性决定了对温度、环境 pH、酶、离子强度等条件较为敏感，容易失活。与小分子化学药物相比，保持其物质的稳定性对其发挥治疗作用至关重要。蛋白和多肽等药物由于相对分子量大，且常以多聚体形式存在，很难透过胃肠道黏膜的上皮细胞层，故吸收量少，一般不宜口服给药，患者依从性差。

多肽类、蛋白质类药物的药代动力学具有以下特点：体内分布具有组织特异性，分布容积小，有些药物还呈现非线性消除动力学特征；在体内降解快，且分布广泛。另外，该类药物血中消除速度较快，因此作用时间较短，往往注射给药不能充分发挥其作用。

如何运用制剂手段，研究开发生物技术药物的适宜制剂，特别是生物药物新的给药系统是药物制剂工作者的一个重要任务。提高蛋白质、多肽类药物的稳定性，延长作用时间，减少给药次数，开发生物技术药物的非注射给药系统，是目前药物制剂研究开发的全球性热点和难点。随着蛋白、多肽类药物的鼻腔给药、肺部给药、口服给药研究的不断深入，生物技术药物的非注射给药也将与注射给药同样重要。

3. 生物药物的分类 生物技术药物的分类有三种方法：按其来源和制造方法分类；按其化学本质与特性分类；按照其生理功能和用途分类。这三种分类方式各有优缺点：生物技术药物虽然可按照其来源和制造方法进行分类，但是许多实际应用的生物技术药物是几种来源和制造方法相结合生产出来的。按其化学本质与特性分类，有利于比较药物的结构与功能的关系，方便阐述分离制备方法和检验方法。按此分类主要有：①氨基酸及其衍生物类，如可防治肝炎、肝坏死和脂肪肝的蛋氨酸，可用于防治神经衰弱、肝昏迷和癫痫的谷氨酸；②多肽和蛋白质类；③酶与辅酶类；④核酸及其降解物和衍生物类；⑤糖类；⑥脂类，包括不饱和脂肪酸、磷脂、前列腺素、胆酸类等；⑦细胞生长因子类；⑧生物制品类。目前已经上市的生物技术药物按化学结构分类主要为蛋白质、多肽、核酸、多糖等药物。按生理功能和用途分类：①治疗药物，具有治疗疾病的功能。生物技术药物尤其对于疑难杂症，如肿瘤、艾滋病、心脑血管疾病等难以根治疾病的治疗效果有着其他药物不可比拟的优势。②预防药物，常见的预防性生物技术药物有疫苗、菌苗、类毒素等。③诊断药物，现有临床上使用的大部分诊断试剂来自生物技术药物，其具有速度快、灵敏度高、特异性强的特点，如免疫诊断试剂、酶诊断试剂、单克隆抗体诊断试剂、器官功能诊断药物和基因诊断药物等。④其他生物医药用品，生物技术药物应用范畴广泛，已拓展到生化试剂、化妆品、食品、保健品等各个领域。

知识链接 ────────────────────────────────────

生物技术药物制剂存在的问题

生物技术药物与小分子化学药物在理化性质、生物学性质等方面存在很大差异，如常温下极不稳定，半衰期短，体内易降解，极易变性。如何将该类药物制成安全、有效、稳定的制剂是一大难题。由于对酶很敏感，不易穿透胃肠道黏膜等原因，临床上往往只能注射给药，但单一、频繁注射给药使得患者的顺应性差，难以满足临床需要。因此需利用现代药剂技术，研究在各种给药途径下生物技术药物与生理环境、疾病状态，剂型与药物，剂型与机体的相互作用，寻找得到影响该类药物吸收、跨膜转运、稳定性以及制剂设计的规律，设计出安全、有效、稳定、使用方便的生物技术药物新制剂。

即学即练 15-1

生物药物制剂技术药物大部分都是（　　）。

A. 蛋白质　　　　　　　　　　　　B. 小分子药物

答案解析

C. 酯类药物　　　　　　　　　　　D. 大分子药物

任务二　生物药物注射给药系统

PPT

▶▶ **实例分析 15-2**

实例　胰岛素为多肽类药物，它是胰岛素依赖性糖尿病患者的首选用药，而其对酸、热、酶均敏感。口服或其他非注射途径给药后，因胃肠道酸解或蛋白酶降解而致生物利用度降低甚至失效，因此，临床上常规给药仍为注射剂，对患者进行长期频繁给药。

讨论　如何通过制剂手段改善胰岛素注射剂的给药频率，延长给药时间间隔？

答案解析

生物技术药物在胃肠道中易水解，吸收差且半衰期短，临床上常常需要重复给药。为保证其生物利用度，目前市售的生物技术药物主要是通过注射给药（parenteral administration）。根据其体内作用过程，可分成两大类。一类为普通的注射剂，包括溶液型注射剂、混悬型注射剂、注射用无菌粉末；另一类为缓控释型注射给药系统，包括利用微球、微囊、脂质体、纳米粒和微乳等新制剂工艺制备的缓释、控释注射系统和缓释、控释植入剂等。

一、生物技术药物注射剂的处方设计

生物技术药物因不同的分子结构，在溶液中的稳定性存在一定差异。某些蛋白质、多肽及多糖药物的溶液中添加适当稳定剂且低温保存时，可放置数月或两年以上；而有些蛋白质、核酸药物（特别是经纯化的）在溶液状态下活性只能保持几个小时或几天。所以在制备注射剂时，选择溶液型注射剂或注射用无菌粉末，主要取决于蛋白质、多肽类药物在溶液中的稳定性情况。

蛋白质、多肽类药物的注射剂可有多种给药途径，包括静脉注射、肌内注射或静脉滴注等，对其质量要求与一般注射剂基本相同。一般可通过结构修饰和添加适宜辅料两种方式来增加生物技术药物（特别是蛋白质、多肽药物）的稳定性。在蛋白质、多肽类药物的溶液型注射剂中常用的稳定剂包括盐类、缓冲液、表面活性剂类、糖类、氨基酸和人血清白蛋白（HAS）等。

pH 对蛋白质、多肽类药物的稳定性和溶解度均有明显的影响。在较强的酸、碱性条件下，蛋白质、多肽类药物易发生化学结构的改变，在不同的 pH 条件下蛋白质、多肽药物还可发生构象的可逆或不可逆改变，以至于出现聚集、沉淀、吸附或变性等现象；大多数蛋白质、多肽类药物在 pH 4~10 的范围内比较稳定，并在等电点对应的 pH 下最稳定，但溶解性最差。常用的缓冲剂包括枸橼酸钠/枸橼酸缓冲液和磷酸盐缓冲液等。

血清蛋白可提高蛋白质、多肽类药物的稳定性，其中 HSA 可用于人体，用量为 0.1%~0.2%。HSA 易被吸附，可减少蛋白质药物的降解，可保护蛋白质的构象，也可作为冻干保护剂。但 HAS 对蛋白质、多肽类药物含量分析上的干扰以及对产品纯度的影响应予以关注。

糖类与多元醇等可增加蛋白质药物在水中的稳定性，这可能与糖类促进蛋白质的优先水化有关。常用的糖类包括蔗糖、海藻糖、葡萄糖和麦芽糖，而常用多元醇有甘油、甘露醇、山梨醇、PEG 等。

一些氨基酸（如甘氨酸、精氨酸、天冬氨酸和谷氨胺酰等）物质可以增加蛋白质药物在给定 pH 下的溶解度，并可提高其稳定性，用量一般为 0.5%~5%。其中甘氨酸比较常用。氨基酸除了可降低表面吸附和保护蛋白质的构象之外，还可防止蛋白质、多肽类药物的热变性与聚集。

无机盐类对蛋白质的稳定性和溶解度的影响比较复杂。有些无机离子能够提高蛋白质高级结构的稳定性，但会使蛋白质的溶解度下降（如盐析）；而另一些离子，可降低蛋白质高级结构的稳定性，同时会使蛋白质的溶解度增加（如盐溶）。

一般加入的无机盐离子在低浓度下可能以盐溶为主，而高浓度下则可能发生盐析。选择适当的离子和浓度，可增加蛋白质的表面电荷，促进蛋白质与水的作用，从而增加其溶解度；相反，无机盐离子与水产生很强作用时，会破坏蛋白质的表面水层，促进蛋白质之间的相互作用而使其产生聚集。在蛋白质、多肽类药物的溶液型注射剂中常用的盐类有 NaCl 和 KCl 等。

蛋白质、多肽类药物对表面活性剂非常敏感。含长链脂肪酸的表面活性剂或离子型表面活性剂（如十二烷基硫酸钠等）均可引起蛋白质的解离或变性。但少量的非离子型表面活性剂（主要是聚山梨酯类）具有防止蛋白质聚集的作用。可能的机制是表面活性剂倾向性地分布于气/液或液/液界面，防止蛋白质在界面的变性等。聚山梨酯类可用于单抗制剂和球蛋白制剂等。

蛋白质、多肽药物溶液型注射剂一般要求保存在 2~8℃下，不能冷冻或振摇，取出后在室温下一般要求在 6~12 小时内使用。

在制备蛋白质、多肽类药物的注射用无菌粉末（冷冻干燥制剂更常用）时，一般要考虑加入填充剂、缓冲剂和稳定剂等。由于单剂量的蛋白质、多肽类药物剂量一般都很小，因而为了冻干成型需要加入一定量填充剂。常用的填充剂包括糖类与多元醇，如甘露醇、山梨醇、蔗糖、右旋糖酐、葡萄糖、海藻糖和乳糖等，最常用为甘露醇。糖类和多元醇等还具有冻干保护剂的作用。在冷冻干燥过程中，随着周围的水被除去，蛋白质容易发生变性，而多羟基类化合物（糖类、多元醇）可替代水分子，可使蛋白质与之产生氢键，有利于蛋白质药物稳定，防腐剂和等张调节剂可加入稀释液中，临用前溶解冻干制剂。

二、质量检测和稳定性评价

生物技术药物由于其一般稳定性差，对温度、环境 pH、离子强度、酶等较为敏感而发生失活外，在注射剂的制备工艺过程可能对其活性产生影响，且这类药物可能因为立体结构改变致活性丧失而无药理作用，常用的化学法测定则可能表现为含量几乎没变化。这为这类药物的质量控制和质量检测提出了新的要求。

1. 制剂中药物的含量测定　制剂中蛋白质类药物的含量测定可根据处方组成确定，如紫外 - 可见分光光度法和反相高效液相色谱法常用于测定溶液中蛋白质的浓度，但必须进行方法的适用性试验，即在处方中其他物质不干扰药物测定的前提下，将药物制剂溶于 1.0mol/L 氢氧化钠溶液中后采用 292nm 波长条件下的紫外 - 可见分光光度法测定。也可采用反相高效液相色谱（RP - HPLC）、离子交换色谱（IEC）与分子排阻色谱（size exclusion chromatography，SEC）测定。

2. 制剂中药物的活性测定　蛋白质类药物制剂中药物的活性测定是评价制剂工艺可行性的重要方面，活性测定方法有药效学方法和放射免疫测定法。其中药效学方法又分为体外药效学方法和体内药效学方法。体外药效学方法是利用体外细胞与活性蛋白质、多肽的特异生物学反应，通过剂量（或浓度）效应曲线进行定量（绝对量或比活性单位）。该方法具有结果可靠、方法重现性好的特点，是制订药物制剂质量标准最基本的方法。体内药效学方法是直接将药物给予动物或者人体之后观察药效学反应，从而对药物的药效进行评价，这种方法药效确切，能够反映药物的确切作用。在新药研究中，体内药效学研究是必做项目。放射免疫测定法是建立在蛋白质类药物的活性部位与抗原决定簇处在相同部位时实施的一种方法，否则活性测定会产生误差。此外，也可采用十二烷基硫酸钠 - 聚丙烯酰胺凝胶电泳（SDS - PAGE）法测定蛋白质类药物活性。

3. 制剂中药物的体外释药速率测定　缓释制剂中药物的体外释放速率受到制剂本身、释放介质、离子强度、转速、温度等多种因素的影响。其中制剂本身的影响因素主要集中在药物、聚合物、制备工艺和附加剂等几个方面。测定缓释制剂中蛋白质类药物的体外释药速率时考虑到药物在溶出介质中不稳定，多采用测定制剂中未释放药物量的方法。

4. 制剂的稳定性研究　蛋白质类药物制剂的稳定性研究应包括制剂的物理稳定性和化学稳定性两个方面。物理稳定性研究应包括制剂中药物的溶解度、释放速率以及药典规定的制剂常规指标的测定；化学稳定性包括药物的降解稳定性和生物活性等测定。检测手段根据不同药物的特性选择光散射法、圆二色谱法、电泳法、分子排阻色谱法和细胞病变抑制法等。

5. 体内药动学研究　由于蛋白质类药物剂量小，体内血药浓度检测的灵敏度要求高，常规体外检测方法不能满足体内血药浓度测定，此外，药物进入体内后很快被分解代谢，因此选择合适的检测方法是进行体内药动学研究的关键。对于非静脉给药的缓控释制剂的体内药动学试验可考虑选择放射标记法测定血浆中药物的量，该方法灵敏度高，适合多数蛋白质类药物体内血药浓度的测定。如果药物血药浓度与药效学参数呈线性关系，也可用药效学指标代替血药浓度进行体内吸收和药动学研究。

6. 刺激性及生物相容性研究　生物技术药物的刺激性与相容性试验的原则和方法与其他类型药物制剂基本相同。国家药品监督管理局（NMPA）药品注册管理办法规定，皮肤、黏膜及各类腔道用药需进行局部毒性和刺激性试验，各类注射（植入）途径给药剂型除进行局部毒性和刺激性试验外还需进行所用辅料的生物相容性研究，以确保所用辅料的安全性。

PPT

实例分析 15-3

任务三　生物药物非注射给药系统

　　实例　生物技术药物因为结构复杂、理化性质等原因，在临床给药中往往出现问题。如普通胰岛素皮下注射给药 $t_{1/2}$ 为 6~9 分钟，每天需 3~4 次。因此，生物技术药物给药存在诸多困难和不便，使这类药物的临床应用受到一定限制。

　　讨论　如何改善生物技术药物给药中存在的问题？

答案解析

　　由于生物技术药物注射给药给患者使用带来诸多不便，因此非注射给药的研究越来越受到重视。蛋白质、多肽类药物的非注射制剂可基本上分为黏膜吸收制剂和经皮吸收制剂两大类给药途径。

　　这些给药途径的制剂研究中，需重点解决以下几个问题：①给药部位黏膜透过性低，使药物吸收差；②体液引起药物水解或酶解；③肝首过效应；④药物对作用部位的靶向性等。

一、蛋白质、多肽类药物的黏膜吸收制剂

　　蛋白质、多肽类药物的黏膜吸收途径很广泛，包括口服、口腔、舌下、鼻腔、肺部、结肠、直肠、子宫、阴道和眼部等部位。其中，蛋白质、多肽类药物的口服给药研究比较深入，但由于胃肠道的内环境使其极具挑战性；蛋白质、多肽类药物的鼻腔和肺部给药已展现出较好的应用前景。通过鼻、直肠、阴道、眼部和口腔黏膜给药能避免肝首过效应，避免胃肠道降解、消除，使药物更好地被吸收。

　　黏膜给药制剂需解决的主要问题是生物利用度低，主要原因是：①黏膜上皮细胞对大分子药物具有高度选择性。②给药位点或循环系统中会发生酶解，且给药位点上存在多种酶可能使蛋白质和多肽类药物发生降解。③上皮具有清除外源性物质的机制。

　　1. 鼻腔给药制剂　目前研究蛋白质、多肽类药物鼻腔给药的主要剂型有滴鼻剂、喷雾剂、粉末剂、微球制剂、凝胶剂、脂质体等。已有一些蛋白质和多肽类药物鼻腔给药系统上市，如布舍瑞林、去氨加压素（DDAVP）、降钙素、催产素等。虽然有的产品生物利用度并不高（如那法瑞林和催产素的生物利用度约分别为 3% 和 1%），但临床应用效果却不错。

　　蛋白质、多肽类药物的鼻腔给药具有一定的优势。鼻腔黏膜中小动脉、小静脉和毛细淋巴管分布丰富，有利于药物吸收；鼻腔黏膜的酶活性相对较低，对蛋白质、多肽类药物降解作用低于胃肠黏膜；鼻腔中大量的微细绒毛吸收面积较大、鼻腔黏膜的穿透性相对较高，这使得鼻腔给药吸收较容易；药物在鼻黏膜的吸收可以直接进入体循环，故能避开肝的首过效应；特别是很容易使药物到达吸收部位，这一点比肺部给药更优越。蛋白质、多肽类药物鼻腔给药存在的主要问题包括局部刺激性、对纤毛的损害或妨碍、大分子药物吸收仍较少或吸收不规则等，尤其是需要长期用药。因此一些蛋白质、多肽类药物（如降钙素）的鼻腔给药可替换注射给药的治疗。但是鼻腔中的酶（如亮氨酸氨肽酶）存在会使药物半衰期变短，如胰岛素在鼻腔中的 $t_{1/2}$ 约为 30 分钟。

　　一些低分子多肽鼻腔给药生物利用度较高，但超过 27 个氨基酸的多肽鼻腔给药的生物利用度一般小于 1%，因而蛋白质、多肽药物鼻腔给药主要难以解决的问题仍然是生物利用度低，所以，蛋白质、

多肽类药物鼻腔给药制剂设计和研究的重点是如何提高生物利用度问题。

提高蛋白质、多肽类药物鼻腔给药生物利用度的方法主要包括制剂处方中添加吸收促进剂和酶抑制剂，或者制成微球、纳米粒、脂质体、凝胶剂等新剂型以延长作用时间或增加吸收。常用的鼻腔吸收促进剂有：①胆盐类，如胆酸钠、脱氧胆酸钠、甘氨胆酸钠、牛磺脱氧胆酸钠等；②表面活性剂，如聚氧乙烯月桂醇醚、皂角苷等；③螯合剂，如乙二胺四乙酸盐、水杨酸盐等；④脂肪酸类，如油酸、辛酸、月桂酸等；⑤甘草亭酸衍生物，如甘草亭酸钠、碳烯氧代二钠盐等；⑥梭链孢酸衍生物，如牛磺二氢甾酸霉素钠、二氢甾酸霉素钠等；⑦磷脂类及衍生物，如溶血磷脂酰胆碱、二癸酰磷脂酰胆碱等；⑧酰基肉碱，如月桂酰基肉碱、辛酰基肉碱、棕榈酰肉碱等；⑨环糊精，如 α、β、γ - 环糊精、环糊精衍生物。胰岛素鼻腔给药，不用促进剂时的生物利用度 <1%，如用葡萄糖胆酸酯作为吸收促进剂，其生物利用度可提高10% ~30%。如将胰岛素制成淀粉微球，达峰时间为 8 分钟，维持时间 4 小时，其生物利用度约30%。最近，新的黏膜促进剂被开发（如甲壳胺、壳聚糖），特别是用于肽类和蛋白质的鼻腔、口腔以及疫苗的给药。

2. 肺部给药制剂　蛋白质、多肽类药物肺部给药与其他黏膜给药途径相比，对药物的吸收具有一定的优势。肺部可提供巨大的吸收表面积（大于 $100m^2$）和十分丰富的毛细血管；肺泡上皮细胞层很薄，易于药物分子透过；肺部的酶活性较胃肠道低，且没有胃肠道的酸性环境；从肺泡表面到毛细血管的转运距离极短；在肺部吸收的药物可直接进入血液循环，可避免肝的首过效应。特别是在胃肠道难以吸收的药物（如大分子药物），肺部可能是一个很好的给药途径。但是，相对于注射途径给药，蛋白质及多肽类药物肺部给药系统的生物利用度仍很低。为了提高这类药物的生物利用度，一般采用加入吸收促进剂或酶抑制剂，对药物进行修饰或制成脂质体等。

常用的吸收促进剂有胆酸盐类、脂肪酸盐和非离子型表面活性剂等。

常用的酶抑制剂有稀土元素化合物和羟甲基丙氨酸等。

肺部给药的最大问题在于将药物全部输送到吸收部位比较困难，很多药物可在上呼吸道沉积使吸收减少；同时肺部也是一个比较脆弱的器官，长期给药的可行性需经过药理毒理试验验证。鉴于这一原因，蛋白质、多肽类药物肺部给药系统应尽量少用或不用吸收促进剂，而主要通过吸入装置的改进来增加药物到达肺深部组织的比率，从而增加吸收。蛋白质、多肽药物的肺部给药主要是以溶液和粉末的形式，即采用 pMDIs 或 DPIs 装置，但也有制成为微球、纳米粒和脂质体等的报道。Edwards 等人发现胰岛素多孔 PLGA 微球的实验结果，这种微球直径 8.5μm，但密度很小（$0.1g/cm^3$），肺部吸入率可达50%，正常大鼠吸入后降血糖作用持续了 96 小时，与皮下给药相比生物利用度达 87.5%，而对照组的非多孔微球的肺部吸入率为 21%，生物利用度为 12%。利用脂质体等技术也可使多肽或蛋白类药物的相对生物利用度大大提高。

3. 口服给药制剂　口服给药是最容易被患者接受的给药方式。但现在市场上用于全身作用的口服蛋白质、多肽药物仅有环孢菌（环肽）等少数药物。另外，有些蛋白质药物（如蚓激酶）虽然吸收很少，但在大剂量下仍能发挥一定的药理效应，故也有口服的制剂产品。多数的口服酶制剂只是在胃肠道发挥局部作用。

正常情况下，氨基酸或小肽可通过肠黏膜上的水性孔道而吸收，而多肽片段则不能，只能通过主动转运方式吸收。一般的蛋白质、多肽药物在胃肠道的吸收率都小于2%，原因主要是：①多肽相对分子质量大，脂溶性差，难以通过生物膜屏障；②吸收后易被肝首过效应消除；③胃肠道中存在着大量多肽水解酶和蛋白水解酶，可将蛋白质、多肽类药物水解为氨基酸或小肽等；④存在化学和构象不稳定问题。目前人们研究的重点放在如何提高多肽的生物膜透过性和抵抗蛋白酶降解这两个方面。提高蛋白质、多肽类药物胃肠道吸收的方式已有较多的报道，包括使用酶抑制剂、用 PEG 修饰多肽以抵抗醇解、应用生物黏附性颗粒以及制备蛋白质、多肽类药物的脂质体、微球、纳米粒、微乳或肠溶制剂等。

蛋白质、多肽类药物通过新剂型手段的确可以在一定程度上增加其在胃肠道的吸收，可能的机制包括载体材料（或酶抑制剂）对药物的保护作用、药物分散在载体中阻止了药物的聚集、颗粒性载体在胃肠道微绒毛丛中的滞留时间明显延长、用生物黏性材料（如多糖类）增加药物与黏膜接触的机会、将药物输送至酶活性较低的大肠部位等。目前存在的问题包括生物利用度低、结果的重现性较差等。

4. 口腔给药制剂　口腔黏膜给药的特点是：①患者用药顺应性好；②口腔黏膜虽然较鼻黏膜厚，但是面颊部血管丰富，药物吸收经颈静脉、上腔静脉进入体循环，不经消化道且可避免肝首过效应；③口腔黏膜有部分角质化，因此对刺激的耐受性较好。口腔黏膜给药的不足之处是如果不加吸收促进剂或酶抑制剂时，大分子药物的吸收较少。增加口腔黏膜吸收的方法主要是改进药物膜穿透性和抑制药物代谢两方面。蛋白质、多肽类药物的口腔给药系统的关键问题是选择高效低毒的吸收促进剂。国内有研究用磷脂等作吸收促进剂的胰岛素口腔喷雾剂的报道，已进入临床研究。加拿大一家公司研制的胰岛素口腔气雾剂也已进入临床研究。

5. 直肠给药制剂　虽然蛋白质、多肽类药物的直肠给药吸收较少，但是也具有一定的优点：①直肠中环境比较温和，pH 接近中性，降解酶活性很低，经过直肠给药后药物被破坏少；②在直肠中吸收的药物也可直接进入全身循环，避免药物的肝首过效应；③不像口服给药易受胃排空及食物等影响。因此，蛋白质和多肽类药物直肠给药是一条可选的途径，不足之处是长期用药时患者用药依从性差一些。

选择适当的吸收促进剂，以栓剂形式给药可明显提高蛋白质、多肽类药物的直肠吸收。常用的吸收促进剂包括水杨酸类、胆酸盐类、烯胺类、氨基酸钠盐等。如胰岛素在直肠的吸收小于 1%，但加入烯胺类物质苯基苯胺乙酰乙酸乙酯后，吸收增加至 27.5%；用甲氧基水杨酸或水杨酸可明显增加其吸收。目前胰岛素、生长激素、促胃液素等药物直肠给药系统研究已取得了一定进展。

二、蛋白质、多肽类药物的经皮吸收制剂

由于蛋白质、多肽类药物分子质量大、亲水性强、稳定性差，因此，在所有非侵入性给药方式中，皮肤透过性最低。但通过一些特殊的物理或化学的方法和手段，仍能显著地增加蛋白质、多肽类药物的经皮吸收。这些方法包括超声导入技术、离子导入技术、电穿孔技术、固体药物的皮下注射和传递体输送等。目前在经皮吸收制剂方面研究并取得进展的蛋白质和多肽类药物有人胰岛素（DNA 重组）、人生长激素、凝血因子Ⅷ C、干扰素 a–2a、干扰素 a–2b、生长激素和组织纤溶酶原激活剂等。

超声导入、电致孔、离子导入、高速微粉给药和类脂转运技术的应用均能实现蛋白质、多肽类药物的经皮吸收，且多种促透技术的联用既可以充分发挥单一技术的优势，同时又可以减少不良反应。

超声导入技术（phonophoresis）是利用超声波的能量来实现药物透过皮肤转运的一种物理方法。在进行超声导入时，需要一些介质将超声波的能量从源头传递到皮肤表面，这些介质主要是甘油、丙二醇或矿物油和水的混合物。研究表明，在低频超声波作用下，一些蛋白质、多肽类药物（如胰岛素、EPO 等）可以透过人体的皮肤。其原理在于超声波引起的致孔作用（主要的）、热效应、对流效应和机械效应等，导致皮肤角质层的紊乱，从而增加了药物的透过。值得注意的是，超声波对皮肤的作用是可逆

的，而超声波引发的气泡可能使蛋白质、多肽类药物暴露在气液界面，造成聚集或不稳定。

电穿孔（electroporation）技术是利用高压脉冲电场使皮肤产生暂时性的水性通道来增加药物穿透皮肤的方法。该技术在分子生物学和生物技术中已广泛应用，如用于细胞膜内 DNA、酶和抗体等大分子的导入，制备单克隆抗体或进行细胞的融合等，现在已用于药物透皮给药的研究，其中包括不少的蛋白质、多肽类药物（如肝素、LHRH 和环孢素等）。

离子导入法是利用直流电流将离子型药物（或中性分子）导入皮肤的技术。由于蛋白质、多肽类药物大多数具有两亲性，在一定的电场作用下可以随之发生迁移并透过皮肤的角质层。影响蛋白质、多肽类药物透皮性能的因素包括电场强度和维持时间、电场引起膜的改变程度、药物溶液酸度和离子强度以及电场所致水的渗透程度等。已有不少的蛋白质、多肽药物（如胰岛素、加压素、促甲状腺素释放激素等）开展了离子导入的研究。

传递体（transfersomes）又称柔性脂质体（flexible liposomes），它可通过柔性膜的高度自身形变并以渗透压差为驱动力，高效地穿过比其自身小数倍的皮肤孔道。它可作为大分子药物（如多肽及蛋白质）的载体，使药物进入皮肤深部甚至进入体循环。在脂质体的双分子层中加入不同的附加剂可改变脂质体的性质和功能。柔性脂质体与普通脂质体相比粒径的分布更均匀。有研究报道，胰岛素柔性脂质体在经皮给药研究中表现出很好的透皮吸收效果。

 知识链接

基因药物传递系统

生物技术药物的核心是基因药物。基因治疗是使限定的遗传物质转入患者的特定靶细胞，达到预防或改变特殊疾病状态的治疗方法。基因治疗的核心技术是治疗基因传递系统的构建技术，治疗基因传递系统是利用药剂学的手段将治疗基因输送入靶细胞或靶部位的给药系统。目前，常用的治疗基因传递系统分为病毒基因传递系统和非病毒基因传递系统两大类。其中非病毒基因传递系统由于其具有安全、可操作性强、可操控性强、可转载基因不受限制等特点，近年来越来越受到重视。非病毒基因传递系统包括裸 DNA、脂质体、聚合物胶束以及纳米粒等。

 目标检测

答案解析

一、选择题（多选）

1. 生物技术药物的特点有（　　）。

  A. 药理活性高，一般使用剂量低

  B. 结构复杂，且理化性质不稳定

  C. 分子量小

  D. 生物半衰期短，体内清除率高

  E. 具有功能多样性，作用比较广泛

2. 生物技术药物按化学本质和特性分类主要有（　　）类。

  A. 蛋白质　　　　　　　　B. 多肽　　　　　　　　C. 核酸

  D. 多糖　　　　　　　　　E. 脂类

二、简答题

1. 生物技术药物制剂目前存在哪些问题？

2. 生物技术药物制剂目前研究的热点是什么？

3. 生物技术药物制剂的评价方法主要包括哪些项目？

书网融合……

知识回顾

微课

习题

参考文献

[1] 国家药典委员会．中华人民共和国药典（2020 年版）[M]．北京：中国医药科技出版社，2020．

[2] 国家食品药品监督管理局药品认证管理中心．药品 GMP 指南 [M]．北京：中国医药科技出版社，2011．

[3] 张健泓．药物制剂技术 [M]．3 版．北京：人民卫生出版社，2018．

[4] 方亮．药剂学 [M]．3 版．北京：中国医药科技出版社，2016．

[5] 潘卫三．工业药剂学 [M]．3 版．北京：中国医药科技出版社，2015．

[6] 国家食品药品监督管理局、执业药师资格认证中心．2021 年国家执业药师资格考试应试指南 [M]．8 版．北京：中国医药科技出版社，2021．

[7] 刘素梅．药物新剂型与新技术 [M]．北京：化学工业出版社，2018．

[8] 何勤，张志荣．药剂学 [M]．3 版．北京：高等教育出版社，2021．

[9] 胡兴娥，刘素兰．药剂学 [M]．2 版．北京：高等教育出版社，2016．